U0213171

# 带你科学游玩
# 河南地质公园

章秉辰　张贤良　主编

河南人民出版社

**图书在版编目（CIP）数据**

带你科学游玩河南地质公园 / 章秉辰, 张贤良主编. — 郑州: 河南人民出版社, 2023.6

ISBN 978-7-215-13163-7

Ⅰ. ①带… Ⅱ. ①章… ②张… Ⅲ. ①地质—国家公园—介绍—河南 Ⅳ. ①S759.93

中国版本图书馆CIP数据核字（2022）第248123号

**《带你科学游玩河南地质公园》编委会**

主　编　章秉辰　张贤良

副主编　王永成　任利平　许连峰

编　纂　章秉辰　张贤良　王永成　任利平
许连峰　武　萍　李庆康　石晨霞
李金玲　李　琛　毛瑞芬　朱云锋
高永利　杨小燕　方建华　梁会娟
陈彦君　宋　明　范晓磊　张莉莉
裴中朝　祝　贺　桂新星　巴　燕
叶　萍　陈合青　范　军

河南人民出版社 出版发行

（地址：郑州市郑东新区祥盛街27号　邮政编码：450016　电话：65788012）

新华书店经销　　河南大美印刷有限公司印刷

开本　889毫米×1 194毫米　1/12　印张　47.5

字数　1 221千字

2023年6月第1版　　2023年6月第1次印刷

定价：600.00元

# 序一

## 发挥地质公园优势 科学开展科普旅游

地质公园是以具有特殊地质科学意义，稀有的自然属性、较高的美学观赏价值，具有一定规模和分布范围的地质遗迹景观为主体，并融合其他自然景观与人文景观而构成的一种独特的自然区域。建立地质公园的主要目的是保护地质遗迹，普及地学知识，开展旅游促进地方经济发展。

河南省地处中原，地貌上处于我国第二级地貌台阶和第三级地貌台阶的过渡带上，地貌形态复杂多样。地质构造上跨越华北、华南两大板块，华北陆块、秦岭造山带、华南陆块三大构造单元，各时代地层发育齐全，古生物化石资源丰富，地质构造复杂，各期岩浆活动频繁，地质遗迹资源种类多样。这些为地质公园在河南省的兴起创造了得天独厚的自然资源条件。全省的许多地市都把区内地质遗迹比较集中且典型的区域建成了地质公园，形成保护与开发的良性循环。

河南省地质公园建设的数量处于全国的前列，特别是最高级别的世界地质公园的数量，2004 年全国首批 8 家世界地质公园中河南省独占 2 家，云台山和嵩山同时入选。2006 年第三批世界地质公园申报，河南省的王屋山与黛眉山联合，伏牛山整合了宝天曼国家地质公园、南阳恐龙蛋化石群自然保护区、南阳独山玉国家矿山公园等多个伏牛山南麓的景区，两家新的地质公园联合体又同时入选，河南省世界地质公园的数量达到了 4 家。此后，伏牛山世界地质公园又通过扩展园区，将位于伏牛山北麓的嵩县与栾川县的主要景区纳入伏牛山世界地质公园的范围，至此，河南省地质公园建设的热潮达到最高峰。时至今日，世界地质公园的数量在全国始终处于第一位。

河南省地质公园建设的质量和经济效益，在全国也始终处于领先地位。以地质公园申报为契机，云台山从名不见经传，一举成为国内外知名的名山大川，靠的就是地质公园引领下过硬的景区建设和地学科普旅游的开展。在地质公园建设理念的引导下，焦作云台山的科技品位、档次快速提升，成为世界地质公园建设的典范。以焦作云台山世界地质公园、新乡关山国家地质公园、林州红旗渠·林虑山国家地质公园为代表的南太行山山水地质旅游区迅速闻名全国，并成功开发东南亚和韩国市场，成为河南旅游的一张新名片。

享有“五岳之尊”美誉的嵩山，曾经一度被“少林武术”的光环所笼罩，殊不知嵩山前寒武纪“三大构造运动”界面和“五代同堂”地层等地质遗迹，使其成为“中国地质工程师的摇篮”。嵩山世界地质公园的强力推出，不但向世人展示出丰富的地球科学内涵，也为嵩山旅游业开辟了新的增长极。过去人们游嵩山，感受更多的是少林文化的气息，今天人们再游嵩山，感受到的是少林文化与地球历史画卷的融合故事。

王屋山曾经是传说中“愚公”的故乡，愚公移山的寓言故事可谓是妇孺皆知，殊不知太行、王屋二山仍屹立在河南省的西北域，山势霸气的王屋山足以使你流连忘返。以黄河母亲河为纽带托起的王屋山与黛眉山这两座历史名山，形成了两山夹一河的地貌格局，王屋山—黛眉山世界地质公园的联合申报，缔造了黛眉山从省级到国家级再到世界级三级地质公园3年三连跳的建设传奇。围绕着历史名山、山水济源、古都洛阳和小浪底水库，组成了一个新的旅游资源环带，催生出以地质旅游带动两市“一拖二”式的旅游经济发展新动力。

伏牛山脉是我国南北气候分界，长江、黄河、淮河的分水岭，是河南省境内平均海拔最高、人类活动相对稀少、自然生态保存最为完好的山脉。殊不知伏牛山还是我国中央山系秦岭造山带东部的核心地段，地质历史时期，我国华北与杨子两大板块在这里碰撞拼接，复杂的地质构造演化史造就了极为丰富的地质遗迹资源。伏牛山世界地质公园的建设，不仅响应了河南省政府“开发大伏牛山旅游产业”的号召，而且实现了“区域资源整合，创建出了具有世界意义的大陆造山带型地学研究和地学旅游基地”，为伏牛山旅游经济的健康发展开辟了新思路。

地质公园的建设为河南省旅游经济的发展注入了新的活力，河南省从文化资源旅游大省一跃成为名副其实的自然资源旅游大省。地质公园珍贵的地质遗迹资源凝结了大自然亿万年的神奇造化，是地球历史的物证，记载着丰富的地球历史实物信息，是重要的不可再生自然资源，是人类的宝贵财富，一经破坏，难以恢复。人类对地质遗迹资源的利用是通过对地质遗迹资源的开发和保护过程实现的。当前，切实保护好珍贵的地质遗迹资源，对促进国民经济发展、改善人民生活和生态环境具有重要的意义。

《带你科学游玩河南地质公园》这部科普巨著，从地学旅游与地学科普的视角解读了河南省地质遗迹资源的分布，全面系统地介绍了河南省每一家地质公园独具特色的地质遗迹资源，深入浅出地揭秘了每一家地质公园典型地质遗迹资源的科学价值，帮助大家更好地解读我省每一家地质公园的科学内涵，激起大家对我省大好山河的热爱，激发每一位河南人的自豪感，同时也让更多的人理解保护地质遗迹资源的重要性，便于大家关注、支持和喜欢河南省的地质公园，促进河南省地学科普旅游迈上新的台阶。

时任河南省自然资源厅厅长 张兴辽

2021年7月10日

# 序二

## 游玩也需要科学

河南省跨越我国华北与华南两大构造板块和秦岭造山带，特殊的大地构造位置、南北两大板块碰撞带复杂的地质构造演化历史，使其在全省16.57万平方公里的土地上，既分布着华北及华南型的沉积地层和古生物化石，也分布着华北与华南板块碰撞的高压变质岩带，还伴随有历次构造运动产生的岩浆活动与火山喷发遗迹等。这些丰富而宝贵的地质遗迹资源，保护下来既可以用于科学研究，也可以通过适度开发成为供人们参观旅游、开展科普教育的基地。

河南省各级地方政府审时度势，抢占地质公园发展之先机，创造出了以云台山世界地质公园为代表的我国地质公园建设的典范，形成了河南省内世界级地质公园、国家级地质公园和省级地质公园完善的地质公园建设体系，使河南省地质公园申报与建设无论是数量还是质量，在全国始终处于引领地位。

地质公园的主题特色性和专业性，既是地质公园的优势又是制约地质公园做强做大的不利因素。河南省在开发地质公园和开展地学旅游、地质遗迹保护等方面取得了许多宝贵经验。《带你科学游玩河南地质公园》的问世，无疑是让人欣喜的，它全面而系统地总结和论述了河南省地质公园与地学科普旅游在助力地方经济发展方面取得的辉煌成就，并精选了丰富、精美的典型照片，配以优美而科学的文字解说，图文并茂，深入浅出，增加了实用性和可读性，达到了游玩也需要科学的新境界。

作为科普，它必然要以科学理论知识为基础，要实事求是，这就要求科普创作者阅读大量科研著作、论文，同时拥有很高的分析研究能力，能从众多晦涩的科学文章中汲取精华，升华为科学故事。科普也不是简单地罗列或转述科学知识，它需要与大众生活相结合，并在此基础上发挥无限创造力，让科学知识变得有趣，只有这样的科普文章，才能经得起检验。否则，科普就变成了科学新闻，抑或是古板的说教，学术的定义，少有人问津，这样也就失去了科普本该具有的传播力。《带你科学游玩河南地质公园》通过带你科学游玩、地学解密等板块，从地质遗迹资源的科学性出发，从地学与审美相结合的角度去引导游客发现、观察、欣赏每一处地质遗迹资源的美，这种美包括景观的美、环境的美、科学的美。

对于一些普通游客而言，他们往往是先被美丽或者稀有的景观所打动，进而渴望了解美景形成的原因。科普一些地质遗迹现象的成因故事往往需要丰富的想象力，一些精妙的比喻，或是一些示意图片，会将原本深奥晦涩的理论一语道破，让人回味无穷。这一点，《带你科学游玩河南地质公园》无疑做得很好，文中有大量精美的照片和科学图解，这些能很快抓住大家的视线，进而让他们对科普产生兴趣。

当然，地学科普还需要理想，由于地学是一门比较深奥的基础科学，尽管它与人们的日常生活息息相关，大家渴望了解许多深奥的地学知识，但是，要形象生动地科普出这些地学知识需要一些有专业背景，同时又具有艺术细胞、懂得大众传播的科普工作者，不断坚持，持续地创作，这一过程难免会出现许多艰辛和苦涩，把地学旅游作为一项事业，将这项事业发扬光大的理想是坚持下去的动力。

我作为旅游地学的创始者之一，一名地质公园建设和地质遗迹保护的倡导者，我非常感谢《带你科学游玩河南地质公园》创作团队为旅游地学的发展所付出的艰辛劳动。这个团队云集了河南省一大批地学科普精英，20 年来他们为河南省地质公园的建设和地学旅游乃至我国的地学旅游事业质量的提升，提供了难得的“河南智慧与河南经验”，《带你科学游玩河南地质公园》著作的问世，恰是“河南智慧与河南经验”的成果结晶，标志着河南省地学科普旅游从实践迈上了理论总结的新高度，对河南省地质公园地学科普旅游工作的开展，对旅游讲好地学科普故事，对广大中小学生地学研学旅行教育，都将起到积极的推动作用，对全国地质公园与地学旅游的发展也具有重要的借鉴意义。

著名旅游地质学家、  
地质公园和旅游地学创始人之一　陈安泽

2021 年 9 月 8 日

# 前言

“地质公园”是21世纪初在我国诞生的新生事物。2000年在联合国教科文组织创建世界地质公园网络计划的推动下，原国土资源部牵头组织建立了我国国家地质公园申报和评审机构，制定了一系列规章制度。2001年国家地质公园的申报与建设工作在全国正式启动，很快成为旅游界的新宠。

从2001年到2005年为我国地质公园快速发展期，先后4批次批准建立了138家国家地质公园，其中，河南省申报建设了登封嵩山（2001年4月）、焦作云台山（2002年3月）、内乡宝天曼（2002年3月）、济源王屋山（2004年2月）、遂平嵖岈山（2004年2月）、郑州黄河（2005年8月）、新安黛眉山（2005年8月）、洛宁神灵寨（2005年8月）、商城金刚台（2005年8月）、辉县关山（2005年8月）等10家国家级地质公园。

2009—2018年为我国国家地质公园的规范建设期，自2009年第五批国家地质公园申报开始实行资格授予和批准命名分开审核的申报审批方式，而且必须是省级地质公园批准建设2年以上并已揭碑开园。2009年8月第五批国家地质公园申报，灵宝小秦岭、林州红旗渠·林虑山取得国家级地质公园建设资格；2011年11月汝阳恐龙化石、鲁山尧山取得第六批国家地质公园建设资格。

河南省省级公园的申报与建设与国家级地质公园基本同步进行。2001年河南省政府成立了省级地质遗迹保护（地质公园）领导小组和省级地质公园专家评审委员会。2003年1月，开始首批省级地质公园的评审工作，截至2019年9月，河南省国土资源厅分12批次先后共批准30家省级地质公园，分别是：西峡恐龙蛋化石群（2003年1月）、遂平嵖岈山（2003年1月）、沁阳神农山（2003年1月）、卢氏狮子坪（玉皇山）（2003年1月）、灵宝女郎山（2004年2月）、辉县万仙山（2004年2月）、辉县关山（2004年2月）、郑州黄河第四纪（2005年1月）、洛宁神灵寨（2005年1月）、商城金刚台（2005年1月）、新安黛眉山（2005年1月）、汝州大红寨（2005年11月）、邓州杏山（2005年11月）、林州红旗渠·林虑山（2007年1月）、桐柏山（2007年1月）、栾川老君山（2007年7月）、嵩县白云山（2007年12月）、卫辉跑马岭（2007年12月）、汝阳恐龙化石群（2007年12月）、新县大别山（2010年1月）、永城芒砀山（2010年1月）、宜阳花果山（2010年1月）、鲁山尧山（2010年1月）、渑池韶山（2010年1月）、唐河凤山（2010年1月）、固始西九华山（2011年11月）、禹州华夏植物群（2011年11月）、淮阳龙湖（2014年3月）、林州万宝山（2014年3月）、兰考黄河湾（2019年9月）等。

1999年4月联合国教科文组织提出了建立地质公园计划，目标是在全球建立500个世界地质公园，并确定中国为建立世界地质公园计划试点国之一。2002年5月联合国教科文组织地学部发布《世界地质公园网络工作指南》，2003 年，国土资源部办公厅印发《关于做好世界地质公园申报工作的通知》（国土资厅发〔2003〕4 号）。2004 年 2 月，联合国教科文组织在巴黎召开的会议上首次将 25 个成员纳入世界地质公园网络，其中中国有 8 家，分别是安徽黄山、江西庐山、河南云台山、云南石林、广东丹霞山、湖南张家界、黑龙江五大连池、河南嵩山等，仅河南就有 2 家；2006 年第三批世界地质公园申报河南又有王屋山—黛眉山、伏牛山两家被批准。至此，河南的世界地质公园数量达到 4 家，并一直保持到目前没有被打破，截至 2022 年世界地质公园总数已达 177 家，中国世界地质公园数量升至 41 家，河南省始终是世界地质公园数量最多的省份。

河南省从地质公园诞生起，无论是地质公园的数量和质量在国内始终处于领先地位。河南省地质公园事业蓬勃发展，已经成为河南发展旅游产业的闪光点，地质公园成为各旅游景区竞相追逐的“金字招牌”，地质遗迹与景观的保护也成为当地居民的自觉行动。河南省省级地质公园、国家级地质公园、世界级地质公园共同组成了一个级次有序、分布面广、类型较齐全的地质公园体系。在地质公园申报和建设工作中，走在了全国的前列。河南省地质公园与地学旅游辉煌的成就，离不开河南省地质调查院与河南省国土资源科学研究院两大地学旅游科研团队的技术支撑。

河南省地质调查院作为我省地质公园建设的主要技术服务单位，成功申报建设了云台山、王屋山—黛眉山、嵩山、郑州黄河等 30 余家不同级别的地质公园，完成了 30 余座不同级别的地质博物馆的设计与布展工作，累计完成了 60 余项各级财政资助的地质遗迹保护项目，完成了 10 余部地质遗迹与科研专著、建设了 50 余条地学科普旅游线路，编写出版了 20 余部地质公园导游手册与科学导游图，累计培训了千余名地学导游员，极大地推动了河南省地质公园的发展与建设工作，对地学文化的普及与推广作出了巨大的贡献。河南省国土资源科学研究院也成功申报建设了嵩山、伏牛山、小秦岭等不同级别的地质公园。地学旅游在河南取得了良好的经济与社会效益。助推河南省地质公园建设与地质旅游工作 20 余年来一直走在了全国的前列，成为全国学习的榜样。

河南省国家地质公园规范化建设（一图一书）工程项目，是根据原国土资源部对国家地质公园编制“中国国家地质公园丛书”和科学导游图的编制要求而设置。该项目 2010 年由原河南省地质调查院旅游地质调查中心主任张忠慧提出，并得到了原国土资源厅地质环境处张荣军处长和李明副处长的大力支持，2011 年批准该项目。原计划为每一个国家地质公园编制出版一部科学导游指南和一张科学导游图，因此，项目的名称为《河南省国家地质公园规范化建设（一图一书）工程项目》，因批复经费较少无法完成为每一个国家地质公

前言

园编制出版一部丛书的设想，设计无法按照原计划编制，后经与原国土资源厅主管领导和有关专家协商，计划第二年再设置一个续作项目，完成该项工作，但因地质遗迹保护经费的减少，没有实现，后经与专家讨论，2013年项目设计对工作量进行了变更，按照“中国国家地质公园丛书”对地质公园科学导游指南和科学导游图的编制内容要求，改为编制一部精编版的河南省地质公园科学导游指南《带你科学游玩河南地质公园》。目前我省缺乏一本全面介绍河南省地质公园基本情况的书籍，许多想要了解河南地质公园建设的单位和个人，不得不从各种渠道去了解有关信息，我省的地质公园管理机构也缺少一本系统介绍河南省地质公园的书籍，便于对地质公园的管理。因此，编纂“带你科学游玩河南地质公园”意义重大。

鉴于当前地学科普宣传，普遍存在的讲科学时太过生硬，枯燥乏味；或是版面单调，引不起游客的兴趣，要么以脱离科学或附会种种无稽的“传说”等内容增添趣味的现状。《带你科学游玩河南地质公园》借鉴美国国家公园地质的编纂方法，在全面总结我省地质公园建设与地学科普旅游成功经验的基础上，通过大量的科普化再创作、图解和地学探秘等形式，详尽描述迄今为止河南省所建设的不同级别的地质公园。通过地质公园概览、地质概况、典型地质遗迹与地质景观科普线路、典型地质遗迹地学解密、人文历史介绍、旅游资讯等内容，向公众宣传介绍河南省已经建立的国家地质公园保护的是什么地质遗迹、保护这些地质遗迹有什么科学意义、到这些国家地质公园旅游看什么景观、如何进行地质旅游，等等。实现对每一家地质公园的全面了解。通过本书的编纂让那些不具备专业基础的学生和感兴趣的读者了解“正确进入地质公园”的方法，为那些有或者没有地质学背景的读者提供最新、精确的并且浅显易懂的解释。从最基础开始，分阶段了解地质学，从观察地质美景开始，之后再进一步通过可能的途径了解更深入的知识。为地质公园管理者提供一套系统的资料。

项目负责人为章秉辰，图件制作由王永成负责，公园内容编著由熟悉地质公园的相关人员完成。文稿编撰人员有章秉辰、方建华、梁会娟、许连峰、任利平、石晨霞、李金玲、张莉莉、李庆康、李琛、毛瑞芬、朱云锋、吕志强、范晓磊、杨小燕、裴中朝等，书稿排版由武萍、张迪负责，书稿统编与内容改写由章秉辰负责统一完成。由于书稿编撰涉及的内容比较广，全省景区点较多，给全面科学地介绍河南地质公园的科学内涵增加了许多难度，其间由于项目主要人员的变动，中期进展缓慢。非常感谢张贤良副院长对项目的大力支持，调整了主要工作人员，组成临时项目组，由张贤良任项目总协调，章秉辰负责所有文稿编撰，王永成负责图件制作，武萍负责版面编排，使书稿与图件得以顺利完成。

《带你科学游玩河南地质公园》包括河南省现有的4家世界地质公园、9家国家级地质公园，15家省级地质公园，使用各种照片1842张，制作各种图件115张，书稿在编撰过程中参考了所有地质公园的申报与宣传材料，许多公园管理部门都提供了大量的图件照片，因科普讲解的需要文稿中选用了大量的照片，难以一一注明来源，在此，对照片的原作者表示最诚挚的感谢。文稿在编撰过程中还得到了河南省国土资源科学研究院的大力支持，他们作为河南省地质公园管理的技术支撑单位，为本书稿的编撰提供了大量的文字与图片材料，其他兄弟地勘单位也提供了许多帮助，在此一并表示感谢。特别鸣谢——为本书提供影像作品的全体摄影师们！由于编者水平所限，错误之处在所难免，欢迎批评指正。

作者

2021年10月10日

# 目　录

# 绪言

## 1.1 相识地质公园

地质公园是以具有特殊地质科学意义、珍奇秀丽和独特的地质景观为主，融合自然景观与人文景观而构成的一种独特的自然区域。

地质公园的诞生就是通过普及地质学知识，引导人们有序开发，合理使用地质资源。既为人们提供具有较高科学品位的观光旅游、度假休闲、保健疗养、文化娱乐的场所，又是地质遗迹景观和生态环境的重点保护区，地质科学研究与普及的基地。

## 1.2 地质公园的特色

地质公园的最大特色就是让“石头”讲故事，年龄高达46亿岁的地球，在形成过程中留下的大量能揭示其形成历史的信息，这些信息就藏在山里、河里、树里、土里、石头里、动植物化石里……

就像西峡的恐龙蛋、汝阳的恐龙一样，它们是少有的，甚至是独一无二的，更是无价的；一方面是利用它特有的地质价值，经开发成为人们的休闲旅游产品，而这种旅游在一般的游山玩水的功能上更添了一层乐趣，由此催生了地质公园。

地质公园的策划和建设，不仅会启发游客浓厚的地学兴趣，而且会引导游客去聆听一块块石头里所珍藏的一些不为人知的故事。

## 1.3 地质公园的任务与作用

（1）保护地质遗迹、保护自然环境；

（2）普及地球科学知识，促进公众科学素质提高；

（3）开展旅游活动，地方经济与社会经济可持续发展。

由于地质公园的理念符合社会发展的需求，受到各级政府、社会各界及广大公众的欢迎。

## 1.4 建立地质公园的基本要求

（1）具有较为丰富的地质内容，在某一个或多个方面能成为教学、科研的基地。

（2）具有可供游览的风光，提供人们休闲、娱乐的场所。

（3）最好能同时具备较为丰富的人文、历史和自然等方面的参观考察内容，使参观者、旅游者能受到多方面的教育和熏陶。

（4）面向世界，以其丰富的内容和特色，逐步建设成世界级的地质公园，吸引世界各国的游人，开拓广阔的国际市场。

科普嵩山

## 1.5 地质公园结构体系

目前地质公园的结构体系主要分为世界级、国家级与省级三个层次（我省个别市批准有市级地质公园）。

世界地质公园“徽标”及其变迁

联合国教科文组织世界地质公园“原徽标”采用联合标志。包括三个不可分割的要素，即神殿符号、组织全称和垂直虚线。新徽标变得更加简洁。

世界地质公园徽标是由约克·佩诺先生（York Penno）设计的徽标，中部的图案象征着地球，五条曲线分别代表地球的圈层：地幔与地核、岩石圈、水圈、生物圈和大气圈，它象征着地球行星是一个由已形成我们环境的各种事件和作用构成的不断变化着的系统。

河南省省级地质公园徽标

河南省省级地质公园的徽标的主题图案由代表山石等奇特地貌的山峰和洞穴、代表水和褶皱的三条横线、代表河南省简称“豫”的大象等组成，是一个具有科学内涵和河南文化特色的图徽。

中国国家地质公园徽标

中国国家地质公园标徽的主题图案由代表山石等奇特地貌的山峰和洞穴的古山字和代表水、地层、断层、褶皱构造的古水字、代表古生物遗迹的恐龙等组成，表现了主要地质遗迹（地质景观）类型的特征，并体现了博大精深的中华文化，是一个简洁醒目、科学与文化内涵寓意深刻、具有中国文化特色的图徽。

## 1.6 地质公园起到的作用

地质公园的命名不仅使景区有了张金字招牌，而且也使得原来传统的自然景观增加了新的内涵，起到了促进当地社会经济可持续发展的目的。

世界上不少国家把地质遗迹比较集中的区域建成地质公园。我国许多风景名胜区，经过地质公园的建设，极大地促进了公园的开发和建设力度，使公园的科技品位、档次快速提升，旅游业和经济发展迈上了一个新台阶，地质公园的品牌效应已被社会普遍接受。

# I 河南省地质遗迹资源

## 1.1 地质概况

河南省大地构造跨华北和扬子陆块及秦岭—大别造山带，各个地质时代的地层均有发育，岩浆活动频繁，地质构造复杂。

河南省地层隶属华北地层区和秦岭地层区，前第四系出露面积约5万平方千米，占基岩出露面积的66.5%。岩性从深变质的片麻岩、片岩到中浅变质的大理岩、板岩、千枚岩到正常沉积的灰岩、砂岩、页岩等均有分布，岩性十分复杂。其中太古宙和元古宙变质岩主要分布于大别山、嵩山、小秦岭、熊耳山等地区；显生宙浅变质或正常沉积岩主要分布在新乡—林州、济源—三门峡、平顶山—新密、西峡—淅川等区域内。第四系十分发育，广泛分布于平原、山间盆地、山前丘陵地带，沉积类型较多，成因类型多样。

河南省火山岩较为发育，火山活动较为频繁，出露面积约7500平方千米，占基岩出露面积的10%。在空间上，明显受区域构造制约，分布于秦岭造山带、华北陆块南缘和华北凹陷周缘。

河南省岩浆侵入活动十分频繁，侵入岩面积约1.8万平方千米，占全省基岩出露面积的23.5%。形成了遍布全省的不同类型、大小不一的侵入体，并显示多期活动的特征。侵入岩绝大多数为酸性岩类，另有少量中性和碱性岩侵入岩，极少量基性和超基性岩。侏罗纪—新近纪时期岩浆活动最为频繁，主要出露于华北陆块南缘的平顶山市、驻马店市西南部和北秦岭构造带内的南阳市西北部以及大别山地区。

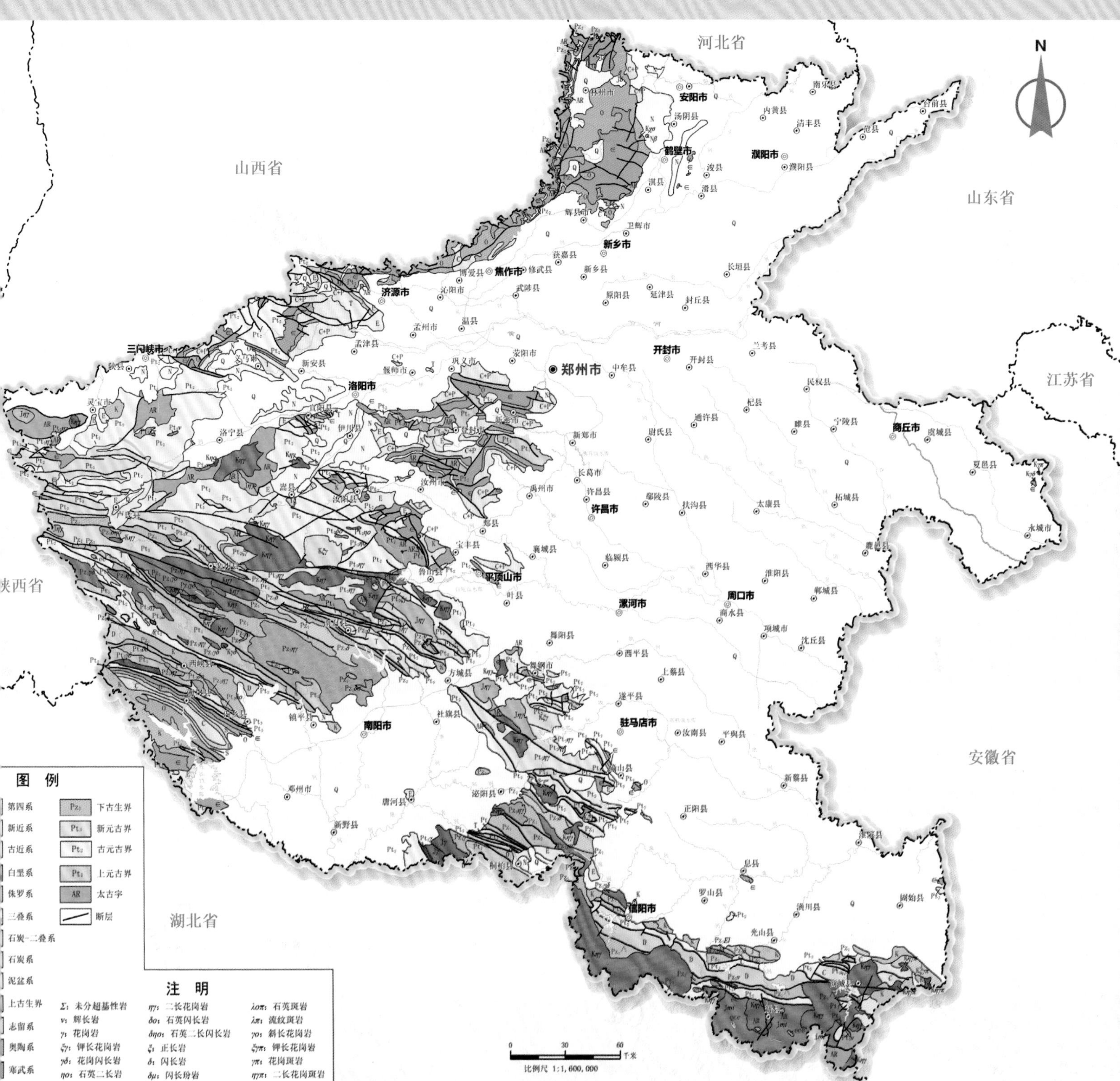
N
河北省
山西省
山东省
江苏省
安徽省
湖北省
陕西省
安阳市
鹤壁市
濮阳市
新乡市
焦作市
济源市
三门峡市
洛阳市
郑州市
开封市
商丘市
许昌市
平顶山市
漯河市
周口市
南阳市
驻马店市
信阳市
图例
第四系
新近系
古近系
白垩系
侏罗系
三叠系
石炭-二叠系
石炭系
泥盆系
上古生界
志留系
奥陶系
寒武系
Pz1 下古生界
Pt3 新元古界
Pt2 古元古界
Pt1 上元古界
AR 太古宇
断层
注明
Σ: 未分超基性岩
ν: 辉长岩
γ: 花岗岩
ξγ: 钾长花岗岩
γδ: 花岗闪长岩
ηο: 石英二长岩
ηγ: 二长花岗岩
δο: 石英闪长岩
δηο: 石英二长闪长岩
ξ: 正长岩
δ: 闪长岩
δμ: 闪长玢岩
λοπ: 石英斑岩
λπ: 流纹斑岩
γο: 斜长花岗岩
ξγπ: 钾长花岗岩
γπ: 花岗斑岩
ηγπ: 二长花岗斑岩
0 30 60 千米
比例尺 1:1,600,000

河南省地质图

## 1.2 地质遗迹资源概况

河南省地处中原，区域地质构造位置横跨我国南北两大板块，是中国南北间地质、地理、生物和气候的天然分界。由于特殊的大地构造位置、南北两大板块碰撞带复杂的地质构造演化历史，使其在全省16.57万平方千米的土地上，既分布着华北及华南型的沉积地层，也分布着华北与华南板块碰撞的高压变质岩带，还伴随有历次构造运动产生的岩浆活动与火山喷发遗迹等。这些丰富而宝贵的地质遗迹资源，对区域地质历史、地质事件和演化过程研究提供了可靠的实物资料，为人类提供了丰富的地质遗迹资源，具有重要的经济价值和环境价值，也为地质公园的建设提供了地质遗迹资源保障。

### 1.2.1 地质遗迹资源种类多样

河南省地质构造位置独特，地质遗迹种类多，除缺失晚奥陶世、中晚上志留世、下早泥盆世这几个时期的地层外，自太古宙至新生代均有出露，地质遗迹类型齐全，是研究我国南北地层对比的重要地区之一。按照《国家地质公园规划编制技术要求》（国土资发〔2011〕83号）的地质遗迹类型划分方案，划分为7大类20类50亚类（见右表），省级以上地质遗迹资源有335处。

河南省地质遗迹资源类型分布一览表

| 大类 | 类 | 亚类 | 备注 |
|---|---|---|---|
| 一、地质（体、层）剖面大类 | 1.地层剖面<br>2.岩浆岩（体）剖面<br>3.变质岩相剖面<br>4.沉积岩相剖面 | （1）全球界线层型剖面（金钉子） | 无 |
| | | （2）全国性标准剖面 | |
| | | （3）区域性标准剖面 | |
| | | （4）地方性标准剖面 | |
| | | （5）典型基、超基性岩体（剖面） | |
| | | （6）典型中性岩体（剖面） | |
| | | （7）典型酸性岩体（剖面） | |
| | | （8）典型碱性岩体（剖面） | |
| | | （9）典型接触变质带剖面 | |
| | | （10）典型热动力变质带剖面 | |
| | | （11）典型混合岩化变质带剖面 | |
| | | （12）典型高、超高压变质带剖面 | |
| | | （13）典型沉积岩相剖面 | |
| 二、地质构造大类 | 5.构造形迹 | （14）全球（巨型）构造 | |
| | | （15）区域（大型）构造 | |
| | | （16）中小型构造 | |
| 三、古生物大类 | 6.古人类<br>7.古动物<br>8.古植物<br>9.古生物遗迹 | （17）古人类化石 | |
| | | （18）古人类活动遗迹 | |
| | | （19）古无脊椎动物 | |
| | | （20）古脊椎动物 | |
| | | （21）古植物 | |
| | | （22）古生物活动遗迹 | |
| 四、矿物与矿床大类 | 10.典型矿物产地 | （23）典型矿物产地 | |
| | 11.典型矿床 | （24）典型金属矿床 | |
| | | （25）典型非金属矿床 | |
| | | （26）典型能源矿床 | |
| 五、地貌景观大类 | 12.岩石地貌景观<br>13.火山地貌景观<br>14.冰川地貌景观<br>15.流水地貌景观<br>16.海蚀海积景观<br>17.构造地貌景观 | （27）花岗岩地貌景观 | |
| | | （28）碎屑岩地貌景观 | |
| | | （29）可溶岩地貌（喀斯特地貌）景观 | |
| | | （30）黄土地貌景观 | |
| | | （31）砂积地貌景观 | |
| | | （32）火山机构地貌景观 | |
| | | （33）火山熔岩地貌景观 | |
| | | （34）火山碎屑堆积地貌景观 | |
| | | （35）冰川刨蚀地貌景观 | 无 |
| | | （36）冰川堆积地貌景观 | |
| | | （37）冰缘地貌景观 | 无 |
| | | （38）流水侵蚀地貌景观 | |
| | | （39）流水堆积地貌景观 | |
| | | （40）海蚀地貌景观 | 无 |
| | | （41）海积地貌景观 | 无 |
| | | （42）构造地貌景观 | |
| 六、水体景观大类 | 18.泉水景观 | （43）温（热）泉景观 | |
| | | （44）冷泉景观 | |
| 七、环境地质遗迹景观大类 | 19.湖沼景观<br>20.河流景观<br>21.瀑布景观<br>22.地震遗迹景观<br>23.陨石冲击遗迹景观<br>24.地质灾害遗迹景观<br>25.采矿遗迹景观 | （45）湖泊景观 | |
| | | （46）沼泽湿地景观 | |
| | | （47）风景河段 | |
| | | （48）瀑布景观 | |
| | | （49）古地震遗迹景观 | |
| | | （50）近代地震遗迹景观 | |
| | | （51）陨石冲击遗迹景观 | 无 |
| | | （52）山体崩塌遗迹景观 | |
| | | （53）滑坡遗迹景观 | |
| | | （54）泥石流遗迹景观 | |
| | | （55）地裂与地面沉降遗迹景观 | |
| | | （56）采矿遗迹景观 | |

### 1.2.2 地质遗迹地域特色鲜明

（1）南太行山地质遗迹分布

太行山位于河南省的西北部，为河南、山西、河北三省的界山，根据地域分布，习惯上把位于河南省的部分称为南太行。地质上太行山位于华北陆块南部，在长期稳定的构造背景下，发育了典型的地台型沉积，具体表现为，太古宙古老的变质岩形成结晶基底，不整合覆盖在其上的主要为层状分布的中元古代紫红色石英砂岩和古生代寒武纪与奥陶纪碳酸盐岩地层。中生代以来，在构造抬升背景下，这些地层分布地区形成了以云台山为代表的峡谷间列，谷壁如墙，崖台似梯，山峰棱角分明的地貌景观，使南太行地区成为我国旅游的热点地区之一。

云台山崖台地貌

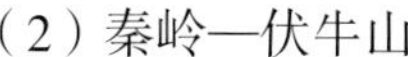

（2）秦岭—伏牛山

河南的东秦岭、伏牛山，是中央造山带的重要组成部分，也是研究造山过程的典型地段。伏牛山是秦岭东延河南的主脉，是河南地势最险峻、分布面积最大的山脉，号称八百里伏牛山。伏牛山山形陡峭，气势浩然，奇峰异洞遍布，涧溪瀑潭交织；林海莽莽，生态多样，四季景色异彩纷呈。

老界岭诗人峰—老界岭花岗岩地貌景观

（3）桐柏山—大别山

桐柏山—大别山处于中国中央山系，在地质学上具有重要意义，闻名世界的超高压变质带及其特征岩石——榴辉岩对地球科学的研究意义重大。地质构造、岩性岩相建造、花岗岩峰丛、古火山、水文地质遗迹等，是得天独厚的地质遗迹资源和地质景观富集区。

大别云海

（4）黄河旅游带

该带以黄河为轴线，西起三门峡，东到商丘芒砀山，包括崤山、嵩箕山地、黄淮平原。西部以黄土地貌和低山丘陵为主，小浪底水库以上形成了许多开口向黄河的峡谷地貌。东部为广袤的大平原。黄河在这里南北滚动数万年，沿途围绕着黄河的形成与演化、围绕着黄土与黄土地貌，围绕着黄淮平原的形成与演化，形成了许多重要的地质遗迹、地质景观，在全国乃至世界上都具有重要意义。打造好黄河旅游带，对河南省旅游将起到承东启西，贯南通北的桥梁作用。

黄河暮归

## 1.3 沧海桑田话河南

——河南省地质历史演化

河南地处中原，在中国的大地地貌格局上，河南省处于我国第二阶梯向第三阶梯的过渡地带，东部平原位于第三台阶上。在中国的地质构造格局上，河南省纵跨三个一级构造单元。自北而南分别为华北板块中南部、秦岭中央造山带东段和扬子板块北缘。

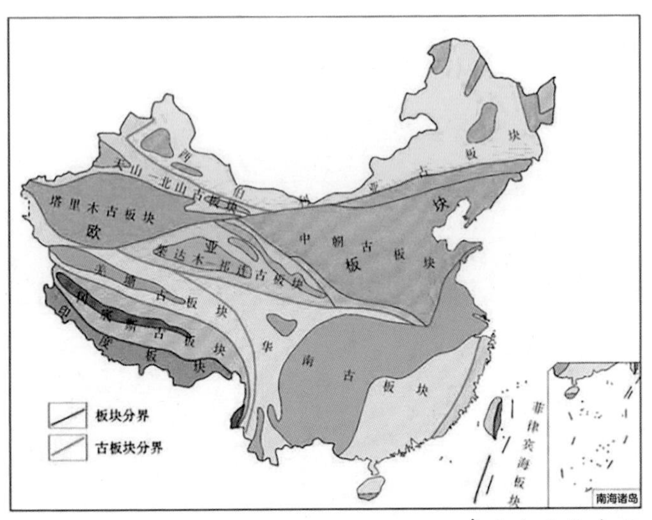

中国大地构造图

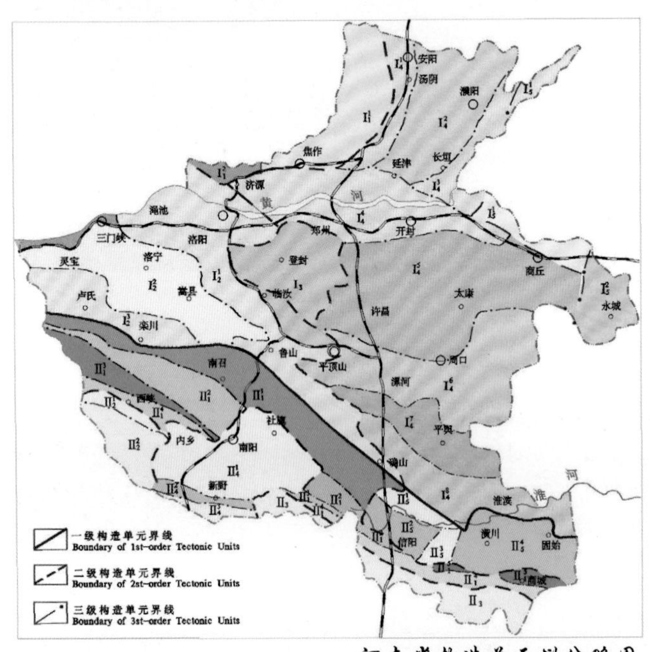

河南省构造单元划分略图

人类居住的地球已经有 46 亿年的历史。在这漫长的时间长河中，地球从混沌初开到地核、地幔、地壳的圈层形成，原始大陆初现。河南省的地质演化史，是中国地质演化史的缩影，具有极强的代表性。

### 1.3.1 地球混沌初开的岁月

46 亿年前地球从一个炽热的岩浆球逐渐冷却固化出现凝固的岩石（科学研究认为这个过程大约需要 1 亿年），但仍然是地质活动剧烈、火山喷发遍布、熔岩四处流淌，初始凝固的岩石很快就又被熔化，到大约距今 40 亿年前后地球的表面局部地区开始出现最原始的陆地，在大约距今 39 亿年前后，地球上开始出现了几乎完全是淡水的原始的海洋。现在公认的地球上最古老的岩石年龄大约为 38 亿年，因此，从地球的形成到有岩石保存的 38 亿年前又被称为冥古宙，这个阶段地球上几乎任何地方都没有遗迹保留下来。

混沌初开的地球示意图

### 1.3.2 太古宙时期的河南

地球自它有岩石保存的38亿年至距今大约25亿年前，被称为太古宙。

这一时期是由地表熔融物质凝固开始到有沉积岩形成的一段地质时间。随着温度降低，熔融物质凝固过程中产生的水流动汇聚到张裂沟谷和大坑洼地中，产生的气留在地球表面，形成大气圈。地核俘获宇宙物质的不均，地表各处温度高低不均产生大气流动。在这一地质时期，有了水和大气，产生了风化、剥蚀和搬运作用，开始形成沉积岩。地球经过早期的演化，这一时期先后出现了由花岗岩、碎屑沉积岩等硅铝物质组成的小块陆地，地质学家称之为陆核。在河南省的太行山、嵩山、箕山、小秦岭、崤山、熊耳山等地，都有该时期的岩层分布。

距今大约25亿年前的太古宙末期，在河南省境内发生了一次有着最明显记录的构造运动、岩浆活动及变质作用，地史上称之为“嵩阳运动”。嵩阳运动之后，华北陆块基底初步形成。

地球的太古宙时期

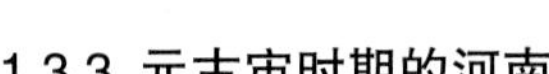

### 1.3.3 元古宙时期的河南

经过太古宙末期嵩阳运动的变质变形改造，早元古代时期在河南省北部的华北区形成了以嵩山为核心的嵩山古陆核，南部秦岭区形成了以桐柏—大别山为核心的桐柏—大别岛状古陆核，这是我省已知最早的两处古陆。两个古陆之间为秦岭洋，在古陆的边缘沉积了滨海—浅海相的碎屑岩与碳酸盐岩。代表性的地层如登封地区的嵩山群、王屋山地区的银鱼沟群、桐柏—大别地区的秦岭群均形成于该时期。这一时期的地层中局部含有微古植物化石，说明这一时期开始有藻类等低等生物活动，这是目前河南发现最早的生物。

地球的元古宙时期

在大约18亿—19亿年前，发生了影响河南地层结构的构造——岩浆活动和强烈的褶皱变形，华北古陆块内发生了强烈的拼合、焊接，华北板块基地最终形成。与此同时，位于河南南部的秦岭区也发生了强烈的岩浆活动和褶皱变形，形成原始的秦岭褶皱带并与桐柏—大别古陆核拼接，形成秦岭陆壳，该陆壳北与华北陆壳连成一片，首次形成河南大陆壳。这次明显的大范围的构造运动被称为中条运动，在嵩山地区称为中岳运动，是河南省地壳演化的一个重要转折。

经过中条运动形成的统一古华北板块，它可能也是地球上已知最早的超级大陆——哥伦比亚超大陆的组成部分，这是地球历史上第一次形成超级大陆。嵩山和王屋山地区保存的新太古界登封岩群和古元古界嵩山岩群、银鱼沟岩群岩层强烈的褶皱和变形，记录了这一时期地球的演化历史。

距今18亿年前后的中元古代早期，在刚刚形成的华北板块统一华北古陆内部至南部形成了一个规模巨大的三岔裂谷系，裂谷内火山活动频繁，这次火山作用一直持续了数亿年时间，河南省中、北部大面积分布的熊耳群和西洋河群火山岩，就是这次板块裂解遗留下的古火山活动的直接证据。但该裂谷系并未演化成大洋，在距今大约14.5亿年前后河南省境内又发生了一次大规模的造山运动，华北地区包括前期形成的火山岩在内，发生了中等程度的褶皱变形，与此同时在河南的南部地区则发生了比较强烈的褶皱变形，这次构造运动被称为王屋山运动，王屋山运动导致裂谷闭合，火山活动停止，并褶皱成山露出地表遭受风化剥蚀。受该期的褶皱山的分割中—新元古代时期在华北陆块南缘形成两个海洋盆地。北侧形成了汝阳群、洛峪群及震旦系沉积，南侧形成了官道口群和栾川群沉积，至震旦纪末罗圈组时期这个屏障山被逐渐风化夷平。在云台山、黛眉山、林虑山等地的红石峡谷的崖壁上，一层层红色与白色的岩层中保存有各色各样的波痕和波浪作用形成的层理，如同一页页可以翻看的远古海洋的史书，记录了当时微波荡漾的海洋及气候干热的海滩环境。

距今大约 8 亿年前后的晚元古代早期末，区域上又发生了晋宁运动，这次造山运动在华北区主要表现为地壳的缓慢上升，致使海水退出该区域，华北地区大面积分布的中元古代以来以紫红色、灰白色石英砂岩沉积为主的滨海沙滩沉积结束，与此同时在河南的南部秦岭区则发生了比较强烈的褶皱变形和岩浆活动。经过晋宁运动之后，河南省境内的大洋地壳最终消失，河南省统一的大陆地壳最终形成，秦岭褶皱系基本形成，因此，晋宁运动是河南省地质演化史上的第二个重要转折时期。

晋宁运动之后，我省大部分地区都隆起，华北区与秦岭区陆地相连。这个时期，华北板块更趋稳定，地壳运动从此转变为以整体升降为主，秦岭褶皱系则仍属比较活跃区域。在距今大约 7 亿—6 亿年前后，华北南部的高山上呈现过银装素裹的冰川世界。临汝、鲁山一带的震旦纪冰川活动遗迹记录了河南地质历史上的这次冰川活动。在距今 5.4 亿年前后的元古宙末期，河南省境内再次发生了一次波及全境的造山运动，少林运动，河南省的广大地区表现为短时的上升，海水呈一度退出全区。嵩山等局部地区表现为强烈的褶皱和急剧抬升。

### 1.3.4 古生代的河南

少林运动之后，从 5.4 亿到 4.4 亿年前古生代寒武纪—奥陶纪时期，受早期加里东运动的影响，华北地区地壳又开始整体缓慢沉降，表现为大规模的海侵，其间环境虽有所波动，但是，华北板块内部仍以统一的陆表海为主。这是一种已消失了的古海洋类型，温暖的海水浅而动荡，有利于生物生长和碳酸盐沉积。海洋中生长了大量三叶虫、角石、海藻等生物。

在距今大约 4.6 亿年的中奥陶世晚期受中加里东运动的作用，华北板块整体隆起，海水退出，这一次上升一直延续至距今大约 3.1 亿年的古生代晚石炭世，形成了长达 1.5 亿年的风化剥蚀，这个证据来自整个华北地区缺失志留纪与泥盆纪两个地质历史时期的地层沉积，在大约 3.1 亿年前的石炭纪晚期开始，受华力西构造运动的影响，河南境内的华北区再次整体发生沉降作用，海水又一次入侵华北大陆，这是进入古生代以后华北地区第二次大规模的海侵，在寒武纪或奥陶纪地层形成的古风化壳上的铁、铝物质被带入海洋，形成丰富的铁矿和铝土矿。

二叠纪时期受华力西期构造运动的影响，扬子古板块与华北古板块同时向北移动，大约在距今 2.5 亿年的二叠纪末期，扬子古板块追上了同时向北漂移的华北古板块，并发生了“追尾碰撞”，二者之间的古秦岭洋消失，因板块的碰撞作用，位于河南南部的秦岭区内早期沉降的地层发生强烈的褶皱和岩浆的侵入活动，中央造山带形成，河南省全省境内陆壳统一，并成为后来全球性统一的“盘古大陆”的一部分。河南境内这个时期大致以三门峡—确山—固始一线为界，该线以南为隆起剥蚀区，该线以北为河流与湖沼环境，当时华北区气候湿热，陆生植物大量繁盛，森林密布，它们被掩埋后经过亿万年的变化成就了现今平顶山、焦作、鹤壁、永城等地煤田。

地球的古生代时期

二叠纪末期发生了生物史上最严重的大灭绝事件，估计地球上有 96%—97% 的物种灭绝，其中 90% 的海洋生物和 70% 的陆地脊椎动物灭绝。

### 1.3.5 中生代的河南

距今 2.5 亿年到 6500 万年前为地球发展历史的中生代时期。河南境内已形成统一的大陆，海水完全退出，从此再也不曾光顾河南。河南境内主题转换为河、湖并存的地貌环境新格局。受区域构造古地理的控制，中生代初期沉积盆地大致以栾川—确山—固始深断裂带为界，以北为较大型内陆坳陷湖盆，代表性的有济源、义马等地形成的三叠—侏罗纪内陆湖盆地。以南在秦岭造山带内部及其边缘则形成了侏罗—白垩纪小型的山间断陷盆地。

地球的中生代时期

在中生代河南境内上述这些盆地内发育了三大古生物群最具代表性。它们是：中侏罗世义马植物群的银杏果化石是目前世界上发现的最古老的银杏果化石；早白垩世南召热河动物群的昆虫、叶肢介、双壳类、腹足类等古生物化石的发现，证实了热河生物群的代表性生物在这个时期已经到达大别山北麓一带。盛极一时的是晚白垩世恐龙动物群：汝阳黄河巨龙身高 6 米，长 18 米，真是庞然大物；栾川盗龙是已知世界上灭绝最晚的恐龙。它们时而在湖边奔驰，时而在河口徜徉，在西峡等地产下大量恐龙蛋，完整地保存在岩石之中，成为世界奇迹。

中生代末期强烈的燕山造山运动是中国乃至世界上最重要的地质构造事件之一，也是河南省最重要的金属矿床形成时期。河南省大多数金属矿产的生成与该时期构造活动、岩浆上侵有关。强烈的构造——岩浆活动，携带地球深部的矿物质，上侵过程中不断萃取周围的有益元素，在有利的位置淀积，形成了一些以钼、钨、金、铅、锌、银元素富集的大型—超大型矿床，代表性的有栾川南泥湖钼矿、汝阳东沟钼矿、灵宝小秦岭金矿、桐柏破山银矿等。火山作用和变质作用还形成了珍珠岩、红柱石、蓝晶石等特色优势非金属矿产。

### 1.3.6 新生代的河南

6500 万年到现在的新生代时期，中国东部大地构造应力场发生重大变化，受喜马拉雅造山运动的影响，太平洋板块向欧亚板块之下俯冲，现今地貌逐渐形成。黄河贯通三门峡东流入海，太行山突兀耸立，东侧陡然下降，出现内陆湖盆。大量有机生物的繁盛，在濮阳、南阳等地生成石油，干旱炎热的气候环境、湖水的蒸发浓缩在叶县、桐柏等地形成盐和天然碱矿藏。气候的冷暖变化和沙尘暴，在我国形成黄土高原的同时，在我省的西部与黄河沿线形成邙山等黄土地貌。南召云阳出现了猿人，淮河平原出现第四纪哺乳动物群。

千万年的内外动力地质作用、风化剥蚀塑造了河南花岗岩、碎屑岩、洞穴岩溶等岩石地貌景观；地壳的抬升和风化剥蚀作用形成了构造地貌景观；风的搬运作用及侵蚀、剥蚀作用，形成了黄土地貌景观；内外地质营力的风化剥蚀、侵蚀作用，形成了各种水体地貌景观；内外地质作用及人为活动，形成了崩塌、滑坡、泥石流、地面塌陷等地质灾害景观。

地球的新生代时期

## 1.4 河南省地质公园“家庭”成员

截至 2020 年，河南有 4 家世界地质公园，9 家国家级地质公园，15 家省级地质公园。此外，现有国家级矿山公园 3 家，省级矿山公园 4 家，国土资源科普基地 7 家，国土资源野外观测研究基地 5 家。

### 1.4.1 河南省世界地质公园

（1）中国云台山世界地质公园
（2）中国嵩山世界地质公园
（3）中国王屋山—黛眉山世界地质公园
（4）中国南阳伏牛山世界地质公园

### 1.4.2 河南省国家地质公园

（1）河南嵖岈山国家地质公园
（2）河南郑州黄河国家地质公园
（3）河南洛宁神灵寨国家地质公园
（4）河南信阳金刚台国家地质公园
（5）河南关山国家地质公园
（6）河南红旗渠 · 林虑山国家地质公园
（7）河南灵宝小秦岭国家地质公园
（8）河南汝阳恐龙国家地质公园
（9）河南尧山国家地质公园

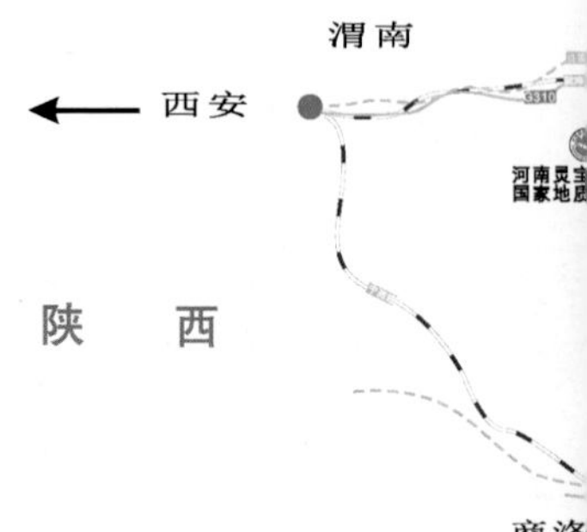


### 1.4.3 河南省省级地质公园

（1）卢氏玉皇山省级地质公园
（2）邓州市杏山省级地质公园
（3）汝州大红寨省级地质公园
（4）桐柏山省级地质公园
（5）跑马岭省级地质公园
（6）渑池韶山省级地质公园
（7）新县大别山省级地质公园
（8）永城芒砀山省级地质公园
（9）唐河凤山省级地质公园
（10）宜阳花果山省级地质公园
（11）西九华山省级地质公园
（12）禹州华夏植物群省级地质公园
（13）淮阳龙湖省级地质公园
（14）林州万宝山省级地质公园
（15）兰考黄河湾省级地质公园

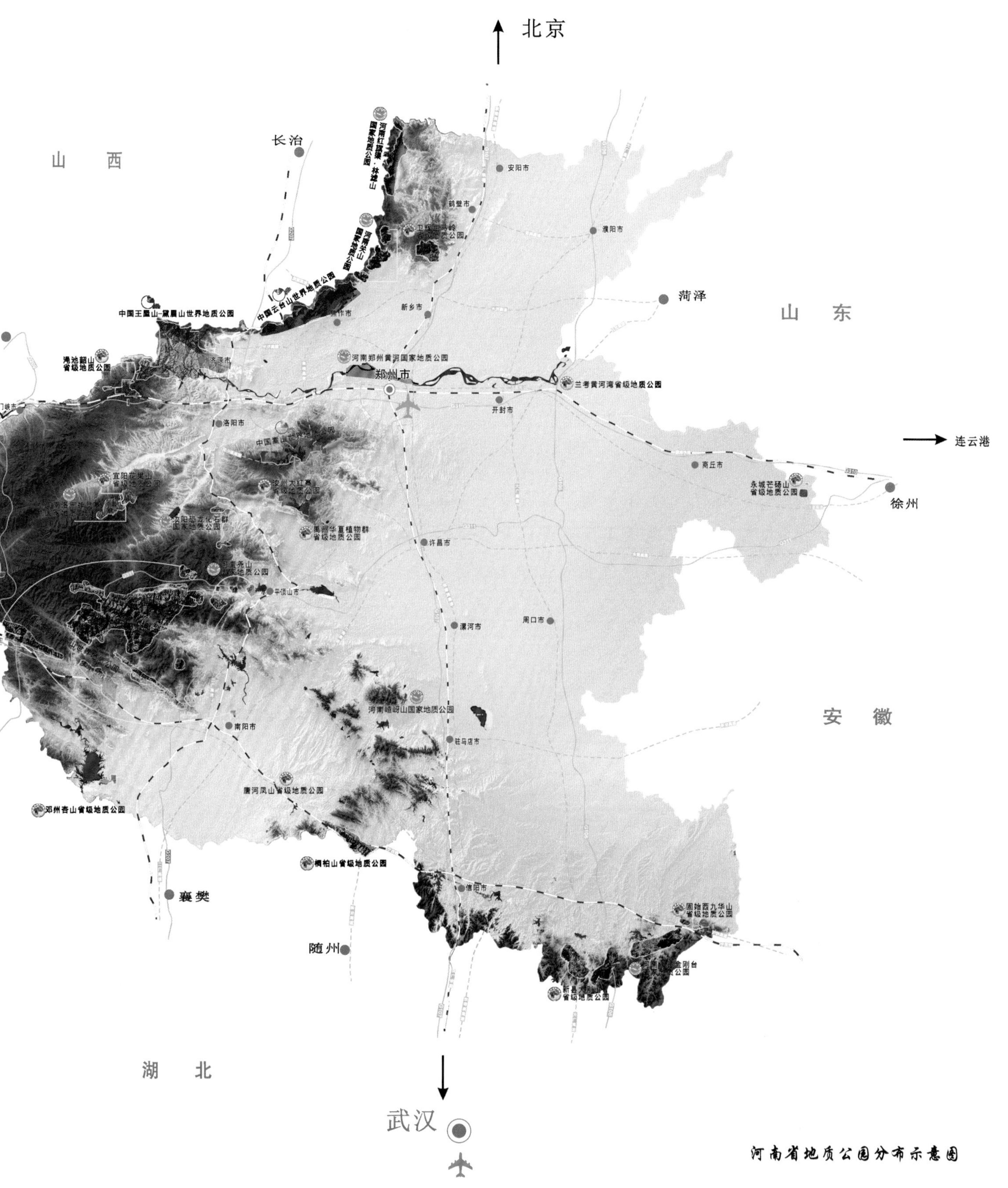


河南省地质公园分布示意图

# Ⅱ 世界地质公园篇

联合国教科文组织世界地质公园标识为“关联标识”，由联合国教科文组织标徽和世界地质公园标徽图案组成。所有联合国教科文组织世界地质公园都可使用该标识，未经联合国教科文组织 (UNESCO) 地质公园秘书处和国际地质公园咨询委员会的明确认可和批准，任何集团不得使用世界地质公园标识，也不得将这一标示用于未经上述两个机构明确认可和批准的任何目的。在商业上使用必须获得 UNESCO 的特别授权。

# 1 中国云台山世界地质公园

## 公园档案

世界地质公园批准时间：2014年2月13日
世界地质公园揭碑开园时间：2014年6月30日
公园面积：556平方千米
园区组成：云台山、神农山、青天河、峰林峡、青龙峡
公园地址：河南省焦作市（沁阳市、修武县、博爱县）
地理坐标：东经112°44′40″—113°26′45″
　　　　　北纬35°11′25″—35°29′40″
海拔高程：142—1308米

## 1.1 纵览云台山

### 1.1.1 公园概况

云台山世界地质公园位于焦作市的北部山区。整个公园面积556平方千米，其中核心景区面积323平方千米。由云台山—青龙峡—峰林峡—青天河—神农山5大园区组成。是以地质地貌景观和水体景观为主，以自然生态和人文景观为辅，集科学价值与美学价值于一身的综合型地质公园。云台山红石峡碧水丹崖、泉瀑峡悬泉与飞瀑共舞、潭瀑峡幽潭与云台天瀑相伴；青龙峡深谷幽涧、叠瀑连连；峰林峡峡谷与峰林形成绝妙组合；青天河峡谷曲折迂回、碧水连天；神农山崖墙似云中青龙，又像天然长城，共同构成一幅山清水秀、北国江南的锦绣画卷。

云台山世界地质公园园区分布图

### 1.1.2 地形、地貌特征

公园处于太行山的南端，山地与平原的过渡地带，地貌复杂、地势壮观，山川俊秀、景象万千。太行山在此由南北转向西南，呈弧形分布，主体属断块山，北倚雄伟的山西高原，南临广袤的华北平原，遥瞰滚滚东去的黄河。区内山地、平原、丘陵、盆地均有分布，总体地势为北高南低、西高东低，自北而南、自西而东依次为中山（上升区）（1000米以上）—低山（500—1000米）—丘陵、盆地（升降交替区150—250米）—平原—黄河（85—110米）。各种地貌的相辅相成，共同构成了大山、大河、大平原的壮丽景观。

叠彩洞

重峦叠嶂

白皮松

秋红似火

### 1.1.3 自然与生态

云台山地区的自然资源十分丰富，生物群落多种多样，植被覆盖率高。有种子植物2000余种，代表性的有大果榉、白鹤松、红豆杉，万亩野生竹林等，云台山地区的“四大怀药”闻名天下。主要动物有190余种，分属哺乳、爬行、鱼、鸟、昆虫类。代表性的动物有太行猕猴，这里是中国最北的猕猴自然保护区。

高山流水诉衷曲 绿崖翠屏最知音

早春到山野，红蕾满枝头

### 1.1.4 云台四季

位于太行山东南端的云台山，春来山绿，夏来水秀，秋来漫山红遍，冬来飞瀑叠冰，处处尽奇观，四季皆美景。

一夜春风动，万枝黄花俏

（1）春之声

云台山春来冰消雪融，万物复苏，小溪流水，山花烂漫，是春游赏花、放松休闲的好去处；春季平均温度16° 左右，可观赏到漫山遍野，山花烂漫。

冰消雪融，泉水叮咚，是云台山的春之声。

云台天池

水幕轻纱

（2）夏之歌

云台山夏日郁郁葱葱的原始次生林，独特的飞瀑流泉，造就了云台山奇特壮美，如诗如画的山水景观，更是人们向往的旅游避暑胜地。夏季平均气温24° 左右，可观赏到原始森林，飞瀑流泉。

唱绿了山，唱绿了水，是云台山的夏之歌。

漫山红遍，青松不知秋

水墨映秀

（3）秋之韵

云台山秋季来临，层林秋尽染，红叶似火，登高山之巅，观云台秋色，插茱萸、赏红叶，遥寄情怀；秋季平均气温 18℃左右，可观赏到满山红叶，霜叶红于二月花。

经过春的孕育，夏的火热，云台山的秋天，融进了火一样的颜色。

（4）冬之梦

云台山冬季到来，大自然又把云台山装扮得银装素裹，冰清玉洁，但见群山苍苍茫茫，雄浑奇劲，不到东北就可以领略到壮美苍茫的北国风光！

冬季平均气温在 7℃左右，可观赏到千里冰封，万里雪飘，冰挂冰树，玉树琼花。

走过火热，走过成熟，云台山走进了寒冷的冬季。

冰宫梦幻

云台仙境美太行

## 1.2 伴你游览云台山

### 1.2.1 独特的云台地貌

地质构造上云台山处于华北陆块中南部，新生代东亚裂谷系华北裂谷带与近东西向西安—郑州—徐州裂谷转换带交会部位，受其作用，云台山地区拔地而起，又进一步伸展张裂形成相间排列的峡谷，以及峡谷间的长脊、长墙、长崖，这种横向展开的绵延不绝的崖壁景观，以谷壁如墙，崖台似梯，山峰棱角分明而成为云台山一带最引人关注的美景，构成独特的云台地貌景观。

曲流峡谷与层状地貌

太行山与华北平原层状地貌景观

（1）云台山水平展开的崖壁地貌

“云台地貌”的景观魅力并不在于山的高度，向天空展现自己，它的景观魅力在于水平方向横向展开的一面面好似万里长城一样的崖壁地貌景观而震撼人心。因此，欣赏云台地貌，目光不是从下到上，从上到下，而是从左到右，或者是从右到左水平方向绵延不绝展开的崖墙。

神龟峰

鲲鹏展翅（崖墙地貌）

（2）紫红色石英砂岩形成的赤壁丹崖

赤壁丹崖由中元古界云梦山组浅红—紫红色石英砂岩组成，主要分布于黑龙王庙断层下盘的红石峡、百家岩和葫芦峪一线，高度一般在100—150米。在植被的映衬下，犹如万绿丛中一线红，成为云台地貌中一道极为亮丽壮观的风景线。代表性的景观有红石峡的丹崖赤壁、百家岩的断崖飞瀑和葫芦峪的“U”形丹崖等。

红石峡

丹崖绝壁

（3）碳酸盐岩形成的灰色长崖

灰色长崖由古生界厚层—巨厚层状碳酸盐岩组成，在太行山南部边缘及太行山主脊一带广泛分布，高度一般在100—200米，局部可达300米以上，源于太行山腹地的一系列支流切穿太行峰脊，在这些崖壁上形成了众多的瀑布，给崖壁平添动感之美，落差达314米的“云台天瀑”就是其中典型的代表。

天上霓裳曲，人间大瀑歌

卧虎崖

（4）沟谷尽头的“U”形长崖与瓮谷景观

“U”形长崖多发育于河谷的源头，为相对较缓的谷底突然耸起的壁状陡崖，是云台地貌中十分典型的一种地貌景观。以泉瀑峡“U”形崖墙规模最大，以潭瀑峡“U”形崖墙最是优美。这两处“U”形崖墙与崖墙上瀑布的浑然一体，构成云台地貌中最具代表性的断崖飞瀑景观。

潭瀑峡“U”形长崖与瓮谷

泉瀑峡“U”形长崖与瓮谷

（5）双面崖壁的石墙地貌景观

石墙为两侧均是壁立悬崖、顶部为平台或峰丛、线状延伸的墙状景观地貌。一般高数十米至数百米，宽数米至数十米，长数十米至数百米；由一层或多层陡崖叠置而成。以神农山龙脊长城石墙最为雄险奇绝。

始祖峰石墙

龙脊长城石墙

（6）垂向上的崖台地貌

云台地貌景观分布区地层以抗蚀能力有较大差异的层状碎屑岩、泥岩或碳酸盐岩、页岩组成的不等厚互层叠置为特征，它是形成地貌垂向多层性的物质基础，这种多层性在山体外侧和大型沟谷中形成垂向上崖、台相间叠置的阶梯状崖台地貌景观，与其他夷平面、象形山石、水体景观等共同构成垂向上的多层地貌景观特征。

百家岩崖台地貌

（7）相间排列的峡谷群地貌

太行山的快速抬升形成与华北平原巨大的地势高差，使众多源于太行山腹地的河流在向华北平原流出过程中对太行山体进行强烈下切，形成众多山高谷深、瀑水飞溅，形态多样的峡谷群地貌景观。

沟谷纵横

相间排列的峡谷群

（8）峰墙、峰林、峰丛、孤峰与方山地貌景观

形成云台地貌景观的层状碎屑岩和碳酸盐岩固有的特性，在水动力的作用下，于长崖和石墙的顶部，形成了大量峰墙、峰林、峰丛与孤峰地貌景观，是地貌演化过程中相应阶段的产物，其演化过程大体为：台地一方山一长崖一石墙一峰丛一峰林一孤峰一石墩这一完整的地貌演化系列。

碳酸盐岩峰丛

### 1.2.2 峡谷极品云台山园区

云台山园区位于公园东部修武县境内，地貌上处于太行山与华北平原的过渡地带，由于太行山断块（山西高原）强烈的隆升和华北平原的强烈的坳陷，使众多河流自山西高原向华北平原汇流过程中，水动力作用对山体进行强烈下切，形成众多山高谷深、瀑水飞溅的峡谷地貌景观。

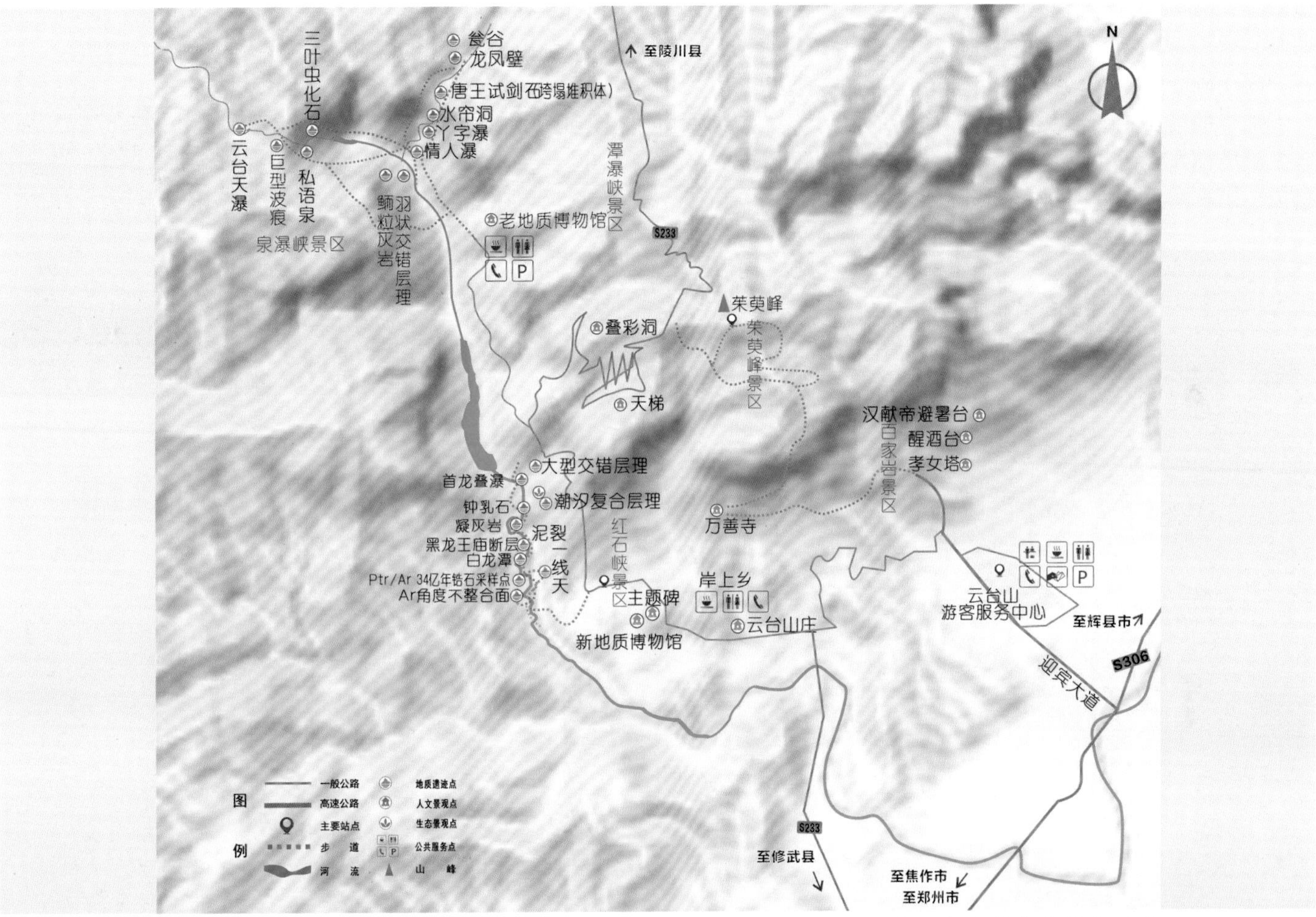

至陵川县
N
三叶虫化石
瓮谷
龙凤壁
唐王试剑石(跨塌堆积体)
水帘洞
丫字瀑
情人瀑
云台天瀑
巨型波痕
私语泉
鲕粒灰岩
羽状交错层理
泉瀑峡景区
潭瀑峡景区
老地质博物馆
S233
茱萸峰
茱萸峰景区
叠彩洞
天梯
汉献帝避暑台
醒酒台
孝女塔
百家岩景区
万善寺
大型交错层理
首龙叠瀑
潮汐复合层理
钟乳石
凝灰岩
泥裂
黑龙王庙断层
白龙潭
一线天
Ptr/Ar 34亿年锆石采样点
Ar角度不整合面
红石峡景区
主题碑
岸上乡
新地质博物馆
云台山庄
云台山游客服务中心
至辉县市
S306
迎宾大道
图例
一般公路
高速公路
主要站点
步道
河流
地质遗迹点
人文景观点
生态景观点
公共服务点
山峰
S233
至修武县
至焦作市
至郑州市

云台山园区科普旅游线路图

云台山综合服务大厅

群瀑竞流

（1）盆景峡谷——红石峡

红石峡，深度 68 米，可游览长度约 700 米，因形成峡谷的岩石为紫红色而得名。小巧玲珑的峡谷，像蜿蜒曲折的小巷，红崖碧水，四季如春。集泉瀑溪潭涧诸景于一谷，融雄险奇幽诸美于一体。一挂挂珠帘似的泉瀑争相倾泻，流水急湍，瀑声如雷，蓝天丽日下会映出一道彩虹，瀑下的青苔，犹如绿色金丝绒毡，崖壁由于流水冲刷，岩石凹凸，岩石原始沉积形成的波痕与斜层理等，纹理清晰，组合奇艳，犹如高浮雕造型，令人赏心悦目。

神奇的红石峡，不仅在数百米紧凑的空间内，使山之雄险挺拔和水之幽奥神秀得到淋漓尽致的体现，其独特的小桥、流水、瀑布、飞泉，构成一幅震撼人心的丹青画卷。

碧水丹崖

高山流水诉衷曲 绿崖翠屏

翡翠绣丹崖 清泉聚玉盆

曲径通幽

宽窄巷子

首龙瀑

（2）潭瀑相连——潭瀑峡

潭瀑峡峡谷底部以寒武纪页岩与中厚层碳酸盐岩地层形成的陡坎相间产出的地质结构为特色，长1270余米，在弯弯曲曲的峡谷内，潆洄着一条会唱歌、会跳舞的溪水，以层层石灰岩形成的台阶作舞台载歌载舞，在每个石阶舞台上，表演出不同的精彩节目。著名的有水帘瀑、双瀑、丫字瀑、叠瀑、跌瀑、情人瀑、线瀑；还有四季长流，名称诱人的不老泉，享有“三步一泉，五步一瀑，十步一潭之称谓”。在峡谷尽头的是“长”在峭壁上的龙凤壁，龙凤泉从距地面40余米高的绝壁上缓缓流出，形成了规模巨大的泉华体。

水帘瀑

叠瀑

情人瀑

丫字瀑

线瀑

龙凤瀑

（3）奇泉天瀑——泉瀑峡

泉瀑峡是一条以寒武纪碳酸盐岩地层为主形成的峡谷，长2220米。在弯弯曲曲的峡谷内，有反映寒武纪古海洋沉积环境的鲕状灰岩、羽状交错层理、巨型波痕，有证明地层形成时代的三叶虫、叠层石等古生物化石，峡谷的上游幽潭、多孔泉、私语泉与落差达314米的云台天瀑，更是将潭瀑峡之旅带入尽善尽美的境界。

流水无意成美景 高崖叠翠挂玉栈

云台天瀑

多孔泉——秀水破壁出 清泉处处流

玻璃栈道

茱萸峰

（4）云台极顶——茱萸峰

茱萸峰为云台山的最高峰，海拔 1308 米，这里植被茂密，古树参天，因盛产茱萸而得名，是历代文人墨客，僧道修行的圣地。

茱萸峰全景

（5）人文荟萃——百家岩

百家岩绝壁长崖与飞瀑、古塔相伴，别有洞天。魏晋时期的竹林七贤在此活动长达20年之久，对中国古代的园林文化从宫廷走向大自然，起到了承前启后的作用。东汉最后一个皇帝汉献帝刘协也曾在百家岩建有行宫，避暑纳凉。

黑龙王庙断层崖壁——百家岩段

古塔飞瀑

天门山前——百家岩服务大厅

### 1.2.3 钙化奇滩青龙峡园区

青龙峡园区位于公园北部的修武县境内，面积约 90 平方千米。青龙峡全长 7.5 千米，宽十余米，最窄处仅几米，峡深达 600—700 米。青龙河流水蜿蜒，若青龙游戏；谷底因地势的起伏，形成瀑布、急流、涧溪、碧潭，钙华地貌异景纷呈，钙华坝、钙华滩随处可见；崖壁上溶洞各具特色，地层中古生物化石丰富多样，角石、三叶虫、叠层石等，诉说着数亿年前海洋中生物的繁盛。

千年大果榉

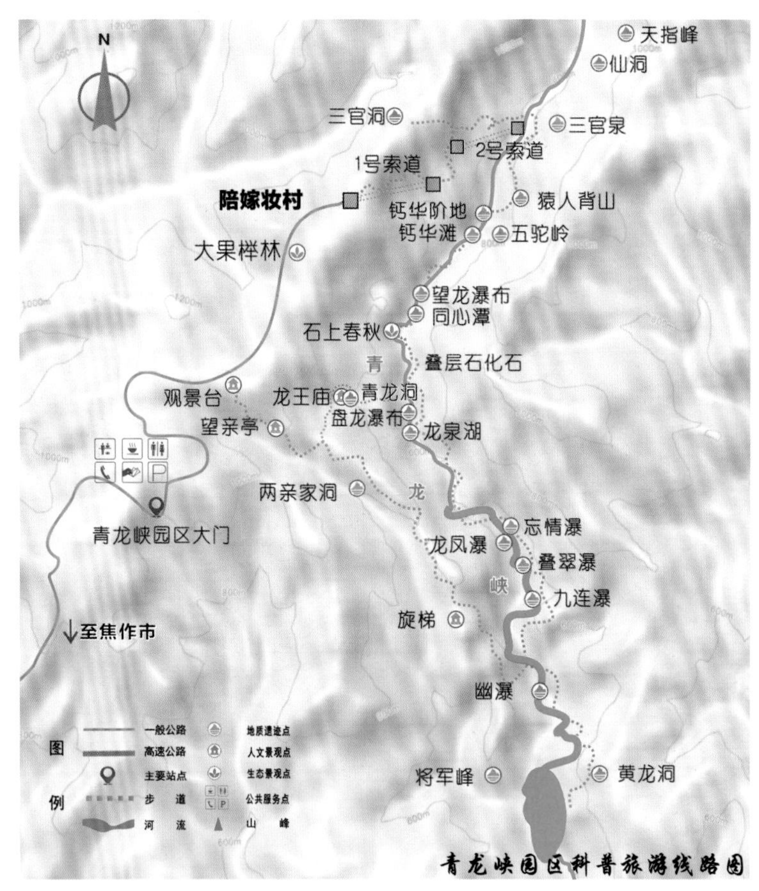

青龙峡园区科普旅游线路图

青龙峡鸟瞰

望龙瀑——青山层层翠 玉瀑步步高

石上春秋

钙化滩

钙华瀑

九连瀑——九曲神龙不回首

### 1.2.4 峡谷与峰林的绝妙结合峰林峡园区

峰林峡园区位于公园东北部修武县境内，面积50平方千米，分为峰林峡和净影峡两大景区，是一处以峡谷和峰林为主体，以水美山奇为特色，以丰富的人文景观为内涵，供游客度假休闲、观光旅游、科普教育、猎奇探险的地质公园园区。

翡翠湖高峡平湖、水光潋滟，净影峡石墙出缩、峰回路转，奇峰、险岭、深谷共同构成了园区独特的地貌景观。

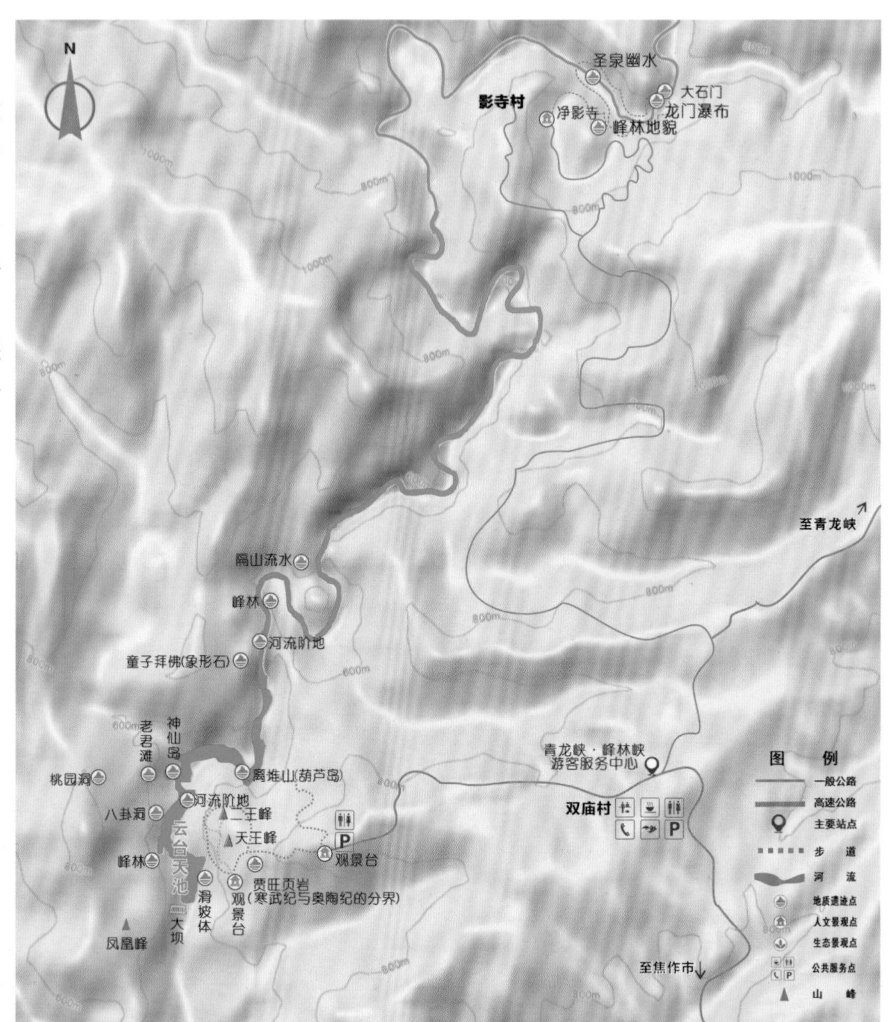

峰林峡园区科普旅游线路图

云雾峰林

卧虎崖

河滩峰林

山水共一色

宝石嵌瑶池

幽谷飞舟

深山藏古寺

静影寺

龙翔山民俗婚庆博物馆

峰林与摩崖石刻

大石门湖

摩崖石刻

影寺峰林

### 1.2.5 北方三峡青天河园区

青天河园区位于公园中部的博爱县境内，面积 45.2 平方千米，分为青天河、丹河峡谷和月山寺三大景区，是一处以峡谷地貌为主体，以奇泉异涧为特色，以悠久的历史文化为内涵，供游客休闲度假、观光游览、科普教育的地质公园园区。青天河因高峡平湖、山清水秀而得名。大泉湖素有“北方三峡”“桂林山水”之美誉，博竹苑竹林参天，靳家岭红叶灿烂，月山寺是中国“八极拳”的发源地。

青天河大坝

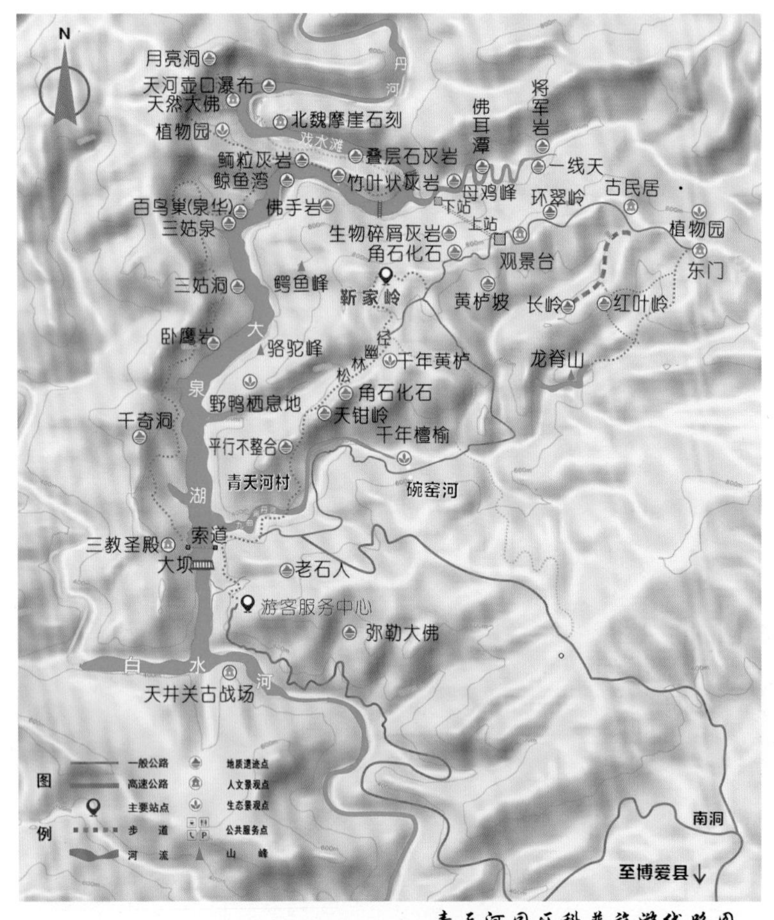

青天河园区科普旅游线路图

三姑泉

三姑泉今貌

丹河峡谷

（1）曲流峡谷青天河

青天河是一条发源于太行山腹地的深切曲流峡谷（河谷）景观，九曲回转是其最具特色的景观，代表性为鲸鱼湾和鲢鱼湾。鲸鱼湾为青天河一处半圆形转弯，其内侧的山梁外形酷似鲸鱼头部，近两米高的侵蚀边恰似鲸鱼的唇边。

曲流峡谷——鲸鱼湾

曲流峡谷——鲶鱼湾

天然奇景——烽火台

峰丛地貌

青天河峡谷

观音雕像

青天河大佛

母鸡峰与石鸡蛋

佛耳潭

（2）层林尽染——靳家岭

远眺红海泛波，群山蔚为壮观；近观丹叶欲染，偶有一枝独秀。靳家岭红叶是南太行山特有的旅游资源，是焦作山水旅游的重要组成部分，已成为焦作旅游的又一大亮点品牌。

太行红叶

不知红叶霜期至　已逝丹菊现深山

红叶生北国　此物最相思

月山寺

### 1.2.6 龙脊长城神农山园区

神农山园区位于公园西部的沁阳市境内，面积96平方千米，分为紫金顶、仙神河和逍遥河三大景区，是一处以奇峰、异岭和峡谷为特色，以悠久的历史文化为内涵，供游客赏景寻幽、野营探险的地质公园园区。园区内地貌景观独特，雄中有险、险中见奇，盘谷寺断层横断山前，龙脊长城夹持于峡谷之间，峰墙、峰丛步移景换，白皮松锦上添彩，太平寺、摩崖石刻人文生辉，共同构成了园区内最为亮丽的风景。

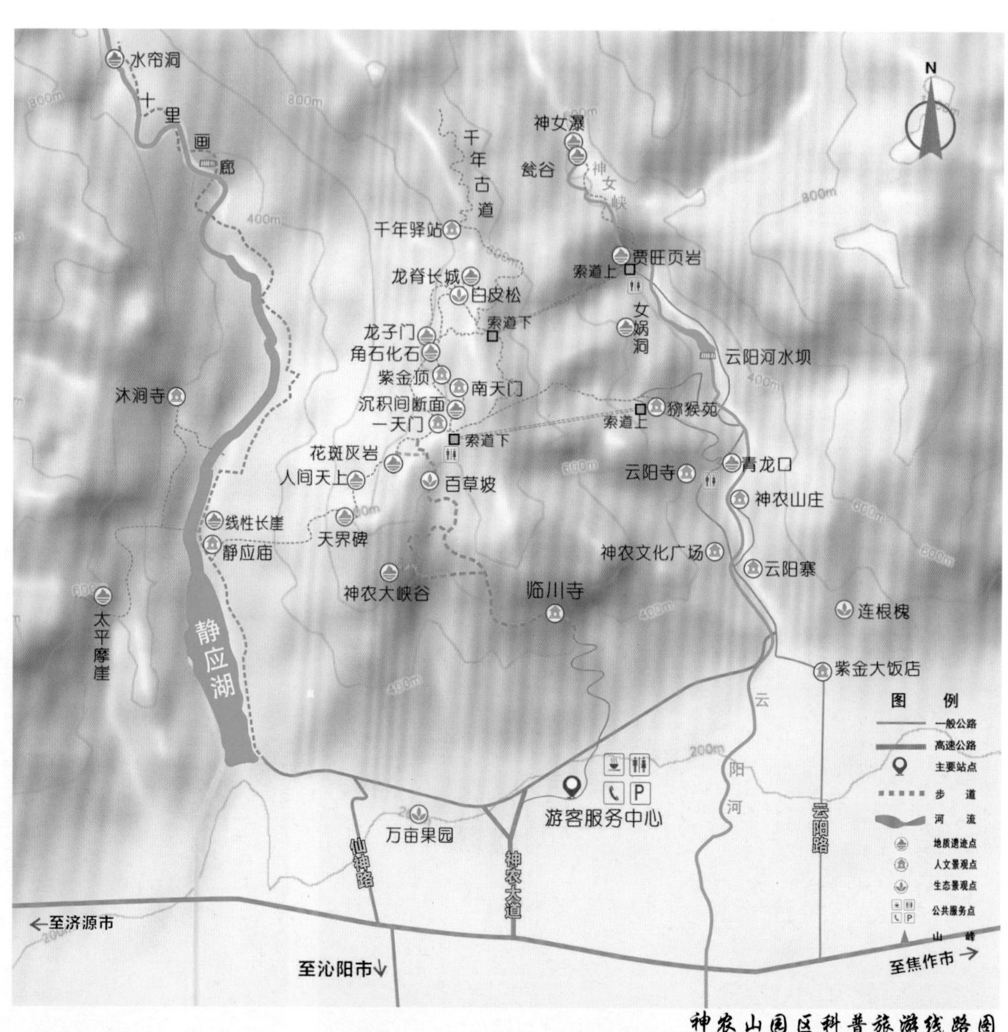

神农山园区科普旅游线路图

龙脊长城

（1）龙脊长城

龙脊长城是夹持于两条峡谷间的龙脊状山岭，长 11.5 千米，高 100—200 米，宽仅数米至十余米。整个山岭由石灰岩构成，近水平的层理和两组垂直节理共同将石灰岩切割成大小不一的块体，好像一块块巨石堆砌的石墙，一岭九峰，岭若长墙，峰似烽火台，俨然一座大自然造就的“天然长城”。

神农顶崖墙地貌

云中长龙

神农极顶方山地貌

龙子门

（2）横看为墙，侧视为峰——峰墙列屏地貌

雨水与山洪沿着山脊两侧发育众多的断裂与裂隙带，向下侵蚀，两侧岩石不断发生崩塌，形成峡谷，把山体分割成高数十米至数百米，长数十米至数百米，两侧均是悬崖绝壁的石墙，由于这些石墙主要为易溶的碳酸盐岩，常常形成峰丛。道道石墙平行排列，构成列屏，一屏一景，墙变景换，形成独特的地貌景观。

始祖峰峰林地貌

紫金顶

静应湖

始祖峰峰墙地貌

南天门

### 1.2.7 地质公园主题碑

（1）世界地质公园主题碑

世界地质公园主题碑体是云台山典型的龟裂石。碑体底座造型由世界地质公园徽标演变而成。寓意一，底座整体象征着整个世界地质公园网络大家庭，底座上的碑体代表云台山是世界地质公园大家族中的一员；寓意二，台阶状的碑座，代表了云台山特色的地貌景观，横向上是一道道展开的长崖，竖向上是崖台似梯；底座凹进去的部分，代表着在这些长崖中，切割出的一条条峡谷地貌景观；寓意三，五层台阶寓意云台山是由五套地层形成的地质景观。

世界地质公园主题碑

国家地质公园主题碑

（2）国家地质公园主题碑

国家地质公园主题碑采用当地石材外加三层底座的结构。底座下层形态为圆形，代表地球，中层形态为正方形，代表中国，上层形态为不规则的河南地图。三层结构分别选用区内三种典型的岩石镶嵌，代表区内三个大的地质历史时代。主题碑取自云台山区石英砂岩原石，整体相似于焦作市地图。整个设计蕴含着云台山地质公园将立足中原，走向世界。

### 1.2.8 地质公园博物馆

中国云台山世界地质公园新建博物馆包括：博物馆、地质广场、水系工程和地质科普培训基地，占地面积约 80000 平方米，均为河沟荒坡用地。其中博物馆主体分三层，地上两层，地下一层，建筑面积为 3328 平方米；地质广场占地面积约 20000 平方米，包括北广场和南广场；水系工程占地面积约 26000 平方米，水域面积 27370 平方米；地质科普基地及景观绿化占地面积约 30000 平方米。博物馆的建成，对更好地进行地质科普宣传，深入开展学术研究，推广云台山世界地质公园的品牌文化具有非常重要的作用。

地质公园博物馆

博物馆远眺

地质博物馆老馆

## 1.3 地学解密

### 1.3.1 34亿年的地学意义——河南省最古老的地质年龄值

2006 年，云台地貌课题组赵逊教授等在考察中发现古太古代地层，为确认这一重大发现，在神农山“八一”水库、红石峡白龙潭采集锆石样品，经北京离子探针中心主任刘敦一研究员测定，获得 3399 ± 8ma 的定年数据，这一发现扩展了中朝古陆核范围，对研究华北地台演化史具有重大意义。

太古宙与寒武纪之间的角度不整合界面

太古宙片麻岩

### 1.3.2 红石峡谷的形成年龄

形成红石峡峡谷的岩石很老，为中元古代时期形成的紫红色石英砂岩，有 10 亿—14 亿年，但是峡谷本身却很“年轻”，是在新生代上新世末期形成的唐县期夷平形成宽谷的基础上，开始下切形成“谷中峡”景观，只有约 260 万年。

峡中红石

谷中峡

### 1.3.3 红石峡谷“隐藏”之谜

云台山最美的风景为“红石峡谷”，当你初到红石峡时，往往看不到峡谷的身影，因为红石峡是一处典型的“谷中峡”景观。宽缓的峡谷底部，红色岩石中裂开一条缝，100多米深处有一条小巧玲珑，蜿蜒曲折的小巷，小桥、流水、瀑布，好一幅震撼人心的丹青画卷。地学研究认为，这种奇绝的“谷中峡”景观，代表了太行山地区距今大约260万年太行山区准平原化后的一次“快速长高”，所引起的河流快速下切作用。

红石峡鸟瞰

遥望红石山门

### 1.3.4 12亿年前的海滩遗迹

我们脚下这一片色调鲜艳，纹理优美的红色岩石，为石英砂岩。它是在距今12亿年前后的滨海沙滩环境下形成的，伴随着当时海平面的上升与下降，潮涨与潮落，云台山一带时而沉入海底，时而露出海面，岩石中保留的交错层理及波痕、泥裂等丰富的沉积构造遗迹，就是当时古海洋存在的证据。

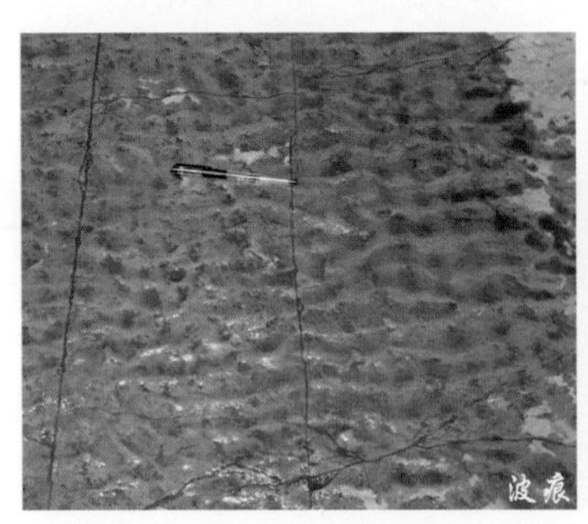
波痕

泥裂

层理构造

### 1.3.5 12亿年前的潮涨潮落遗迹——潮汐复合层理

发育在中元古界云梦山组中部的粉砂岩和泥岩中。以泥质物为主，砂质透镜体夹在泥岩中形成透镜状层理，砂岩透镜体内部发育良好的前积纹层，纹层倾向多为双向；以砂岩为主，泥岩分布于砂质波痕的波谷时，形成脉状层理。沉积环境为潮间带。

潮汐复合层理

### 1.3.6 泉眼为何“长”在峭壁上？

云台山的许多崖壁上有山泉喷涌，泉眼为何长在崖壁上？原来这里的山崖是由两种不同的岩层构成，上半部为透水的石灰岩，下半部为不透水的页岩，当流水透过石灰岩下渗，遇到不透水的页岩就会溢出，石灰岩与页岩的分界在十几米高的峭壁上，所以泉水流出的地方就出现在半山腰的悬崖峭壁上。

山泉喷涌

### 1.3.7 鱼子石真的是鱼子形成的吗？

在距今5亿多年前寒武纪时期的海洋中，动荡的环境使漂浮在海水中的细小碎屑间歇性地吸附碳酸盐组分形成具有同心纹层状包壳的颗粒，当鲕粒达到一定大小，便堆积在海底，形成鲕粒，因其主要成分为碳酸盐，也就是我们俗称的石灰岩，故名鲕粒灰岩，又因其形如鱼卵，俗名鱼子石。

鱼子石(鲕状灰岩)

### 1.3.8 河流沉积物为什么会“跑到”半山腰?

此处水深大于60米，岸边沉积物出现在水面以上200余米，这是由于距今大约260万年以来，伴随着太行山的快速“长高”，山中的河流也向下强烈侵蚀，使原先的河谷底部（河漫滩或河床）超出现在的洪水位，呈阶梯状分布在河谷的谷坡上，这是曾经的古河床的位置。

崖壁上的古河流沉积物

### 1.3.9 鲸鱼湾的“身世”

鲸鱼湾为青天河一处半圆形转弯，其内侧的山梁外形酷似鲸鱼头部，近两米高的侵蚀边恰似鲸鱼的唇边，故名鲸鱼湾。在距今500万年前后的“唐县期”时期，太行山区被风化剥蚀形成“古平原”，也即鲸鱼湾的山梁面，在这个“古平原”上形成了一些曲流河，鲸鱼湾就是在古曲流河的基础上，经后期河流的长期侵蚀和下切形成的独特地貌形态。

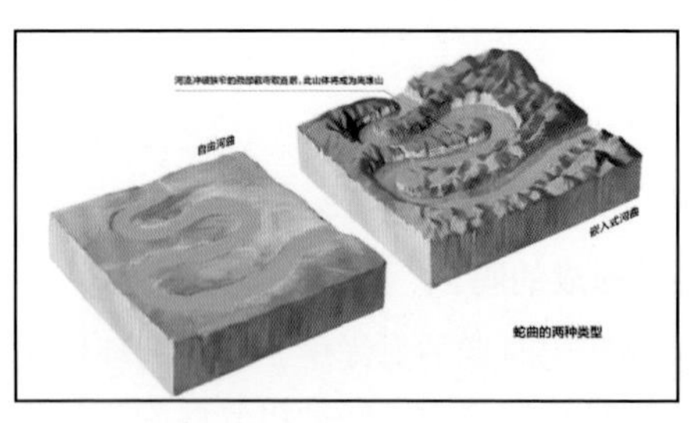

鲸鱼湾

### 1.3.10 “千层饼”形成之谜

沉积岩层的厚薄，不仅与沉积的时间长短有关，还与当时沉积物的来源是否丰富有关；沉积物颗粒的粗细与受到当时流水量的大小、流速的快慢等影响有关。我们眼前的这种具有“千层饼”一样结构的地层景观，就是环境频繁变化的地质遗迹记录。

千层饼灰岩

### 1.3.11 太行山阶梯状地貌景观的成因

地壳的内力构造运动有周期性，即一个时期构造运动比较激烈，地壳被挤压而抬升者形成山地，被拉张而下降者形成盆地；一个时期构造运动比较宁静，抬升的山地以侵蚀、剥蚀为主，地面逐渐降低形成山麓剥蚀平原或准平原，下降的盆地接受山地侵蚀下来的物质，进行堆积，地面逐渐抬高形成洪积—冲积平原。

太行山地正处于挤压与拉张、上升与下降的交接地区，因而构造异常激烈，在挤压与拉张的不同应力作用下，又叠加了垂向变形的断裂带。这就是太行山为什么向东呈阶梯式下降而形成数级大陡坡的原因所在。

### 1.3.12 龙脊长城的形成

龙脊长城是夹持于两条峡谷间的龙脊状山岭，长11500米，高100—200米，宽仅数米至十余米。整个山岭由石灰岩构成，近水平的层理和两组垂直节理共同将石灰岩切割成大小不一的块体，好像一块块巨石堆砌的石墙，一岭九峰，岭若长墙，峰似烽火台，俨然一座大自然造就的“天然长城”。

## 1.4 人文历史

焦作地区的人文历史，自古就是中原文化的重要组成部分。不少帝王将相、英雄豪杰、文人雅士、骚人墨客、诗人画家等都在这里留下了遗址、遗迹。三国时期的司马懿、唐代文宗韩愈、著名诗人李商隐、元代理学家许衡、明代著名乐律学家朱载堉都是生于斯长于斯而著称于世。魏晋时期的“竹林七贤”在这里活动达20余年之久，公园内的百家岩是“竹林七贤”隐居地。此外，还有流传至今，而且发扬光大了的著名的陈氏太极拳。

### 1.4.1 朱载堉与唢呐艺术（十二音律）

朱载堉（1536—1611年）是明太祖九世孙，郑藩第六代世子，是我国一位科学艺术巨星。为了解决乐律学的千载难题，他不惜放弃爵位而孜孜不倦地奋斗一生，先后撰写了《律学新说》《乐经古文》《旋宫合乐谱》等20多部音乐著作。在他1606年完成的辉煌巨著《乐律全书》中，运用精密计算法完成了“新密法率”——十二平均律的计算，从而在人类历史上第一次提出、解决了十二平均律理论原理。通过实践，他运用十二平均律理论，对唢呐的发音位置进行了调整，并在唢呐八音孔的基础上研制出“三眼管子”，使唢呐的音域更宽广，音色更丰满圆润而富于变化，为我国民族乐器的发展作出了杰出贡献。

朱载堉

### 1.4.2 竹林七贤

竹林七贤指的是我国魏晋时期七位著名文人高士，分别是：嵇康、阮籍、山涛、向秀、刘伶、阮咸、王戎。他们相遇友善，在百家岩一带的竹林里或饮酒赋诗，或研习老庄，或评论时政，是我国历史上第一个回归大自然的文人旅游群体，他们在这里寄情山水，笑傲林泉，交游天下名士长达22年之久，并一度成为我国文学史、哲学史、风景旅游史上有一定地位的杰出代表。

竹林七贤

月山寺

### 1.4.3 月山寺

月山寺始建于唐代，时名“清风寺”。明永乐三年改为月山寺，沿用至今。月山寺依山而建，雄伟壮观，主要有连环井、七星塔、望景台等景点。月山寺历史上曾与白马寺、少林寺并称为中原三大名寺，为豫北地区最大的佛教活动场所。“八极拳”即发源于此，武林中有“文有太极安天下，武有八极定乾坤”之说。

# 2 中国嵩山世界地质公园

## 公 园 档 案

国家地质公园批准时间：2001年3月16日
国家地质公园揭碑开园时间：2003年6月28日
世界地质公园批准时间：2014年2月13日
世界地质公园揭碑开园时间：2004年6月30日
公园面积：464平方千米
园区组成：五佛山、少室山、太室山、五指岭和石淙河
公园地址：河南省登封市、偃师市

## 2.1 纵览嵩山

### 2.1.1 公园概况

公园位于河南省登封市和偃师市境内。地理坐标：东经112° 56′ 07″—113° 11′ 32″，北纬34° 23′ 31″—34° 35′ 53″。是一座以地质构造为主，以地质地貌、水体景观为辅，以生态和人文相互辉映为特色的综合性地质公园。公园总面积464平方千米，分为五佛山、少室山、太室山、五指岭和石淙河五个景区。

嵩山世界地质公园科普旅游线路图

### 2.1.2 地貌特征

嵩山位于我国第二阶地的东部边缘，西接伏牛山脉，东枕黄淮平原，绵延起伏于黄河南岸，地貌类型根据其成因及形态可分为中低山、丘陵、平原。

嵩山山峰众多，自西向东依次有万安山、马鞍山、挡阳山、少室山、太室山和五指岭。以轘辕关为界，分为两大部分，西部以少室山为主体；东部以太室山为主体。两山连绵 72 峰，峰峰秀丽，峰峰有典。少室山又名玉寨山，群山耸峙，拔地腾霄，雄踞于嵩山主峰西南，主峰连天峰海拔 1512 米。嵩山主峰古称太室山，巍峨雄伟，高耸入云，屹立于登封市城北，主峰峻极峰海拔 1491.73 米。五指岭蜿蜒起伏，层峦叠嶂，逶迤于嵩山主峰东北，主峰鸡鸣峰，海拔 1215.9 米。整个嵩山形成奇特的剥蚀构造地貌。

少室如立

太室如卧

嵩山全景

### 2.1.3 地质概况

公园出露的地层时代包括太古宙、元古宙、古生代、中生代、新生代五个大的地质历史时期，曾被地学界称之为“五代同堂”（太古宙和元古宙曾经被称为太古代和元古代）。发生在距今约25亿年、18亿年、6亿年前的三次剧烈地壳运动，形迹出露清晰，是研究地壳早期演化规律、追溯地球演化历史的理想场所，是一部记录在石头上的地质史书。

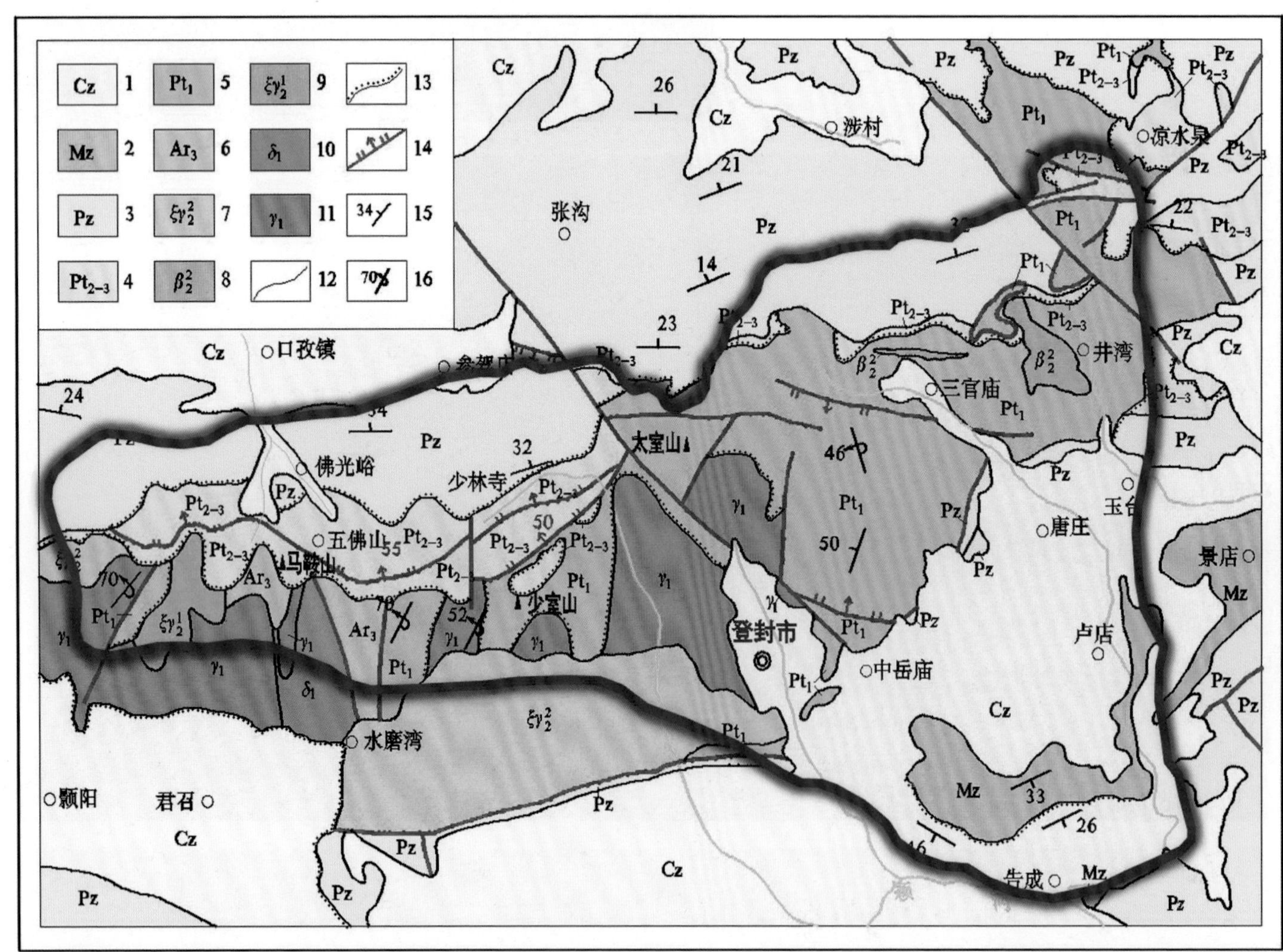


1. 新生界 2. 中生界 3. 古生界 4. 五佛山群 5. 嵩山群 6. 登封岩群 7. 中元古界钾长花岗岩 8. 中元古界基性岩墙 9. 古元古界钾长花岗岩 10. 新太古界变辉长闪长岩 11. 新太古界花岗质片麻岩 12. 地质界线 13. 不整合界线 14. 断层 15. 岩层产状 16. 倒转岩层产状

嵩山世界地质公园地质图

中生代遗迹

新生代遗迹

古生代遗迹

元古宙遗迹

太古宙遗迹

### 2.1.4 沧海桑田话嵩山

登封岩群花岗片麻岩

地球已经有 46 亿年的历史，科学研究认为，地球形成的初期呈熔融状态，高温的地球在旋转过程中其中的物质发生分异，重的元素下沉到中心凝聚为地核，较轻的物质构成地幔和地壳，逐渐出现了圈层结构，地球表面有了液态的水，这时的水圈是热的，甚至是沸腾的。大约在 38 亿年前地球上形成了稳定的陆块，嵩山在距今大约 30 亿年的时候，已经有了小块的陆核存在，具体位置可能在嵩山以西不远处。而这时嵩山地区应该是一片汪洋。

大约在距今 27 亿年时，由于地壳拉伸，在那时陆核东部边缘的海洋中产生了一个南北向裂谷。裂谷中发生了多次的火山喷发，初期是基性岩浆的海底火山溢流，中期喷发活动逐渐向酸性转化，后期火山基本停止，裂谷中的沉积物以海相沉积为主构造运动分为三幕（期），第一幕（期）洋陆碰撞作用，洋壳自东向西俯冲，陆壳自西向东推覆，使上述陆缘裂谷闭合。伴随俯冲，大规模花岗岩岩浆上侵。已经成岩的登封岩群发生了强烈的韧性剪切

陡立的古元古代石英岩与低缓的新太古代变质花岗岩地貌

**小知识【嵩阳运动】**

由张伯声教授1951年创名，是发生在距今约25亿年的一次剧烈的地壳运动，这次运动形成的角度不整合面。嵩阳运动标志着地球发展演化的一次重大转折，此后形成了巨厚的陆源碎屑建造，使陆壳得到大范围的增生。

嵩阳运动不整合界面

元古宙石英岩地质奇观

变形，局部发生了固态塑性流变变形和角闪岩相变质。这次碰撞，使嵩山地区地壳进一步加厚并快速隆升。进入古元古代嵩阳运动开始第二幕（期），陆壳的推覆强度已经减弱。这期间约在距今23亿—21亿年，曾发生过一次较强的推覆作用和热液活动，有大量伟晶岩脉侵入。第三幕（期）主要表现在辉绿岩石墙群和钾长花岗岩的上侵。嵩阳运动使嵩山古老的基底花岗岩—绿岩体完全固结，陆核也得到了大范围的增生。嵩阳运动使嵩山及其周边地区第一次成为陆地并遭受了较长时期的风化剥蚀。

大约在距今21亿—18亿年时，原来已经闭合的裂谷，再次开裂。形成了一个新的海槽。嵩山地区第二次成为海洋。在这个海槽里，沉积了从陆地上搬运来的大量物质，这些沉积岩就是嵩山群。

古元古代末，即距今18亿年时，嵩山地区发生了中岳运动，使海槽迅速闭合，嵩山地区第二次成为陆地。这次运动使已经形成的所有岩层再次受到改造，发生了比嵩阳运动更为强烈的褶皱和变形，但变质程度普遍不高。这次运动使华北各陆块拼合在一起，形成了华北统一古陆块。

中岳运动形成的陡立岩层

中岳运动形成的大型平卧褶皱

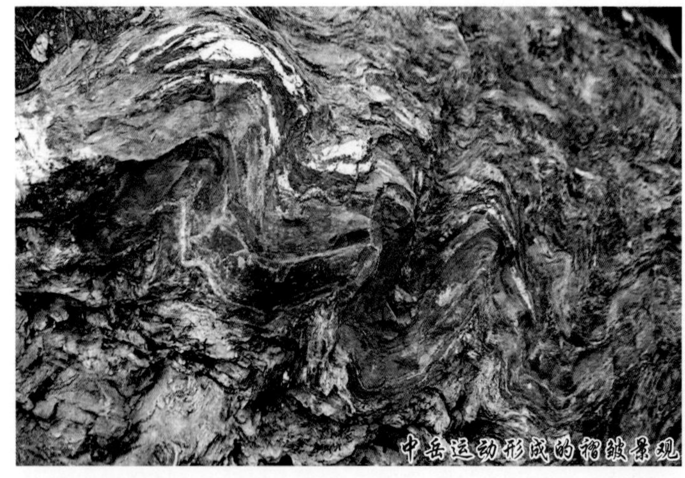
中岳运动形成的褶皱景观

中岳运动形成的肠状褶皱

中岳运动底砾岩

五指岭中岳运动界面

雪村陡崖（中岳运动形成的叠加褶皱）

中元古代早期，即距今 18 亿—16 亿年时，嵩山地区产生了一些东西向张裂带，嵩山的石称、白家寨等地沿张裂带侵入了一系列花岗岩体和辉绿岩墙。这次岩浆活动是嵩山地区的最后一次，从此嵩山再没有发生过岩浆热事件。

在中岳运动之后，嵩山地区又经历了长时间的剥蚀。嵩山的第二次陆地状态保持了 7 亿年，缺少沉积。只在地质公园以西的兵马沟一带有河流相沉积。

距今 11 亿年时，嵩山地区再次开始沉降，在华北陆块之前形成了一个盆地，叫前陆盆地，嵩山地区第三次被水淹没。前陆盆地的沉积中心在嵩山西北佛光—少林寺一带，沉积了五佛山群。

五佛山群紫红色石英岩状砂岩

距今 8 亿年时，少林运动开始起动。少林运动是一次以垂直升降作用为主的造陆运动，嵩山地区又一次抬升，第三次成陆，受到风化剥蚀。各处抬升的速度和幅度不一样，盆地南部比北部抬升较快，幅度相对较大，在抬升过程中，岩层向北倾斜的角度加大，尚未完全固结或刚刚固结成岩的五佛山群岩层内部重力失衡，沿内部软弱层发生破裂，并自南向北滑动，形成了嵩山地区独具特色的重力滑动构造。

距今 6.1 亿年以后，全球气候变冷，嵩山地区也发生了冰川活动，属于大陆冰川。遗留下的冰川堆积物，是一种泥砾混杂的特殊沉积物，称罗圈组。经受了少林运动以来 2.57 亿年的风化剥蚀，嵩山一带乃至华北古陆几乎被夷为平地。

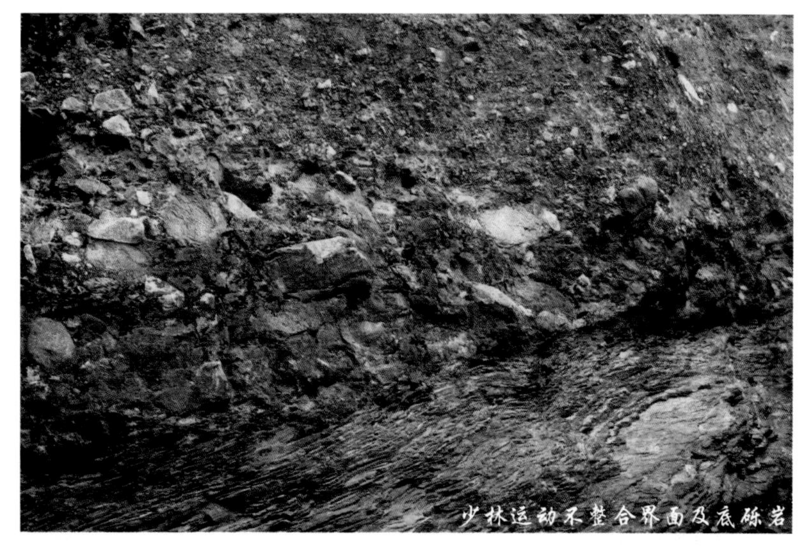

少林运动不整合界面及底砾岩

**小知识【少林运动】**

少林运动是发生在晚前寒武世的一次构造运动。在河南省嵩山地区寒武系下统辛集组底部砾岩呈角度不整合覆于新元古界五佛山群何家岩组和马鞍山组之上。典型剖面位于嵩山少林寺附近。其发生时间距今约5.43亿年。1959年由王曰伦、王泽九等研究命名。

距今 5.43 亿年，来自南方的海水慢慢向北推进，揭开了地质史上新的一页——古生代。海水从东南和西南两个方向向华北古陆推进，淹没了嵩山地区，嵩山第四次成为海洋。

到距今 4.9 亿年的寒武纪末，海水全部离开了嵩山地区，这里第四次成为陆地，属于熊耳古陆的一部分。嵩山地区的地形，也由寒武纪开始时的北高南低，变为南高北低了。

距今 4.55 亿年的中奥陶纪末，受加里东运动的影响，华北海的海水向东北方向陆续退走，华北大部分地区上升成为陆地，嵩山地区第五次成陆。这一次陆地环境保持了 1.35 亿年，缺失了上奥陶系、志留系、泥盆系、下石炭系的沉积，连刚刚沉积的马家沟组石灰岩也多数被剥蚀，在嵩山只剩下了 90 余米的厚度。剥蚀面上形成了红土风化壳和岩溶地貌。

到了距今 3.2 亿年的晚石炭纪，海水从东北方向再次向嵩山地区淹来，嵩山地区第六次成为海域。

距今 2.35 亿年，地质时代进入二叠纪。二叠纪嵩山地区是一个海湾，处于海平面上下频繁波动的潮坪或宽阔平坦的滨海平原环境。二叠纪末期，嵩山地区受华力西运动影响抬升，海水向东南方向退出，海退后的滨海浅滩上发育了大型海滨淡水湖泊。盆地渐渐缩小以至闭塞，气候也转为炎热干旱。嵩山第六次成为陆地，从此结束了海洋的历史。

寒武纪灰岩中的溶洞

进入中生代的三叠纪，嵩山地区大部分是陆地，三叠纪末，印支运动使嵩山地区继续抬升，那几个可怜的小湖泊也消失了。抬升状态延续了1.48亿年，缺失了侏罗纪、白垩纪的沉积。虽然没有沉积，但却并不平静，白垩纪时，嵩山经受了燕山运动的强力改造，燕山运动以强烈的褶皱作用和断块作用为特征，使嵩山三叠纪以前的地层都发生了轴向近东西的褶皱，形成了嵩山复背斜和大金店复向斜。三组不同方向的断裂又对这些褶皱进行了再次的改造。

燕山运动时，嵩山山岳河流外貌定型。经过燕山运动，嵩山高高隆起，称为"嵩箕高地"，在它的周围形成一些山间断陷盆地。这些盆地所处环境不同，新生代的沉积也各具特色。

中生代碎屑岩、泥岩与阶梯状断层

新生代古近纪（距今6500万—2330万年）时期，嵩山气候干热，南麓的大金店盆地里时有干涸，只有始新世的河流，湖泊相沉积。

新近纪（距今2330万—260万年）前期，大金店盆地又开始有了沉积，开始为紫红色山麓堆积的砾岩，逐渐变为湖泊相沉积。

第四纪（距今260万年以来）是嵩山现有地貌景观的形成塑造期，这一时期也在本区沉积了大量的黄土，环嵩山地区成为人类祖先活动的场所，留下了许多古人类活动遗迹。

新生代第四纪黄土地貌

### 2.1.5 峻极天下——五岳之中

中国名山的代表是“五岳”。东有泰山，西有华山，南有衡山，北有恒山，嵩山居中，西周时，为营建东都，周公曾于嵩山脚下“立土圭，正日影，求地中”，确定嵩山为天下之中。武则天嵩山封禅，尊岳神为“天中王”，次年又改为“天中皇帝”。“中州”“中原”，乃至“中国”皆由此得名。

中岳庙

嵩岳寺及嵩岳寺塔

### 2.1.6 嵩山四季

嵩山地处暖温带山地季风气候区，四季分明，寒暖适中，年平均气温 10.2℃，极端最高气温 40.5℃，最低温度 -15.5℃，年降水量 563mm，日照总时数 2275 小时，无霜期 238 天。年平均风速 3m/t，嵩山南麓夏季多东风，冬季多西北风。嵩山世界地质公园各景区人文和自然景观多处于向阳坡，温度、湿度、光照都有利于人类的生存和花草树木的生长发育，更适宜于观光旅游和科学考察。

春季杜鹃花开，“雾锁嵩山”。云雾给嵩山披上了一层轻纱，站在千米以上山顶，丝丝云雾从脚下飘过，如细雨霏霏，微风拂面，清凉湿润。

夏季多雨，雨润嵩山，峰峦滴翠，在蒙蒙细雨中，执伞游山观景，令人心旷神怡。

秋季是游嵩山黄金季节，秋高气爽，遍山红叶。

冬季，开始常有小雪伴着细雨飘落山地，美丽的雨凇宣告冬天的到来，当大雪纷纷飞洒嵩山的时候，山峰是白的，幽谷是白的，奇岩怪石披上洁银，屋顶铺棉，一排排红墙在雪的世界里格外醒目。

少室之春

太室之秋

少室之秋

嵩顶之冬

### 2.1.7 人文嵩山

据史书记载，有 68 位帝王曾到嵩山巡幸，留下许多典故，许多山峰因此命名，如“万岁峰、遇圣峰、御碑峰、会仙峰、御寨山、黄盖峰”等。帝王们视嵩山为风水宝地，纷纷到嵩山祭祀、封禅、巡幸，大大提高了嵩山的知名度。

历代有许多文人学士、名宦贤达来此游览、隐居，许多文学家到嵩山担任官职，有许多著作留世。司马光在崇福宫撰写巨著《资治通鉴》，现已收集到自周以来关于嵩山的专著有 500 余部，诗词 5000 余首，文章 3000 余篇。

嵩山在古代被认为是天文、地理研究中心，在当今被誉为天然地质博物馆和地学百科全书。在这块“肥沃”的土地上，成就了一代代地学名人。为天文学、地质学、地理学、矿床学、水利学的形成和发展，奠定了雄厚的基础。

1980 年，13 个国家 60 多个地质专家聚集嵩山，召开了“嵩山前寒武纪构造地质讨论会”。1996 年，第 30 届国际地质大会在北京召开，筹委会将嵩山列为地质旅行路线之一。嵩山是地学摇篮，也是地学人才成长的摇篮。

古代地学人物：

大禹——治水故事

周公——测景台

僧一行——测出子午线的长度，制定了《大衍历》

郭守敬——观星台，制定了《授时历》

徐霞客——《徐霞客游记》

观星台

到嵩山从事考察研究的地质学家名录：

嵩山地质构造运动命名者：张伯声、冯景兰、张尔道、王曰伦、王泽九。

中国科学院院士马杏垣、王鸿祯、董申葆、张文佑、徐克勤、郭令智、郭文魁、孙枢、叶连俊、叶大年、任纪舜、孙大中、李廷栋、张国伟、程裕淇。

国内著名地质学家：刘鸿允、赵宗溥、丛柏林、李继亮、李荫槐、胡受奚、钱祥麟、王乃文、游振东、索书田、刘如琦、冯增昭、曾允孚、王清晨、陈伟志、刘如琦等。

国外著名地质学家：德国美因茨大学地质系、OGS 构造委员会秘书长 A. 科纳尔教授；瑞士苏黎世工学院地质研究所、世界著名小构造专家 J.G. 莱姆塞教授；美国威斯康星大学地质系 C. 古拉多克教授；澳大利亚矿产资源局局长 R.W.R 鲁特兰德教授；加拿大多伦多大学地质系 W.M. 施沃特教授；加拿大地质调查所 A. 戴维森教授；美国加州大学地球与空间科学系杰拉尔德、舒伯特教授等。

少林寺

嵩阳书院

## 2.2 伴你游览嵩山

### 2.2.1 洪荒探古五佛山景区

位于嵩山世界地质公园最西部，是嵩山地质研究程度较高地段，完整地出露着新太古界登封岩群、中—晚元古界五佛山群和古生界寒武系的地层，登封岩群的地层单位都是在这里研究建立的。马鞍山的北坡是我国研究重力滑动构造最详细的地区，也是重力滑动构造遗迹最典型、保存最完好的地区，是以科研科考为主的景区。全程有公路可通，从西到东依次有鞍坡山、马鞍山、五佛山、挡阳山。

五佛山旅科普游线路

鞍坡山：长 4000 米，宽仅 500 米，四周皆为峭壁，状如刀削，只有西北部一条羊肠小道可登山顶。

鞍坡山

马鞍山：一山两峰，中间凹如马鞍，即马鞍山，高 1258 米。横穿马鞍山，你可以考察登封岩群、五佛山群、寒武系岩层，换句话说，用一天的时间，你可以观察 22 亿年沧桑巨变保存下来的大量地质遗迹。

马鞍山

五佛山：马鞍山北坡有一个小山村，村南的山坡上由东向西一字排列着五个平滑的三角形山坡，形如并排打坐的五尊佛像，背靠马鞍山，庄严肃穆，当地人称五佛山，这些三角面就是重力滑动构造的主滑面。

五佛山

挡阳山：位于马鞍山以东，走向近南北，倾角近似直立，峰高 1231 米，山体由嵩山群坚硬的石英岩组成，它的东西两侧相邻的是古元古界片岩和片麻岩，相对较软，抗风化能力的差异造成挡阳山似一堵高墙，兀立于群山之上，挡住了阳光，因此，得名挡阳山。

挡阳山

重力滑动构造面：少林运动造成嵩山地区的抬升持续了 2 亿多年，由于抬升不均匀，南部抬升较快，北部抬升较慢，造成尚未完全固结或刚刚成岩的五佛山群岩层内部重力失衡，形成了嵩山地区独具特色的重力滑动构造。

重力滑动构造面

### 2.2.2 少室山景区

位于嵩山世界地质公园中西部，西为五佛山景区，东为太室山景区，主峰连天峰海拔高度 1512.4 米。这里是地质景观和人文景观十分丰富的一条线路，交通便利旅游设施齐全，是嵩山最成熟的旅游景区之一。路线从少林水库开始，沿途有中岳运动遗迹不整合界面、永泰寺、少林寺、塔林、嵩阳运动不整合界面、少室石林、一线天、三皇行宫、三皇庙、清凉寺、清微宫、莲花寺、禅宗大典、九朵莲花山、大型平卧褶皱、少石阙等代表性景观，路线全长约 20000 米。

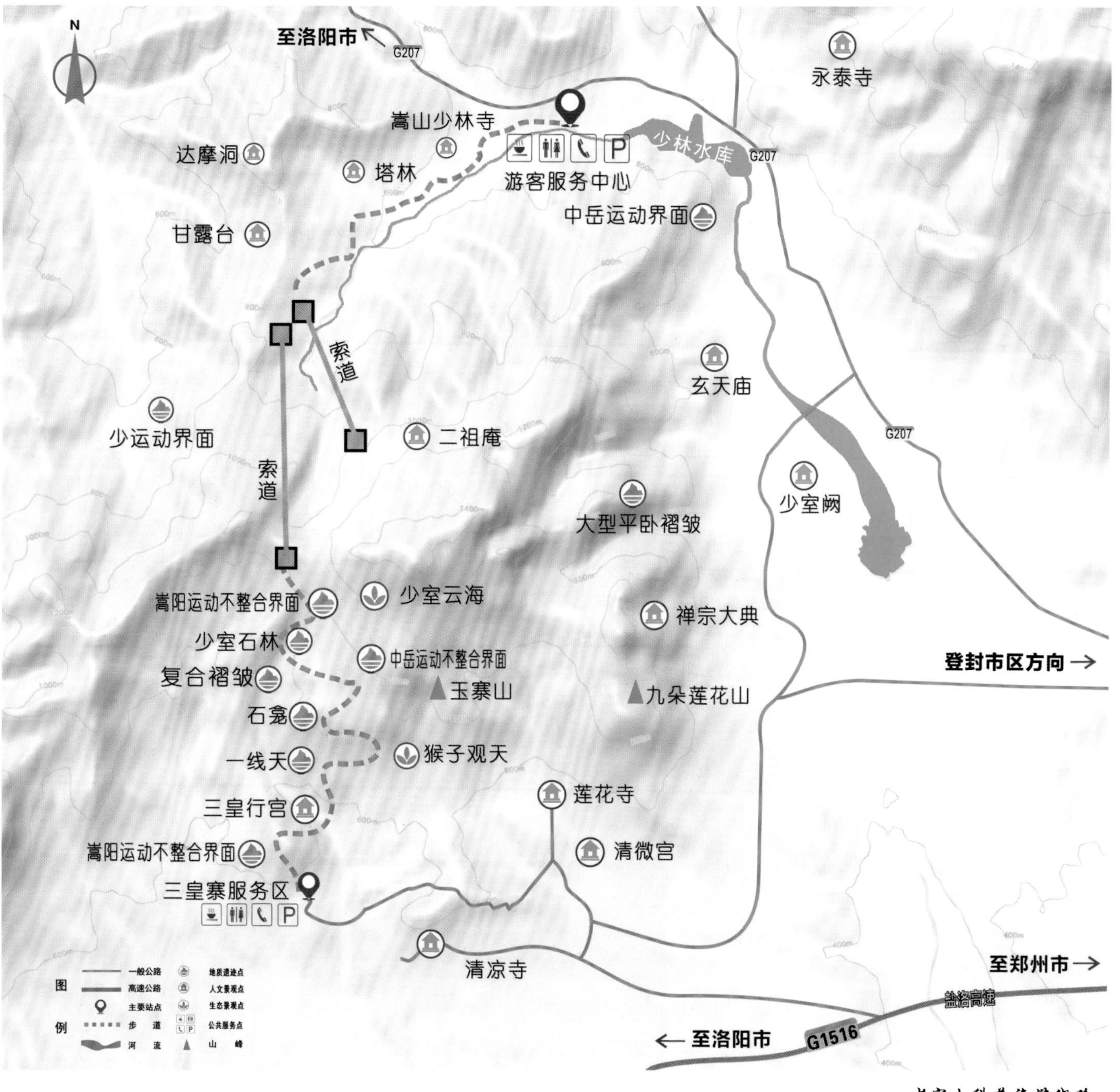


少室山科普旅游线路

“立”显特色的少室山：少室山最大的特色就是山势直立险峻，素有少室如立之美誉。闻名于世的少林寺就深藏于少室山的怀抱中，这些丰富的人文景观和珍稀的地质遗迹相互辉映，构成了少室山立体的多层次、多功能的迷人景观。

梯子沟峡谷：位于少室山钵盂峰西，近南北向，谷长 1800 米。沿谷而上，有步行登山阶道，是北边通往三皇寨景区的必经之路。峡谷里树木森森，流水潺潺，泉水甘甜，鸟语花香，令人心旷神怡。即是盛夏，也绝无酷热之苦。从少林寺塔林，架设有高空索道。索道在梯子沟峡谷上空运行，从索道上俯瞰大地，茫茫林海中露出各色岩层，从距今 21 亿年的嵩山群到 8 亿年的五佛山群地层都有出露。犹如一幅彩色航空照片，可以解译出许多地质构造现象来。

嵩阳运动遗迹：嵩阳运动是指发生在距今约 25 亿年的一次剧烈的地壳构造运动，它所保留的主要遗迹是位于嵩山山腰下部的角度不整合界面和底砾岩。这个不整合界面是太古宇与元古宇的分界线。在不整合面上有底砾岩存在，这些底砾岩受后期强烈构造运动的影响，有明显的拉长现象。地貌上下部太古宇地层形成山体下部的缓坡，元古宇石英岩形成险峻的陡崖。

景观荟萃三皇寨：三皇寨是嵩山自然景观集中、地貌最险峻、景致最壮观的景区。由坚硬石英岩组成的奇异山体，步步有景、处处奇特，有名有典的景点达数十处。有石笋、石林、连天峡、石门、悬天洞、三皇峡谷、聚仙崖、拜仙猴、挂冰崖、好汉坡、夹脚石、猴见愁、月门石、母子石、寿仙石、三皇献宝、石猴观天、云峰虎啸、仙翁向佛等。路线基本沿一条南北向剪切构造带进行，路线以西的深谷中分布的是新太古代登封岩群古老变质岩，与路线上的石英岩呈倒转关系。沿途可见变形砾岩、原始沉积槽模、各种节理裂隙、尖棱构造、中岳运动不整合界面等多种地质遗迹，令人目不暇接。离开三皇寨，走出大峡谷，就到了路线终点清凉寺。清凉寺建在钾长花岗岩岩体上，寺北多见岩体里的登封岩群变质岩和嵩山群石英岩捕虏体。

古人有诗赞三皇寨：“嵩山天下奥，少室显奇特。不游三皇寨，不算少林客。”

少室如立

梯子沟峡谷

三皇峡

三皇寨索桥

### 2.2.3 太室山景区

位于嵩山世界地质公园中部，登封市区以北，嵩山主峰峻极峰海拔高度1491.73米，相对高差达1100米，犹如擎天地柱屹立在华北平原西侧，“不来峻极游，何以小天下”。是文学巨匠范仲淹游峻极峰的切身感受。太室山的山基为距今约25亿年前形成的新太古代花岗片麻岩，主体为距今约20亿年形成的古元古代石英岩，地貌呈现为上部陡崖绝壁，下部低缓丘陵；高山峡谷内，植被增色、人文点缀，百鸟争鸣、潭瀑如雷，典型地质遗迹如描如绘。

线路起点从登封城北的嵩阳书院开始，经地质博物馆、法王寺、嵩岳寺，沿毛女洞沟而上，游览峻极峰后东南行，从太室山东坡下山，经一线天、卢崖瀑布、卢崖寺至中岳庙结束。路线全长约35000米。

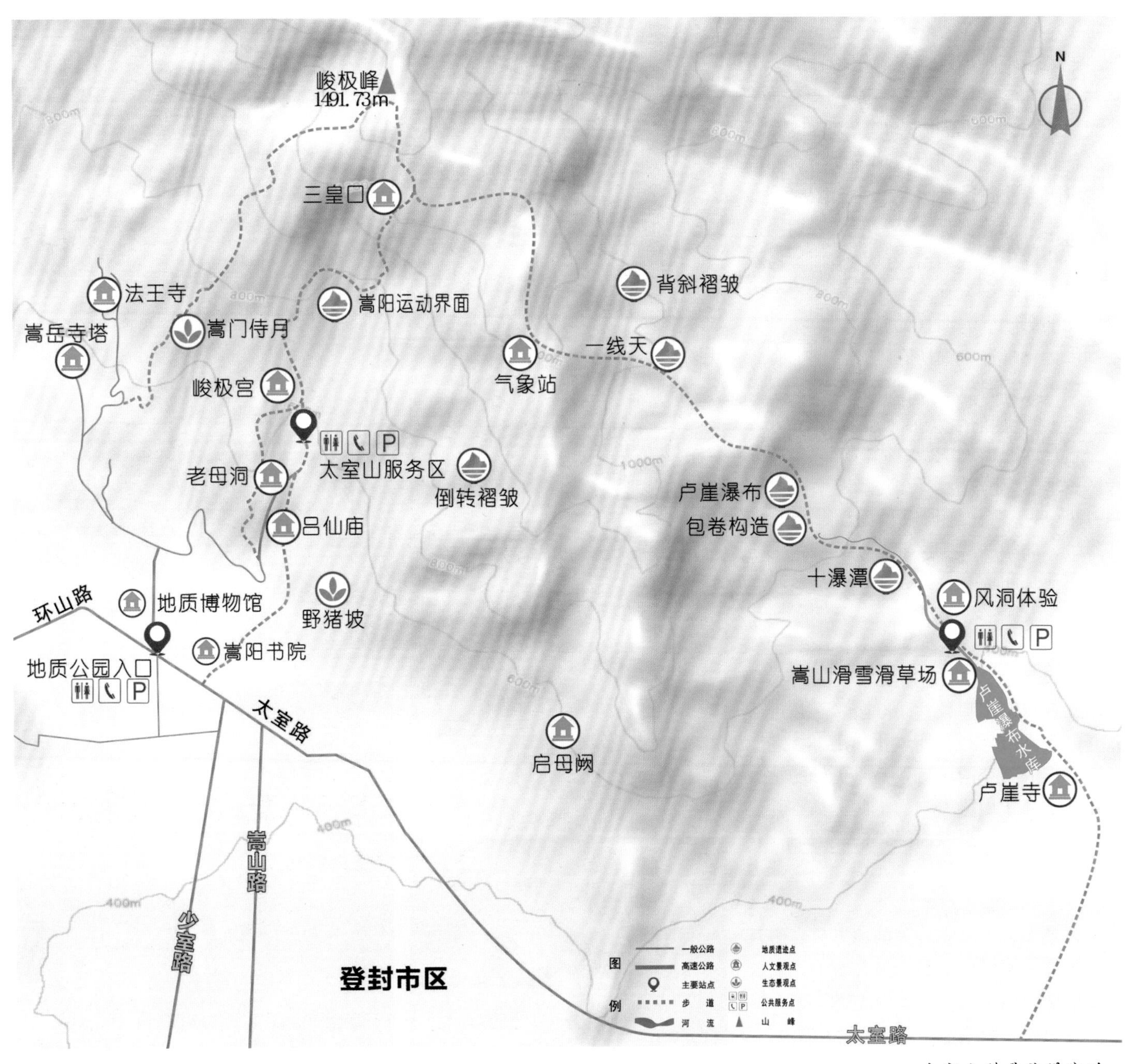


太室山科普旅游线路

（1）“卧”显特色的太室山

太室山主体海拔高度在 1400 米以上，相对高差达千余米，犹如一道天然屏障东西横亘，气势巍峨。由于太室山山体为宽缓的复式背斜，地层产状在不同的部位差异很大，崖壁断面上的纹理十分清晰（表现崖壁上各种地层纹理），就像一只猛虎卧伏在中原腹地。

（2）嵩阳运动不整合界面

太室山山腰陡崖与缓坡交接处为太古宇与元古宇地层之间形成的角度不整合界面。嵩山群底部的砾岩呈角度不整合覆盖在登封岩群的不同层位和不同构造部位上。嵩阳运动的界面，既是一个不整合面，又是一个古风化面，还是一个受后期构造影响，顺嵩山群底面滑脱的构造面。在不整合面上有底砾岩存在，这些底砾岩受中岳运动的影响，有明显的拉长现象。这里是嵩阳运动标准剖面所在地，崖壁上有张伯声题写的“嵩阳运动”摩崖石刻。

（3）峻极峰

它是太室山的主峰，因清乾隆皇帝在峰顶赋诗立碑，所以又叫御碑峰，海拔 1491.73 米。站立峰顶极目四望，南临颍河谷地，北望一线黄河，西眺九朝古都洛阳，东连郑州商城。山谷云雾缭绕，霞光四射，游人无不心醉。

（4）一线天

规模宏大，裂缝宽仅 1 米多，高 40 余米，入口至出口长达 100 余米。是近于直立的张性节理在长期风化作用下，逐渐开裂，形成如今的独特景象。更妙的是这条裂隙切穿了山梁，沟通了两侧山谷，成了一个通风口。裂隙内终年清风习习，有“天然空调”之称。

（5）卢崖瀑布

它是太室山风光最美的地方，高约百米，水从崖顶倾泻而下，撞在石上，散成万点珍珠，回折上天，重新抛洒下来，恰似节日焰火，当地人称“珍珠倒卷帘”。

嵩山太室山全景

嵩阳运动遗迹

峻极峰

卢崖瀑布

太室之秋

一线天

### 2.2.4 五指岭景区

五指岭景区位于嵩山世界地质公园东北部，西与太室山景区相邻，五指岭因山峰形如五指而得名。以地质景观和山水景观为主，从秀丽的纸坊湖畔出发，经关口，扳倒井至巩义涉村，然后东行登五指岭，由井湾、花峪返回唐庄结束，全程约 20 千米，路线虽长，沿途均有公路，可乘车游览全程。

五指岭科普旅游线路

景区内的古元古代嵩山岩群地层出露完整，研究程度高，是五指岭组、庙坡山组和花峪组三个组级层型剖面的命名地。“密玉”“国画石”享誉国内外。景区北部的寒武纪地层内，产丰富的三叶虫化石。

五指岭风光

国画石

九龙潭褶皱

五指岭风光

五指岭山势挺拔陡峻，山顶平坦开阔，峡谷曲折迂回，形成山高谷深、大起大落、大空间、大节奏的壮美景观。山体的岩性主要为古元古代嵩山群石英岩，洁白如玉。盛夏时节，仙风习习，云雾缭绕，是避暑度假的理想场所。

五指岭中岳运动界面

### 2.2.5 石淙河景区

位于嵩山世界地质公园东南隅，石淙河从景区东部流过，在碳酸盐岩分布区形成典型的喀斯特地貌，河中多巨石，两岸多洞穴，水击石响，淙淙有声，故名“石淙河”，人称“小桂林”，唐朝女皇帝武则天曾在此大宴群臣，留下了“石淙会饮”的千古佳话。

景区内各种人文遗迹十分丰富，考古证实从新石器代开始，先民就在此繁衍生息。王城岗夏代都城遗址揭开了我国城市文化的序幕；商周时期的周公测景台向全世界宣布了中华文明的观天测地；古阳城战国晚期的输水系统遗址，是我国最早的城市供水工程，其形制与现代供水设施惊人的相似；明代郭守敬所创立的授时历比世界通用的格里高利历早 300 年问世。石淙河，自然景观和人文景观令游人大饱眼福。

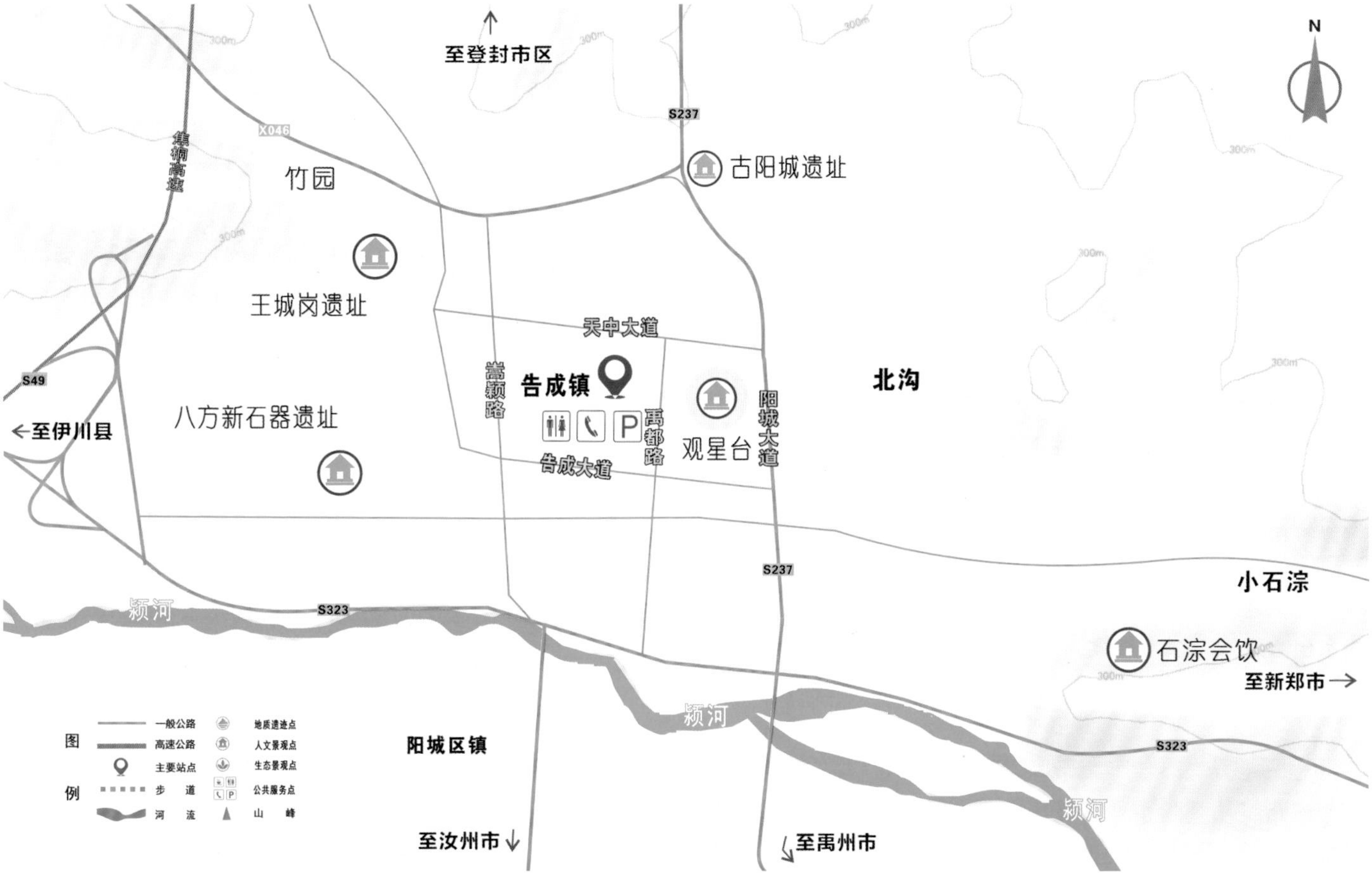

石淙河科普旅游线路

奇石苑

石淙河

石淙会饮

## 2.3 地质考察路线推荐

公园有 5 条典型的地质科考线路。

### 2.3.1 第一条是马鞍山—佛光地质考察路线

该路线位于地质公园西部，大致南北走向，全长约 10 千米，有简易公路相随，交通方便，是嵩山地质研究程度较高地段，嵩山地区有 14 个地层单位是在该路线附近命名的。

路线从登封市西 20 千米的水磨湾开始。起点即为中元古代石秤钾长花岗岩体，向北进入变质岩区。马鞍山南坡是早期建立登封群的地方，地层、构造和岩浆岩等内容丰富。除登封岩群各种岩性及其接触关系外，还可看到不同层次、不同期次的变形变质遗迹。许多典型的构造遗迹是地质教科书上难以看到的。

马鞍山山脊是由五佛山群下部岩层构成的单面山，不整合覆盖在登封岩群之上，不整合界面即为中岳运动界面。沿马鞍山北坡而下，进入佛光峪，是五佛山群完整剖面。五佛山村南的五尊佛像，是滑动构造的产物。马鞍山北坡是我国研究重力滑动构造最详细的地区，也是重力滑动构造遗迹最典型、保存最完好的地区，对地学研究有兴趣的游客，将获得最大的满足。

路线北段九龙角湖两侧为古生界寒武系分布区。寒武系出露良好，层位连续完整。

### 2.3.2 第二条是登封—三皇寨地质考察路线

该路线从登封市西郊开始，沿公路至少林寺西山，乘登山索道至三皇寨，全长 15 千米，是地质景观、自然景观和人文景观十分丰富的一条路线。

登封西郊，低山丘陵区分布有新太古代三个经过强烈构造作用形成的变质变形深成岩体。嵩岳寺西南是张伯声教授 1950 年首次描述并命名的“嵩阳运动”所在地。少林湖大坝以西的少室山山脚，是张尔道教授 1954 年首次描述的“中岳运动”发现地。

由少林寺西行约 3 千米，即到著名的“少林运动”发现地。1959 年王曰伦教授在嵩山以东的关口发现了寒武系与嵩山群之间的不整合接触关系，一路追索到少林寺西山，终于发现了“少林运动”理想的构造运动界面。

三皇寨是嵩山自然景观集中、地貌最险峻、景致最壮观的景区。由坚硬石英岩组成的奇异山体，步步有景、处处奇特，有名有典的景点多达数十处。路线基本沿一条南北向剪切构造带进行，路线以西的深谷中分布的是新太古代登封岩群古老变质岩，与路线上的石英岩呈倒转关系。沿途可见变形砾岩、原始沉积槽模、各种节理裂隙、尖棱构造、中岳运动不整合界面等多种地质遗迹，令人目不暇接。离开三皇寨，走出大峡谷，就到了路线终点清凉寺。清凉寺建在钾长花岗岩岩体上，寺北多见岩体里的登封岩群变质岩和嵩山群石英岩捕虏体。

### 2.3.3 第三条是嵩阳书院—峻极峰地质考察路线

该路线从登封市北的嵩阳书院开始，经老君洞至峻极峰，登顶后可沿西边的毛妮洞返回，至地质博物馆结束，往返 4 千米余，从嵩阳书院徒步登顶高程约 10 千米。

老君洞后的峻极宫附近是“嵩阳运动”最理想的参观点，构造运动界面及界面上下岩石出露，良好清晰地揭示了 25 亿年前发生在嵩山的那场“天翻地覆”的地壳构造运动。从峻极宫开始，山势突然变得异常陡峻，岩性由片麻岩变为石英岩。石英岩中发育各种剪切褶皱，这些构造形迹都是中岳运动的产物。

有学者认为在距今 200 万年前后，嵩山发生了一次山岳冰川，这一带正处在冰川运动区。站在逍遥谷和法王寺，环望四周高峰，似冰川地貌如角锋、刃脊、冰斗、冰川槽谷依稀可见。嵩山第四纪冰川研究起步较晚，尚有分歧，地学爱好者留意观察，收集证据，不管是肯定的证据，还是否定的证据，对嵩山地学研究，都是可贵的贡献。

### 2.3.4 第四条是卢崖寺—青岗坪地质考察路线

路线从豫 03 公路以北的卢崖寺开始，沿四里河向北进山，至青岗坪结束，原路返回，徒步游览，全程 4.5 千米。沿途可以观察古元古代嵩山群石英岩变质变形特征，可以看到嵩山群中大型平卧褶皱及形态多样、类型不同的宽缓褶皱形态。原始沉积构造，如各类交错层理和波痕，几乎随处可见。

沿四里河而上，进入十潭瀑布群，攀上卢崖瀑布陡壁，走过吊桥，穿过一线天。再上一段陡坡，眼前一亮，显出一片相对平缓的地坪，几座小小道观坐落坪中。向西望去，跑马岭南北耸峙，白石尖突兀孤立，气象台的天线塔直指天穹。

有学者认为距今 200 万年前后的那一次山岳冰川，在这里留下了许多遗迹。跑马岭以东也是冰川运行区，各沟谷为冰川槽谷，跑马岭上的灯盏锅、白石尖是冰体向后啮蚀山坡而形成的角峰。据专家考察，四里河卢崖瀑布群和众多碧潭，是冰川掘蚀而成的冰坎和冰臼。由于长时间的自然风化和流水改造，今天看到的许多冰川地貌是被改造后的产物。

### 2.3.5 第五条是纸坊湖—五指岭地质考察路线

五指岭景区分布的主要岩层是古元古界嵩山群的石英岩和片岩。路线从秀丽的纸坊湖畔出发，经关口、扳倒井至巩义市涉村，然后东行登五指岭，由井湾、花峪返回唐庄结束，全程约 20 千米，路线虽长，沿途均有公路，可乘车游览全程。

由纸坊湖北行上山，可以分辨出五指岭组片岩的原始沉积层理和后期构造片理，各种构造形态生动有趣。古讲阳关关门就建在寒武系底部砾岩上，砾岩之下即为少林运动不整合界面。从砾岩层向北追索，经扳倒井、窖粮坑至涉村，出露着完整的寒武纪、奥陶纪地层，其中，寒武纪地层含丰富的三叶虫化石。

由涉村乘车至分水岭、沿盘山公路曲曲弯弯绕上五指岭。海拔 1215 米的五指岭上有小片五佛山群砂岩和寒武纪地层出露。

五指岭南井湾一带，是古元古界嵩山岩群的“祖庭”，嵩山岩群的五指岭组、花峪组和庙坡山组的典型剖面都在此建立。嵩山岩群地层层序及变质变形特征出露良好。井湾附近还可见到特殊的推覆构造——飞来峰。

景区分布图

## 2.4 嵩山地质公园博物馆与主题碑

### 2.4.1 地质公园博物馆

嵩山地质公园博物馆始建于2003年6月，坐落于嵩山脚下，背靠嵩山、面向登封城区，位于公园的主入口处，占地面积33000平方米，建筑面积3000平方米，建筑造型简洁，是典型的现代简约建筑风格。设计日接待能力1500人次。2009年经过改造目前分设6个厅，走进嵩山厅（序厅）、地质大典厅、海陆变迁厅、地学摇篮厅、岳立中天厅和多媒体厅。博物馆布展内容丰富，展示手段新颖，体现了嵩山的地质内涵，是游客了解嵩山、认识嵩山的理想场所。

嵩山地质公园博物馆

博物馆序厅

地质大典简介

地质大典展厅一

地质大典展厅二

地质大典展厅三

海陆变迁展厅一

海陆变迁展厅二

海陆变迁展厅三

### 2.4.2 主题碑与主题碑广场

地质博物馆的后面，是主题碑广场，广场的中间矗立着一座恢宏壮观的世界地质公园标志碑，碑高15.12米，是嵩山最高峰1512米的百分之一，基座5级，代表“五代同堂”，分别用采自太古宙、元古宙、古生代、中生代和新生代的岩石砌成。周围有三条台阶通往座顶，代表嵩阳、中岳、少林三大构造运动。碑身设计为一本打开的巨著，意为“地学百科全书”。

嵩山盛会

主题碑

## 2.5 地学解密

嵩山是地球的宠儿，在30亿年前就有灼热的岩浆喷涌，从茫茫大海中冒出陆核或小陆块，诞生了最初的嵩山，显示了地球成陆时代的来临。在以后漫长的地质历史中，嵩山地层发育齐全，层序清楚，在不足400平方千米的范围内袒露着太古宙、元古宙、古生代、中生代和新生代五个地质历史时期的地层，地学界誉为“五代同堂”。嵩山地区保存着嵩阳、中岳、少林、加里东、燕山等构造运动的地质遗迹，特别是在不足20平方千米的范围内，清晰地保存着嵩阳运动、中岳运动和少林运动所形成的前寒武纪的三个角度不整合界面，这是研究早期地壳演化规律的理想场所，嵩山是研究地壳演化史的百科全书。

### 2.5.1 嵩山“五代同堂”的来历

在嵩山世界地质公园内出露了太古宙、元古宙、古生代、中生代、新生代五个地质历史时期的岩石地层序列，曾经被地学界称之为“五代同堂”（注：太古宙、元古宙曾经被称为太古代、元古代）。这五个地质历史时代，实际上是一部完整地反映华北地区地质演化历史的石头史书。

每个时代的地层特征如下：

（1）新生代地层

新生代地层属于嵩山地区第五代，为6500万年以来的陆相沉积物。包括一些残坡积物、黄土和现代河流沉积物。

（2）中生代地层

嵩山地区第四代，区内仅出露三叠纪地层，是一套红色为主的砂岩、泥岩，年龄为2.5亿—2.05亿年，由内陆湖泊沉积形成。

（3）古生代地层

嵩山地区第三代，分上下两部分，下部为寒武纪与奥陶纪地层，年龄为5.43亿—4.9亿年，由海洋沉积形成，主要岩石为石灰岩，含丰富的动物化石，三叶虫最多；上部为石炭纪和二叠纪地层，年龄为3.54亿—2.5亿年，为滨海、湖沼沉积形成的砂岩、页岩，并含铝土矿和多层可采煤层，动植物化石丰富。

（4）元古宙地层

嵩山地区第二代，分下部和上部两套，由海洋沉积物固结而成，代表岩石为砂岩、页岩、石灰岩等。下部地学上称为“嵩山岩群”，上部称“五佛山群”，后者含丰富的微古生物化石——叠层石。

（5）太古宙地层

嵩山地区第一代，为嵩山最古老的岩石地层，已有约27亿年的高龄，由海底火山喷发物和海洋沉积物固结、变质而成，代表性岩石为片麻岩和片岩，地学上称为“登封岩群”。

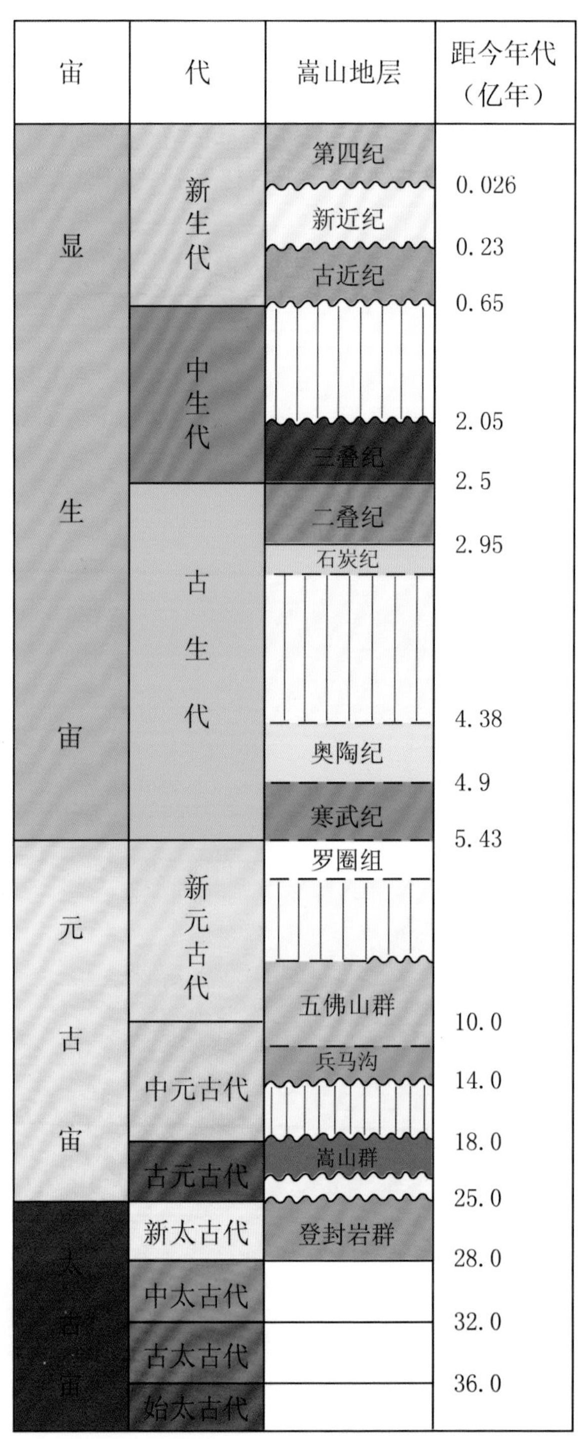

嵩山地区地层年代表

### 2.5.2 嵩山地区的“三大构造运动”形成的遗迹

嵩山“五代同堂”的地层层序之间有多个反映地质构造运动的不整合面。其中，发生在距今约 25 亿年、18.5 亿年、5.7 亿年前的三次前寒武纪全球性地壳运动形成的沉积间断和地层角度不整合界面遗迹，形迹出露清晰，是研究地壳早期演化规律、追溯地球演化历史的理想场所。

“嵩阳运动”遗迹：“登封岩群”与“嵩山岩群”之间的角度不整合界面，由 25 亿年前“嵩阳运动”形成。

“中岳运动”遗迹：“嵩山岩群”与“五佛山群”之间的角度不整合界面，由 18.5 亿年前“中岳运动”形成。

“少林运动”遗迹：“五佛山群”与寒武纪辛集组之间的角度不整合界面，由 5.7 亿年前“少林运动”形成。

少室山三皇禅院

石英岩形成的悬崖绝壁

### 2.5.3 嵩山的年龄有多大

谈到嵩山的年龄有两个数值，一个是嵩山的地质年龄，另一个就是嵩山现代地貌景观的形成年龄。要知道嵩山的地质年龄，必须先确定嵩山最老的岩层。根据地质学家们的研究，分布在嵩山南麓的一大套片麻岩系是嵩山最老的岩层，称为“登封岩群”，它的主要成分是火山喷发岩。登封岩群的年龄是多少？为了弄清这一问题，地学工作者不断采集样品，做同位素年龄测定，据不完全统计，先后在登封岩群及其相关岩石中采集同位素测定样品 70 多件，获得了一批绝对年龄数据。1988 年德国学者柯莱尔（Kroner）等和西北大学教授张国伟合作，在嵩山地质公园西部郭家窑中酸性火山岩中采集到一批锆石样品，用单颗粒铅—铅法测定，其中最老的一个年龄数据为 2945 ± 44 百万年。据研究，这颗锆石是岩浆在地下运移过程中从围岩中捕获的一个“捕虏晶”。它的存在说明至少在中太古代 30 亿年左右，嵩山地区已经有了陆核或小陆块存在。由此可以说嵩山的地质年龄为 30 亿年，这是有科学依据的结论。在一些著作中，为什么又有人说嵩山的地质年龄为 35 亿年呢？这是因为人们考虑到这个小陆核或小陆块有一个形成过程，嵩山陆块的真实年龄可能会更老一些，所以加上 5 亿年的推断量。30 亿年和 35 亿年都是科学的说法，不过一个是实测年龄，一个是推断年龄罢了。

嵩山现有地貌景观的形成年龄要小得多，据研究燕山期造山运动形成的地貌景观，到中生代末期时已经全部被剥蚀夷平成准平原，发生在新生代早期的喜马拉雅造山运动，秦岭山系开始形成，特别是距今 260 万年以来的第四纪时期，是现有的地貌景观的主要形成期。

形成于18亿年前的褶皱景观

嵩山与颍河谷地

形成于距今23亿年前的辉绿岩墙，地表具球形风化

### 2.5.4 嵩山为什么分为少室山和太室山，为什么没有连在一起

在距今 200Ma 以前，嵩山是连在一起的，没有太室山和少室山之说，由于在中生代晚期，强烈的燕山运动，使嵩山地区产生了巨大的剪应力，在应力作用下形成了唐窑—中岳庙断层和五指岭断裂，拦腰将嵩山截为三截，并使峻极峰及五指岭依次向北西方向推移了 3 千米和 7 千米。后据传，禹王的第一个妻子涂山氏生启于峻极峰下，山下建有启母庙，故称之为“太室”；禹王的第二个妻子，涂山氏之妹栖于少室山，在山下建少姨庙敬之，故山称“少室”。

### 2.5.5 为什么少室山岩层是直立的

在距今 18 亿年前这里是滨海—浅海环境，沉积了一套水平状的碎屑岩—碳酸盐岩，地层。在 18 亿年前后，发生了地壳运动（中岳运动），嵩山隆起，在南北向压力下，岩层发生了紧密复式背斜和复式向斜，后经过风化、剥蚀，褶皱的顶部已经不存在。从不同方向看，显示出不同的形态，顺层看显示出石林地貌，若迎着岩层层面看，是一层层叠置的“巨板”，非常壮观。

少室山直立岩层

嵩山全景

### 2.5.6 嵩山褶皱为什么那么丰富多彩

在地质历史时期，嵩山地区经历了多期次构造运动的叠加改造，发生在距今 25 亿年前的嵩阳运动时期，嵩山地区的太古宙地层中就形成了至少三期构造变形的叠加；发生在距今 18 亿年前后的中岳运动时期，嵩山地区当时已经形成的地层又被进行了复杂的褶皱改造。塑造了嵩山主体近南北向构造形态，形成了紧密的，走向近南北，轴面向西倾斜、向东倒转的复式背斜和复式向斜。所以在嵩山你可以看到各种形态的褶曲，如平卧、倒转、尖棱、肠状、叠加等褶皱。

褶皱

肠状褶皱

协调褶皱

### 2.5.7 嵩山国画石

嵩山群石英岩的某些层位交错层理特别发育，嵩山人对这些交错层理发育的石英岩从不同方向切割打磨，创作出了许多图案类似于“国画”的奇石。奇石上画面变化万千，有的酷似层层山峦，有的显现出田陌村舍，有的分明是茫茫林海，有的惊似高崖飞瀑，一块普通石头，千变万化。

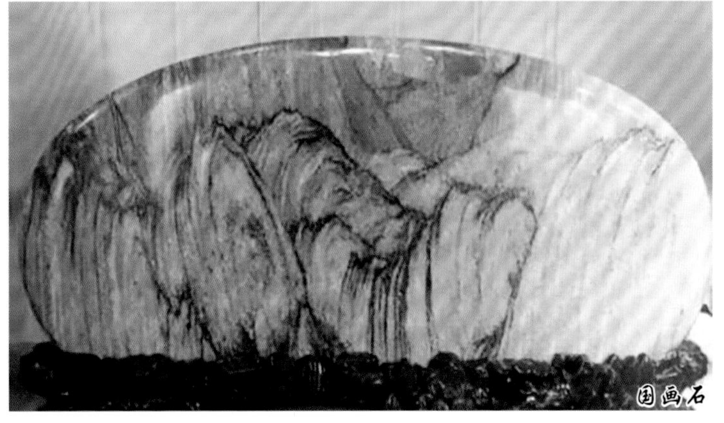
国画石

### 2.5.8 达摩面壁石成因之谜

少林寺的面壁石，打从它出现的那一刻起，就引起了人们的关注，不少人怀疑其真实性，历代都有人前去考证，以辨真伪。

各代名人对面壁石多有描述，但都不尽相同，有的说是坐像，有的说是立像，有的说是正影，有的说是背影。可能的情况是：面壁石上的影纹本来就不清晰，隐隐约约，佛殿里光线又暗，人们连看带猜，就看出不同的结果来。

最较真的是一个叫魏校的人，此人是个无神论者，他在广东省任提学副使（约相当于省教育厅副厅长）时，曾焚烧过禅宗传法之宝达摩衣钵。到河南当督学时又和面壁石“过不去”，他亲自到五乳峰达摩洞考察了洞里的岩性，发现面壁石的岩性和达摩洞的岩性“形类不同”，认定面壁石绝不可能来自达摩洞。接着又命令知县侯泰召石匠“微凿其痕验之”。验的结果他没说明，但不久去少林寺考察的袁宏道却报导了魏校刻验的结果“以刀刻影影愈彻”，也就是说，面壁石上的影纹不是“影印”上去的，是深入石头内部的。

达摩洞的岩性是白云质灰岩，呈灰色，而面壁石是白色的，那么面壁石的岩性是什么呢？

其实这个问题四百多年前已由袁宏道调查清楚了。袁宏道，明万历进士，他 1609 年游嵩山时曾就这一问题请教过少林寺老和尚，老和尚告诉他“涧中自有此石，能为水树云影”，也就是说河沟里多有这样的石头。少林寺前少溪河中白色滚石很多，这种岩石叫石英岩，是滨海沉积的石英砂岩变质而成的，它的杂质或后期渗入的暗色矿物质，偶尔会显示“水树云影”。用现代的语言讲，面壁石是一块“奇石”或者叫“观赏石”，完全是天然生成的。袁进士在他的《达摩影石》诗中作过生动的比喻：“如虫蚀木偶成文。”也就是说：像虫吃木头，留下的虫迹偶尔也会像文字一样。

近年有人找到能显示毛主席头像的奇石，还有人收藏有“四大美人”奇石，嵩山也不断发现精美绝伦的“国画石”，由此可知，天然生成达摩影像的石头也就不足为奇了。

达摩面壁图

达摩洞

## 2.6 人文历史

### 2.6.1 嵩山太室山与少室山的来历

嵩山叫太室山、少室山。有不同的说法，一种说法是山有石室，太室山的石室大，少室山的石室小，因此叫太室、少室。另一种说法是室是妻室的意思，太室为大妻所居，少室为小妻所居。传说大禹在治洪水的时候，先娶安徽寿县人涂山氏为妻，住在东边山下，涂山氏死后又和涂山氏的妹妹结婚，住在西边山下，两山由此而得名。汉代曾在太室山下建启母庙。在少室山下建“少室阿姨庙”。两庙唐宋时尚在，如今只剩下两个庙阙，即启母阙和少室阙。

绿染嵩山

日照嵩山

### 2.6.2 嵩山“天地之中”历史建筑群

“天地之中”历史建筑群，属世界文化遗产，分布于河南省登封市区周围，现有全国重点文物保护单位 16 处，河南省重点文物保护单位 22 处，各类文物珍品 6700 多件。列入“世界文化遗产”的嵩山历史建筑群，包括太室阙和中岳庙、少室阙、启母阙、嵩岳寺塔、观星台、会善寺、嵩阳书院、少林寺常住院、初祖庵、塔林等 8 处 11 项历史建筑。“天地之中”历史建筑群历经汉、魏、唐、宋、元、明、清，绵延不绝，构成了一部中国中原地区上下 2000 年形象直观的建筑史，是中国时代跨度最长、建筑种类最多、文化内涵最丰富的古代建筑群，是中国先民独特宇宙观和审美观的真实体现。

（1）少林寺

少林寺天下第一名刹。它是禅宗祖庭，少林武术发源地。因坐落于嵩山腹地少室山茂密丛林之中，故名“少林寺”。始建于北魏太和十九年（495 年），是孝文帝为了安置他所敬仰的印度高僧跋陀尊者，在与都城洛阳相望的嵩山少室山北麓敕建而成。因其历代少林武僧潜心研创和不断发展的少林功夫而名扬天下，素有“天下功夫出少林，少林功夫甲天下”之说。少林寺常住院占地面积约 57600 平方米，雄伟华丽，历史上长期作为全国寺院建设与布局的典范。少林寺塔林是中国现存最大、数量最多、价值最高的古塔建筑群，有唐、宋、金、元、明、清 228 座，面积 14000 平方米。

少林寺

（2）中岳庙

中岳庙位于太室山黄盖峰下，是中州地区最大的一座道庙，也是五岳中现存最古老、最庞大的古建筑群。占地近 11 万平方米，整体布局是清乾隆皇帝游嵩山时下令依照北京故宫的模式设计的，故有“天中小故宫”之称。

中岳庙

（3）嵩岳寺塔

嵩岳寺塔建于公元509年，也就是北魏永平二年，嵩岳寺塔巍然矗立于嵩岳寺中央，建于公元520年，也就是北魏正光元年，是我国现存最早的砖砌佛塔。用糯米汁拌黄土作浆，小青砖砌垒，塔为密檐式结构，由塔基、塔身、密檐和塔刹组成，高38.6米，共15层。经近1500年的风化剥蚀，仍不酥、不碱、不裂、不倾，完好无损，实属我国古代建筑中的罕例，号称“天下第一塔”，1961年被国务院公布为第一批全国重点文物保护单位。

（4）法王寺

法王寺创建于公元71年，也就是东汉明帝永平十四年，比闻名中外的少林寺还早424年，它虽比洛阳白马寺晚建3年，但由于白马寺前身鸿胪寺是招待宾客的场所，故法王寺应是中国佛教最早的寺院。法王寺中轴线有七进院落，依次为山门、金刚殿、天王殿、大雄宝殿、地藏殿、西方圣人殿（毗卢阁）、藏经阁（卧佛殿）。在法王寺可欣赏嵩山八景之一——“嵩门待月”景观。

（5）嵩阳书院

嵩阳书院是我国宋代四大书院之一，是当时国家的最高学府。北宋理学大师程颢、程颐在此聚徒讲学，创程朱理学，把儒学推向新阶段。书院占地近 10000 平方米，由南向北依次为大门、碑林、先圣殿、讲堂、泮池、道统祠、藏书楼。书院主要景观有：大唐碑和汉封将军柏。

嵩阳书院

（6）大唐碑

全称为《大唐嵩阳观纪圣德盛应以颂碑》，公元 744 年也就是唐天宝三年刻立，碑高 9 米，宽 2 米，厚 1 米，碑制宏大，雕刻精美，通篇碑文 1078 字，主要叙述嵩阳观道士孙太冲为唐玄宗李隆基炼丹九转的故事。碑文为书法家徐浩的精品，八分隶书汇整遒劲。2001 年国务院公布此碑为全国重点文物保护单位。

大唐碑

（7）汉封将军柏

嵩阳书院内有古柏三株，为原始森林遗物，树龄约 4500 年。公元前 110 年也就是西汉元封六年，汉武帝刘彻游嵩岳时，封为“将军柏”，留下了广为传颂的“先入为主”的故事。

汉封将军柏

永泰寺

（8）永泰寺

原名明练寺，创建于北魏正光二年（521年），历史上先后有三位公主在此削发修行。唐中宗神龙二年（706年）为纪念魏孝明帝的妹妹永泰公主入寺为尼，改明练寺为永泰寺，是我国最早修建的一座皇家尼僧佛寺。

### 2.6.3 天下功夫出少林

嵩山少林寺是佛教禅宗的发源地，也是享誉世界的少林武功发源地，是嵩山文化的主要代表地之一。以禅武齐名于天下的少林寺凝聚了大智慧，少林寺不仅因其古老博大的禅文化名扬天下，更因其精湛实用的少林功夫驰名中外，“天下功夫出少林”，如今的少林功夫已经成为中国文化的一个符号，一个代表，成了一种正义的象征。

中国武术结构复杂，门派众多，少林功夫以其悠久历史、完备的体系和高超的技术境界独步天下。“少林功夫是一个庞大的技术体系，而不是一般意义上的‘门派’或‘拳种’。少林功夫分五大流派，有河南（嵩山）少林、福建少林、广东少林、峨嵋少林和武当少林，每派中又分许多小派和门别。从地域上又可分为北少林和南少林两大流派。”

武术表演

功夫深

“少林功夫内容丰富、套路繁多。按性质大致可分为内功、外功、硬功、轻功、气功等。内功以练精气为主：外功、硬功多指锻炼身体某一局部的猛力：轻功专练纵跳和超距：气功包括练气和养气。按技法又分拳术、棍术、枪术、刀术、剑术、技击散打、器械和器械对练等。根据少林寺内流传下来的拳谱记载，少林功夫套路共有708套，其中拳术和器械552套，另外还有72绝技、擒拿、格斗、卸骨、点穴、气功等各类功法156套。现在流传下来的少林功夫套路有200余套，其中拳术100余套，器械80余套，对练等其他功法数十套路。这些内容，按不同的类别和难易程度，有机地组合成一个庞大有序的技术体系。”

“少林功夫具体表现为以攻防格斗的人体动作为核心、以套路为基本单位的表现形式。套路是由一组动作组合起来的。动作设计和组合成套路，都是建立在中国古代的人体医学知识上，合乎人体的运动规律。动作和套路讲究动静结合、阴阳平衡、刚柔相济、神形兼备，其中最著名的是‘六合’原则：手与足合，肘与膝合，肩与胯合，心与意合，意与气合，气与力合。”少林武术不仅仅是由一串拳脚棍棒组成的，它还包含着一种精神，这种精神是由少林武术形成的历史赋予的。“少林寺是禅和武的世界，少林僧人习武是一种修行，所以又叫‘禅武’，‘禅武合一’。在少林寺，有‘禅武同源，禅拳归一’之说。禅为武之主，武为禅之用。即武是禅的表现，是禅生命的有形化；禅是武的精神本质，以禅入武，便可达到武术最高境界；武学大道也就是禅道。”

武术阵法表演

万人武术表演

# 3 中国王屋山—黛眉山世界地质公园

## 公园档案

国家地质公园批准时间：王屋山 2004 年 1 月 19 日
黛眉山 2005 年 8 月
国家地质公园揭碑开园时间：王屋山 2005 年 6 月 30 日
黛眉山 2008 年 9 月 30 日（与世界地质公园一起）
世界地质公园批准时间：2006 年 10 月 17 日
世界地质公园揭碑开园时间：2007 年 6 月 2 日
公园面积：986 平方千米
公园地址：济源市，洛阳市新安县

## 3.1 纵览王屋山—黛眉山

### 3.1.1 公园概况

中国王屋山—黛眉山世界地质公园，位于河南省济源市和洛阳市新安县境内，距河南省省会郑州170千米，距首都北京900千米，距焦作市100千米，距洛阳市40千米，距山西省晋城市90千米。地理坐标为：东经111°55′56″—112°31′40″，北纬34°53′47″—35°16′56″。由天坛山、封门口、黄河三峡三个园区；天坛山、小沟背、封门口、逢石河、黛眉峡、龙潭峡、八里峡等七个景区组成。公园总面积986平方千米，核心区面积273平方千米。整个公园由王屋山、黛眉山和黄河谷地三个地貌单元组成，在空间上形成一个自然的整体。

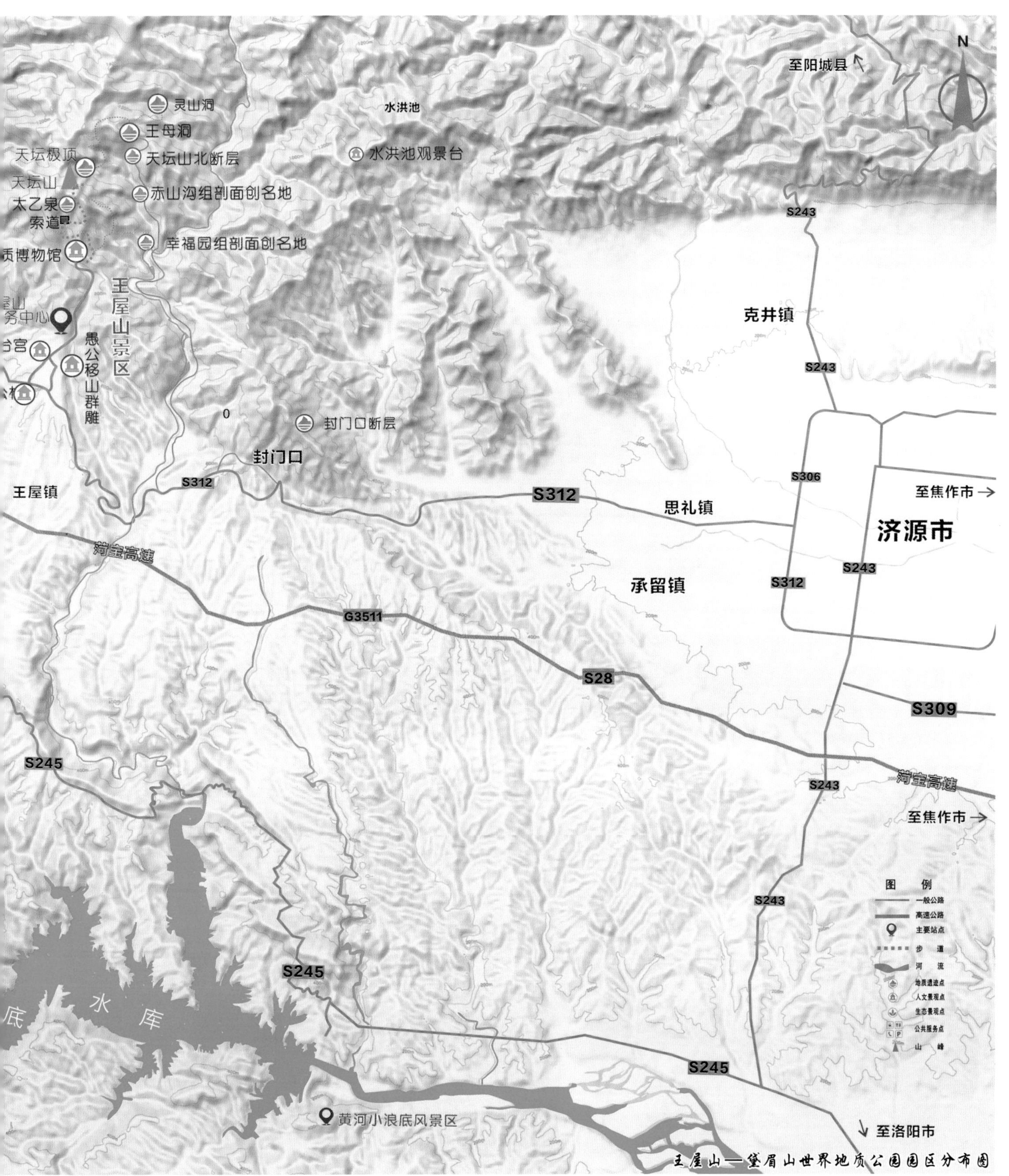

王屋山—黛眉山世界地质公园园区分布图

### 3.1.2 天下第一洞天——王屋山

王屋山以其山形若王者之屋而得名。主峰天坛峰海拔 1715 米，四周有大小峰峦匍匐朝觐，这一山突起、群峰环绕、丘阜卑围的拔地通天之势，独具“王者风范”。

王屋山与黄河有着解不开的缘，这不仅是因为地理上二者山河辉映、浑然一体，而且还在于中国古人对山河的崇拜。早在唐朝，作为中国国教的道教就把位居中国古代九大名山之一的王屋山视为圣地。唐代道教宗师司马承祯通过潜心研究王屋山的山形山势、洞穴涧水和四时风雨云气，在阳台宫内写出了评判自然山水的系统标准——“洞天福地说”。他将天下山川分为“十大洞天、三十六小洞天、七十二福地”，而王屋山被列为十大洞天之首，号称“天下第一洞天”。

天坛峰鸟瞰

秋染王屋山

### 3.1.3 愚公移山故事的发源地

王屋山因愚公移山故事而名扬海内外，这里的人民都以愚公的后代为荣，他们在愚公精神的激励下，创造了一个又一个奇迹，有建于秦代的秦渠，建于 20 世纪 60 年代的愚公渠，尤其是建于世纪之交的小浪底大坝工程，在造就高峡平湖的同时，也使黄河这条多泥沙的河流在咆哮了大约 15 万年之后，以一湖碧水，展示在世人的面前。

愚公移山的故事

愚公移山雕塑

小浪底水库

小浪底水库大坝工程景观

王屋山与太行山

### 3.1.4 最适宜女子居住的温柔之乡——黛眉山

黛眉山属典型的方山地貌，因传说为商汤之妃黛眉娘娘在此修行而得名。黛眉山峡奇水秀，黛眉峡、龙潭峡是典型的红岩障谷。黛眉峡长达 40 千米，宽仅数米至十余米，深达百余米，曲折迂回、气势雄伟。龙潭峡呈“之”字形延伸，全长约 5 千米。谷内障谷、隘谷呈串珠状分布，不同时期的流水切割、旋蚀、磨痕，十分清晰。峡幽水秀，潭瀑成群，是中原地区罕见的山水画廊。《山海经·中次山经》有“是山也，宜女子”之论述，其意就是“最适宜女子居住”的地方，故此，黛眉山被认为是“最适宜女子居住的温柔之乡”。

黛眉极顶——梳妆台

王黛之恋

### 3.1.5 万里黄河上的璀璨明珠

王屋山与黛眉山之间的黄河河段是万里黄河上最璀璨的明珠。黄河的形成、演化与王屋山地区的地质构造演化密不可分。距今500万—260万年之间，王屋山地区是一处平缓起伏、相对高差不大的夷平面，新构造运动复活的封门口断裂和黄河断裂，导致早期形成的夷平面发生分异，封门口断层以北抬升成王屋山，黄河大断层以南抬升成黛眉山，两条断层之间沉陷为黄河谷地。早期的黄河沿黄河谷地溯源侵蚀贯通，形成黄河八里峡。八里峡是黄河上的最后一段峡谷，黛眉山上看八里峡，线峡水天，深邃幽奥，黄河上看黛眉山，山势雄壮，犹如虎踞龙盘。

碧水湾

湖水荡波

八里幽峡

十里画廊

王屋山地层序列表

| 字 Eon | 界 Erathem | 系 System | 统 Series | (岩)群 Group | (岩)组 Formation | 代号 Strata | 年龄(Ma) Age |
|---|---|---|---|---|---|---|---|
| 年代地层 Chronostratigraghic unit | | | | 岩石地层 lithostratigraphic unit | | | |
| 显生宇 Phaneozoic PH | 新生界 Cz Cenozoic | 第四系 Q Quaternary | 全新统 Qh Holocene | | | | 0.0115 |
| | | | 更新统 QP Pleistocene | | | | 0.126<br>0.781<br>1.806 |
| | | 新近系 N Neogene | 上新统 $N_2$ Pliocene | | | | 5.332 |
| | | | 中新统 $N_1$ Miocene | | 洛阳组 Luoyang Fm. | $N_1l$ | 23.03 |
| | | 古近系 E Paleogene | 渐新统 $E_3$ Oligocene | | | | 33.9± 0.1 |
| | | | 始新统 $E_2$ Eocene | 济源群 $E_2J$ Jiyuan Group | 南姚组 Nanyao Fm. | $E_2ny$ | |
| | | | | | 泽峪组 Zeyu Fm. | $E_2z$ | |
| | | | | | 余庄组 Yuzhuang Fm. | $E_2y$ | |
| | | | | | 聂庄组 Niezhuang Fm. | $E_2n$ | 55.8± 0.2 |
| | | | 古新统 $E_1$ Paleogene | | | | 65.5± 0.3 |
| | 中生界 Mz Mesozoic | 白垩系 K Cretaceous | 上白垩统 $K_2$ Upper | | 东孟村组 Dongmengcun Fm. | $K_2d$ | 99.6± 0.9 |
| | | | 下白垩统 $K_1$ Lower | | | | 145.5± 4.0 |
| | | 侏罗系 J Jurassic | 上侏罗统 $J_3$ Upper | | 韩庄组 Hanzhuang Fm. | $J_3h$ | 161.2± 4.0 |
| | | | 中侏罗统 $J_2$ Middle | | 马凹组 Ma'ao Fm. | $J_2m$ | |
| | | | | | 杨树庄组 Yangshuzhuang Fm. | $J_2y$ | 175.6± 2.0 |
| | | | 下侏罗统 $J_1$ Lower | | 鞍腰组 Anyao Fm. | $J_1a$ | 199.6± 0.6 |
| | | 三叠系 T Triassic | 上三叠统 $T_3$ Upper | 延长群 $T_{2-3}Y$ Yanchang Group | 谭庄组 Tanzhuang Fm. | $T_3t$ | |
| | | | | | 椿树腰组 Chunshuyao Fm. | $T_3c$ | 228.0± 2.0 |
| | | | 中三叠统 $T_2$ Middle | | 油房庄组 Youfangzhuang Fm. | $T_2y$ | |
| | | | | 石千峰群 $P_3\hat{T_1}S$ Shiqianfeng Group | 二马营组 Ermaying Fm. | $T_2er$ | 245.0± 1.5 |
| | | | 下三叠统 $T_1$ Lower | | 和尚沟组 Heshanggou Fm. | $T_1h$ | |
| | | | | | 刘家沟组 Liujiagou Fm. | $T_1l$ | 251.0± 0.4 |
| | 古生界 Pz Paleozoic | 二叠系 P Permian | 上二叠统 $P_3$ Upper | | 孙家沟组 Sunjiagou Fm. | $P_3s$ | 260.4± 0.7 |
| | | | 中二叠统 $P_2$ Middle | | 石盒子组 Shihezi Fm. | $P_{1-2}s$ | 270.6± 0.7 |
| | | | 下二叠统 $P_1$ Lower | | 山西组 Shanxi Fm. | $P_1s$ | 299.0± 0.8 |
| | | 石炭系 C Carboniferous | 上石炭统 $C_2$ Upper | | 太原组 Taiyuan Fm. | $C_2P_1t$ | |
| | | | | | 本溪组 Benxi Fm. | $C_2b$ | 306.5± 1.0 |
| | | | 下石炭统 $C_1$ Lower | | | | 359.2± 2.5 |
| | | 泥盆系 D Devonian | 上泥盆统 $D_3$ Upper | | | | 385.3± 2.6 |
| | | | 中泥盆统 $D_2$ Middle | | | | 397.5± 2.7 |
| | | | 下泥盆统 $D_1$ Lower | | | | 416.0± 2.8 |
| | | 志留系 S Silurian | 顶志留统 $S_4$ Top | | | | 418.7± 2.7 |
| | | | 上志留统 $S_3$ Upper | | | | 422.9± 2.5 |
| | | | 中志留统 $S_2$ Middle | | | | 428.2± 2.3 |
| | | | 下志留统 $S_1$ Lower | | | | 443.7± 1.5 |
| | | 奥陶系 O Ordovician | 上奥陶统 $O_3$ Upper | | | | 460.9± 1.6 |
| | | | 中奥陶统 $O_2$ Middle | | 马家沟组 Majiagou Fm. | $O_2m$ | 471.8± 1.6 |
| | | | 下奥陶统 $O_1$ Lower | | | | 488.3± 1.7 |
| | | 寒武系 Є Cambrian | 上寒武统 $Є_3$ Upper | | 三山子组 Sanshanzi Fm. | $Є_3s$ | |
| | | | | | 炒米店组 Chaomidian Fm. | $Є_3c$ | |
| | | | | | 崮山组 Gushan Fm. | $Є_3g$ | |
| | | | | | 张夏组 Zhangxia Fm. | $Є_2z$ | 501.0± 2.0 |
| | | | 中寒武统 $Є_2$ Middle | | 馒头组 Mantou Fm. | $Є_{1-2}m$ | 513.0± 2.0 |
| | | | 下寒武统 $Є_1$ Lower | | 辛集组 Xinji Fm. | $Є_1x$ | 542.0± 1.0 |
| 元古宇 Proterozoic PT | 新元古界 $Pt_3$ Neoproterozoic | 震旦系 Z Sinian | | | | | 680 |
| | | 南华系 Nh Nanhuaian | | | | | 800 |
| | | 青白口系 Qb Qingbaikouian | | | | | 1000 |
| | 中元古界 $Pt_2$ Mesoproterozoic | 蓟县系 Jx Jixianian | | 汝阳群 JxR Ruyang Group | 北大尖组 Beidajia Fm. | Jxbd | |
| | | | | | 白草坪组 Baicaoping Fm. | Jxb | |
| | | | | | 云梦山组 Yunmengshan Fm. | Jxy | |
| | | | | | 小沟背组 Xiaogoubei Fm. | Jxx | |
| | | 长城系 Ch Changchengian | | 西阳河群 ChX Xiyanghe Group | 马家河组 Majiahe Fm. | Chm | |
| | | | | | 鸡蛋坪组 Jidanping Fm. | Chj | |
| | | | | | 许山组 Xushan Fm. | Chx | 1400 |
| | | | | | 大古石组 Dagushi Fm. | Chd | |
| | 古元古界 $Pt_1$ Paleoproterozoic | | | 银鱼沟岩群 $Pt_1Y$ Yinyugou Rock Suite | 双房岩组 Shuangfangyan Fm. | $Pt_1sf$ | |
| | | | | | 北崖山岩组 Beiyashanyan Fm. | $Pt_1b$ | 1600 |
| | | | | | 赤山沟岩组 Chishangouyan Fm. | $Pt_1c$ | |
| | | | | | 幸福园岩组 Xingfuyuanyan Fm. | $Pt_1x$ | 2500 |
| 太古宇 Archean AR | 新太古界 $Ar_3$ Neoarchean | | | 林山岩群 $Ar_3L$ Linshanyan Rock Suite | 迎门宫岩组 Yingmengongyan Fm. | $Ar_3y$ | |
| | 中太古界 $Ar_2$ Mesoarchean | | | | 曹庄岩组 Caozhuangyan Fm. | $Ar_{2+3}c$ | 2800 |
| | 古太古界 $Ar_1$ Paleoarchean | | | | | | 3200 |
| | 始太古界 $Ar_0$ Early archean | | | | | | 3600 |

### 3.1.6 地质概况

公园大地构造位于前寒武纪中条山“人”字形三叉裂谷和中新生代太行山伸展抬升隆起带结合部位附近，公园主体处在太行山断块隆起的南缘。区内地层区属华北地层区王屋山—渑池小区。出露地层主要有太古界林山岩群、下元古界银鱼沟岩群、中元古界蓟县系小沟背组和云梦山组、寒武系、中奥陶统马家沟组、中—上石炭统、二叠系、三叠系、侏罗系、白垩系、古近系、新近系及第四系。区内褶皱比较发育，从嵩阳期至喜山期都有。在中条期及前中条期以紧闭乃至倒转的北西向、南北向褶皱为主，形态复杂，规模从几厘米到数十千米。后期（主要是燕山期、喜山期）褶皱平缓开阔，形态简单，仅局部形成倒转及强烈断陷，其方向以东西向为主，次为北北向。本区断裂构造发育，以高角度正断层为主。

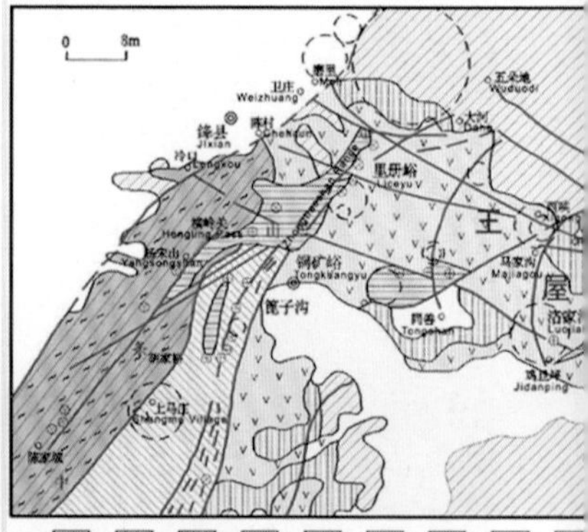

王屋山—中条山地区卫

### 3.1.7 地史演变

公园的大地构造位置位于华北陆块南缘，地学内涵十分丰富。这里最古老的岩石，其绝对年龄超过25亿年，林山岩群和古元古界银鱼沟岩群，都是能够反映地球早期Columbia（哥伦比亚）超级大陆聚合的地质遗迹。形成于18亿—17.5亿年的西洋河群以及不整合覆盖其上的中元古界小沟背组、云梦山组河流相—滨海、浅海相陆源碎屑岩都是能够反映Columbia超级大陆裂解的地质遗迹。中元古代的王屋山运动使裂解后的华北古陆块再次拼接，形成了华北稳定的统一陆壳。

以王屋山命名的王屋山运动发生在距今约14.5亿年。覆盖在西阳河群古火山岩和新太古界林山岩群之上的小沟背组砾岩，清楚地记录了这次构造运动。小沟背组是裂谷充填时期形成的河流砾岩，如今，这套未变质的华北陆块上最老的河流砾岩出露在高高的天坛山、鳌背山的山顶，像城堡、像祭坛、向人们述说着王屋山的沧桑历史。

中生代时期形成的济源盆地，是鄂尔多斯（陕甘宁）湖盆的一部分。济源盆地中的晚三叠—早侏罗世发育了一套完整的河流—河口三角洲—浅湖—深湖相沉积序列，有大量的植物、动物和遗迹化石，国内外有许多科研机构都对其进行过深入研究，成为华北地层对比研究的标准，特别是深湖浊积岩和河流湖相遗迹化石是国内外研究对比的标准。济源盆地地处大湖的南边，其生物群落又兼具南北方的过渡特征，除有大量的"延长植物群"分子外，尚含有华南晚三叠世植物群的分子，因此，济源盆地具有"大陆生物桥"的作用。

王屋方山

褶皱构造

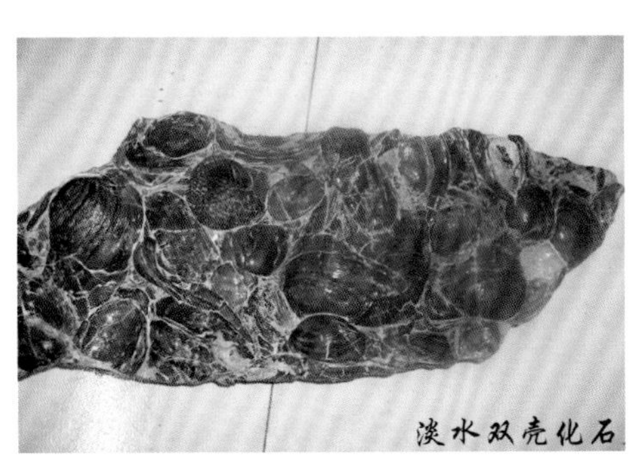
淡水双壳化石

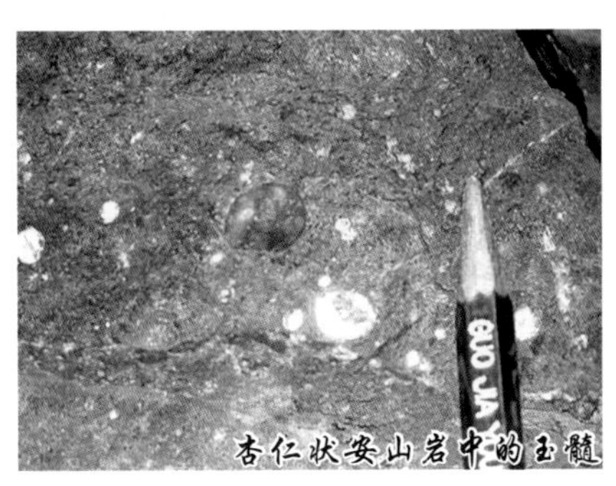
杏仁状安山岩中的玉髓

大型硅化木化石

## 3.2 伴你游览王屋山—黛眉山

### 3.2.1 王者之屋——天坛山园区

天坛山从南向北，绵延十多公里，围绕着天坛山倒转背斜，分布了大量的典型地质遗迹景观和阳台宫、愚公村、迎恩宫、大银杏树、紫薇宫、地质博物馆、天坛神路、天坛阁、王母洞等典型的人文景观。按照以往道教以山势之形赋修炼之意的说法，从最南端的阳台宫到最北端的王母洞，可划分为人境—道境—仙境“三重天地”。

天坛山科普旅游线路

天坛峰远眺

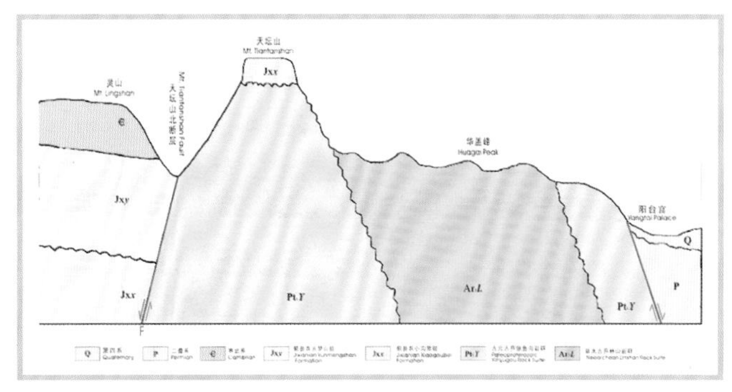


阳台宫—天坛山地质剖面示意图

王屋山从阳台宫—天坛山发育了一条记录地球早期重大地质事件的完整地质剖面，该剖面极好地保存了 18 亿年前后华北古大陆南部发生的聚合造山事件。剖面主体表现为一个大型倒转背斜，背斜的核部是新太古界（25 亿年之前）林山岩群的变质变形花岗岩，两翼为古元古界银鱼沟岩群的石英岩和片岩，倒转背斜的南北两侧分别为封门口断层和天坛山北断层错断，倒转背斜的顶部，是一个古风化面，其上沉积了中元古界小沟背组河流相砾岩及汝阳群砂岩。通过这个构造剖面提供的丰富地质信息，地质学家确定，该倒转背斜形成于距今 18.5 亿年以前，是中条运动即 Columbia（哥伦比亚）超大陆聚合的产物。

愚公故居院落有简洁古朴的茅草棚，在愚公故居栅栏前的门匾上，草书着“愚公故居”，冬暖夏凉的老窑洞，还有愚公井，那篱笆墙上挂满的蔓藤瓜秧，一吊吊金灿灿的玉米穗儿，一串串红艳艳的尖辣椒儿，仿佛背着镢头、挖山不止的愚公老人会突然出现在眼前与我们亲切交谈。

传说中“愚公移山”的地方在王屋山之阳。这是一条从王屋山主峰延伸下来的南北走向的大山梁。山梁西面是愚公村，东面是小有河，愚公村的人每天要到小有河去取水，正是这条大山梁给他们的生活带来了许多不方便，所以愚公才要带领他的子孙挖掉它。

愚公故里

愚公群雕

### 3.2.2 17亿年前的古火山与古大河遗迹——小沟背景区

位于天坛山园区西北部的小沟背—黄楝树—黄背角—黑龙峡一线，大面积分布的是熊耳群（西阳河群）火山岩，火山岩内蕴含着大量地质信息，是反映距今 19 亿—14.5 亿年之间华北古陆南缘，王屋山—中条山“人”字形三叉裂谷环境的直接见证，真实地再现了裂谷内时而火山喷发，时而积水成湖（海）的壮观场面。覆盖在其上的小沟背组地层，以一套厚达 800 余米的河流相、坡积相沉积砾岩，向游客展示了 14.5 亿年之后，裂谷充填阶段本区由山间盆地进而发展为古代大河的全过程。因这套砾岩的底部砾岩中所包含的都是比较圆的砾石颗粒，砾石的成分有白色的石英与石英岩，灰绿色、紫红色的安山岩与英安岩等，这些砾石又被含铁的紫红色细粒碎屑岩所胶结，形成美丽的五彩石。

娲皇始祖雕塑

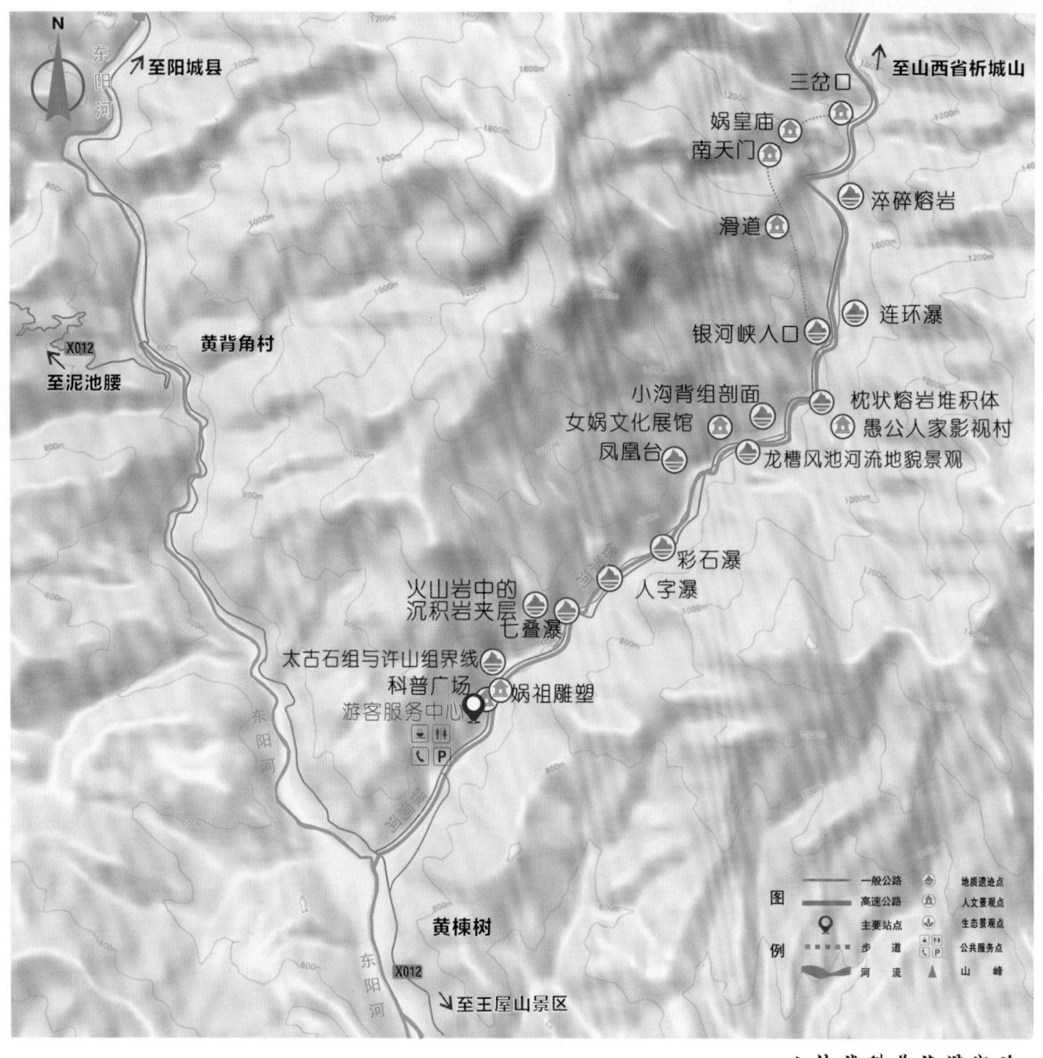

小沟背科普旅游线路

彩石谷

小沟背组紫红色砾岩

银河峡

愚公移山影视村

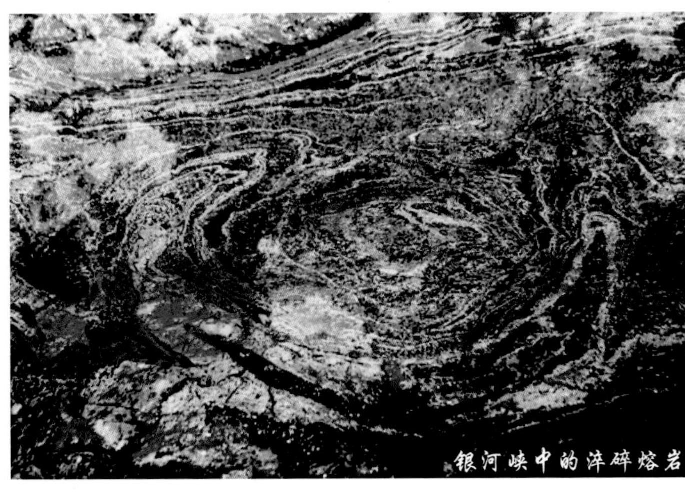

银河峡中的淬碎熔岩

影视村里的枕状熔岩巨石

### 3.2.3 青山藏幽峡——黛眉山景区

黛眉山海拔在800—1346.6米的山顶面，为距今500万—260万年形成的夷平面。260万年以来，由于山体的强烈抬升和流水作用的深度切割，导致区内嶂谷纵横交错，形成了山顶平缓如台，四周为断崖围限的方山地貌景观。或如危塔，或如城阙，或如楼阁，或成坛台，连绵不断，鬼斧神工。气势恢宏，雄险壮观，开阔平坦的山顶面，林木茂密，花卉丛生。数百亩的高山草甸水草丰美，在山顶平台的外缘，是大面积的原始次生林，红崖、碧水、森林、草甸，共同构成一幅雍容华贵的丹青画卷。同时，受北部的黄河大断裂的影响，公园的岩石中发育了两组近于直交且连同性好的垂直节理，流水沿紫红色石英砂岩的两组垂直节理深度下切，形成了公园内两岸伟岩半空起，绝壁相对一线天的红岩嶂谷景观，置身于莽莽青山之中，深邃幽静，超凡脱俗。黛眉峡长达40千米，不仅长度最大，而且是一条科普走廊，峡内有多种地质遗迹，蜂窝崖、大型交错层理，泥裂、结核等，均十分典型，不仅具有重要的科研意义，更有极高的观赏价值。另外，在黛眉山可以看到日出、日落和黄河边上最精彩的一块幕布“十里画廊”。

黛眉山科普旅游线路图

黛眉山下黄河流

黛眉山高山草原

天使之吻

黛眉峡大拐弯

黛眉雪景

草原神门

山顶草原

飞来神石

荆紫云海

### 3.2.4 障谷极品——龙潭峡景区

龙潭峡景区位于地质公园的西南部，为一峡谷型景区，面积约17平方千米。是在新构造运动的强烈抬升和水蚀作用的深度切割下，形成的红岩嶂谷。全长5.5千米，宽十余米，最窄处不足一米，峡深达数十米至百余米。峡内瀑布飞泻，溪潭珠串，一线天、石门、天井、瓮谷间列分布，崖壁、栈道、崖廊、石坎异彩纷呈；天然石碑记录了黛眉山地质历史时期的山崩地裂，石质天书写下了公园12亿年前后的沧桑演变遗留在砂岩层内的交错层理、层面波痕以及260万年以来，在新构造运动背景下山崩所铸就的崩塌奇观。

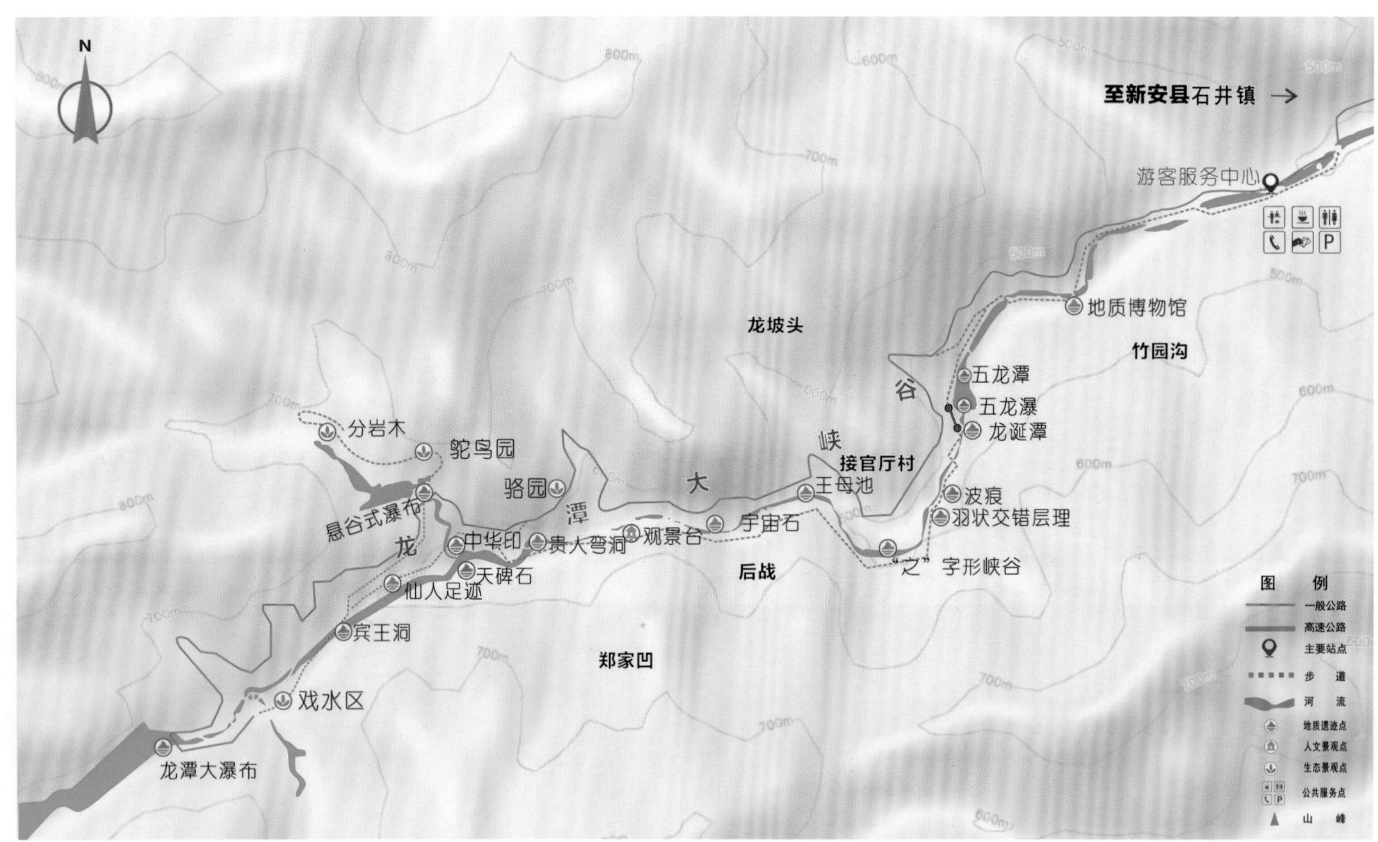


龙潭峡科普旅游线路

龙潭巷谷

五龙瀑

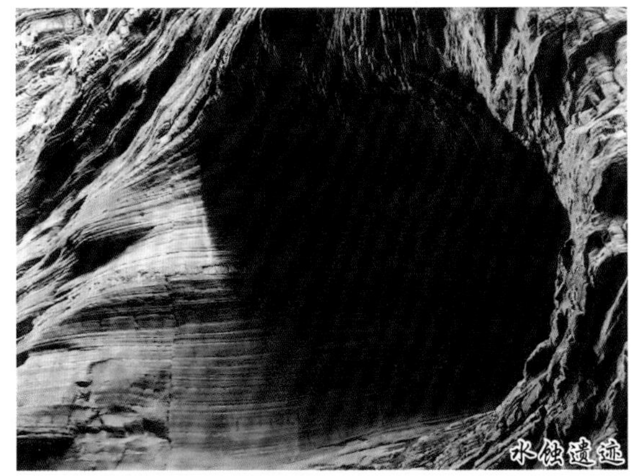
水蚀遗迹

崩塌形成的天碑

龟裂纹

大型波痕石

银练挂天

谷底花园

### 3.2.5 黄河三峡景区

黄河三峡景区位于王屋山—黛眉山世界地质公园东南部，黄河小浪底水库中游，面积约 40 平方千米。这里的八里峡为万里黄河上的最后一段峡谷，峭壁如削，雄伟壮观；孤山峡鬼斧神工，群峰竞秀；龙凤峡深邃幽静，水光潋滟；位于半山腰的玄天洞，九曲回转，是一处由地下暗河形成的大型溶洞景观。湖光山色，共同构成一幅山清水秀，北国江南的锦绣画卷。

碧水峡湾

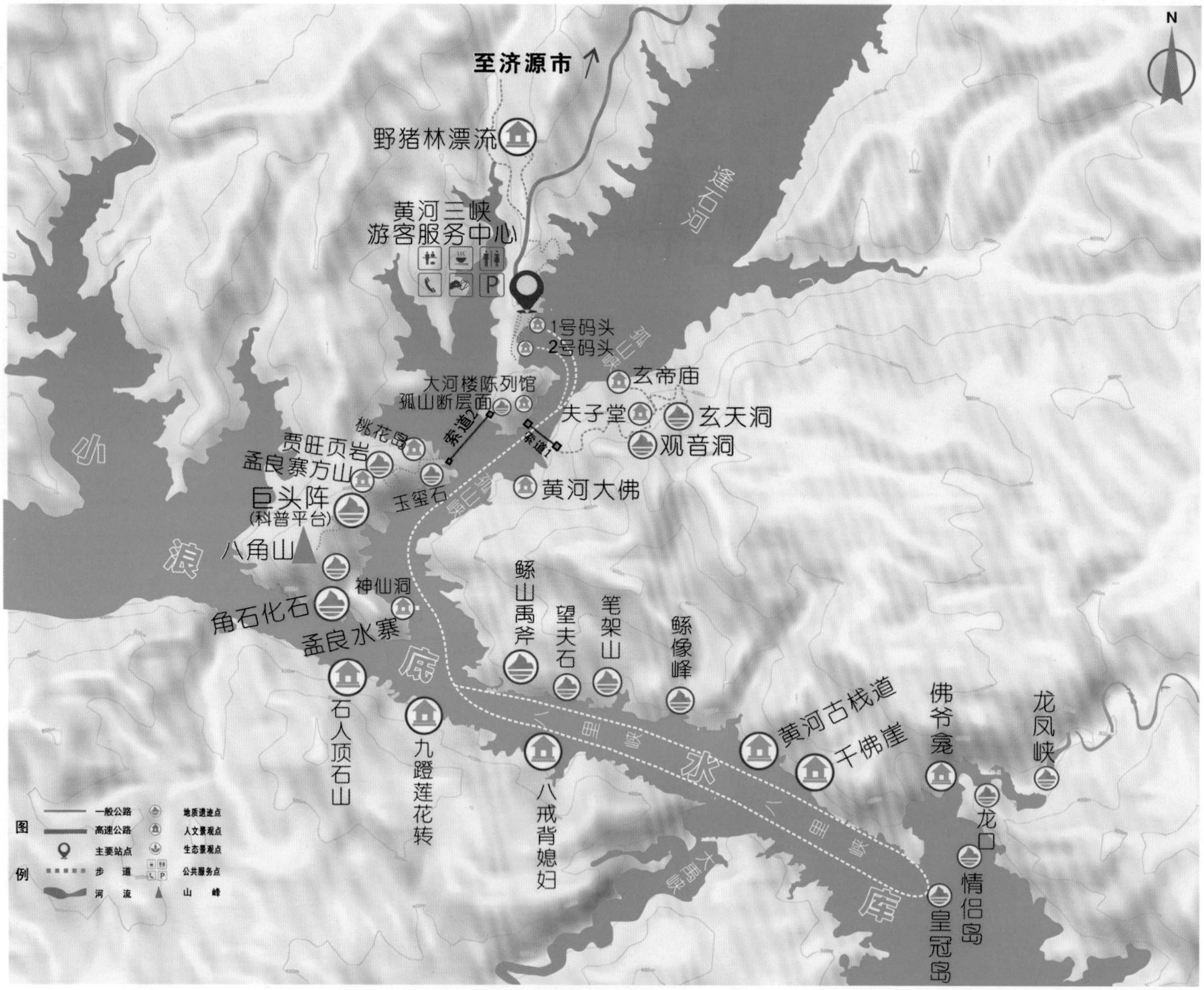

黄河三峡科普旅游线路

步步高升

大河楼地质陈列馆

玄天洞

夫子崖

玄天洞内发现的古哺乳动物骨骼化石

孟良寨

八角山

遥相呼应

黄河八里峡

九磴莲花转

深邃幽静

## 3.3 地学解密

### 3.3.1 “愚公移山”故事的地学探秘

“愚公移山”是个众人皆知的寓言故事，见《列子 · 汤问》，产生于春秋战国时代。它蕴含着巨大的精神力量和深刻的哲学思想，是艰苦创业勤劳品质的象征，是生生不息、坚韧不拔精神的写照。《愚公移山》的寓言故事在中国流传了2600多年，世代相传，家喻户晓，已经成为中华民族宝贵的精神财富。王屋山是传说中愚公的故乡，《中华文明怀川寻根》一书，根据有关资料说愚公原型，真有其人，此人住王屋山上，名叫吕泰山。至今王屋山上有愚公村、愚公井。

“老愚公”及其家人不可能移得了山，倒是封门口断层错断了王屋山，使王屋山在愚公村附近戛然而止，在断层以南形成了丘陵盆地。愚公移山的故事便以此演绎开来。

愚公移山故事发生地

### 3.3.2 小沟背砾岩与女娲补天的传说

女娲补天的故事在中国历史悠久、流传甚广，《淮南子 · 览冥篇》载：“往古之时，四极废，九州裂；天不兼复，地不周载；火爁焱而不灭，水浩洋而不息；猛兽食颛民，鸷鸟攫老弱。于是女娲炼五色石以补苍天，断鳌足以立四极，杀黑龙以济冀州，积芦灰以止淫水。苍天补，四极正；淫水涸，冀州平；狡虫死，颛民生；背方州，抱圆天。”王屋山小沟背的五彩石，鳌背山，与女娲补天故事的珠联璧合，成为“女娲补天”故事的发源地。

五彩石滩

### 3.3.3 高山上看大河

天坛山的主峰，由距今12亿年前后形成的厚达100余米的石英砂岩、砾岩和页岩构成，由岩石中丰富的交错层理、泥裂和波痕等沉积构造，地质学家们知道了当时的天坛山一带是处于一种浅海—滨海的环境。在这套石英砂岩、砾岩和页岩之下，有数十米厚，五彩斑斓的砾石层，它们是怎么形成的，地质学家告诉我们在12亿年以前天坛山一带曾经出现过一条大河，这就是当时大河中的沉积物。站在高山之巅，不仅可以欣赏古代大河留下的美景，了解古代大河的波澜壮阔，在天气晴朗的日子，还可以远眺黄河，欣赏山河一体的壮丽景观，在娱乐休闲中学到地学知识。

古大河遗迹

王屋洞天

### 3.3.4 天下第一洞天与溶洞景观

在王屋山人们对溶洞的崇拜，由来已久，历史上王屋山素有“天下第一洞天”之称，曾是我国古代九大名山之一，是一个以道教文化为特色的道教圣地，为历代道家人物的主要活动场地之一。唐代著名高道司马承祯在其所著《上清天宫地府经》中，把天下名山分为十大洞天、三十六小洞天、七十二福地，其中王屋山被列为“天下第一洞天”。“洞天”乃道教用语，指神道居住的名山胜地，意谓山中有洞室通达上天。王屋山上最著名的洞室（穴）为王母洞和灵山洞。

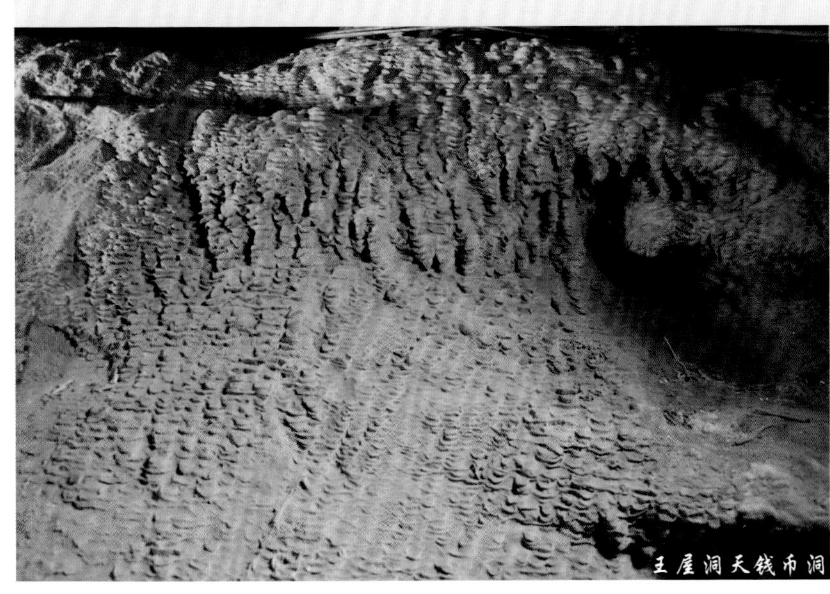
王屋洞天钱币洞

洞天门

王母洞远眺

王母洞为位于一处大型岩龛中部的小型溶洞，背依灵山，面对天坛山，洞深20余米，呈之字形延伸，宽仅0.8—1.5米，洞高变化较大可达0.5—5米，洞内钟乳石并不多见，洞顶天锅等溶蚀景观非常发育，在雨季，洞中的水会流出洞口，经过2米多高的崖壁形成小型瀑布，被称“王母洞瀑布”。灵山洞为一处山腹中空的穿洞，位于王母洞东边灵山山腰的悬崖上，三面悬空，洞穴四通八达，宛如“迷宫”，洞内钟乳石发育甚少，两侧的崖壁上共有五个洞口，其中九天门、洞天门、七宝门和无名洞门等四个洞口位于崖壁之上，离七宝门洞口几米处另有个洞，被古人认为是“无底洞”，并与王母洞上下相通，是深邃莫测的未知世界。这也许就是古人将此评定为“第一洞天”的神秘所在。

古人对洞穴和自然环境的认识与评判，有其自身标准，我们不做过多的评判。其所称谓的“洞天”也并不等同于洞穴或溶洞。但是面对眼前实实在在的溶洞，面对这些大自然的杰作，我们应当很好地加以保护，以求得一种最为合理的开发，让这些藏在深闺人未识的地质奇观科学开发的前提下揭开它神秘的面纱。

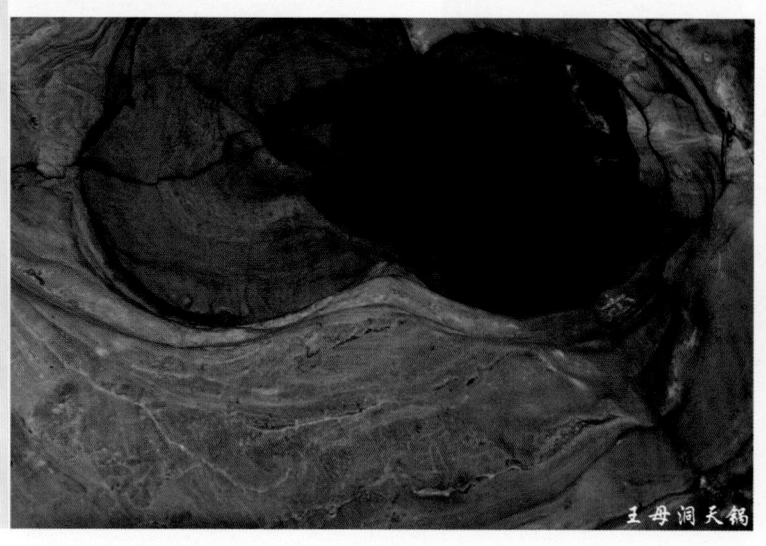
王母洞天锅

王母洞洞口

### 3.3.5 黄河八里峡与黄河的形成

研究黄河的地质专家认为，黄河的形成是基于上游若干个古湖泊群的贯通，位于最下游的湖泊群，称为古三门湖，古三门湖因八里峡—三门峡的贯通而东流入海。因此，八里峡是黄河贯通事件中一个重要节点。

随着黄河的贯通，夷平面上的流水沿节理裂隙追踪下切，形成了一系列开口向黄河、呈“之”字形展布的峡和山顶平缓如台、四周为断崖围限的方山地貌景观。

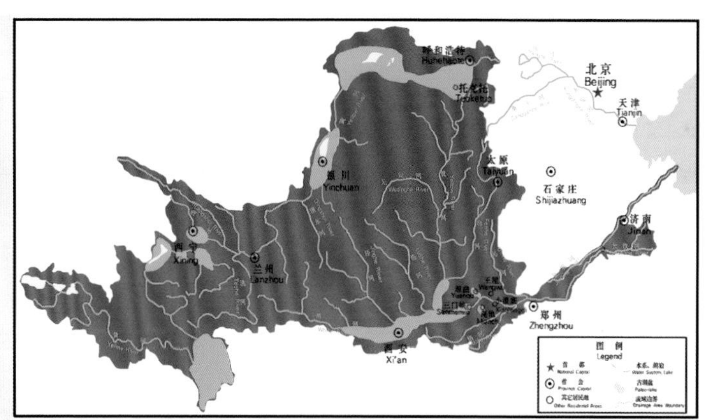

黄河形成演化示意图

黄河调水调沙

崩塌直立岩块——天碑石

崩塌奇观

### 3.3.6 黛眉山崩塌地貌的形成

黛眉峡、龙潭峡是典型的红岩嶂谷，发育在中元古界汝阳群红色石英砂岩中。黛眉峡长达40千米，宽仅数米至十余米，深达百余米，曲折迂回、气势雄伟。龙潭峡呈“之”字形延伸，全长约5千米。谷内障谷、隘谷呈串珠状分布，不同时期的流水切割、旋蚀、磨痕，十分清晰。峡幽水秀，潭瀑成群，是中原地区罕见的山水画廊。峡谷内的岩石中发育了两组近于直交而且连通性好的垂直节理，它们与层面一起将岩石切割成大小不一的块体，破坏了岩体的稳定性，当流水深切形成断崖峭壁时，很容易发生崩塌。大量的崩塌岩堆，形成了一系列罕见的崩塌奇观。

## 3.4 人文历史

### 3.4.1 “愚公移山”故事的发源地

王屋山是《愚公移山》寓言故事的起源地。传说在几千年前，这里有一个交通不便的山村里有位叫愚公的老人，下决心将挡在家门口的两座大山王屋与太行移开。亲戚和朋友都说不可能，有个叫智叟的人更是对他冷嘲热讽。但他力排众议，带着子孙日复一日挖土移山。他说，山不会加大增高，人却子孙无穷，只要持之以恒，总有一天会把大山搬走。这个在中国几乎妇孺皆知的寓言故事《愚公移山》有个完美的结局：愚公的精神感动了天神，两座大山在人和神的共同努力下最终被移开了。如今王屋与太行两座大山依然巍峨耸立，但是当年愚公所在的小山村已经更名为愚公村，愚公村的交通不但与外界实现了互联互通，而且成为著名的旅游景区。

愚公故里

### 3.4.2 道教天下第一洞天

王屋山是一个以道教文化为特色的道教圣地，为历代道家人物的主要活动场地之一。唐著名高道司马承祯在其所著《上清天宫地府经》中，把天下名山分为十大洞天、三十六小洞天、七十二福地，其中王屋山被列为“天下第一洞天”，号“小有清虚之天”，奠定了王屋山洞天福地的宗主地位。

所谓洞天，乃是“山中有洞，贯通诸山，直达上天”，是道教对大地名山神仙所居洞府圣境的总称，也是上天特派真仙直接掌管的圣地。

千百年来，王屋山不仅是道家人物修身、炼丹、成仙之所，还吸引了许多文人墨客来此寻幽探胜，陶冶情操。李白、杜甫、白居易、李商隐、韩愈都先后来王屋山游历，并留下了许多名篇佳句。

天坛总仙宫

迎恩宫

奉仙观

### 3.4.3 济水之源

我国古人把济水与长江、黄河、淮水并称“四渎”，“渎”同“独”，即有独立源头、能够“独流入海”的河流。

济源是济水的源头，济水在古代是一条独流入海的河流。传说济水发源于王屋山太乙池，向东潜入太行山地下，伏行 35 千米，至济源后以泉水涌出地面；然后向东经孟州、温县至黄河北岸，复又潜入地下，于黄河南岸的荥阳再次浮出地面；东行至原阳时，第三次伏行地下，于山东定陶现身，之后一路向东汇入渤海（古人的认识有许多不科学性）。后经黄河多次改道，窄小的济水河床最终被强大的黄河侵并。据记载，现在的黄河下游地段及大清河、小清河，就是原济水故道。再看看地图，就可以得知山东境内的济南、济宁、济阳与济水的关系了，沈括在《梦溪笔谈》中，把济南的泉水都说成是济水所致。在这里，地理的变迁与历史的演变紧密地结合在一起，促成了一段传奇而美好的佳缘。熟通中国古代历史的毛泽东主席，当年视察济南时曾诙谐地说过一句话：济南的根可是在济源啊！

济水之源

济渎庙

### 3.4.4 阳台宫

阳台宫创建于唐开元十二年（公元 724 年），系道教茅山宗第四代宗师司马承祯奉唐玄宗李隆基之命于王屋山择址而建，始名阳台观，玄宗亲书“寥阳殿”匾额，并令胞妹玉真公主在此拜师修道，一时震动朝野，阳台观迅臻鼎盛。后经五代战乱，大部殿宇毁于战火，道观湮灭沉寂。金贞元二年（1154 年）复建重修，改观为宫，称“兴国大阳台万寿宫”。金正大四年（1227 年），全真道士王志祐主持阳台宫后又事增修扩建，复盛一时。元、明、清、民国亦多次重修，现存山门、大罗三境殿、玉皇阁、东西廊房等建筑，多为明清遗构。

阳台宫大门

阳台宫玉皇阁

### 3.4.5 黄帝密都——青要山

据《山海经》记载："敖岸山又东十里，曰青要之山，实惟帝之密都。北望潭曲，是多驾鸟。南望墠渚，禹父之所化，是多仆累、蒲卢。魁武罗司之，其状人面而豹文，小腰而白齿，而穿耳以鐻，其鸣如鸣玉。是山也，宜女子。畛水出焉，而北流注于河……"据专家考证，这里所说的"帝"就是我们中华民族的人文始祖轩辕黄帝。武罗乃是一位女神，她长着一幅漂亮的面孔，耳朵上戴着大耳环，细细的腰，圆圆的臀，身系豹皮短裙，说起话来那声音就像玉石的响声那样清脆。就是她主管着青要山这座黄帝的"密都"的政务。经文上除介绍青要山的地理位置和物产以外，还特别强调说："是山也宜女子。"就是说，青要山是个适宜女性生活的地方，这里有一种鸟叫"鴢"，吃了它有益于女子生育；有一种草叫"荀草"，"方茎黄华赤实"，用它熬水喝可以"美人色"。青要山层峦叠嶂，峡深谷幽，飞瀑流泉，山清水秀，造化神奇，令人叫绝。这里有太多的大自然的奇观使人陶醉其中，更有无数的神话故事和民间传说给青要山蒙上一层层神秘的面纱，令人神往。

武罗三潭

青要山

### 3.4.6 黛眉娘娘的传说

黛眉娘娘——商汤王王后，曾劝说汤王以天下为己任，修德重兵，救民众于水火，最后打败了夏桀，统一天下，治理国家，汤王为了感念黛眉娘娘的恩德，为其兴建圣母庙及行宫数处，并把修行的这座山用她的名字命为黛眉山。黛眉山自古以来就以黛眉娘娘的仙迹闻名遐迩。新编《垣曲县志》在《黛眉庙与狮子山》中云："黛眉娘娘，传为垣曲英言乡白鹅村人，姓范名小鹅，嫁商汤王为后。汤王得天下就遇到七年大旱。小鹅便毅然上黛眉山去修行，想成仙后降雨人间。"至今山上还有黛眉娘娘庙、仙人桥和黛眉娘娘梳妆台等遗迹。

黛眉圣庙

梳妆台

# 4 中国南阳伏牛山世界地质公园

## 公园档案

世界地质公园由内乡宝天曼国家地质公园、西峡伏牛山国家地质公园、栾川老君山省级地质公园、嵩县白云山省级地质公园整合而成

世界地质公园批准时间：2006年9月18日

世界地质公园揭碑开园时间：2007年6月20日

公园面积：5858.52平方千米

地理坐标：东经110°59′30″—112°19′28″
北纬32°59′24″—33°49′18″

海拔高度：鸡角尖2222.5米

公园地址：南阳市西峡、内乡、淅川、南召、镇平、邓州等县市，洛阳市栾川、嵩县

内乡宝天曼国家地质公园批准时间：2001年11月

公园面积：320.91平方千米

内乡宝天曼国家地质公园揭碑开园时间：2003年9月15日

公园地址：南阳内乡县

西峡伏牛山国家地质公园批准时间：2004年1月19日

公园面积：954.35平方千米

西峡伏牛山国家地质公园揭碑开园时间：2005年9月22日

公园地址：南阳西峡县

栾川老君山省级地质公园批准时间：2005年

公园面积：156.21平方千米

嵩县白云山省级地质公园批准时间：2007年

公园面积：529.97平方千米

N
X057
G311
重渡沟
郑西高速
至嵩县
G311
栾川县
鸡冠洞
老君山
G59
至卢氏县
朱阳关断层
伏牛山滑雪度假乐园
伏牛山主峰
G311
龙峪湾
白云山
桑坪镇
栾川园区
老界岭
玉皇顶
石界河乡
S331
S331
呼北高速
军马河乡
G241
宝天曼
G311
东官庄村
至商南县
G40
诸葛南阳龙化石埋藏地
G59
西峡县
西峡园区
恐龙遗迹园
恐龙蛋化石博物馆
呼北高速
G40
淅川县
寺湾镇
G59
内乡县
图例
一般公路
高速公路
主要站点
步道
河流
地质遗迹点
人文景观点
生态景观点
公共服务点
山峰
至十堰市
至邓州市

## 4.1 纵览伏牛山

### 4.1.1 公园概况

中国伏牛山世界地质公园，位于河南省伏牛山区腹地，是在宝天曼国家地质公园、南阳恐龙蛋化石群国家级自然保护区、宝天曼国家森林公园和世界生物圈保护区、伏牛山国家地质公园、南阳独山玉国家矿山公园、嵩县省级地质公园、栾川省级地质公园的基础上整合而成。由西峡、内乡、南召、栾川、嵩县五大园区构成。包含西峡恐龙遗迹园、老界岭，内乡宝天曼、天心洞，栾川老君山、鸡冠洞、重渡沟，嵩县白云山、木札岭，南召真武顶、五朵山等11处景区组成。此外，区内还有西峡至栾川、内乡至嵩县两条教学实习线路，灵宝至淅川科考线路，西平科研区，宝天曼气候变暖与植被响应监测基地等，公园总面积5858.52平方千米。

伏牛山世界地质公园是研究中国大陆地壳构造演化的开放实验室，其科学价值在于记录了古大陆板块漂移、俯冲、拼合乃至碰撞造山等地质过程，保存了具有“20世纪重大科学发现”的西峡恐龙蛋化石群和栾川动物群，揭示了造山带花岗岩箭簇峰与锯齿岭、斜歪与滑塌峰丛、岩盘山与千层崖、类单斜山与类褶皱山等独具特色的地貌景观，呈现出构造岩溶地貌罕见的悬挂式裂隙泉、瀑水钙华和高度变形状态下岩溶洞穴中的天然岩画景观群。伏牛山，既能让人了解地壳运动的波澜、又可品味大自然的鬼斧神工，是科研科考、旅游观光的园地。

伏牛山下的河洛地区、汉水流域，是华夏文明的发祥地。从伏牛山走出的科学家张衡、医学家张仲景、政治家伊尹、商学家范蠡、军事家诸葛亮、思想家程颐／程颢等文化先哲用他们的伟大实践浇筑起人类社会文明的一道道丰碑。这里是寻根问祖、文明传承的圣地。

南阳伏牛山世界地质公园园区分布图

### 4.1.2 中华大地的脊梁

综观我国的山川走势，您就会发现，横亘千里的昆仑—秦岭山脉像一条巨龙俯卧在神州大地的中央，这便是世界上最典型的复合型大陆造山带——中国中央山系，而位于河南省伏牛山的世界地质公园则犹如镶嵌在这条巨龙身上的一颗璀璨的明珠。

伏牛山，是一部涵盖地球科学诸多领域的教科书。远古秦岭洋在这里走向消亡，罗迪尼亚超大陆在这里开始裂解，古老的大陆板块在这里俯冲碰撞，中央山系的造山运动在这里进入高潮，地球上曾经的霸主——恐龙在这里画上了句号。

中央造山带科普广场

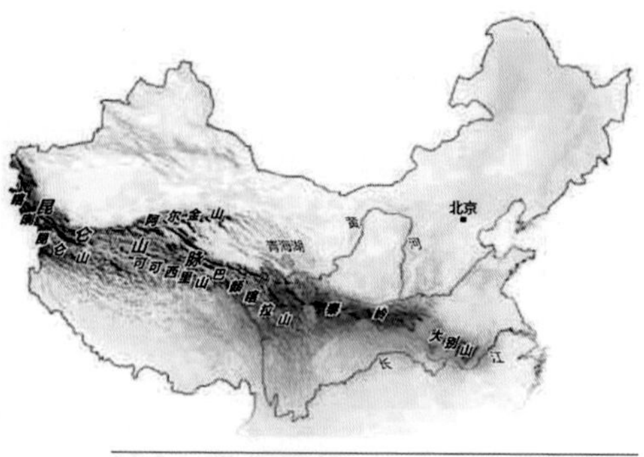


“中央山系”范围示意图

伏牛云海

### 4.1.3 震惊世界的恐龙蛋化石群

1993年西峡恐龙蛋化石群的发现成为轰动世界的新闻。西峡盆地的恐龙蛋化石群，以种类多、数量多、分布广、保存完好，堪称世界之最。从目前发掘的情况看，西峡盆地的恐龙蛋化石有6科9属13种。西峡发现的巨型长形蛋，是目前世界上独有、唯一的类型，也是大自然赐予人类的稀世珍宝。发现于高沟组上部的戈壁棱柱形蛋，是世界上第三个发现此类蛋化石的地点，其独特的形态和稀有的特性。其中西峡巨型长形蛋、戈壁棱柱形蛋是世界范围内的独有或稀有珍品。有趣的是，这里不同种类的恐龙蛋化石赋存一个层位、数十枚恐龙蛋共居一室、一窝恐龙蛋双层连体，恐龙蛋成双成对或放射状排列，这是恐龙具有双输卵管产蛋的最好实物证据。而其中原地埋藏类型尚未孵化的恐龙蛋化石的大量产出，是否预示着生命演化过程中遗传基因编码的某种缺失，还是尚待破解的自然之谜。

恐龙蛋化石

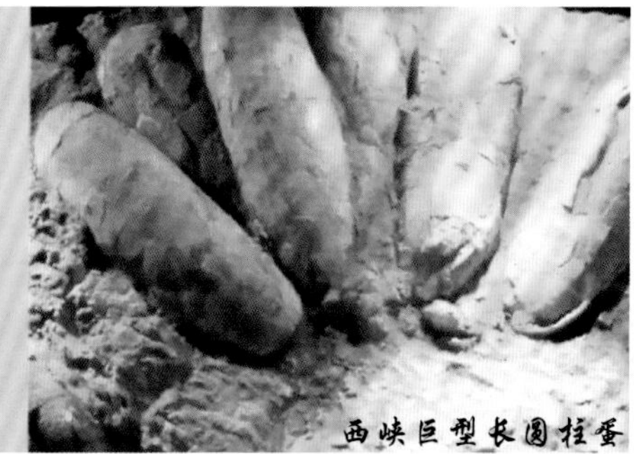

西峡巨型长圆柱蛋

西峡盆地景观

### 4.1.4 四季伏牛山

伏牛山，是一道天然地理分界线。由于伏牛山的存在，冬季西伯利亚寒流南侵的气势被消减，夏季太平洋热带暖湿气团北进的步伐被滞缓，长江、黄河与淮河水系在这里分野，年平均 800 毫米降水量、年均 15℃气温等值线在这里临界，华北、华南及西南区系生物物种在这里汇聚繁衍，北亚热带气候区边界在这里锁定。

伏牛风光，雄、奇、险、秀、幽，可谓兼北国风光之浑厚、挟江南山水之清秀而独树一帜，而世界地质公园的建设又将地球科学变成一道亮丽的风景线。

春暖花开重渡沟

夏日欢歌——鹳河漂流

秋林河谷——宝天曼流水侵蚀地貌景观

老君山雪景

### 4.1.5 地质概况

（1）地层与岩石特征

公园所在地区的区域地层属于秦岭区。由于该地层区是一个长期活动的构造单元，出露了新太古—元古宙、古生代、中生代、新生代四个地质时代的地层层序。出露地层有北秦岭地层分区的古元古界秦岭岩群，中新元古界峡河岩群、宽坪岩群，下古生界二郎坪群，上三叠统和上白垩统；南秦岭地层分区的古元古界陡岭岩群，中新元古界毛堂群，新元古界龟山岩组，中下古生界周进沟岩组，泥盆系南湾组，中生界上白垩统和新生界新近系。

（2）构造地质特征

园区正处于中央造山系秦岭—大别山造山带的腹部地带，包括了北秦岭叠瓦逆冲推覆构造带和南秦岭逆冲推覆构造带的大部分地区，构造形迹清晰。本区先后经历了晋宁运动、加里东运动、海西—印支运动、燕山运动及喜山运动，发育了一系列 NW-SN 向有大型复式褶皱及断陷、断坳盆地，一系列壳型深大断裂横贯区内，并伴有 NE 向断裂构造，构成了十分复杂的构造格局。

伏牛山地区近 30 亿年的地壳演化历史，可分成古元古代（秦岭群、陡岭群）、中新元古代（峡河岩群、宽坪岩群和耀岭岩群）、下古生界（二郎坪群）及显生宙四大阶段或巨旋回，每个阶段都有独特的地质事件组合，特别是地壳运动的多幕性，留下了多期变形的构造特征，构造各自的形变历史序列。

在主造山期是通过扬子、秦岭、华北三板块和两个洋盆于新元古代至中三叠世依次向北自东而西斜向俯冲碰撞形成，叠加中新生代陆内造山构造，并包容前寒武纪古构造，表现为典型复合型大陆造山带。综合划分出三大构造演化阶段：前寒武纪两类基底形成阶段，主造山期板块构造演化阶段，中新生代陆内造山演化阶段。

老君山花岗岩滑塌峰林峰丛地貌景观

变质地层中的褶皱构造

龙虾嬉水——蝙蝠洞褶皱构造岩画景观

嵩县白土垣流纹岩六方柱状节理景观

（3）西坪板块缝合线与湾潭枕状熔岩

从覆盖中国大陆全景的卫星影像图上可以发现，远自昆仑、祁连、秦岭，近到西峡县城、内乡马山岈、桐柏松扒、信阳龟山至安徽梅山一线，有一条北西西走向长度大于2000千米的直线状山谷，这就是地质学家津津乐道的焊接华北与扬子两大古板块的缝合带。由于大陆漂移和碰撞造山，原本割裂块古大陆板块的海洋被消减，大陆边缘的岛弧链、弧后小洋盆和陆源海已浮出水面褶皱成山。而距今2.4亿年前的古地理面貌，根据依稀可辨的地质遗迹可以识别。

西坪板块缝合线

## 4.2 伴你游览伏牛山

伏牛山地处秦岭造山带的重要构造部位，是研究大陆复合型造山带的“地质档案馆”。公园内有闻名于世的恐龙蛋化石群、以造山带构造花岗岩为代表的各类花岗岩地貌、以构造岩溶洞穴为代表的喀斯特地貌以及秦岭造山带构造地质遗迹景观等，这些地质遗迹记录了25亿年来秦岭造山带的构造与演化历程、伏牛山沧桑巨变的历史及恐龙由盛到衰乃至灭绝的过程，具有较高的科学研究价值。

鸡角尖——伏牛山脉最高峰

巍巍八百里伏牛，峰岳连绵、雄伟俊秀，是中国南北地质、地理的天然分界，气候、生物的过渡带，长江、黄河、淮河的分水岭。这里群峰耸峙、层峦叠嶂、气势磅礴，幽谷险涧、急流碧潭、梯式瀑布、绝壁伟岸、原始森林，构成了令人神往的奇山秀水，是一处开展秦岭造山带及相关研究的科学园地和开展生态旅游和地学旅游的理想场所。

万山红遍之老君山俯瞰

**知识链接**

伏牛山位于中国河南省西南部，东西绵延八百余里，属秦岭山脉东段支脉。伏牛山脉是秦岭延伸到河南省的一条重要山脉，西北—东南走向，长200余千米，宽40—70千米，形如卧牛，故称伏牛山，它构成了黄河、淮河和长江三大水系的重要分水岭。伏牛山脉北面与熊耳山脉和外方山脉交会，其间无明显界线；南面与南阳盆地相接。

### 4.2.1 恐龙王国——西峡园区

西峡园区包括丹水恐龙遗迹园与恐龙蛋化石博物馆、老界岭、黄花墁、要孩关花岗岩地貌景观区、云华洞喀斯特洞穴景观区、龙潭沟与五道（石童）水体景观区等，而著名的“伏牛山地质大走廊”科考线则诉说着伏牛山所经历的沧海桑田的变迁和水与火的洗礼。

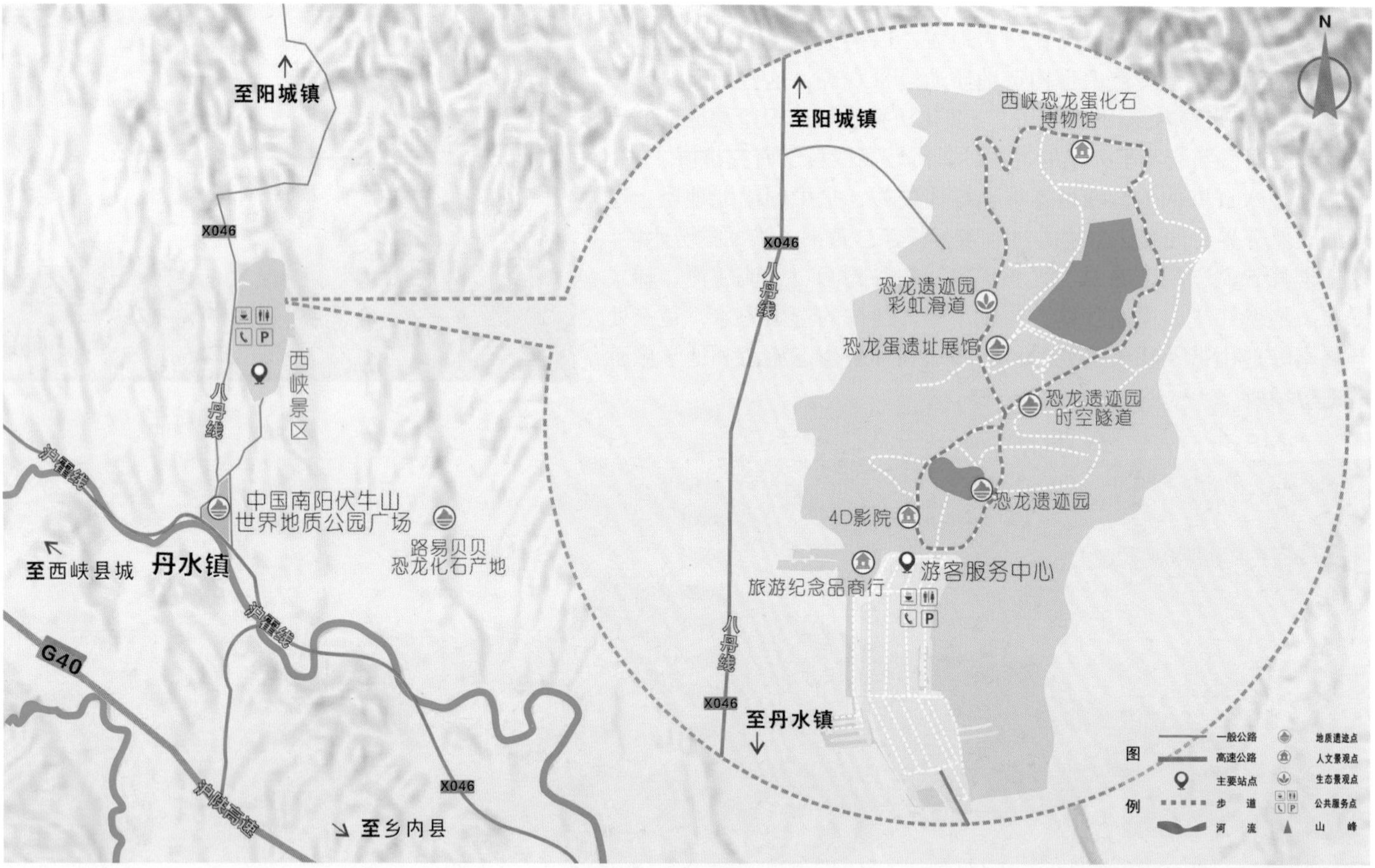

西峡园区科普旅游线路图

（1）探索恐龙生存奥秘——恐龙生态园区

西峡恐龙遗迹园以西峡恐龙蛋化石为主要展出特色，这里有全国唯一一个以恐龙蛋化石为主要展品的西峡恐龙蛋化石博物馆，有一座以恐龙蛋化石原始埋藏状态为特色的恐龙蛋遗址展馆，还有以恐龙为主要展示特色的地质科普广场、仿真恐龙园、嘉年华游乐园、龙都水上乐园和龙都宾馆等，形成了一个集科普、观光、娱乐、休闲、科研于一体，将原始和现代紧密结合的大型恐龙主题乐园。

中国西峡恐龙遗迹园

恐龙雕塑

岩溶奇石景观

西峡恐龙遗迹园

恐龙科普墙

恐龙蛋化石博物馆

时空隧道

恐龙蛋遗址展馆

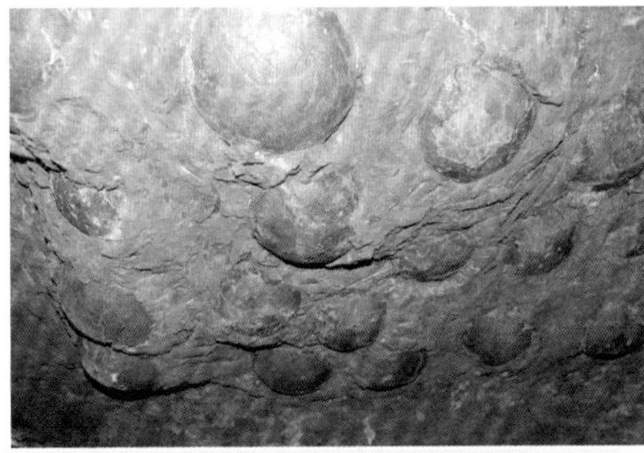

西峡三里庙马家村组地层中的树枝蛋

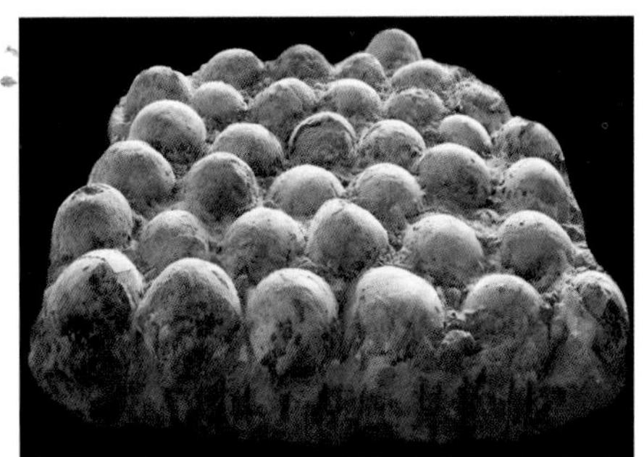

平行排列的35枚连体副圆形蛋

西峡盆地含恐龙蛋白垩纪地层

（2）八百里伏牛山之巅——老界岭园区

老界岭整个景区地貌由中山组成，主峰走向北西—南东向，支脉呈羽状向南延伸。山势陡峭，沟壑纵横，峰峦叠嶂，气势磅礴。主峰犄角尖（又称鸡角尖），是西峡、栾川、嵩县三县界山，海拔2212.5米，为群峰之最，因山峰高矗，远看似向东引颈高歌之雄鸡而得名。晴日山体呈青紫色，清晰雄伟；阴时云雾缭绕，时隐时现，其景壮观异常。

老界岭最具特色的地貌景观当属花岗岩锯齿岭、箭簇峰地貌景观，与我国黄山、华山、天柱山等著名旅游景区的花岗岩峰林景观群不同，老界岭花岗岩则呈现出如锯片阵列、似箭簇峥嵘的锯齿岭、箭簇峰地貌。老界岭在向世人展示花岗岩地貌多样性的同时，为地质学家研究造山带岩浆侵位机制提供了实证。

老界岭风光

箭簇状峰丛——老界岭花岗岩地貌景观

犄角尖

老界岭

老界岭诗人峰——老界岭花岗岩地貌景观

（3）七潭河摞摞石

在我国著名的地质公园中，诸如黄山之秀、泰山之雄、三清山之险、嶂岈山之奇（秀美黄山、雄伟泰山、险峻三清山、神奇嶂岈山），都是花岗岩球状风化作用的杰作。摞摞石为岩浆冷凝、释重卸荷、席状剥裂而形成的地貌景观极为罕见。七潭河花岗岩"摞摞石"地貌酷似远古"图腾柱"再现、美国"总统山"迁移，不但具有极高的观赏价值，而且对于造山带花岗岩的侵位机制研究具有重要科学价值。

飞瀑流泉七星潭

七星潭摞石群

七星潭瀑布——七潭河流水侵蚀形成的潭瀑景观

七星连环潭——七潭河溯源侵蚀形成的串珠状壶穴景观

龙潭沟四连瀑

龙潭沟八戒窥浴——花岗岩象形石景观

荷花洞钟乳石景观

黄花曼石瀑及岩盘山——花岗岩席状节理构造景观

### 4.2.2 天然物种宝库——内乡园区

内乡园区包括宝天曼、七星潭、天心洞、云露山等景区及马山口板块缝合线断裂带科考区。园区的主景观有宝天曼花岗岩峰墙“骆驼峰”、岩溶洞穴“天洞”、七星潭花岗岩“摞石群”以及独特的“亚热带雨林”生态系统及丰富多样的动植物景观。在这里可以领略第四纪冰期“生态安全岛”的独特魅力。

内乡园区科普旅游线路图

宝天曼大门

宝天曼山门

（1）天然物种宝库——宝天曼

宝天曼地理位置独特，是我国唯一的长江、黄河、淮河三个水系的分水岭，以遮天蔽日的原始森林和众多的野生动植物而饮誉中原，成为同纬度生态结构保存最为完整的地区和河南省生物多样性的分布中心，被誉为“天然的物种宝库”“中州的一颗明珠”。

宝天曼S形河流大转弯——湍河流水侵蚀地貌景观

宝天曼化石尖——花岗岩重力侵蚀地貌“峰墙”景观

宝天曼白龙瀑——流水侵蚀形成的二叠瀑

宝天曼骆驼峰——花岗岩重力侵蚀地貌“峰墙”景观

宝天曼骆驼峰

骆驼峰海拔1760米，是伏牛山花岗岩地貌景观的一朵奇葩。由断裂切割而成的薄壁岩墙酷似斧劈刀削直插云天，由重力崩塌形成的象形石如驼峰昂首寻路，故名“化石尖”。化石尖是宝天曼观天际云海的理想之地，每当晨曦一轮红日喷薄而出，凸出的山峰海市蜃楼般的在云海中飘浮游荡，犹如置身礁盘、亲吻大海。

千古情话——天心洞构造岩画景观

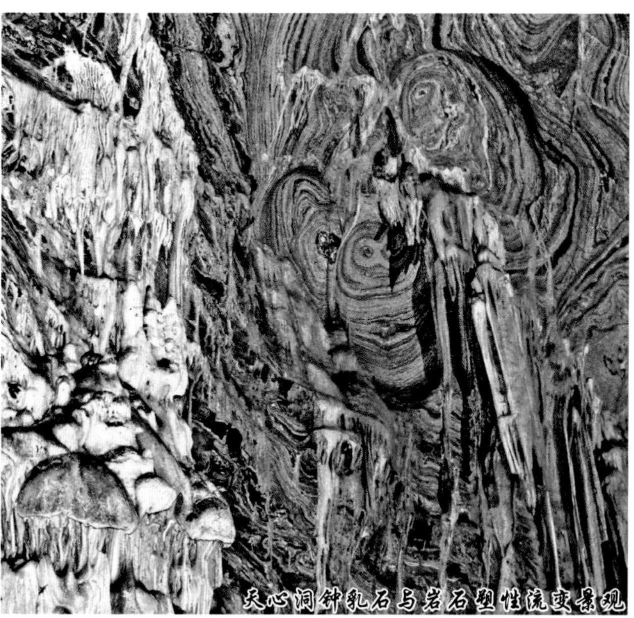
天心洞钟乳石与岩石塑性流变景观

（2）天心洞

但凡国内的石灰岩溶洞，均以绚丽多彩的钟乳石景观而著称，而伏牛山区的天心洞因坐落在断裂带中，碳酸盐岩岩层受强大的剪切力而扭曲和褶皱变形，使岩溶洞穴中的岩层纹理曲线如行云流水、若静若动、似波涛翻卷般栩栩如生，堪称人世间难得一见的天然岩画。

天心洞——构造岩溶洞穴及钟乳石景观

### 4.2.3 奇峰竞秀——南召园区

南召园区包括真武顶、五朵山等景区。园区的主要景观有：花岗岩峰丛“五朵山”、花岗岩峰林“石人山”和高山草甸“真武顶”。因地处白河水汽通道，充沛的光热水资源，在这里形成伏牛山地区独有的亚热带特色的农业景观生态。

五朵山远眺

（1）五朵山

五朵山因有五座山峰并峙而得名，是久负盛名的中原道教圣地，素有“北顶”之称，与“南顶”湖北武当山齐名。区内奇峰相峙，飞瀑高挂，怪石林立，泉流潺潺，山水如诗如画。

北顶五朵山

五朵山鸟瞰

a 白河峡谷水汽通道

真武顶高山草甸

（2）白河峡谷水汽通道

在伏牛山区，由于白河水系的出现使其东麓出现向东南方向发散的喇叭口地形，进入淮河流域的夏季湿热气团可由此进入伏牛山腹地，并在白河上游峡谷地带产生年降水量在 1100—1300 毫米的强降雨带。

（3）真武顶高山草甸

在伏牛山区，有许多山峰被当地人叫作“墁”或“顶”，诸如宝天墁、龙池墁、真武顶等。这些分布在海拔 1600—1800 米高程而又相对平坦的小区域，在地质学中称为“剥夷面”。剥夷面是伏牛山地区古地面的直接记录，大致形成于 5400 万—2300 万年，其形成时的原始高度低于 1000 米，与现在的高度差可代表地形隆升的幅度。

石人山

（4）石人山峰林景观带

石人山峰林景观区出现于真武顶北部边缘，因地处沙河源强暴雨中心，充沛的降水增强了沙河上游水系的溯源侵蚀能力，激流沿花岗岩体棋盘格状破裂系统下切造就了孤峰独秀、孤峰连带成林的石人山地貌景观。

### 4.2.4 全景栾川——栾川园区

栾川园区包括老君山、鸡冠洞、龙峪湾、重渡沟、伏牛山滑雪度假乐园等景区及栾川古生物化石保护区。园区的主要景观有：伏牛山最高峰——鸡角尖、龙峪湾“断层崖”、老君山花岗岩“滑脱峰林”为代表的花岗岩重力侵蚀地貌和“北国第一洞”鸡冠洞、“北国水乡”重渡沟瀑水钙华等岩溶地貌。秋扒—潭头盆地“河南秋扒龙”“迷你豫龙”为代表的栾川动物群，对研究区域白垩纪古环境演变、恐龙生活习性及其灭绝具有极高的科学价值。

栾川园区科普旅游线路图

（1）老君山景区

老君山原名“景室山”，取八百里伏牛山美景集于一室之意，因道家始祖老子归隐修炼于此，而得名“老君山”。老君山海拔 2217 米，是八百里伏牛山主峰，老君山花岗岩峰林地貌，如刀劈斧削，雄伟壮观。

老君山峰林地貌

峰柱与道观

老君雕塑

万山红遍之老君山俯瞰

栾川老君山群峰争雄

（2）鸡冠洞

鸡冠洞位于栾川县县城西部鸡冠山的半山腰上，形成于栾川深大断裂带北侧的鱼库组（距今 6.8 亿— 6.3 亿年）大理岩中。洞口海拔 930 米，上下分为五层，落差 138 米，可供观赏长度 1800 余米，分为八大景观区，依次为玉柱潭、溢彩殿、叠帏宫、洞天河、聚仙宫、瑶池宫、藏秀阁、石林坊等，有北国第一洞府之美誉。

千年一吻

石幔

鸡冠洞钟乳石景观

石盾

石花

龙峪湾九曲碧水

龙峪湾

绝壁生辉

龙峪湾九星联珠峰

泄愤瀑

重渡沟泄愤崖瀑布

重渡沟震天雷瀑布

重渡沟线瀑

滴翠之水山上来　重渡无处不飞流

### 4.2.5 嵩县园区

嵩县园区由白云山、木札岭、天池山等景区组成。典型的景观与地质遗迹有白云山云海、九龙河瀑布群、木札岭花岗岩类褶皱山、木植街破火山口、枕状熔岩及白土塬六方柱状节理等。白云山是我国长江、黄河、淮河三大流域的分水岭，又地处白河水汽通道的顶端，水资源极为丰富，这里是伏牛山地区观云海、迎日出的最佳选地。

嵩县园区科普旅游线路图

白云山玉皇顶日出

（1）人间仙境——白云山

由于长江水系汉江支流白河的溯源侵蚀，海拔 2211.6 米的白云山玉皇顶成为伏牛山脉 V 字形分叉节点。受地形影响，沿白河峡谷长驱直入的湿热气团抬升与冷风云系交汇，年均 1300 毫米的降水量、12.5 摄氏度的气温和常年空气中的水蒸气饱和状态，造就了白云山云海奇观频繁发生、瀑布跌水与溪流群组叠置和亚热带中高山地森林生态系统的正向演替。

白云山玉皇顶

白云山主峰

白云山奇峰含秀云

白云湖

白云山白龙大峡谷

白云山九龙瀑布

白云山三叠瀑

（2）木扎岭景区

木札岭景区位于嵩县东部，地处伏牛山腹地，区内山峰险峻，怪石林立。

木札岭官帽峰

木札岭双龙瀑布

木札岭花岗岩峰林峰丛地貌景观

（3）天池山景区

天池山位于嵩县的西北部，是一处以花岗岩地貌景观为特色的景区，代表性的有天池、伟人仰卧、公心峰等花岗岩地貌景观。

公心石

伟人仰卧

嵩县天池山天池

## 4.3 地学解密

### 4.3.1 西峡恐龙蛋化石群

曾经的地球霸主恐龙在白垩纪进入由盛到衰的时期，晚白垩世各类恐龙相继大规模死亡甚至绝灭，恐龙死后身体中的软组织因腐烂而消失，骨骼及牙齿等硬体组织掩埋在泥沙中，处于隔氧环境下，经过几千万年的沉积作用，骨骼完全石化而得以保存。此外，恐龙蛋、脚印等恐龙生活时的遗迹也以化石的形式保存下来。

诸葛南阳龙骨架复原

阳城副圆形蛋

### 4.3.2 中央造山带的形成与演化

中国南阳伏牛山地质公园，地处罗迪尼亚（Rodinia）超大陆和华北板块、扬子板块长期作用的主要区域，属中国中央山系、秦岭造山带东部的核心地段，是复合型大陆造山带的俯冲碰撞、汇聚拼接，隆升造山的关键部位和地质遗迹保存最为系统、完整的区域。伏牛山地区的构造地质，揭示了太古宙原始陆壳基底的裂解分离，早元古代时期发生的沉积建造作用和变质变形的构造演化过程，反映出新元古界浅变质火山—沉积岩系、下部古生界蛇绿岩所代表的华北板块南缘陆块的离散和拉张裂谷与小洋盆兼杂的构造体制转换，系统地记录了北秦岭地区板块俯冲碰撞、推覆走滑、伸展拆离等不同构造演化阶段的地质事件，以及扬子板块被动大陆边缘的沉积建造及其与华北板块以商丹断裂带（板块主缝合线）为标志的点接触、面接触和陆—陆全面接触碰撞为特征的构造演化，较系统地概括了中国中央造山系大地构造演化过程的全貌，具有显著的地质特征和国际地学对比意义。

放牛山地质构造简图

商丹俯冲带构造略图

伏牛山地质构造断面图

摞摞石

锯齿岭与箭簇状峰丛

### 4.3.3 摞摞石的形成

花岗岩冷凝收缩形成内部节理，岩体卸荷造成上部席状裂解系统，重力崩塌形成“摞摞石”景观。

### 4.3.4 锯齿岭与箭簇状峰丛的形成

花岗岩体受到挤压时内部产生“菱形”破裂面，花岗岩受到风化侵蚀后破裂面扩大形成裂隙，裂隙可使岩石松动，水流搬运或重力崩塌将松动的岩块剥离，保留下来的岩石即呈锯齿岭或箭簇状的峰丛。

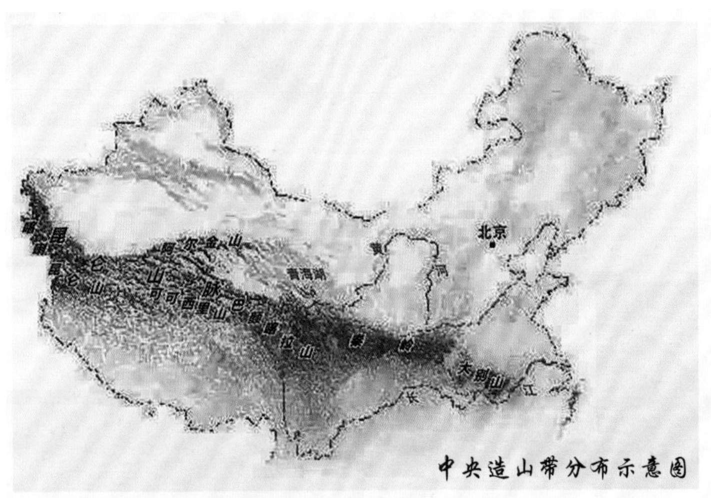


中央造山带分布示意图

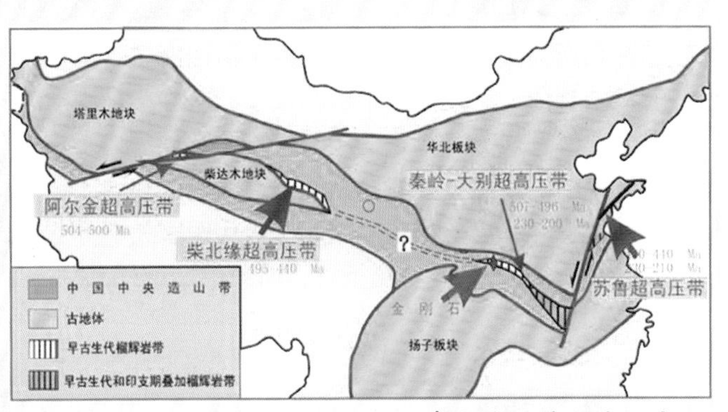


中央造山带构造示意图

## 知识链接

中央造山带为横亘中国中部的东西向巨型造山带，将中国地质、资源和生态环境等分成南北两大不同区域，构成南方与北方自然环境的天然分界线，为强调其居中位置和这一巨型造山带整体称之为中央造山带。

## 4.4 人文历史

### 4.4.1 南都、帝乡

东汉时，南阳是光武帝刘秀的发迹之地，故有“南都”“帝乡”之称。南阳在东汉时是陪都，刘秀在此起兵后，又娶了南阳美女阴丽华为皇后，刘秀的28员大将故乡都在南阳，是仅次于东汉首都洛阳的第二大城市。

科圣张衡

### 4.4.2 “科圣”张衡

张衡，精通天文、历算，在前人研究的基础上，发明了世界上最早的水力转动的浑天仪和测定地震的候风地动仪。在天文学理论方面，张衡是“浑天派”的主要代表。

医圣张仲景

### 4.4.3 “医圣”张仲景

张仲景所写《伤寒杂病论》确立了祖国医学“辨证论治”的规律，它奠定了中医治疗学的基础，是我国最早的一部理法方药具备的经典著作，开创了祖国医学辨证论治的先河；同时在制剂学方面也有独到之处，对后世也有深远的影响。因此，历代医家无不尊张仲景为“医圣”，故有“医圣者，即医中之尧舜也，荣膺此誉者，唯仲景先师”。

商圣范蠡

### 4.4.4 “商圣”范蠡

商圣范蠡作为春秋末年的政治家、军事家、大商人，他朴素的中国古典经济理论，千百年来被历朝历代的商贾所尊崇、效法。他主张货物流通、发展商品经济的思想，具有开创性的深远意义。西汉史学家司马迁评价他：“富好行其德者也。”

### 4.4.5 “智圣”诸葛亮

智圣诸葛亮，曾隐居躬耕于南阳。诸葛草庐就是诸葛亮结庐居住、荷锄躬耕之地。为报答刘备“三顾茅庐”的知遇之恩，他从这里出山，协助刘备建立西蜀霸业，鞠躬尽瘁，死而后已。

智圣诸葛亮

### 4.4.6 内乡县衙

内乡县衙，国家 4A 级景区，位于河南省南阳市内乡县城东大街。据《内乡县志》记载，县衙始建于元大德八年（1304 年），历经明、清多次维修和扩建，逐渐形成一组规模宏大的官衙式建筑群。

内乡县衙坐北面南，占地面积 8500 平方米，中轴线上排列着主体建筑大门、大堂、二堂、迎宾厅、三堂，两侧建有庭院和东西账房等，共 6 组四合院，85 间房屋，均为清代建筑。内乡县衙是我国唯一保存最完好的封建时代县衙。

内乡县衙现为全国重点文物保护单位，国家 AAAA 级景区，2002 年被《中国文物报》评为“世界文化多样性十佳博物馆”，内乡县衙与北京故宫等一起被誉为是中国四大古代官衙国际旅游专线，享有“龙头在北京，龙尾在内乡”的美称。

习近平总书记曾给市、县委书记们念了一副对联：“得一官不荣，失一官不辱，勿道一官无用，地方全靠一官；穿百姓之衣，吃百姓之饭，莫以百姓可欺，自己也是百姓。”此对联就出自内乡县衙。

内乡县衙

# Ⅲ 国家地质公园篇

中国国家地质公园徽标

1 嵖岈山国家地质公园
2 郑州黄河国家地质公园
3 洛宁神灵寨国家地质公园
4 信阳金刚台国家地质公园
5 关山国家地质公园
6 红旗渠·林虑山国家地质公园
7 小秦岭国家地质公园
8 汝阳恐龙国家地质公园
9 尧山国家地质公园

中国国家地质公园的徽标为正圆形。外圈上缘是汉字“中国国家地质公园”，下缘为英文“NATIONAL GEOPARK OF CHINA”；内圈是象形图案，上部以中国的古汉字“山”代表奇峰异洞、山石地貌景观，中部是中国的古汉字“水”，既代表着水景，又代表着上下叠置的地层及地质构造产生的褶曲和断层，下部是以侏罗纪地层中的马门溪龙为模型的恐龙造型。整个图案简洁醒目，寓意深刻，既展现了丰富多样的地质地貌景观，又体现了博大精深的中华山水文化。只有经自然资源部正式批准的国家地质公园才能使用中国国家地质公园的徽标。

# 1 嵖岈山国家地质公园

## 公园档案

国家地质公园批准时间：2006年2月（第三批）

国家地质公园揭碑开园时间：2006年9月28日

公园面积：147.3平方千米

公园地址：河南省驻马店市遂平县

## 1.1 纵览嵖岈山

### 1.1.1 公园概况

嵖岈山国家地质公园位于河南省遂平县西部山区，南北长16千米，东西宽14千米，总面积147.3平方千米，东距京广高铁、京珠高速公路、京广铁路、107国道约20千米，交通便利。

嵖岈山是典型的花岗岩地质地貌景观地质公园，公园由蜜蜡山、南山、北山、六峰山四座彼此相连的花岗岩群峰组成。蜜蜡山绝崖耸立，南山石洞灵空，北山参差错列，六峰山谷深峰险。蜜蜡峰、老君花园峰等花岗岩奇峰，万人洞、黑风洞等花岗岩洞穴，实属世界罕见，山的四周镶嵌着景色如画的天磨湖、秀蜜湖、琵琶湖，玲珑剔透；猴石、母子石、蜗牛石、剑鱼石、神鼠石、海豚石等花岗岩象形石，形象逼真、举世无双，堪称“动物王国”。精致典雅的花岗岩地貌景观，素有“天然盆景”的美誉，是中国中央电视台《西游记》剧组的主要外景拍摄地。

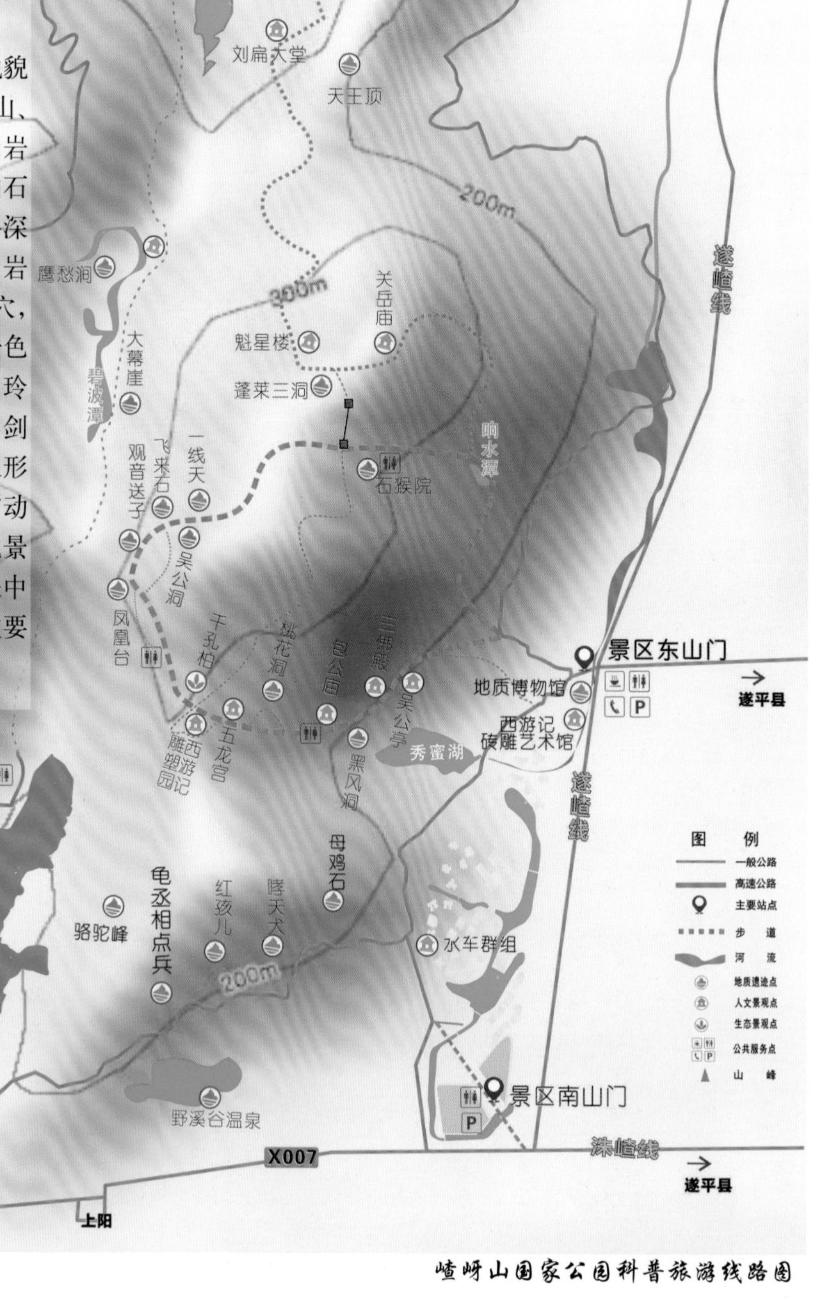


嵖岈山国家公园科普旅游线路图

### 1.1.2 地形地貌特征

嵖岈山为伏牛山东延余脉，东临黄淮平原，地貌类型根据地貌形态分为山地、平原两大类型，按地貌类型的成因和形态、海拔高度，划分为侵蚀剥蚀低山、剥蚀侵蚀丘陵、侵蚀堆积山间盆地、山前坡洪积倾斜平原 4 个亚类型。山体走向多为东西向和东北向，地势西高东低，嵖岈山诸多山峰海拔 300—500 米，主峰海拔 514 米，相对高差 200—300 米。

花岗岩地貌

### 1.1.3 自然与生态

嵖岈山处于北亚热带向暖温带的过渡地带，属亚湿润的大陆性季风型气候，多年平均气温 15.1℃，气候温和；雨量充沛，多年平均降水量 972.0 毫米；光照充足，多年平均日照时数 2190.7 小时；雨热同季，无霜期长，冬季多西北大陆性寒风，夏季受东南海风影响，冬冷夏热，春暖秋凉，四季分明。植被类型包括阔叶乔木、灌木、草本植物及粮食作物等。

如来佛掌

风水岭

### 1.1.4 公园四季

公园地处亚热带北缘，属大陆性温暖季风气候，气候温和，雨量充沛，四季分明，春季杜鹃遍山、鸟鸣婉转，是赏花踏青的好地方；夏日云雾缥缈，是消暑纳凉的旅游胜地；秋天枫叶似火、野果垂枝，是登高望远采摘果实的乐园；冬季披盔戴甲、银装素裹，到嵖岈山温泉小镇泡温泉赏雪景。

嵖岈山葵花朵朵开

冬季琵琶湖畔

嵖岈山之春

天然盆景

### 1.1.5 地质概况

碴岈山大地构造位置处于我国中央造山系秦岭造山带华北地块南缘构造带东段。山体主要由距今 1.4 亿—1.2 亿年的燕山期岩浆熔融侵入岩体冷凝后形成的花岗岩组成，花岗岩体是秦岭造山带构造演化留下的地质遗迹。

花岗岩山峰

花岗岩地貌

## 1.2 伴你游览嵖岈山

嵖岈山地质公园由南山、北山、六峰山、天磨湖、琵琶湖五大景区组成。景区内怪石林立，山水相依。根据资源特色，公园现有奇石精华游、峡谷休闲游、北山自助游等线路，其中，奇石精华游全程大约 8 千米，约需 3 个小时。

嵖岈山南山门

### 1.2.1 蜜蜡山—南山奇石精华游旅游线路

蜜蜡山—南山位于嵖岈山地质公园南部，属经典的花岗岩地貌分布区，该线路的特色景观有：猴石、母子石、蜗牛石、海豚石、睡唐僧石、醉八戒石等花岗岩象形石，栩栩如生、形象逼真、举世无双，实属世界罕见，堪称动物王国。线路上蜜蜡峰、凤凰台等花岗岩峰造型精致典雅、秀美，登上南山凤凰台向东南远眺，一望无际的黄淮平原尽收眼底，使人顿觉心旷神怡，景色之美令人陶醉；嵖岈山海拔不高，但是与黄淮平原的地形反差，显得嵖岈山雄伟壮观。

一石三景

猴石

猴石

（1）猴石

猴石位于南山顶东部，形象逼真的猴头、猴身和基座，如同一只席地而蹲的猴子。更为奇妙的是猴石一石三景：站在南山石猴院向东看是坐立的“猴石”；站在南山东山门向西仰观为“猴背猴石”；而在北山蓬莱三洞向南观览呈现倩男靓女相互拥抱的“情人石”。

海豚出水石

蜗牛石

动物石界

蟒蛇出洞

动物石界

（2）象形山石

公园内动物象形石众多，俨然一个动物王国，这里有乌龟石、蜗牛石、大象石、鳄鱼石、蟒蛇石、鲸鱼石、海豚出水石……

海狮石

动物石界

睡唐僧石

玉兔望月石

金蟾朝圣

老君花园峰

蜜蜡峰

凤凰台

（3）蜜蜡峰

蜜蜡峰在南山东南面，属嵖岈山最南面的一座山峰，粗粒花岗岩构成的圆柱形山体，伟岸挺拔，陡不可攀，大有“刺破青天”之势。巅之阴有细泉渗下，似蜂蜜涂壁，故名蜜蜡峰。

（4）凤凰台

凤凰台为南山主峰，海拔 412 米，相传此峰因落凤凰而得名。

六峰山

天磨峰

天磨湖

剑鱼石

### 1.2.2 北山一六峰山科普旅游线路

位于嵖岈山国家地质公园北山、六峰山，天磨峰、天王顶、定海神针石、玉兔石、风动石、蓬莱三洞、白云洞等花岗岩地貌景观，花岗岩峰丛挺拔、峰险崖陡、夷险交织、峭壁千仞，层峦叠嶂；花岗岩象形石千姿百态、惟妙惟肖；北山的天王顶孤峰临空、悬崖峭壁，登顶俯瞰，“瞻视群山，阜如丘阜”，使人感到面临万丈深渊，心惊胆战；嵖岈山花岗岩地貌景观秀美的山水——天磨湖景观使人陶醉，水托山愈秀，山衬水愈美，大自然与人为作用的动静变换、巨细相生，将山的静态美与水的动态美鬼斧神工般地融为一体，如一幅浓重的水墨画，成为《西游记》《长征》剧组的主要外景拍摄地。

（1）风动石

嵖岈山九大奇石之一，属典型的花岗岩球状风化景观，因其底部接触面较小，风吹即动，摇摇欲坠而得名“风动石”。

（2）天王顶

天王顶系北山主峰，海拔500多米，站到北山顶上，便能对嵖岈山全境一览无余。

### 1.2.3 南山—北山—天磨湖旅游线路

游览线路由南向北穿过嵖岈山游览线路主要景点，行程介绍：游览南山门→西游文化广场→地质博物馆→《西游记》砖雕艺术馆→秀蜜湖→蜜蜡山→黑风洞→包公庙→桃花洞→野椰榆→观赏蜗牛石→神鼠戏水石→五龙宫→《西游记》雕塑园→乾隆洞→千孔柏→莲花掌→百步云梯→南八卦亭→凤凰台→乾隆床→飞来石→一线天→石猴院→空中吊桥→蓬莱三洞→白云洞→《西游记》主要外景拍摄地——天磨湖。其中，登凤凰台远眺蜜蜡峰，在石猴院观赏猴石、母子石，天磨湖赏景，为游玩嵖岈山独特景观。全程游玩需要大约8个小时。

琵琶石

琵琶湖

天磨峰

琵琶湖

天然盆景

嵖岈山花岗岩石林

嵖岈山花岗岩峰

### 1.2.4 地质博物馆

嵖岈山地质博物馆通过图片、文字、三维图像、立体模型、灯箱展板、实景灯箱、花岗岩等实物标本等多种形式，全面展示了嵖岈山花岗岩地质地貌景观类型、地质成因及演化过程。

地质博物馆沙盘

地质博物馆展厅

地质科普园碑

地质博物馆

西游记砖雕艺术馆

地质科普园

## 1.3 地学解密

### 1.3.1 嵖岈山花岗岩体的形成时代

嵖岈山山体主要由距今 1.4 亿—1.2 亿年的燕山期岩浆熔融侵入冷凝后形成的花岗岩组成，花岗岩体是秦岭造山带构造演化留下的地质遗迹。

### 1.3.2 嵖岈山花岗岩地貌的形成过程

嵖岈山花岗岩地貌景观是在嵖岈山花岗岩体形成后，在内外地质应力长期综合作用下塑造而成的，其形成过程主要分为：

（1）嵖岈山花岗岩体的侵入形成阶段

在距今 123Ma（百万年）的早白垩世中期，嵖岈山地区为古陆高地，在地下深部（深度大于 6000 米）岩浆侵入冷凝形成中粗粒钾长花岗岩。

（2）嵖岈山花岗岩体的断裂、构造节理发育的破碎抬升阶段

在距今 80Ma（百万年）的晚白垩世末期，地壳运动使侵入岩体出露地表，暴露在大气中的中粗粒钾长花岗岩遭受风化剥蚀作用。

（3）嵖岈山花岗岩体的裸露风化剥蚀阶段

不断上升的地壳运动与持续的风化剥蚀作用，到距今 0.7Ma（百万年）的中更新世早期，剥蚀形成嵖岈山花岗岩地貌景观。

### 1.3.3 嵖岈山为什么会形成这么多形象逼真的象形山石

嵖岈山为花岗岩地貌，花岗岩为地下岩浆冷凝结晶形成的一种岩浆岩。这种岩浆在冷凝结晶的过程中体积会发生收缩，便会在花岗岩体中产生大量的裂隙，这种裂隙被称作“原生节理”。花岗岩中的这些原生节理一般有三组（三个方向），且彼此近于垂直，这三个方向的节理把岩体常常切割成大大小小不太规则的立方体或长方体的块体。与其他地方不同，嵖岈山的花岗岩中这些节理特别发育，局部还形成密集的节理分布区，进而形成了更多的相对较小的块体。由于花岗岩中含有大量的易于风化的长石类等矿物，这种变化最易发生的部位是被原生节理切割成的立方体、长方体的棱角处。久而久之，受原生节理切割而成的立方、长方形的块体，就变成了一个个不太规则的球体，或似球体，这些形体有机地组合在一起，就出现了许多精美的造型，或拟人，或似物形象逼真的象形山石景观。

### 1.3.4 猴石的形成

嵖岈山地区花岗岩中发育的垂直节理与近水平的两组节理控制了猴石的外貌轮廓形态，受这些节理面的控制，猴石的形成又经历了如下的三个阶段：一是去棱角风化阶段。二是球面风化阶段。三是差异性球状风化阶段。差异性风化阶段就是容易风化的岩石被风化掉，不容易风化的岩石留在原处。以石猴为例，猴石的头部和嘴部是由风化裂隙差异性风化形成的，尾部是球状风化形成的，背部是差异性风化，身体的风化裂隙、底座是由生物风化作用形成的，是生物对岩石的破坏作用。

## 1.4 人文历史

嵖岈山山门

### 1.4.1 “嵖岈山”名字的起源

嵖岈山系伏牛山东缘余脉，海拔512米，又名嵯峨山、玲珑山，因奇峰异石，犬牙交错而得名。嵖岈山是《西游记》续集的主要外景拍摄基地，素有“中原盆景”“西游记全书”之美誉。据《大明一统志》记载又名“嵯峨山”；山中巨型岩石崩塌坠落，堆积成许多洞穴，故空洞百窍，风嘘则鸣，亦称“玲珑山”；据民间传说：山中有鸟金、火驹兽、金头老母鸦、蜜蜡金、九龙杯、八卦炉、龙、凤等八样珍宝，周文王无比欣赏，封此山为“八宝玲珑山”。

### 1.4.2 嵖岈山人文历史

尧舜时代，在今嵖岈山北店房村一带，即有人居住。相传舜封尧子丹朱到此地，称房地。春秋时期，楚昭王把房地封给吴王阖闾的弟弟夫概，称吴房国，建都在嵖岈山脚下店房村附近，夫概死后葬于天磨峰下的天磨湖畔。

嵖岈山山势险要，是历代兵家必争之地，据历史记载，公元877年，唐代王仙芝部将尚浪屯兵于此，后黄巢与尚浪合兵一处合力守山，出兵合攻宋州。唐末（公元883年），驻蔡州淮西节度使李希烈叛唐，颜鲁公（真卿）奉诏赴李部宣旨，被软禁。在李希烈亲兵监督下，颜真卿游嵖岈山，触景生情，书写“别是洞天”手迹至今犹存于白云洞石壁上。明崇祯十五年（1642年），农民起义军李自成部攻克遂平县城，杀死知县刘英。据传，在此之前李自成的舅父高迎祥率众进驻嵖岈山老君洞附近，曾在此点将阅兵，现存有“高官厅”“点将台”等遗址。清同治六年（1862年），捻军首领李合周四五百人据守嵖岈山，抗拒清军。清光绪三十二年（1906年），遂平八里铺苗金声聚众起义，在嵖岈山建立政权，号称“苗天王”。

嵖岈山村，又称嵖岈山山寨，在历史上有过一段繁荣鼎盛时期，清末到民国初，居民高达3万人，官僚、大地主为避兵祸汇集于此。

1931年爱国人士魏郎斋，在此创办农科职业学校，积极协助革命斗争。1937年建立中共嵖岈山区委。1938年，中共遂平县委在嵖岈山恢复。1939年刘少奇由延安去竹沟途经嵖岈山，会见了范文澜，听取了工作汇报，并作了重要指示。1944年组织了抗日武装，建立抗日根据地。1945年，建立中共嵖岈山中心县委和军事指挥部，同时建立中共遂平县委员会、抗日民主政府，同年8月，豫中地委在嵖岈山成立；同年10月，王定烈率八路军冀鲁豫军区水东八团与王树声率领的皮定均、张才千、刘昌毅3个支队（旅）和豫中部队在嵖岈山会师，李先念亲自迎接各路部队。

1958年成立了“嵖岈山卫星人民公社”。是全国第一个人民公社，它的诞生与发展在全国人民公社运动中起到了榜样的作用。现存有嵖岈山卫星人民公社办公楼遗址。毛泽东主席曾于1958年11月13日乘专列来到遂平县调查了解人民公社的创建发展情况。

### 1.4.3 嵖岈山与《西游记》

嵖岈山是《西游记》续集的主要外景拍摄基地，素有“中原盆景”“西游记全书”之美誉。

西游记外景地

# 郑州黄河国家地质公园

## 公园档案

国家地质公园批准时间：2005年8月（第四批）
国家地质公园揭碑开园时间：2008年9月29日
公园面积：76.96平方千米
公园地址：郑州市北郊惠济区、荥阳市
典型地质遗迹：黄河、黄土、黄淮平原

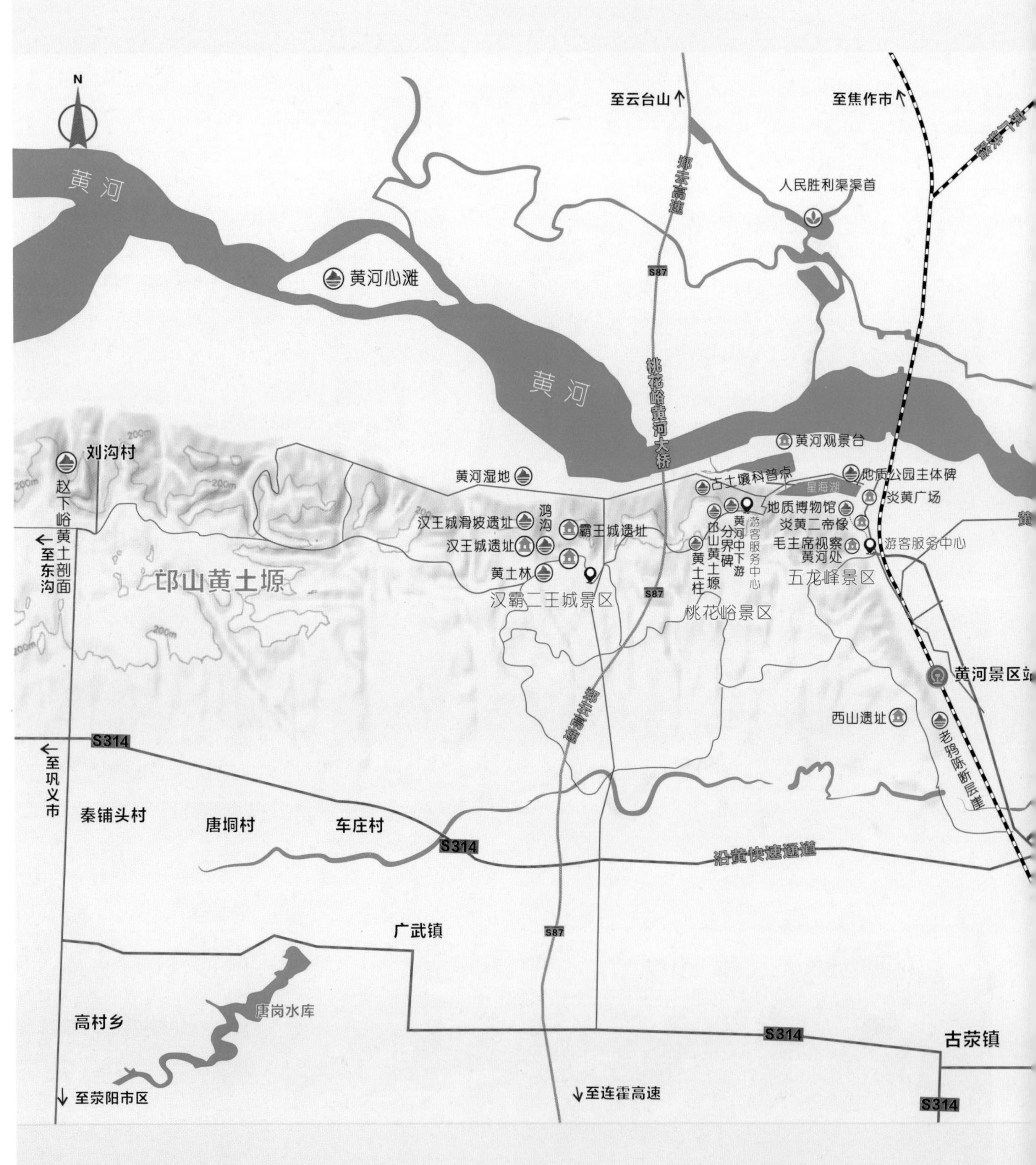
N
至云台山
至焦作市
黄河
郑云高速
人民胜利渠渠首
黄河心滩
S87
黄河
桃花峪黄河大桥
黄河观景台
刘沟村
黄河湿地
古土壤科普点
星海湖
地质公园主体碑
赵下峪黄土剖面
鸿沟
地质博物馆
炎黄广场
汉王城滑坡遗址
霸王城遗址
邙山黄土柱
分界碑
黄河中下游
游客服务中心
炎黄二帝像
至东沟
汉王城遗址
毛主席视察黄河处
游客服务中心
邙山黄土塬
黄土林
五龙峰景区
汉霸二王城景区
S87
桃花峪景区
200m
黄河景区站
郑云高速
西山遗址
老鸦陈断层崖
S314
至巩义市
秦铺头村
唐垌村
车庄村
S314
沿黄快速通道
广武镇
S87
唐岗水库
高村乡
S314
古荥镇
至荥阳市区
至连霍高速
S314

## 2.1 纵览公园

### 2.1.1 公园概况

郑州黄河国家地质公园位于河南省郑州市北郊的黄河之滨，西起荥阳市官庄峪，东至郑州黄河二桥，北起黄河，南止枯河与黄河大堤，总面积 76.96 平方千米。分为五龙峰、桃花峪、汉霸二王城、丰乐生态苑、花园口等 5 个景区。广武山是黄土高原最东南缘的黄土塬，其厚层黄土—古土壤序列，清楚地反映出近 260 万年间黄土高原地区古气候、环境的变化规律。地质工作者对广武山（邙山）黄土作了大量的科学研究工作，其科学价值日益受到国内外学者的关注。赵下峪、桃花峪等代表性的黄土剖面具有国际、国内对比意义，尤其是堪称厚度世界之最的晚更新世马兰黄土，其典型性和稀有性更具有特殊的科学意义，是研究东亚环境变迁，青藏高原的形成、华夏文明历史与黄河形成演变的重要结节点。桃花峪既是黄河中、下游的分界点，又是黄淮扇形冲积平原的顶点；由于下游悬河的形成，黄河河道成为淮河和海河两大流域的分水岭，这种以河道作为两大流域分水岭的奇观，在世界上也是独一无二的。黄河之奇、险的个性与现代沉积作用融为一体，构成独特的大河风光。

黄土、黄河孕育了和黄河一样源远流长的黄河文化。

黄土、黄河、黄淮平原、黄河文化在此通过地质公园这个载体得以淋漓尽致的表现。

郑州黄河国家地质公园园区分布图

### 2.1.2 地形、地貌特征

公园跨黄土高原与黄淮平原两个地貌景观区，中华民族的母亲河从这里流过。公园内的桃花峪既是黄河中、下游的分界线，又是黄淮扇形冲积平原的顶点，还是黄河悬河的起点；由于悬河的形成，黄河下游河道成为淮河和海河两大流域的分水岭，这种以河道为两大流域分水岭的奇观，在世界上也是独一无二的。公园内的邙山黄土塬，是黄土高原最东南缘的黄土塬。

邙山黄土塬北缘

邙山卫星立体影像图

### 2.1.3 自然与生态

地质公园区域地表水分属黄河和淮河水系；黄河源出青海省巴颜喀拉山北麓，海拔 4500 米的约古宗列盆地，全长 5464 千米，区内长达 21.7 千米，是本区最大的地表河流。黄河素以善淤、频徙、易决、多变、含沙量大而著称于世。尤其黄河出桃花峪后，河道变宽，区内河宽 3—10 千米，造成河床逐年抬升而成为著名的“悬河”。据花园口水文站测定，黄河多年平均流量 1486 立方米每秒，最高水位 93.205 米，中水位 92.08 米。自京广铁路以东，素有“豆腐腰”之称，属典型的游荡性河道。

源于郑州市上街区的枯河，位于广武山南部，在保合寨附近汇入黄河，是区内第二条地表河流，也是黄河南岸最后一条汇入黄河的地表水流。

沁河汇入黄河的入口位于黄河北岸，沁河源出山西沁源县，经由焦作市的武陟县后陡转南下直逼邙山，其形成的巨大的冲积扇，迫使黄河退到邙山脚下。

此外，公园南部的索须河、贾鲁河，由于黄河悬河的出现，已属淮河水系。

枯河风光

翱翔蓝天

### 2.1.4 地质概况

公园处于嵩山隆起与华北沉降带的相邻地段，地处荥巩背斜倾伏段北侧，区内第四纪地层发育齐全，构造简单。区内地表全被第四纪地层覆盖，其中，黄土塬区出露的黄土—古土壤序列，厚度达 180 余米，分别属于全新世黄土、马兰黄土、离石黄土和午城黄土。尤以晚更新世“马兰黄土”的厚度远远超过黄土高原内部同时代地层厚度，堪称世界之最。

黄土与古土壤

黄河与边滩

## 2.2 伴你游览郑州黄河

郑州北部的邙山历史上又叫广武山，呈东西走向蜿蜒于黄河南岸，延至五龙峰东侧的京广铁路处戛然而止，形成黄土高原与华北平原两大地貌单元的转换。

伫立在邙山之巅，北可领略绮丽多姿的大河风光，西可探寻神秘的邙山黄土，东可远眺广袤的黄淮平原。大河、大高原、大平原融为一体，构成一道亮丽的风景线。

### 2.2.1 五龙峰景区

五龙峰为郑州黄河国家地质公园的核心景区，位于地质公园广武山园区东部，东与花园口园区相邻。五龙峰由延伸入黄河的五道黄土梁组成，东部岳山为区内最高峰，西部山岭因形似骆驼，故名“骆驼岭”。这里是黄土高原的终点，华北平原的起点，这里马兰黄土的厚度堪称世界之最；由此向东也是著名的黄河悬河景观。此外，这里还有象征“黄河母亲”的“哺育”雕像、有被誉为“郑州人民的生命线”的邙山提灌站。

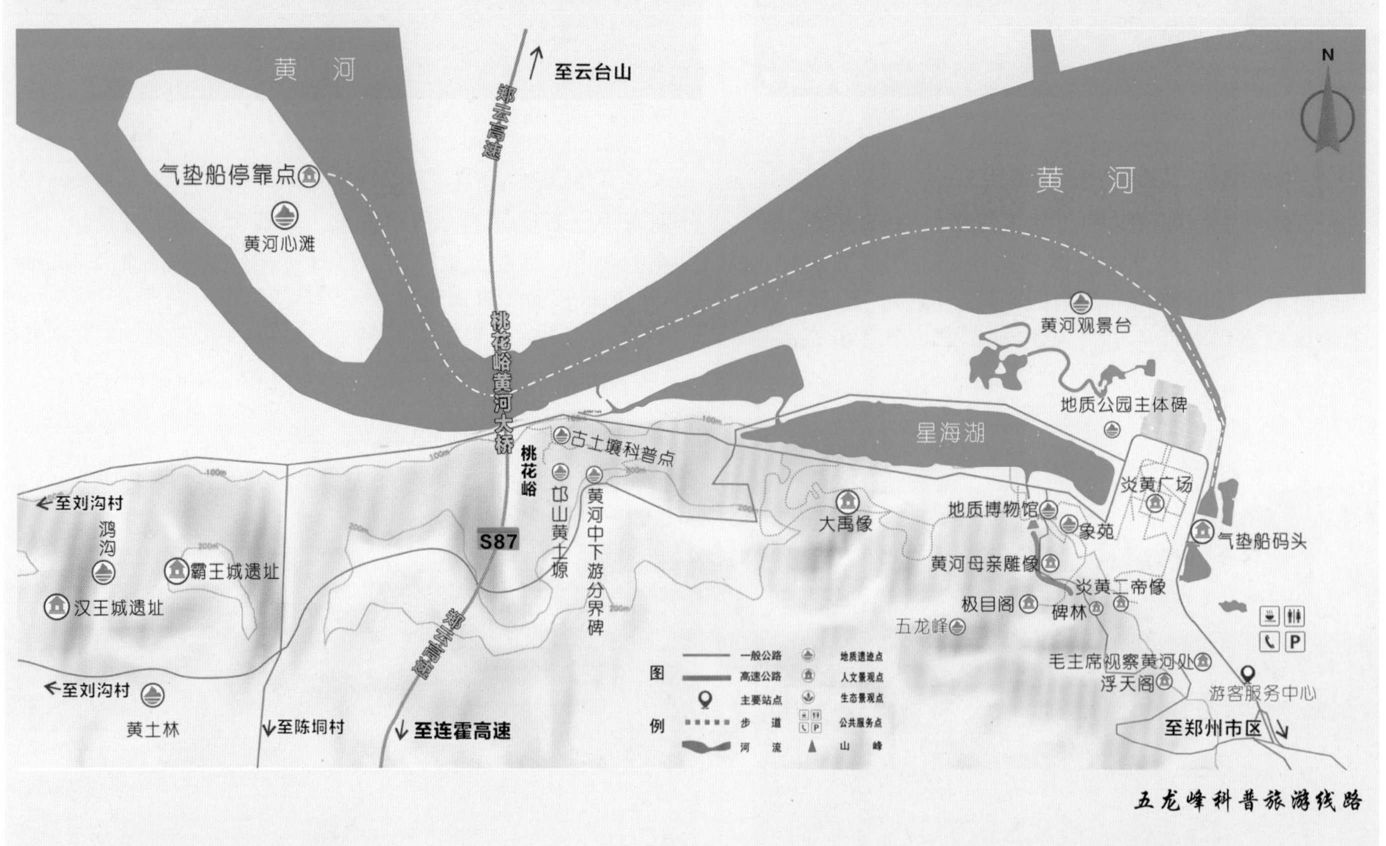


五龙峰科普旅游线路

五龙峰全貌

（1）乘坐水陆两用气垫船的黄河中下游穿越之旅

黄河上到处是沙滩、浅滩，所以有“自古黄河难行舟”的说法，使众多海内外游客只能在山上俯视黄河，在岸边眺望黄河。因此，为了满足海内外游客“不游黄河心不甘”的夙愿，景区引进了气垫船。平时旅游，汛期用于防洪。乘坐水陆两用气垫船穿越黄河母亲河中下游分界线是一次看黄土、赏黄河的地学科普之旅。本线路起始于炎黄二帝广场东侧，乘坐水陆两用气垫船沿黄河逆流而上到汉霸二王城北侧的河心滩登陆，然后原路返回。

水陆两用气垫船登陆

乘坐气垫船从炎黄二帝广场登船，沿陆地先穿越一片湿地、河漫滩，然后投入黄河母亲的怀抱，逆流而上。旅途在领略大河风光的同时，可以看到黄河上的第一座铁路大桥遗迹、黄河引水口、大禹塑像、黄河中下游分界线标志碑、桃花峪黄土地貌、黄河大桥、楚汉争霸的霸王城、鸿沟、汉王城等历史遗迹。哈哈，到黄河中间沙滩地，还可走出船舱，捧一捧黄河沙，踩一踩牛皮地。

斑嘴鸭

○ 黄河岸边湿地景观

景区北部有大面积分布的黄河湿地景观。湿地是陆地与水面的过渡带，是地球上生物多样性丰富和生产力较高的生态系统，它与人类息息相关，湿地有 20 余种类型，黄河滩便属于其中的一种。

黄河湿地

○ 记载着两个时代的新旧黄河铁路大桥

气垫船旅游线路的东侧为京广铁路大动脉，有 3 座横跨黄河天险的铁路大桥。黄河中若隐若现的一排整齐的钢架，这是万里黄河上第一座钢体结构大桥的遗留桥墩；该桥始建于清朝末年的 1899 年，由比利时和法国联合承建，历时五年零一个月，于 1905 年建成；全桥长 3015 米，共 102 孔，原名平汉铁路郑州黄河桥，设计寿命 70 年；这里处于黄河悬河开始形成的起点附近，由于黄河泥沙的淤积，桥体已接近水面，1987 年因防洪需要被拆除，仅在公园内保存南端五孔 160 米。1958 年至 1960 年在老桥东侧建立了第二座京广铁路桥，服役半个多世纪后，2014 年第二座全中国最繁忙的黄河大桥又“功成身退”，在相距 100 多米的东侧，一座新铁路黄河大桥正式上岗。如今新桥和老桥并存，在反映历史的同时，更能反映水土流失的危害，以警后人。

京广遗虹

五孔桥

新旧郑州黄河铁路大桥

○ 探秘地上悬河

河床高出两岸地面的河叫“悬河”，又称“地上河”。含沙量很大的黄河流到下游后，因河床开阔、比降平缓，泥沙开始大量堆积，河床年均抬升 10 厘米，水位相应上升，为防止水害，两岸大堤随之不断加高，年长日久，河床高出两岸地面，成为世界上独一无二的“悬河”奇观。理论上黄河的悬河从这里开始，但是，这里因远离黄河大堤，河悬之势并没有感觉，不过从前述 3 座黄河铁路大桥的桥体距离水面的高度变化我们就可以感知黄河泥沙淤积的程度。

河床高悬

○ 黄河引水处

邙山黄河提灌站的取水口，被人们形象地比喻为“郑州人民的生命线”。黄河水经过自流动形式进入星海湖，经沉淀处理以后，由五龙峰脚下“引黄入郑”的八根巨大钢铁提水管道直达山腰，流往郑州市。

黄河提灌站

黄河引水口

大禹塑像

○ 大禹塑像

气垫船继续前行，我们在黄河南岸看到一条长长的黄土梁，这就是骆驼岭。骆驼岭上，屹立着高大雄伟的大禹塑像。大禹塑像修建于1984年，像高10米，重150吨，采用钢筋混凝土建造，坐西朝东。大禹头戴斗笠，身穿短衣，右手握耒，左手指向前方，形象朴实、庄重。

黄河中下游界线标志碑

○ 黄河中下游界线标志碑

经过大禹山前面即将出现的是桃花峪。桃花峪山头上那个高高耸立着的就是黄河中下游分界线标志碑，分界线碑下边的黄土沟谷就是桃花峪。从这里的黄河岸边到黄河中下游分界线碑出露了多层黄土、古土壤层，并含有丰富的蜗牛化石，极具科普景观价值。

霸王城

○ 霸王城

过了桃花峪我们就从黄河下游来到了中游。邙山历史上又叫广武山，这里历来就是兵家必争之地，这里山顶上微微凸起的山梁就是古代的霸王城，现在能够看到的仅仅是当时的南城墙，整个古城池已经被无情的黄河侵蚀掉了，我们现在乘船所在的位置可能就是当年的霸王城内。山上有一座战马嘶鸣的雕塑，仿佛将人们引到那曾经旌旗猎猎、战马嘶鸣的肃杀战场。霸王城的西侧有一条黄土峡谷，那就是鸿沟。

○ 鸿沟

鸿沟原是古代的一条大运河，约在战国魏惠王十年（公元前 360 年）开凿。它自今河南荥阳北引黄河水，东流至淮阳东南入颍水，形成了黄淮平原上的水道交通网。这可不是一条普通的黄土峡谷，历史上那场楚汉相争就是以这条峡谷作为分界，中国象棋盘中的楚河汉界也由此而来。

○ 汉王城

鸿沟的西侧那一座山便是当年的汉王城了，如今的汉王城同霸王城一样仅剩下了南城墙，我们眼前所看到的黄土滑坡已经使仅存的南城墙也受到了威胁，保护汉霸二王城已经受到了国内外的广泛关注。

○ 沁河入黄河河口冲积扇

现在气垫船停靠的地方的黄河边滩，对岸为沁河入黄河口所形成的巨大冲积扇，该冲积扇上形成了万亩良田。沁河为黄河一级支流，发源于黄土高原腹地的山西省平遥县境内，自北而南，切穿太行山，自山西省晋城市进入河南省，经济源市、沁阳市、博爱县、温县，于公园北部的武陟县南流入黄河。

○ 牛皮地

“牛皮地”是黄河边滩上特有的景观，即黄河边滩上软而不陷、黏而不粘的牛皮地。牛皮地最好玩，看似干燥的沙滩，在大家齐心协力蹦跳下，竟然软了下来。继续蹦跳，好似踩在牛肚上一般，晃荡。再继续，颤动的沙皮下，似乎有一股无形的引力，要把人的双脚吸进去，大家惊呼着从牛皮地上蹦了出来。再一看，牛皮地上裂一小缝，黄河水悄无声息竟涌了出来。

（2）地质博物馆与五龙峰地层剖面科普之旅

本旅游线路从五龙峰景区入口起，在地质公园主题碑的引导下，进入地质博物馆，最后到耸立着大禹雕像的大禹山结束，全程 2000 米。沿着马兰黄土剖面，一路感受沙尘暴的威力，鉴赏数万年前的蜗牛是以什么状态被埋在了黄土里，它和我们今天的蜗牛有什么微细的差别。看一看什么地方还有发育不太好的古土壤，什么地方存在有钙质结核。穿过依山亭登上极目阁，西部为黄土高原，北面是黄河，南面为辽阔的黄淮平原，屹立一座有着数千年历史的城市——“商都”郑州。

地质博物馆与五龙峰地层剖面科普旅游线路图

地质博物馆与五龙峰地层剖面科普旅游线路位置

○ 地质公园主题碑广场

地质公园主题碑广场位于五龙峰景区炎黄广场西北角的外侧，被黄河、炎黄文化广场和星海湖三大标志性景观所环绕。这里是游客认知和游览地质公园的起点，从主题碑上的地质公园简介中游客可以对地质公园有一个概略的了解，并留下具有象征意义的倩影；在主题碑的引导下，游客可以选择向南进入地质博物馆，向北走进母亲河。

主题碑广场

○ 博物馆馆前科普广场

以第四纪特色古生物为科普主题的馆前科普广场，展示了大象的演化雕塑群、人类的演化雕塑群、犀牛的演化雕塑群以及特色蜗牛小品雕塑等古生物复原场景。

博物馆馆前科普广场

人类的演化群雕

象的演化群雕

恐象铜雕

三趾马铜雕

蜗牛铜雕

博物馆入口

○ 地质博物馆

地质博物馆内设有展示陈列厅、演示厅、接待休息厅、旅游服务管理中心。在这里游客通过影视专题片、立体模型、地质标本、图片和文字介绍，除可以了解到一些地质科普知识外，对地质公园的主要景观及科学内涵将会有一个全面的了解，这也将为游客下一步旅游路线的选择起到良好的引导作用。由于本地质博物馆的建设采用具有地方特色的窑洞形式，而且博物馆的位置直接选在公园最具特色的 S1 古土壤和 L1 马兰黄土的界线处，游客在博物馆内就可以直接欣赏到黄土与古土壤以及其神秘的科学内涵。通过博物馆内的地层隧道，穿越地质时空来到第四纪景观苑，感受远古年代我们这里大象奔腾的场面。

地球科普厅路科

黄土厅一角

黄河象骨骼

大象苑

古土壤层科普解说牌

○ 10万—15 万年前与黄河贯通相关联的古土壤层

博物馆顶部巨厚的马兰黄土之中，这条深棕色的条带，是 10万—15 万年前这里生长着植被的古土壤，是这里古气候、古环境的一种良好记录。古土壤的形成与黄土堆积时的气候条件差异明显，它是在降水较多、相对湿润的条件下形成的。

极目阁与大河风光

○ 极目阁赏大河风光

极目阁是观赏黄河的一个最佳制高点。曾几何时极目阁与黄河这幅景观就是河南的地标性景观。黄河是我国的第二大河，这里是黄河冲出峡谷、泻入平原的过渡地带。我们身居邙山之巅，北瞰大河，上游可见奇特的“斜河”“横河”，下游可见宽浅游荡的河床、散乱别致的心滩，对岸为沁河汇入黄河所形成的巨大的河口冲积扇，正是由于该冲积扇的形成，才迫使黄河退到邙山脚下。

黄河母亲雕塑

○ 哺育广场

从极目阁西行沿黄土梁而下，来到哺育广场，广场中央乳白色汉白玉“哺育”塑像，高 5 米、重 12.5 吨，其造型是一位慈祥贤美的母亲怀抱着甜睡的婴儿，母容子态，栩栩如生，象征着黄河哺育中华民族的骨肉之情。

大禹岭

○ 大禹山

骆驼岭大禹山上，屹立着高大雄伟的大禹塑像。传说当年大禹凿龙门、劈砥柱之后，曾在这一带治水。塑像高 10 米，大禹头戴斗笠，粗衣布履，右手握耒，左手指向黄河入海处，风尘仆仆，气宇轩昂。站在大禹山上，北可俯视黄河，远眺沁河汇入黄河形成的巨大河口冲积扇。畅游了大禹山之后我们可以坐索道返回，也可以转往桃花峪开始另一段旅行。

翱翔蓝天

（3）寻觅领袖足迹的小顶山科普旅游线路

小顶山是邙山的一处制高点，成为观赏黄河与黄淮平原的理想之地。1952 年，毛泽东主席视察黄河时曾登上小顶山。

○ 伟大领袖毛主席视察黄河处

1952 年 10 月 31 日，伟大领袖毛主席视察黄河，信步登上小顶山，坐在土坎上凝神良久，发出了“要把黄河的事情办好”的伟大号召。现在，在毛主席登山途经的一处农家小院，建起了“光荣洞”。小顶山上，也建起了毛主席视察黄河的大型纪念铜像供人们观瞻缅怀。

小顶山毛泽东主席视察黄河处

○ 小顶山黄土高原与华北平原观景平台

邙山处于黄土高原隆升区向东部华北平原沉降区转折的特定构造地貌部位，是黄土高原与华北平原过渡带上最东南缘的黄土塬，呈东西走向蜿蜒于黄河南岸，延至我们的脚下，受北西向老鸦陈断层的影响戛然而止，形成黄土高原与华北平原两大地貌单元的转换。伫立在这邙山之巅，北可领略绮丽多姿的大河风光，西可探询神秘的邙山黄土，东可远眺广袤的黄淮平原。大河、大高原、大平原融为一体，构成一道亮丽的风景线。

黄淮平原俯瞰

（4）地质公园主题碑

地质公园主题碑由三座类似山形的土黄色砂岩雕塑组成中文的“山”字，既代表了邙山，又代表了邙山是由黄土形成的；被剖开的三座高耸的锥形山体，分别代表了公园内 3 条典型的黄土剖面；主碑高度为 9.3 米，代表公园内最具特色的、厚度堪称世界之最的晚更新世黄土地层（L1 马兰黄土与 S1 古土壤）厚度的十分之一，副碑高度为 7.0 米，代表黄河景区始建于 1970 年，次碑高度为 5.464 米，代表黄河总长度的百万分之一；碑体粗拙的背面，象征历经沧桑的黄土地貌，剖开的断面，既代表了黄河对邙山侵蚀形成的陡崖，又代表了黄土高原与黄淮平原两大地貌单元在公园内转换；尖锐的造型，体现了中华文明的快速发展和公园的腾飞；浮雕以黄河流域彩陶文化为题材，展现了黄河流域劳动人民的生产生活方式和文化艺术活动。整个碑体具有三个朝向（一个面向黄土高原、一个面向黄河、一个面向黄淮平原），外加浮雕，既展现了公园各具特色的主题内涵，又展现了彼此之间的相互联系，一座特色鲜明的主体碑将公园黄河、黄土、黄淮平原、黄河文化四大主题予以体现。

地质公园主题碑

### 2.2.2 桃花峪景区

桃花峪景区，位于地质公园广武山园区东部，邙山塬东北缘，景区以观黄河、赏黄土为主要特色。代表性的景点有黄河中下游界线标志碑与广场、黄河观景平台、邙山黄土塬地貌景观以及黄土峁与黄土峡谷和典型黄土地质剖面。

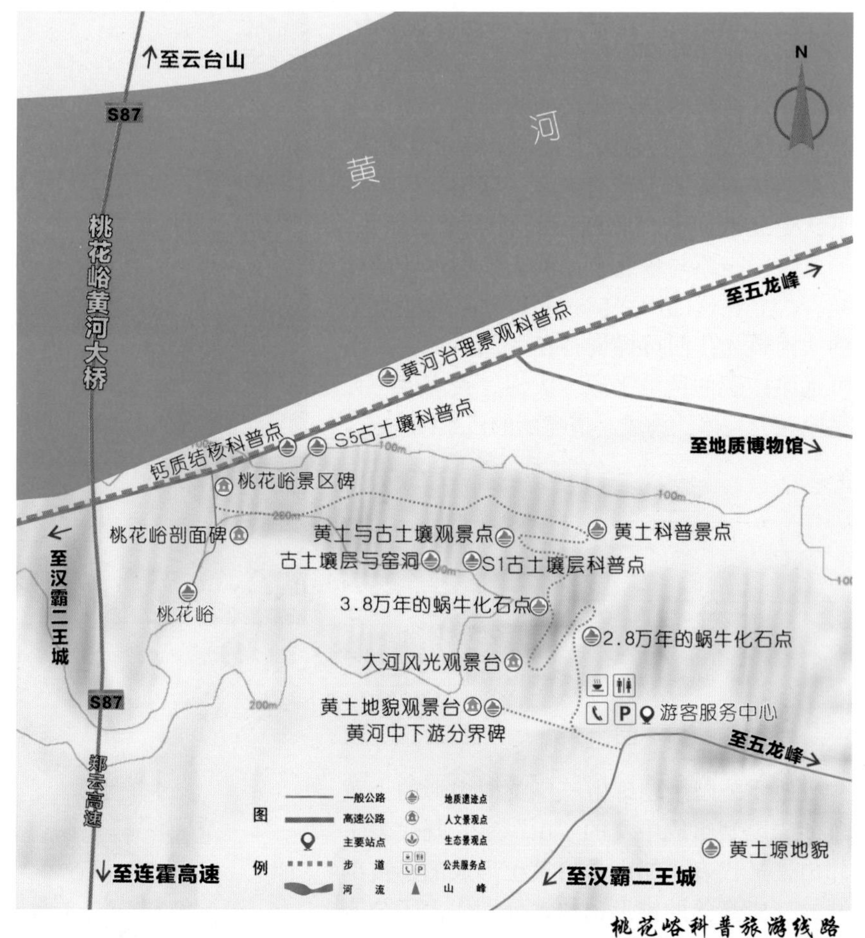


桃花峪科普旅游线路

桃花峪景区北入口与黄土剖面观测点

（1）黄河中下游界碑与广场

黄河是我国的第二大河，全长 5464 千米，流域面积 79.5 万平方千米。桃花峪既是黄河中下游的分界线，又是悬河的起点，还是海河流域与淮河流域的分水岭。这种以河道作为两大流域分水岭的奇观，在世界上也是独一无二的。黄河中下游分界线碑于 1999 年 10 月动工筹建，2000 年全部竣工。界标高 21 米，意为 21 世纪，四面玉栏护持，玲珑旋梯连接，预示沿黄人民四季生活蒸蒸日上。界碑南北一线，显示了黄河中下游分界。

黄河中下游分界碑广场

（2）邙山黄土塬风光

到桃花峪游玩的人们会发现，眼前的黄河南岸郁郁葱葱，生机盎然，浓浓的绿色从黄河中下游分界碑以上的远处开始，绵延起伏着伸向下游，像一条绿色的飘带，偎依着滚滚东流的母亲河。站在黄河中下游分界线标志碑广场，或登临碑顶俯视邙山黄土塬，塬面平坦，周边为沟谷环绕。受河流沟谷切割的影响，邙山塬边缘多被冲沟破坏，局部切割强烈形成孤立丘状地形，切割深度达 100 多米。冲沟呈树枝状分布，冲沟上游呈“V”字形，向下游逐渐变为“U”字形。

绿色满塬

（3）“斜河”与“横河”景观观景平台

黄河是我国的第二大河，这里是黄河冲出峡谷、泻入平原的过渡地带。站在桃花峪观景平台上俯视黄河，上游可见奇特的“斜河”“横河”景观；下游可见宽浅游荡的河床、散乱别致的心滩；对岸为沁河汇入黄河所形成的巨大的河口冲积扇，正是由于该冲积扇的形成，才迫使黄河退到邙山脚下。

“斜河”与“横河”景观

（4）桃花峪黄土地质科普旅游线路

由于黄河向南侧向侵蚀，在桃花峪的北侧形成陡立岸坡、深切冲沟和出露良好的地层剖面，成为地学旅游和科研的理想之地。

桃花峪黄土剖面碑

○ 桃花峪黄土剖面碑

桃花峪黄土剖面位于邙山黄土塬的东北缘，地理坐标为北纬 34° 57′、东经 113° 29′，顶面海拔高度 228 米。剖面出露的黄土—古土壤序列，厚度约 130 米，其中晚更新世“马兰黄土”的沉积厚度达 81.3 米。从桃花峪黄河中下游分界线标志碑广场东侧沿路而下即可欣赏桃花峪第四纪黄土地层剖面。

桃花峪黄河大桥

○ 桃花峪黄土峁景观

黄土峁，一种外形很像馒头的峁，峁顶面积不大，呈明显的穹起，周围全呈凸形斜坡，是黄土高原地区特有的一种地貌形态。桃花峪黄土峁位于桃花峪谷口的西侧，呈孤立的黄土丘状，顶部浑圆，坡面向四周倾斜，状如馒头，是公园内唯一的黄土峁景观。为了保护该地貌景观，在桃花峪黄河公路大桥修建时经专家论证，大桥选址东移，避免了对该黄土峁的直接破坏。

黄土峁

○ 桃花峪沟口黄土与古土壤景观参观点

黄土层中夹杂一条条红色的条带，这是过去生长着植被的古土壤。地质学家发现了黄土 / 红土 / 黄土 / 红土……交错堆叠着的这个巨大的千层饼结构，是古代气候冷暖 / 干湿变化的完美记录。寒冷而干燥的时期因为地面植被少，有利于粉尘形成，而且冬季风比较强，容易把粉尘扬起来，造成黄土堆积。在温暖湿润的气候中，夏季风带来降雨，有利于植物生长，促进土壤发育。在桃花峪谷口两侧，因黄河的侧岸冲刷作用形成了断续分布的黄土墙，犹如一条天然的黄土长城，在这些黄土墙上可以清晰地看到黄土中夹杂的多层古土壤层景观。

桃花峪黄土剖面

黄土与古土壤剖面景观

黄土墙景观

鼢鼠化石

○ 桃花峪古土壤层与黄土窑洞的分布参观点

至今，广武山中的居民和黄土高原内部一样仍保留有古代穴居遗风，人们就沟畔崖开辟院落，挖凿洞穴。若沿古驿道或纤夫之路漫游于广武山九顶十八峪之内，则更能深刻领略“幽径柴门少，崖高洞户斜”的民俗风情画意境。然而这些洞穴并非随意挖就，而是巧妙地利用了黄土与古土壤的特性。黄土沙质含量较高，质地松软，容易挖穴构屋；古土壤黏土含量较高，坚硬牢固，可形成稳固的“屋顶”。因此，我们所见到的窑洞多分布于古土壤层中或其下部，沿层分布。

古窑洞考察

窑洞与古土壤层

○ 桃花峪（10万—15万年前的）古土壤（又称化石土壤）参观点

在巨厚的马兰黄土之下有一条深棕色的条带，这是10万—15万年前这里生长着植被的古土壤，是这里古气候、古环境的一种良好记录。古土壤的形成与黄土堆积时的气候条件差异明显，它形成于降水较多、相对湿润的条件之下，而黄土则形成于气候比较干燥的时期。

古土壤景观层

桃花峪黄土与古土壤剖面

○ 桃花峪（2.8 万年前的）蜗牛化石参观点

蜗牛需要从环境里获取碳酸钙来建造它背上的小房子，而钙质含量高正是黄土的特征，因此黄土里盛产蜗牛。而且蜗牛一辈子也走不了多远，所形成的化石所记载的一定是当地的历史气候信息。把黄土层里的各种蜗牛与现在生存于世界各地的同类蜗牛对比，就能推断古代气候环境。桃花峪剖面含较多的蜗牛化石，距山顶 10.2 米和 33.5 米处的蜗牛化石，经中国科学院黄土与第四纪地质国家重点实验室碳 14 实验室测定，年龄分别为 2.89 万年和 3.85 万年。

黄土柱

黄土中的蜗牛化石

○ 桃花峪黄河中下游分界碑广场

马兰黄土参观点：马兰黄土形成于距今约 1 万至 10 万年间的晚更新世，因首先在北京西郊门头沟区马兰（栏）村研究而得名。马兰黄土主要分布于黄河中、下游一带，呈浅灰黄色，以粉砂及黏性土为主，垂直节理发育，不具层理，含钙质结核，一般厚 20—40 米。我们脚下的黄土就是马兰黄土，其厚度 70 余米，这里是迄今为止世界上发现的晚更新世黄土地层厚度最大的地区，其巨大的厚度经科学研究证实，与大约在 15 万年前携带黄土和泥沙的黄河贯通三门峡东流入海形成黄河水系有关。

桃花峪马兰黄土

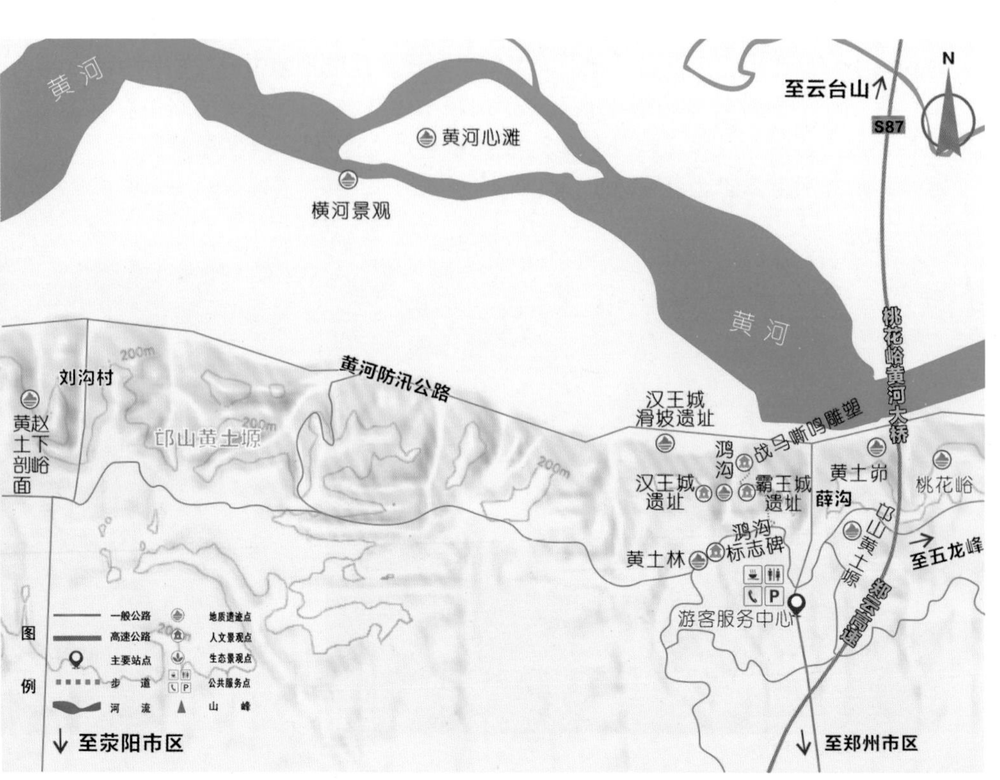

汉霸二王城景区科普旅游线路图

### 2.2.3 汉霸二王城景区

位于地质公园广武山园区中部，黄河南岸，以楚汉争雄的两座军垒遗址为主。由于黄河南徙，山体崩塌，二王城大部分已塌入黄河，残留的南城墙高出黄河100多米。古鸿沟东为霸王城遗址，东西长1000米，墙宽26米，高达15米；古鸿沟西为汉王城遗址，东西长1200米，宽约30米，残存墙高10米。二王城北临天堑黄河，中有鸿沟（又称广武涧），谷深坡陡，崖壁峭立，刘邦和项羽在这一带“大战七十，小战四十”，是确立汉室基业的决定性战役。中国象棋的“楚河汉界”即由此而来。在汉霸二王城景区，有举世闻名的广武古战场遗迹、汉霸二王城和楚汉中分天下的“鸿沟”、屹立于点军台上的“战马嘶鸣”铸铁雕塑等景观。

汉霸二王城景区大门

霸王城碑

霸王城远眺

（1）霸王城遗址

现存的霸王城，由于黄河的不断冲刷侵蚀，早已失去原貌，北城墙与城池多已塌入黄河中。霸王城东西长 400 米，南北长 340 米，墙宽 28 米，高约 7 米，最高处约 15 米。

战马嘶鸣雕塑

（2）汉王城遗址

残存的汉王城东西长 530 米，南北长 190 米，墙宽 30 米，高约 6 米，最高处 19 米，面积 15 万平方米。南墙和西墙依山而建，墙基明显可见；东墙和东北角处保存较好，土石结构，夯筑而成，夯层 8—10 厘米，平夯，可见板瓦、筒瓦碎片。

汉王城遗址

（3）鸿沟遗址

登上邙山，伫立楚汉相争古战场——汉霸二王城，定会使人发出“中原逐鹿鸿沟在，仿佛犹闻战马鸣”的感慨。楚汉相争鸿沟为界，中国象棋中的楚河汉界也由此演变而来。鸿沟为古运河名，战国时魏惠王十年（前360年）开通。故道自今荥阳北引黄河水，东流经今中牟北，又东经开封北，转西南经通许东、太康西，至淮阳东南入颍水。成皋之战后，项羽闻讯东还，与汉军相持于广武（今郑州北），是时楚将龙且军已被韩信歼灭，项羽自知少助少粮，顾虑韩信率军来攻，形势不利。于汉王刘邦四年（前203年），楚汉议和，以鸿沟为界，鸿沟东部属楚，西部属汉，史称“画地鸿沟”。双方约定，各方军队不得越过鸿沟。于是鸿沟就成了界线分明的标志，成了不可逾越的深沟。中国象棋棋盘上的“楚河”“汉界”也是从那里来的。

汉霸二王城与鸿沟

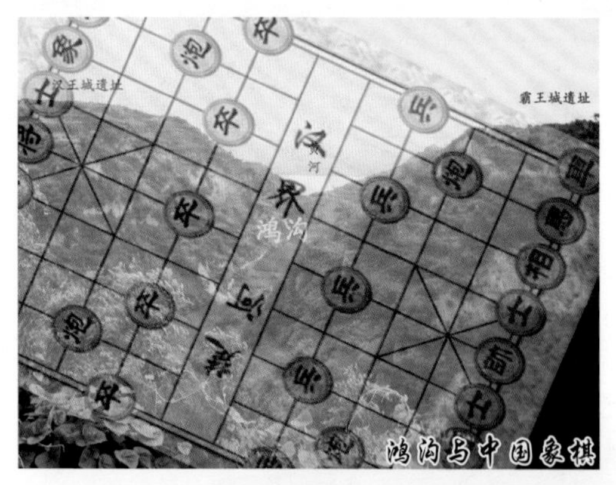

鸿沟与中国象棋

鸿沟对垒

### 2.2.4 花园口景区简介

位于地质公园东部，是以花园口决口遗迹为轴线、黄河河流地貌景观为背景、黄河大堤为依托的河流地貌地质遗迹景观区。区内代表性的景观有：黄河险工与平工地段、临河洼地与背河洼地、将军坝、郑州黄河公路大桥、岗李水库、扒口处遗址、记事广场等著名景点。

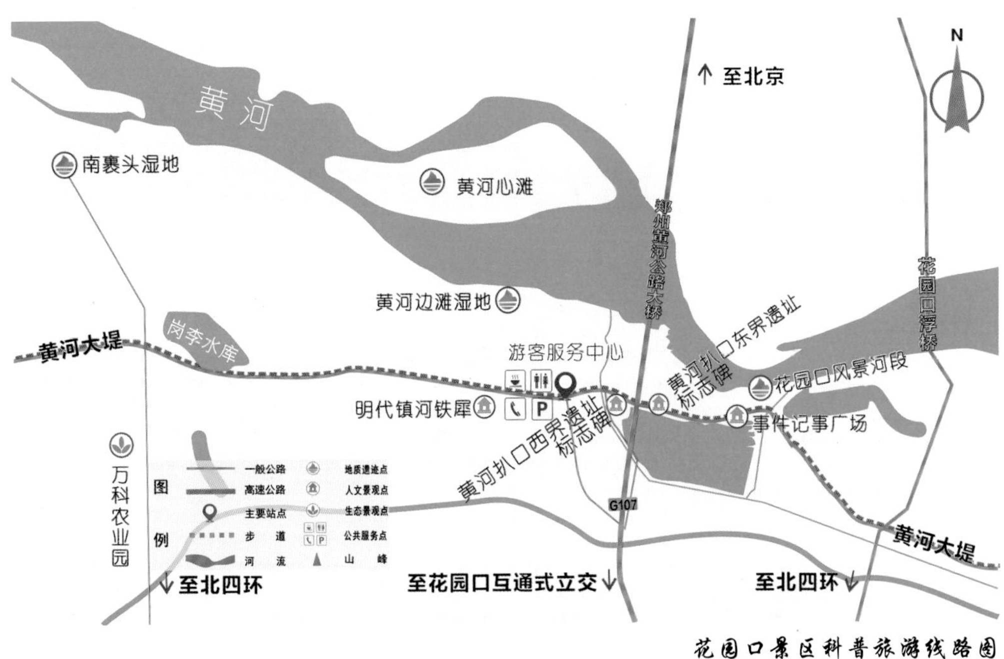

花园口景区科普旅游线路图

(1) 花园口——欣赏黄河的一个窗口

黄河文化在花园口打下了深深的烙印，黄河历史在花园口写下了不朽的篇章。将军坝是花园口一带黄河大堤的中心地段，也是看黄河的最佳地点。向东看，不远处就是郑州黄河公路大桥；向西看，连绵不绝的黄河大堤就像水上长城。花园口将军坝西边不远的大堤上，立着一块白色的界碑，就是西界碑，下游还有一块东界碑。当年国民党扒开花园口，口门最宽时有 1460 米，东西界碑之间就是当年花园口决口后的口门；西界碑南侧是个漂亮的花园，名为“扒口处广场”，花园口纪念碑就坐落在这里。

花园口名称的来历

花园口

花园口黄河湿地公园

大河魂

（2）花园口大河风光观赏点

悬、浊、荡、阔是黄河之奇的四大特性。不同于其他江河，黄河之险不仅表现在河悬地上、险势多，堤似水上长城，河道不稳，来回滚动，忽涨忽竭，体似游龙，还表现在惊涛澎湃、浊浪排空，激流弯转，漩涡连环之势。民谣云：“黄河险，黄河险，浊浪排空船搁浅，行船不朝浪斗去，漩涡送进阎门关。”花园口一带黄河景观的无穷变幻和水天蒙蒙一色等构成辽阔浩瀚的壮美风光。

花园口飞舟

邓小平题写桥名的郑州黄河公路大桥标志碑

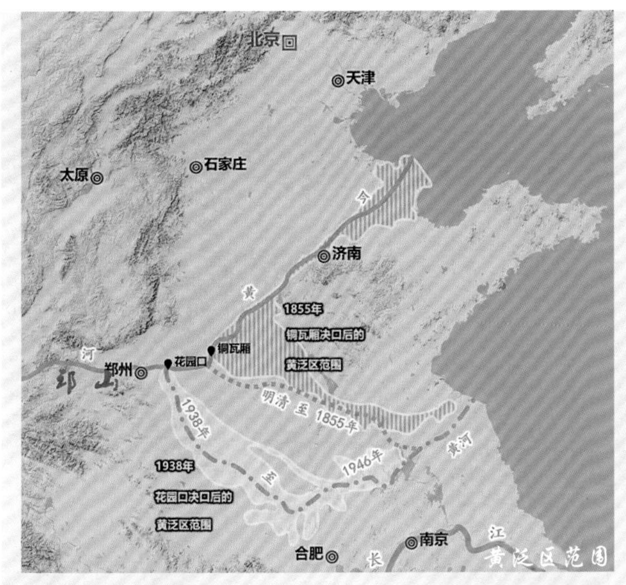

黄泛区范围

花园口扒口处口门界碑

花园口事件记事广场

（3）花园口黄河扒口处

黄河大桥的东侧是记载着一段历史的黄河——花园口扒口处。1938年6月，日本侵略军逼近郑州，国民党军队在此炸毁大堤，制造了震惊中外的“花园口事件”，以图阻止日军，却毫不顾及豫、皖、苏3省44县的百姓会流离失所。当时的扒口处就位于花园口的黄河南岸，这里有一座黄河扒口处纪念碑。

花园口黄河险工

（4）花园口黄河堤防险工

黄河水直接冲刷大堤的地段是容易发生冲刷险情的堤段，被称为黄河险工地段。历史上，黄河曾北袭海河，南夺淮河，在华北平原上往复摆动。现行河道在花园口一带，黄河水直逼南岸，其侧蚀作用造成了一系列险工地段，是黄河防汛的重点区域。这里不仅有一系列的堤防景观，也是欣赏黄河的理想之地。

（5）将军坝

将军坝是花园口景区的一处代表性的景观点。该坝始建于清乾隆八年（1743 年），后经不断加固，距今已有 250 多年的历史，清嘉庆十三年（1808 年）在此修建了一座将军庙，为百姓祈祷黄河安澜之地。庙址就是今天的花园口引黄闸址处，故称此坝为将军坝。将军坝上的大将军雕像取自明朝治水名将伏波的造型。将军坝正对景区主大门，位于花园口景区的中部。

花园口将军坝

大将军雕像

（6）镇河铁犀

将军坝的西侧有一座铁犀牛，古代人们认为河患是水怪蛟龙在作祟，而水怪蛟龙又害怕犀牛，于是就在黄河边上修建了一座铁犀牛的雕塑，以镇河患，又称镇河铁犀。镇河铁犀是古代黄河水患的见证，同时也体现了古代人民战胜水患的美好愿望。

花园口险工地段景观

花园口铁犀

临河凹地

## 2.2.5 黄河大堤特色景观游览区

堤岸是河流地貌的边界，黄河下游因没有邙山的阻挡，全部为人工堤防所约束。黄河大堤是人类活动施之黄河的巨大干预工程。

黄河大堤全长达1370千米，犹如“水上长城”。黄河大堤同万里长城、京杭大运河一样，都是我们中华民族的伟大工程。它历史悠久，远在春秋时期就已开始修筑。至秦统一六国后，以“决通川防，夷去险阻”，才使黄河大堤成为一个防洪整体。后来，历代王朝虽也多次修缮和改建，但直到中华人民共和国建立前，黄河大堤也只有4—5米高的两道土木堤坝，防洪能力极差。新中国成立后，黄河大堤经过不断改造，加高加固，现在巨石砌成的堤坝普遍加高到8—9米，大大提高了黄河防洪的能力。目前黄河已成为郑州的“护城河”，郑州黄河大堤也犹如郑州市的北城墙。黄河沿岸，现在已初步形成了“万亩湿地”“万亩湖面”“万亩牧草”“万亩芦笋”和“万亩生态林”，成为郑州市的“后花园”。

绿色大堤

黄河南岸大堤的起点标志

赵下峪黄土剖面

## 2.2.6 赵下峪黄土科研科考线路

荥阳市北邙乡刘沟村赵下峪一带，黄土剖面出露清楚，地层连续完整，古土壤层清晰，按黄土和古土壤地层单位的划分方法，从山顶到黄河岸边，大致可以划分出 11 层古土壤层和 10 层黄土层，总厚度达 172.1 米，分别属于全新世黄土、马兰黄土和离石黄土。其中出露于剖面上部的晚更新世（距今约 13 万—1 万年），“马兰黄土”为浅灰黄色粉砂土，内夹 5 层黄褐色弱发育古土壤层，沉积厚度达 77.3 米，远远超过黄土高原内部同时代地层厚度，堪称世界之最。

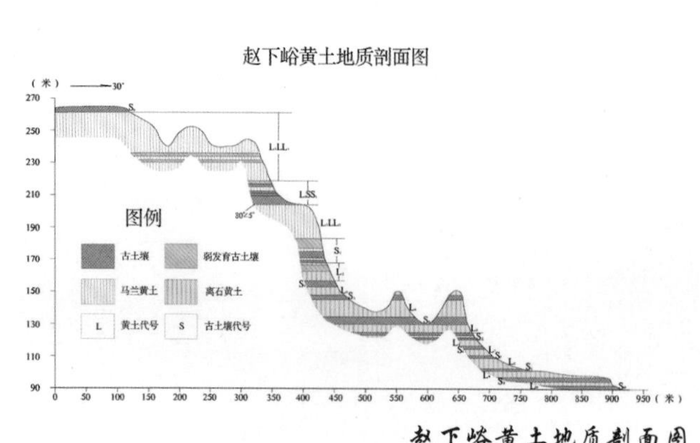

赵下峪黄土地质剖面图

赵下峪地质剖面碑

刘沟(废弃的黄土窑洞村落)

河阴石榴

赵下峪(黄土塬风光)

## 2.3 地学解密

### 2.3.1 邙山（广武山）——保护郑州的天然屏障

邙山，山不同高而自古闻名于世，是由于它背靠黄河，面对中原，扼东西水陆交通之要道，控天堑南北之要津，黄河出峡谷后，雄峙南岸的唯一屏障。

唐、宋以前，黄河下游河道主要趋向东北流，由于大坯山和广武山的顶托作用，黄河一般距广武山（郑州邙山）北 5000 米左右，东汉汴渠口的石门就在广武山北 5000 米处。以后大坯山被黄河搬走一半而推动顶托，广武山就不断遭遇厄运。据历史记载，宋代河阴县就频受威胁，到元至元十五年（1278 年），黄河在郑州决口，“河阴县官署民居尽废，遂成中流”。由于河水紧逼广武山，到明初河阴县被迫再迁至今广武镇。从此以后，广武山不断崩塌，逐渐推动顶托，河水泛滥就主要趋向东南，造成荥泽县常受河水袭击。明成化十五年（1479 年）也被迫迁至今古荥镇。至此广武山从东到西均受黄河猛烈冲击。自元初算起至今不过 700 年，广武山被吞噬了一半左右。明、清因修筑太行堤，迫使黄河南徙，此时，是广武山严重崩塌时期，距今不过 500 年，广武山已岌岌可危，若推动这个屏障，京广铁路、中原地区、郑州市区无法得到安宁。由此看来，耸立在黄河南岸的邙山，是保卫郑州的一道天然屏障。这道天然屏障对中华文明在郑州这一片沃土上发扬光大以及郑州作为中国“第八大古都”的形成都起到了重要的作用。

邙山北坡黄河保护工程

邙山北坡

### 2.3.2 黄土的源头在哪里?

黄土是怎么来的呢?比较流行的观点是黄土风成说——黄土高原是大风吹送堆积而成。黄土高原西北部有土库曼斯坦境内的卡拉库姆沙漠,我国境内的塔克拉玛干、巴丹吉林、腾格里三大沙漠。在漫长的地质年代里,风把亚洲中心地带四大沙漠的细土带到中国中西部,堆积形成黄土高原。

黄土高原的形成示意图

### 2.3.3 世界上最厚的马兰黄土在邙山

马兰黄土形成于距今约1万至10万年间的晚更新世,因首先在北京西郊门头沟区马兰(栏)村研究而得名。分布于黄河中、下游一带,呈浅灰黄色,以粉砂及黏性土为主,含钙质结核,一般厚约20—40米。邙山黄土塬上的马兰黄土厚70余米,这是迄今为止世界上发现的晚更新世黄土地层厚度最大的地区,其巨大厚度的形成经科学研究证实,与大约在15万年前,携带黄土和泥沙的黄河贯通三门峡古湖东流入海形成黄河水系,黄河出三门峡后形成大型的冲积扇为其提供的丰富物源有关。

邙山巨厚的黄土堆积层剖面

### 2.3.4 小蜗牛是被活埋后保存下来的吗？

如果你细心地观察会发现，许多埋藏在黄土里的蜗牛的壳口朝下，说明当时蜗牛是活着时被掩埋的，因为大多数蜗牛在爬行或呈休眠状态时壳口是朝下的。蜗牛化石中有许多幼体蜗牛，根据幼体蜗牛数量以及蜗牛的一般生长繁殖规律推测，这些化石一般在冬、春季节被掩埋。

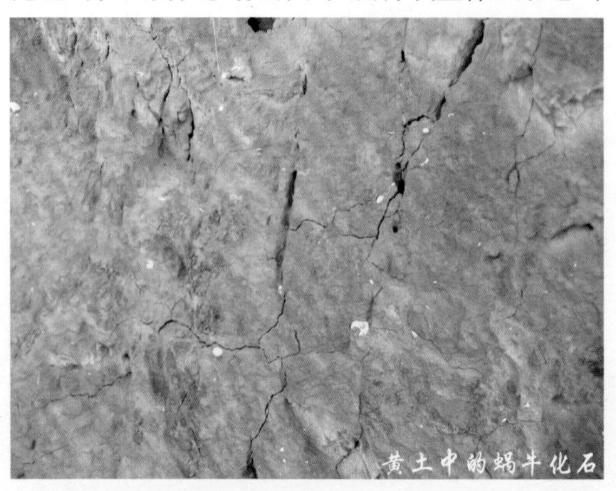
黄土中的蜗牛化石

蜗牛化石标本

### 2.3.5 一本破解第四纪气候历史的“天书”——黄土

由地质作用形成的地质体都“记录”了地球演化历史的信息，其中深海沉积物、南极和格陵兰的冰芯、中国的黄土就较好地保存了第四纪古气候环境的历史信息，因此它们被形象地称为地球环境历史的 3 本大书。科学家们正在从这 3 本由大自然用密码写就的“秘笈”里了解在过去曾经发生了什么，并预测以后还将发生什么。

枣树沟口黄土与古土壤层剖面景观

薛沟口黄土与古土壤层剖面景观

### 2.3.6 黄土“天书”的一页——古土壤

古土壤是地质历史时期的古老土壤。沿着这条黄土坡可以明显地看到，在厚厚的黄土中间夹杂有一条条红色的古土壤带。有时清晰，有时模糊难辨。当气候暖湿时，雨量相对较大，黄土堆积较少，生物繁衍较多，就形成褐红色的古土壤。当气候冷干时，雨量相对较少，黄土堆积较多，生物繁衍较少，就形成黄色的土壤。

### 2.3.7 黄河的年龄

黄河的支流很多，各有自己的历史。黄河干流的形成过程也很复杂，但是，有一点可以肯定，即黄河一开始并不连贯，而是分段出现，各有自己的流向和归宿；由于地壳中发生的断裂升沉，还有地表上的流水冲刷、侵蚀等作用，到距今 15 万年前后黄河才逐步演变成为从河源到入海口上下贯通的大河。

### 2.3.8 黄河水的泥沙含量有多少

黄河含沙量为世界各大河之冠。据记录，多年平均含沙量高达 $37kg/m^3$，每年黄河从上游带来约 16 亿吨泥沙在黄河口堆积。

### 2.3.9 地上悬河

滔滔黄河自桃花峪进入黄河下游，坡度变缓，大量泥沙在河道内淤积，形成了世界上著名的悬河。河床一般高出堤外地面 3—5 米，最大可达 10 米。

河心滩

黄龙出水

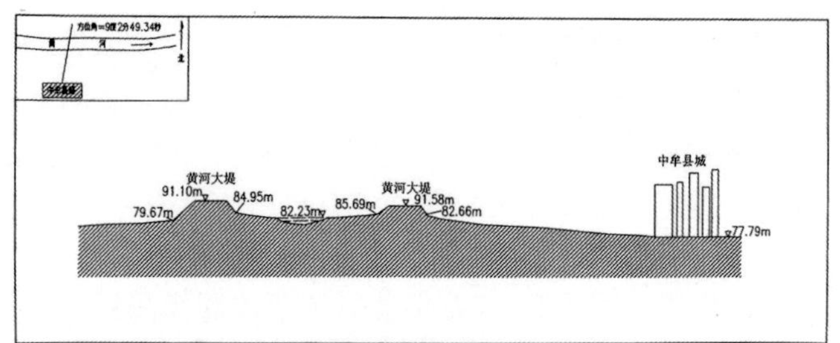

郑州市附近悬河发育情况示意图（2020年河南省地质调查院测制）

### 2.3.10 黄河河段划分

黄河上、中、下游的分界有多种说法。其中，关于上游与中游的划分多以内蒙古自治区托克托县河口镇为界，也有以青铜峡为界的。黄河中、下游划分也有两种主要观点，一种是水利部门的观点，即从郑州西北的桃花峪开始；另一种是从黄河出峡谷开始，即从孟津县宁嘴算起，地理、地质学家多持此种观点。

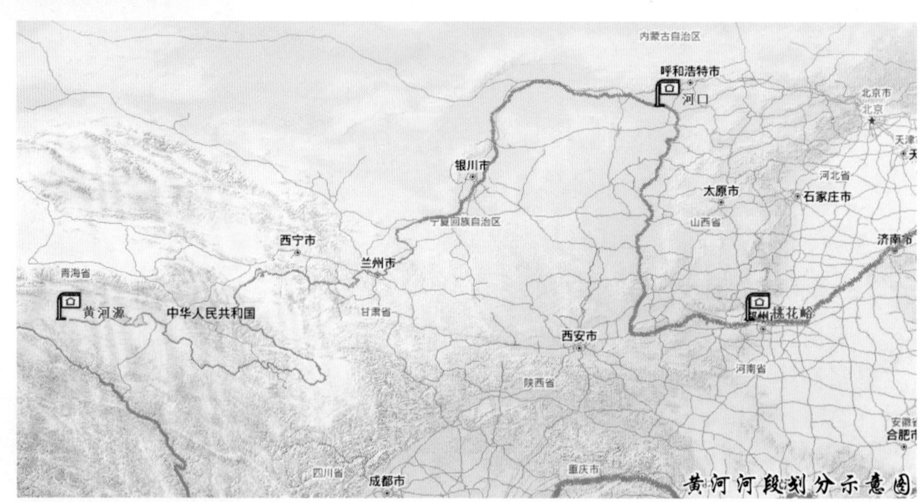

黄河河段划分示意图

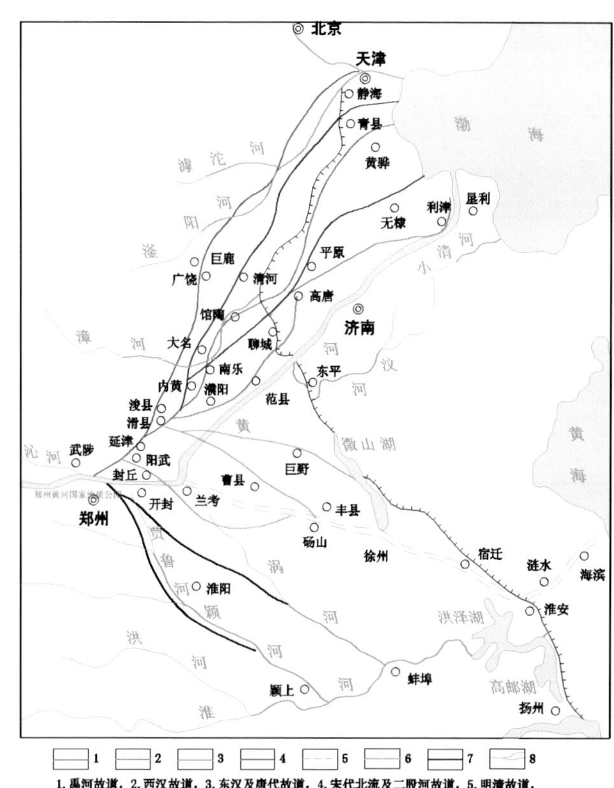

黄河下游河道变迁示意图

### 2.3.11 黄河河道变迁

“善淤、善决、善徙”为黄河的特点。有史以来，黄河下游决口泛滥1593次，较大的改道26次，泛滥、冲积变迁于25万平方千米的黄淮海平原上，但也有流路相对稳定期，即史称的七次大改道，依次为山经河、禹贡河、汉志河、东汉河、北宋河、南宋河、明清河与现代河，稳定行河时间可达近百年至千年以上。

### 2.3.12 黄淮平原的形成

黄淮平原位于华北平原的南部。华北平原也称黄淮海平原，位于我国东部，黄河下游，西起太行山和伏牛山地，东到黄海、渤海海滨，北依燕山，西南至桐柏山、大别山，东南到淮河与长江下游平原相接，是我国第二大平原。整个平原以黄河为分界线，分为两部分：北部属于海河流域，也叫海河平原；南部属于淮河流域，也叫黄淮平原。两个平原自然条件有所差别，但其形成都和黄河紧密相关。

在距今大约1.3亿—1.4亿年之前，华北平原与西边的山西高原本为一体，随后发生了被称为燕山运动的造山运动，太行山、燕山、伏牛山、秦岭山区以及鲁西山地隆起，在上述隆起的山地之间形成华北古湖；到了距今3000万年前后，又一强烈的造山运动——喜马拉雅运动开始了，不仅喜马拉雅山脉于此时期从海底崛起，而且中国全境均受波及。在山脉隆起的同时，从高原和山地中流出来的河流，挟带着冲刷下来的大量泥沙，充填古湖盆里的洼地，局部形成了厚达3000—4000米的沉积物。到距今15万年前后，黄河切穿三门峡基岩山地，与小浪底的八里峡贯通，进入平原或它的前身华北古湖。黄河带来大量的泥沙，像天马行空到处奔腾、游荡，北走冀津，南闯豫、苏、皖。把所挟带的黄土到处扩散，填满了湖泊、沼泽，堵塞了大小河流和港湾，引发了滔天洪水，同时淤积成数亿万顷良田和沃土。

黄淮平原

## 2.4 人文历史

黄土、黄河不但孕育了一个黄肤色的民族，也孕育了一个和黄河流域一样源远流长的黄河文化，黄河文化是依赖于黄土和黄河而形成、延续和发展起来的世界四大文明之一，其缘起可追溯到百万年前开始的旧石器文化和万年前出现的新石器文化。郑州的邙山作为保卫郑州的一道天然屏障，使南岸人民得以繁衍生息，千百年来留下了一系列光辉历史和灿烂的黄河文化。

### 2.4.1 花园口决堤事件

1938 年 5 月 19 日，侵华日军攻陷徐州，并沿陇海线西犯，郑州危急，武汉震动。6 月 9 日，为阻止日军西进，蒋介石采取“以水代兵”的办法，下令扒开黄河南岸堤坝（选址郑州花园口），造成人为的黄河决堤改道，形成大片的黄泛区，史称花园口决堤。

花园口决口

当年的黄泛区

鸿沟标志碑

鸿沟今貌

### 2.4.2 画地鸿沟

鸿沟为古运河名，战国时魏惠王十年（前 360 年）开通。故道自今荥阳北引黄河水，东流经今中牟北，又东经开封北，转西南经通许东、太康西，至淮阳东南入颍水。成皋之战后，项羽闻讯东还，与汉军相持于广武（今郑州北），是时楚将龙且军已被韩信歼灭，项羽自知少助少粮，顾虑韩信率军来攻，形势不利，汉王刘邦四年（前 203 年），楚汉议和，以鸿沟为界，鸿沟东部属楚，西部属汉，史称“画地鸿沟”。

### 2.4.3 大河村遗址

大河村遗址位于郑州市东北郊柳林乡大河村西南的土岗上。遗址面积约 30 万平方米。文化堆积层厚 4—12.5 米。1964 年发现，1972 年首次发掘，以后又进行 10 次发掘，揭露面积 3500 平方米，清理新石器时代房基 40 座、灰坑 235 个、成人墓葬 173 座、瓮棺葬 162 个，出土陶、石、骨、蚌、玉、角等不同质料的生产与生活用具近 5000 件。该遗址经历了从原始氏族社会到奴隶社会的漫长历史过程，遗存以中原地区仰韶文化、龙山文化为主，也包含了部分山东大汶口文化和湖北屈家岭文化的遗物。

大河先民

大河村彩陶双连壶

### 2.4.4 古荥汉代冶铁遗址

古荥汉代冶铁遗址位于郑州市古荥镇，为汉代荥阳城西门外，面积 12 万平方米，是汉代河南郡铁官管辖的第一冶铁作坊，简称“河一”，距今已有两千年的历史。“河一”汉代冶铁遗址是全世界时间最早、规模最大的冶铁遗址。

目前发现炼铁大高炉两座，炉缸呈椭圆形，炉壁、炉基均用黑褐色耐火土夯筑而成，据炉基和积铁情况推算，原高炉高约 6 米，容积超过 50 平方米，日产铁 1 吨左右，炉前、炉侧有冶炼的架木遗迹，是我国发现的最大的汉代炼铁高炉。发掘材料证明它是官营的冶铸联合作坊，对研究我国冶金史具有重大意义。

古荥汉代冶铁遗址

冶铁遗址场景复原图

## 2.4.5 西山遗址

位于郑州市北郊惠济区田村，为一仰韶时代的古城址，城址平面略呈圆形。城墙采用方块板筑法构筑，在筑造过程中使用了夹板、穿棍和立柱等技术。出土文物数千件。西山仰韶文化古城址的发现，将我国城市的历史向前推进了数百年。西山遗址的发现对于探讨中国早期城市的起源，而且对于研究中国早期文明的起源和形成都具有非常重要的意义。

西山遗址南区全景

郑州西山古城科学复原示意图

## 2.4.6“哺育”塑像

“哺育”塑像为一座由汉白玉雕刻而成的塑像，高 5 米，重 12.5 吨，通体呈乳白色，“母亲”发束魏髻，身着唐装，怀抱甜睡的婴儿，形态凝重而高洁，表情安详而慈惠。“母亲”是黄河的象征，黄河是母亲的化身。塑像形象而生动地表达了黄河与华夏民族的血肉联系和母爱亲情。

母亲雕塑

## 2.4.7“炎黄二帝”巨型塑像

炎黄二帝塑像由两部分组成，上部头胸采用花岗石雕砌，下部以山体为身，山人合一，浑然天成。融黄河、黄土、炎黄文化于一体，充分体现与大地共生、与山川同在、与日月齐辉的艺术效果。整个塑像高 106 米，比美国自由女神像高 8 米，比俄罗斯的母亲像高 2 米，是世界最高的雕塑之一。雕塑中高者为炎帝，矮者为黄帝。巨塑前面是 15 万平方米的炎黄广场。

“炎黄二帝”巨型塑像

# 3 洛宁神灵寨国家地质公园

## 公园档案

国家地质公园批准时间：2005年8月（第四批）
国家地质公园揭碑开园时间：2007年10月16日
公园面积：101.7平方千米
公园地址：河南省洛宁县
典型地质遗迹：花岗岩石瀑地貌、水体景观

## 3.1 纵览神灵寨

### 3.1.1 公园概况

洛宁神灵寨国家地质公园跨洛宁县赵村、陈吴和涧口乡，是一座以典型花岗岩石瀑地貌、水体景观、自然生态景观为主，以河洛文化为背景的综合型地质公园。根据地质公园的地质景观组合、地理特征、交通情况、功能差异，划分了三大景区，分别为神灵寨、金门河和莲花顶景区。这里有起伏多变的远峰近峦，雄伟壮观的中华大石瀑，北方罕见的中高山湿地，郁郁葱葱的生态竹林，惟妙惟肖的花岗岩象形山石及雄、险、秀、奇、幽的花岗岩地貌景观，历史悠久的河洛文化遗址、仓颉造字台、神灵岳庙。

神灵寨国家地质公园科普旅游线路图

### 3.1.2 地形、地貌特征

公园地处熊耳山北麓，属花岗岩形成的中山山地。熊耳山主脊呈东西走向，其支脉呈南北走向。公园大部分在海拔千米以上，山峰林立。区内主要山峰有莲花顶（古称梁王顶），海拔1674.5米；麦穗山，海拔1633.2米；神灵寨，1462.8米；鹰嘴山，海拔1859.6米；西北角为公园最低处，海拔约520米，相对最大高差1300余米。区内地貌主要可分为花岗岩地貌、流水地貌、峡谷地貌。公园以北为狭长的洛宁断陷盆地。

白马涧

五女峰

*石瀑之乡*

洛宁县南部26千米处的熊耳山北坡，有一处山清水秀而又有几分神秘的地方，其神不在于山高水深，也不在于周围的大山都盛产黄金，神就神在这里的水在流动，石也在流动；在青山绿树之间，溪水流淌，瀑布欢歌；在高山之上，飞瀑从天而降却无声无息；远看是飞流直下，走近后才知道那些是酷似瀑布的石崖，这种景观称为石瀑，是一种奇特的地貌，有很高的科学意义和美学价值。走进神灵寨就仿佛进入了“石瀑之乡”。

花岗岩地貌

银河飞瀑

### 3.1.3 自然与生态

洛宁属暖温带大陆性季风型气候，一年四季分明。春季温暖少雨，夏季炎热干旱，秋季多连绵阴雨，冬季寒冷干燥。冬季长达135天，夏季105天，春秋两季较短。气温季差较大，冬夏相差40℃以上。3月中下旬，气温最不稳定，日温差常在10℃以上。洛宁县年平均气温为13.7℃，7月最热，1月最冷。年降水量613.6毫米，通常旱多涝少，怕旱不怕涝。

地质公园范围内森林覆盖率高达98%，其中熊耳山山麓和莲花顶森林为原始森林，公园北部多为次生林。有野生植物2200余种，有乔木、灌木、竹林等共72种155属436科。其中列为国家、省级重点保护的有7种。公园内分布着豫西最大的白皮松群落。区内有野生动物300余种，这些动物中属国家重点保护的有：金钱豹、梅花鹿、草鹿、羚羊、青鼬、鹰、坐山雕、鸳鸯、红腹锦鸡、杜鹃、大鲵等，属河南省重点保护的种类有：刺猬、豪猪、狼、赤狐、狗獾、果子狸等。

莲花顶森林景观

中山湿地

山花烂漫

### 3.1.4 地质概况

公园大地构造位置处于华北地台南缘，华山—熊耳山台隆东段，熊耳山隆断区，南邻秦岭山造山带。区域结晶基底变形变质强烈，盖层断裂构造发育。

地层出露太古宇太华岩群及不整合覆于其上的盖层沉积，具典型地台双层结构。太华岩群构成本区变质结晶基底的重要组成部分，为一套中级变质岩系。盖层沉积主要为熊耳群古火山岩，以及零星出露的古近纪、新

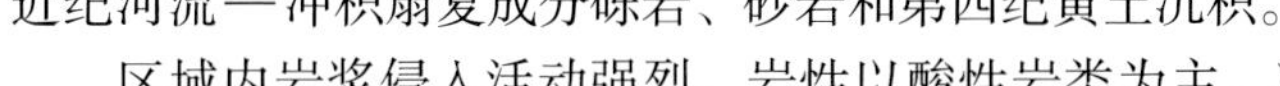

近纪河流—冲积扇复成分砾岩、砂岩和第四纪黄土沉积。

区域内岩浆侵入活动强烈，岩性以酸性岩类为主，次为中性岩类，基性岩类较少，超镁铁质岩类极少。按其形成时代可划分为新太古代侵入岩、古元代侵入岩、中侏罗世侵入岩和早白垩世侵入岩。其中，早白垩世侵入岩以花岗岩类为主，主要为花山复式岩体，该岩体主要由花山、蒿坪两个岩体组成，是构成神灵寨地貌的主体。

太华群变质岩

伟晶岩脉

## 3.2 伴你游览神灵寨

### 3.2.1 神灵寨景区

神灵寨景区位于公园的中部。神灵寨大峡谷两岸山势雄伟，水在峡谷中迂回前进，长 10 余千米，落差 300 余米。峡谷两岸错落有致地坐落着或高或低、或一瀑奔流、或群瀑争泻的石瀑景观，如萝卜瀑、叠瀑、帘瀑、银河飞瀑等，尤其是瀑面高 218 余米、宽 578 米的“中华大石瀑”造型奇特，雄伟壮观，堪称中华一绝。谷地的瀑潭与山崖上的石瀑“一动一静”辉映成趣。景区内蟹王窥瀑、仙桃石等花岗岩象形石景观，千姿百态、惟妙惟肖、栩栩如生；五女峰、神顶山、将军峰、云海、竹林、神灵红叶等特色景点，更使神灵寨景区锦上添花。

呐喊喷泉

姊妹瀑

（1）蟹王窥瀑

在神灵寨峡谷口东侧山坡上，由一组近水平的节理和两组近垂直的节理切割，经长期的风化剥蚀，几块花岗岩块形似一巨大的螃蟹瞪着双眼窥视瀑布，故名“蟹王窥瀑”。

蟹王窥瀑

谷底欢歌

萝卜瀑

（2）萝卜瀑

萝卜瀑为花岗岩石瀑地貌的一种，由于花岗岩垂直节理发育，节理中等密集的部位在地下水的表层循环作用下，流水沿崖壁节理间缝隙流动侵蚀形成沟槽，形成似纺锤形的风化残留物。另外，在花岗岩体水平节理的控制下形成的植物生长带被这些沟槽切割，正好在这些大小不一的纺锤形残留物上方如萝卜缨，远远看去，恰似一根根镶嵌在崖壁上的鲜嫩的“大萝卜”。

飞来石——拴牛石

鹤侣戏云

丞相帽

水帘瀑

水帘洞

金簪河

金鱼潭

（3）五女峰

五女峰为典型的花岗岩峰林地貌，由于临近断层构造，花岗岩结构构造遭破坏，节理发育，局部岩石碎裂后崩坍倒落，残留下来的岩石便形成山峰。嵖岩突兀，峰壁直上直下，平如刀削，青树碧草点缀其间，恍如一幅优美的水墨山水画。

五女峰

（4）银涟瀑

由于地壳差异性升降运动，河床底在纵向上呈阶梯状，河流形成跌水现象，称之为瀑布。瀑布地段河水携带碎屑物质从陡坎跌落，猛烈冲击陡坎下部和河床底部的岩石，在瀑布前常形成深潭。银涟瀑为神灵溪众多瀑布之一，它高25米，飞流直下，银光闪闪，恰似银涟，大有“挂流三百尺，喷壑数十里，有如飞来电，隐若白虹起，初惊河汉落，半洒云天里，飞珠散轻霞，流沫拂碧玉”之势。

银涟瀑

（5）中华大石瀑

中华大石瀑是神灵寨花岗岩石瀑地貌的典型代表。由草园—铁坡沟西断层形成花岗岩石瀑崖壁，花岗岩垂直节理发育，在地下水的表层循环作用下，流水沿崖壁节理间缝隙流动在崖面侵蚀形成高低起伏的沟槽，花岗岩水平的原生节理造成上下两瀑相叠，集帘瀑、悬瀑、叠瀑于一身，整个石瀑面高 218 米左右，水平宽 578 米，规模宏大，优美壮观，堪称中华石瀑中之珍品。

中华大石瀑

帘瀑

（6）帘瀑

位于草园—铁坡沟西断裂带上，由北东向断裂带形成花岗岩石瀑崖壁，花岗岩垂直节理发育，在地下水的表层循环作用下，流水沿崖壁密集的岩体垂直节理缝隙流动侵蚀形成沟槽，在崖面形成高低起伏垂直分布的沟槽，构成看似水帘一样倾泻而下的“帘瀑”。

（7）仙桃石

花岗岩节理把岩石分割成棱角状，三组节理相交的棱角部位风化速度最快，久而久之，棱角逐渐被圆化，球形风化作用不断进行的结果，使花岗岩块变圆，甚至像剥卷心菜一样呈同心壳层脱落，它是物理风化和化学风化共同作用的结果。仙桃石即为神灵寨花岗岩球形风化的典型代表。

仙桃石

（8）将军峰

将军峰为一典型的花岗岩独峰地貌，形如一将军腆颜而立、英勇神武，故名。由于花岗岩发育多组节理，出露地表后局部岩块崩落，并遭受风化作用和流水侵蚀，故形成其地貌。景区内的象形石较多，还有狮子头、蛤蟆石等。

将军峰

（9）一线天

当流水沿花岗岩体中近于直立的剪切裂隙冲刷下切时，形成近于直立的沟壑，沟壑越来越深，形成两壁夹峙，向上看蓝天如一线，故名一线天。

一线天

### 3.2.2 金门河景区

金门河景区位于公园西部，是一处集地质、生态、物产之大成于一身的、供游客旅游观光、度假休闲、科普教育、野营探险的景区。景区暂处于原始状态。金门河全长 26 千米，总落差 1075 米，相对切割深度 400—700 米。置身于金门河峡谷中，两岸山崖陡峻并发育千姿百态的石瀑地貌景观，是神灵寨地质公园石瀑地貌景观相对集中分布区之一。主要景点有卧蚕瀑、银河飞瀑、馒头瀑、品字瀑、萝卜瀑以及形态各异的壶穴景观等，使人流连忘返。

金门河

馒头瀑

（1）卧蚕瀑

卧蚕瀑是一处近水平分布的线状石瀑景观，好似一只寻食的蚕宝宝，横卧在山间，蔚为壮观。

卧蚕瀑

卧蚕瀑

金门河壶穴

孔雀瀑

（2）银河飞瀑

银河飞瀑位于金门河景区的酒槽沟中，为一处结构完整的花岗岩山峰，形似一只倒扣着的巨大天锅，崖面上从天而降的石瀑景观，似银河飞落九天，蔚为壮观。这是神灵寨最大的石瀑景观之一。

银河飞瀑

天河飞泻

萝卜瀑

### 3.2.3 莲花顶景区

莲花顶景区位于公园东部，由白马涧峡谷、莲花顶中山湿地和桃花岭三个景观区组成。景区内分布有山、石、林、水相结合的各种景观，总体上以深峡、急流、潭瀑、奇石景观为特色。原始风貌的中山湿地草甸位于莲花顶上山间低洼处。在中国北方，实在比较奇特、难得。莲花顶夏季树林绿草葱郁，秋季遍野黄花。白马涧峡谷深邃，急流直泄而瀑潭相衔接，怪石奇妙而象形逼真。桃花岭巍巍奇峰异石映照日光月辉，置身其中俨然是一处人间仙境、世外桃源。

莲花顶仙人脚印

石庙

莲花顶

（1）莲花峰峰丛地貌

莲花峰峰丛由花岗岩形成，好似一朵盛开的莲花，莲花顶因此而得名。

莲花峰峰丛

（2）中山草甸

在莲花顶上，保留着北方罕见的具有原始风貌的中山湿地草甸，面积57300平方米。莲花顶，海拔1727米，降水多，气温低，蒸发弱，加之植被覆盖较好，空气中的水汽易达到饱和，能够保证莲花顶上常年空气湿润。莲花顶上的地形四周相对较高、中间略微低洼。这样的地形有利于地表水的汇集，故而中间低洼的地方，能够保持较多的积水，利于形成繁茂草地。在中国北方，有这样一片面积颇为可观的中山湿地，实为比较奇特。

中山湿地

奇峰

森林

（3）白马涧大峡谷

白马涧为莲花顶景区一处峡谷。全长约21千米，总落差1167米，相对切割深度900—1000米，整个峡谷曲折幽深，除有小段表现为嶂谷外，大部都属“V”形谷。峡谷内巨石重叠，深潭毗连，人迹罕至，是探险、寻幽的理想之地。

白马涧河谷

白马涧壶穴群

蟒蛇寻路

串珠状壶穴群

石瀑群

贝壳瀑

裙瀑

（4）裙瀑

花岗岩的几组节理中，在水平节理控制下，岩体被垂直切割后，形成了上下两层，每两条水平节理之间会形成一个石瀑，地下水的排泄和岩石的风化作用沿节理面发育，为地下水的流出和植被的生长提供了基础，这些植被在崖壁上沿节理呈带状生长，将石瀑分割成数个台阶，像少女穿着的百褶裙，称为“裙瀑”。

（5）古城堡形石瀑

古城堡形石瀑景观属花岗岩象形石景观，受花岗岩中水平节理和垂直节理的控制，形成上下不等大的块体，花岗岩在经历长期的风化剥蚀后，垂直节理面形成陡峻的崖壁面，受流水与风化剥蚀的作用，表面布满沟槽；水平节理经风化以后形成分割上小块体的界线，形似“古城堡”状，这是大自然造就的杰作。

古城堡形石瀑

（6）宝椅擎天

花岗岩中节理发育，随着风化作用的加剧，部分岩块崩塌，形成一根长长石柱顶着一把太师椅，形象逼真，危危颤颤，蔚为奇观。

宝椅擎天远景

宝椅擎天近景

### 3.2.4 地质公园博物馆与主题碑

（1）地质公园博物馆

博物馆位于神灵寨景区科普旅游线路的入口处，2007年10月正式开馆，占地490平方米，分为6个展厅：综合厅、地球厅、石瀑厅、生态厅、河洛厅和多功能厅。其外形根据神灵寨石瀑造型设计而成，与公园主题和周边环境较好地融为一体。馆内各厅展出内容采用通俗的文字、简明的图表、模型结合岩矿标本、场景以及声光电等多种陈列语言向游客展示地球的奥秘、岩浆岩的神秘和神灵寨秀丽迷人的山水风光，以及雄、险、秀、幽、奇的花岗岩地质地貌景观，让游客真正感受到大自然的雄浑博大和气象万千。

地质公园博物馆

博物馆沙盘

地球科普厅

矿物岩石标本

标本展示

标本橱窗

鹦头贝化石

河洛文化厅

生态厅

（2）地质公园主题碑

地质公园主题碑

## 3.3 地学解密

### 3.3.1 神灵寨石瀑的分布规律

构成区内地貌景观的主体岩性为花山复式岩体，不同岩体及同一岩体不同单元之间，因为岩性和侵入接触界面的影响，在地貌形态上常常以不同的地貌台阶或不同的地貌形态出现。其中，构成神灵寨和莲花顶主峰的为区内形成最晚的侵入岩体，其形态表现为近东西向展布的不规则椭圆形—长条形，呈超动关系侵入在早期的花岗岩体中，界面弯曲、陡立或向北陡倾，地貌突起高峻，构成区内的峰脊。石瀑地貌景观以蒿坪超单元早期侵入的巨斑状角闪黑云石英二长岩单元和巨斑状角闪黑云二长花岗岩单元中发育最好。

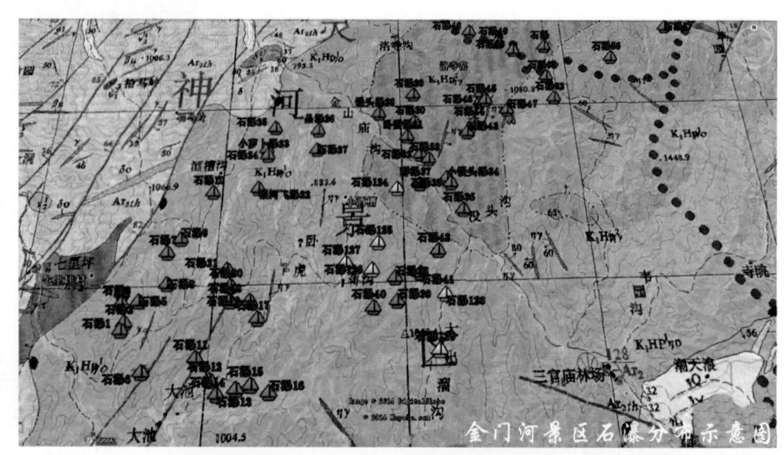
金门河景区石瀑分布示意图

典型花岗岩

花岗岩中的捕虏体

### 3.3.2 神灵寨石瀑的种类

神灵寨石瀑群，按形态划分，主要有帘瀑、萝卜瀑、悬瀑、叠瀑、扇瀑、裙瀑等。

此外，在断层劈理带发育的部位，常常形成墙瀑、石墙、孤峰、峰丛和峰林。在崖壁和山顶，常常形成拟人似物的象形山石。

天河瀑

### 3.3.3 石瀑的形成

花岗岩“石瀑”是构成神灵寨风景的主题景观之一。形成这些石瀑的花岗岩本是地下深处的岩浆岩类，因后期的构造运动以及地表长期的侵蚀作用而出露地表。神灵寨花岗岩岩性相对均一，岩体内断裂和节理较不发育，岩石较耐风化。神灵寨地区的花岗岩中，主要发育了三组构造节理，两组垂直节理呈“X”交会，一组节理呈近水平产出，三组节理将岩石切割成大小不一的块体。在两组垂直节理中，一组连通性好的垂直节理，在山体抬升、水蚀切割过程中，形成陡崖峭壁。由于花岗岩类属不透水层，含水层主要为岩石表层风化壳，地下水以表层循环为主，就地排泄，在流水冲刷下，峭壁上形成了或似银河飞泻、或似群瀑径流、或似羽扇倒挂、或似萝卜常青等千姿百态的石瀑奇观。

沟槽密集度不一，形成的瀑布形态各异。节理均匀密集的部位，表现为帘瀑；节理中等密集的部位，表现为萝卜瀑；节理稀疏的部位，形成巨瀑。水平产出的节理在叠瀑和裙瀑的形成过程中起到了重要作用，正是由于它的存在，地下水的排泄和岩石的风化作用沿节理面发育，为地下水的流出和植被的生长提供了基础。这些植被在崖壁上沿水平节理呈带状生长，将石瀑分割成数截，有的像分段跌落的叠瀑，有的则像苗族少女穿的百褶裙。最大的石瀑，面积达 10 万平方米，最小的石瀑面积也在 1000 平方米以上；有的从山顶面上直落而下，如银河飞泻，有的似银练起舞，有的如罗裙轻摆。

石瀑群千姿百态地点缀在草木葱茏的山林里，与飞瀑流泉交相生辉，如诗如画，亦真亦幻，让游人陶醉其间，流连忘返。

花岗岩中的垂直节理

崖面上的水蚀沟槽

品字瀑

## 3.4 人文历史

洛宁地处中原腹地，历史悠长，文化底蕴厚重，是河洛文化的发源地。拥有仓颉雕塑、仓颉造字台、河洛文化广场、洛河神女、伶伦雕塑，河图洛书等。

洛宁，古称崤地，原名永宁。自北魏太和十一年（487 年）置县，迄今 1500 余年，民国二年（1913 年）更名为洛宁至今。洛宁是中华民族最早活动的地区和中华文明发祥地之一。早在 5000 年前即有人类聚居，留下了“洛神”“伶伦取竹”“孟宗哭笋”“西施”等许多美妙的传说，孕育产生了洛出书处、仓颉造字、大禹洪范九畴等中华文化的发轫之典，是河洛文化的发源地。

神灵寨（神顶山）古称阴山，神顶山上有神灵寨。据历史记载：明洪武元年（1368 年），这里爆发了著名的神顶寨之战，朱元璋派大将徐达、常遇春率兵 5000 余人由南向北攻打元朝残军，在此击败洛宁守将张知院。

洛出书处

仓颉造字台遗址

河图洛书图

神灵寨玉皇宝殿

仓颉雕塑

# 4 信阳金刚台国家地质公园

## 公园档案

国家地质公园批准时间：2005年8月（第四批）
国家地质公园揭碑开园时间：2007年10月18日
公园面积：191.93平方千米
公园地址：河南信阳市商城县
典型地质遗迹资源：火山岩地貌、地热温泉

## 4.1 纵览金刚台

### 4.1.1 公园概况

河南信阳商城金刚台国家地质公园位于河南商城县境中东部，北距商城县城 12.5 千米，坐落于大别山北麓。西起庙门口，东至省界；北起苏仙石，南至曹家湾。地理坐标东经 115° 16′ 41″—115° 37′ 59″，北纬 31° 38′ 40″ —31° 47′ 06″。是一座以火山岩地质地貌景观、地热温泉和花岗岩地貌景观为主，以自然生态和人文景观为辅的综合型地质公园。

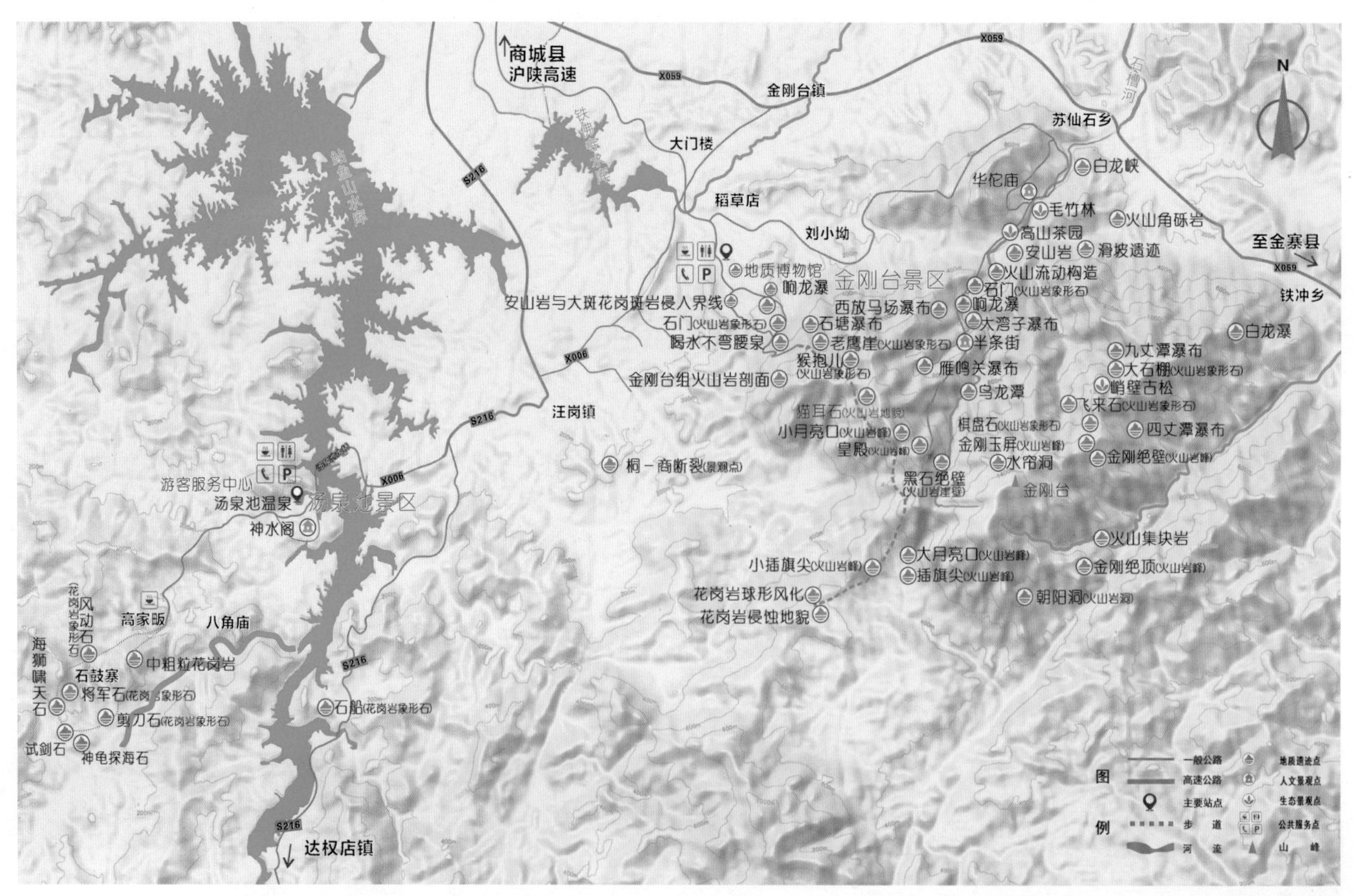


金刚台国家地质公园科普旅游线路图

### 4.1.2 地形、地貌特征

公园处于大别山脉北麓，地势由东南向西北倾斜，逐渐降低，分为中山、低山、丘陵 3 种地貌类型，东南中山区有大小山峰 300 余座，千米以上山峰 16 座。金刚台主峰海拔 1584 米，为大别山脉在河南省内最高峰。中西部低山、丘陵区，地势较低，海拔多在 300—500 米。按照地貌成因与形态类型划分为：火山岩地貌、花岗岩地貌、流水地貌。

金刚台主峰

地质公园卫星立体影像图

### 4.1.3 自然与生态

公园地处亚热带与暖温带过渡地带，亚热带和暖温带植物交错分布，植被类型复杂。公园内植物2800多种，已知国家级和省级保护植物52种，属国家一级保护植物有大别山五针松、杜仲、香果树、秤锤树、刺五加；国家二级保护植物资源有金钱槭、天竺桂、楠木、天目木姜子、黄山木兰、厚朴、八角莲、青檀、小杉、银杏、鹅掌楸等。特别是大别山五针松，为亚热带北部海拔900米以上山地的造林树种，河南省仅在商城县发现。五针松躯干顺风势而立，枝叶逆风势而伸，苍劲又不失妩媚，造型之别致，无与伦比。

各类野生动物280余种，已知国家级和省级保护动物34种，一级保护的有黑鹳；二级保护的有白冠长尾雉、金钱豹、鸳鸯、大鲵、穿山甲、麇、毛冠鹿等；三级保护的有金雕、虎纹蛙、红腹锦鸡、果子狸等。此外，公园还是商城肥鲵的命名地，属中国的特有物种，1984年首次发现于金刚台自然保护区，为国内两栖动物新种。

娃娃鱼

五针松

迎客松

### 4.1.4 公园四季

公园地处亚热带北缘，气候温和，雨量充沛，四季分明，属大陆性温润季风气候。春季杜鹃遍山、鸟鸣婉转，是赏花踏青品春茶的好地方；夏日瀑布高悬、云雾飘渺，是消暑纳凉体验漂流的胜地；秋天枫叶似火、野果垂枝，是登高望远采摘果实的乐园；冬季披盔戴甲、银装素裹，到汤泉池泡温泉赏雪景“中原千岛湖”，饶有兴致。

春

秋

秋

夏

冬

#### 4.1.5 公园地质概况

金刚台地质公园位于秦岭—大别造山带东段的大别山造山带核部，由于多期次构造变形与岩浆活动的影响，致使园区内地层呈团块状或呈残留体的形式零星分布。根据区域地质研究成果，变质地层分区属秦岭地层区，其中以龟（山）—梅（山）断裂（凉亭韧性剪切带）为界，北侧归北秦岭地层分区；南侧属南秦岭地层分区，在该分区内又以桐（柏）—商（城）断裂为界，分成信阳、新县两个小区；北部中新生界地层为变质基底的盖层岩系。

园区内侵入岩非常发育，分布广泛，出露面积占园区总面积的60%以上。其中花岗岩类侵入岩占绝对优势，仅有少量的中性岩。侵入时代分属于元古宙、晚古生代、晚侏罗世和早白垩世。园区内金刚台组火山岩位于公园东部金刚台景区，时代归早白垩，主要为一套中酸性火山岩，按岩性特征可划分为安山岩、粗安岩、流纹岩和含碎屑—碎屑状火山岩4个亚类。

火山集块岩

钾长环斑花岗岩

火山角砾岩

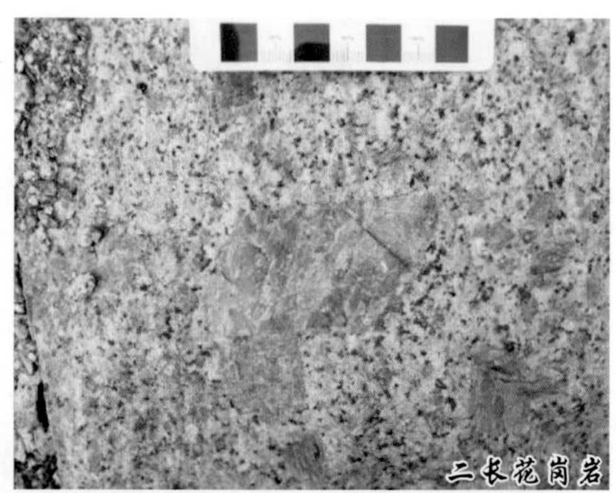

二长花岗岩

辉绿岩脉

## 4.2 伴你游览金刚台

### 4.2.1 金刚台景区

金刚台景区位于公园东部，是一个集火山岩地貌、火山机构、珍稀物种、生态茶园、红色文化为一体的山岳风光型景区，景区面积101.13平方千米。根据地质旅游资源的分布特征，园区有金刚台、猫耳石、西河、东河、银降沟5条科普线路。目前开发建设较为成熟的有猫耳石、西河2条科普线路。

（1）猫耳石（刘小坳）景区

猫耳石（刘小坳）景区主要出露火山集块岩、火山角砾岩、流纹岩等，为早白垩世火山喷发形成，长期的风化剥蚀形成了异彩纷呈的火山岩地貌景观。代表性的猫耳石火山岩地貌景观为古火口垣残留体，红军洞为当年红军闹革命居住的红色旅游景观。

○ 猫耳石（刘小坳）科普旅游线路

北起金刚台地质公园广场，南至猫耳石（海拔1351.0米）。从响龙潭沿着火山岩地质科普游览路线拾级而上，观叠瀑、瞻红军棚、蹬大石门，仰望老鹰崖，浏览猴抱儿，看1亿多年前古火山爆发留下的地质遗迹；既可以观赏到古火山机构外部景观，又可到达古火口垣风化剥蚀残留体猫耳石，观察古火山机构内部通道火山颈相的石英二长岩，看到一个完整的古火山机构地质遗迹景观。

○ 猫耳石地质科普广场

猫耳石地质科普广场占地面积6180平方米，分为上下两部分，下部是提供旅游服务的基础设施暨景区停车场和挡土墙，上部中心是公园副碑。副碑东侧是猫耳石地质博物馆分馆。

金刚台景区碑

刘小坳瀑布群

刘小坳地质科普广场

○ 地质公园博物馆猫耳石分馆

地质公园博物馆猫耳石分馆，由地球厅、火山厅、花岗厅、生态水体厅和多功能厅五个展厅组成，总面积490平方米。博物馆通过展板、模型、岩矿石标本、模拟场景以及声光电等多种形式展示了地球的奥秘、岩浆岩的神秘和金刚台秀丽迷人的山水风光以及雄、险、秀、幽、奇的火山岩、花岗岩地质地貌景观，让您真正感受到大自然的雄浑庞大和气象万千。

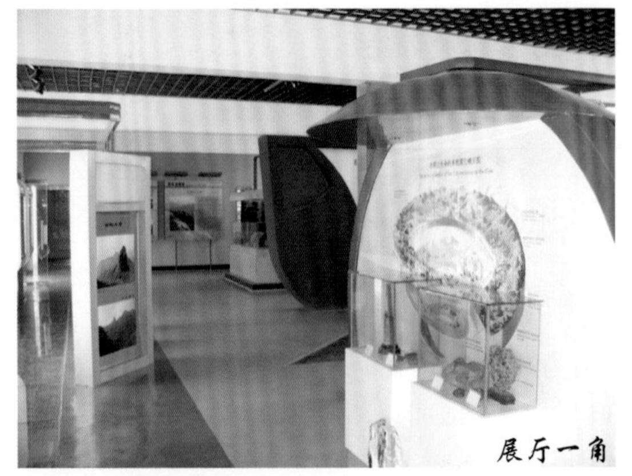
展厅一角

展厅一角

地质公园博物馆猫耳石分馆

○ 响龙潭

溪水沿山谷下切形成潭瀑景观，因潭瀑边巨石似龙头状，入潭瀑水流淌声响亮而得名。该潭瀑由下而上叠置四层，高差近50米。丰水期可见10米宽白涟铺满峡谷，十分壮观。

响龙潭

红军潭

○ 红军潭

红军潭由溪流水冲刷磨蚀而成，潭长22米，宽20米，瀑布落差10米，丰水期瀑布宽约6米，镶嵌于大山之间，别有一番风味。

○ 猫耳石

猫耳石是高高耸立于山头的一块上大下小的孤岩，高差近150米。几十里外清晰可见，因外形似猫耳而得名，为景区的标志性景观。

猫耳石

（2）西河科普旅游线路

位于金刚台北麓西河峡谷中，以地质公园博物馆为起点，沿谷而上。览地质奇观，赏万亩高山茶园，探寻商城肥鲵（娃娃鱼），漫步玻璃栈道，亲近画眉湖、知音湖、华佗湖、钟馨峡、双龙潭、杜鹃岭、采药崖、红军洞群、雁鸣关瀑布、传奇色彩的半条街遗址，相约彩虹桥，共度香朴树之恋，游览环湖亲水栈道，一步一景、步移景换，让游人在湖边欣赏湖光山色，享受大自然美景。

西河景区平均海拔760米，是信阳毛尖高山绿茶原产地。景区由幽幽茶谷和华佗谷两条峡谷景观组成。

西河景区

○ 生态茶园

商城生态茶园总面积3000余亩，海拔600—800米，终年雨量充沛，空气湿润。商城茶叶历史已有2300年，这里是“金刚碧绿”“雀舌”“乌龙茶”的原产地。茶园远离城市、工厂，环境无污染，土壤为火山岩区土，土壤肥沃，有机质含量高。茶芽叶肥壮，香高味浓，干茶能闻其醇香，冲泡能闻其栗香，回味能闻其花香，由此得名“三香茶”。

生态茶园

岩石侵入界线

○ 岩石侵入界线

大斑花岗斑岩与安山岩侵入接触界线。界线西侧为浅紫红色的大斑花岗斑岩，以富含肉红色正长石大斑为特征，呈岩脉状侵入于粗安质潜火山岩体中；界线东侧为深灰黑色安山岩，具有潜火山岩特征。

毛竹林

○ 毛竹林

毛竹亦称“楠竹”，乔本科。杆散生，高大，圆筒形，杆组织致密、坚韧、富弹性，供家具、渔具、造纸等用；竹笋味美，可供食用；竹梢可做炒茶工具“茶把”。

○ 白龙瀑

青山茶园间，山涧流淌的溪水，撞击岩壁溅起白色水沫，整个瀑布看似一条白龙，称之为白龙瀑。白龙瀑布落差 20 米，瀑下深潭，潭长 15 米，宽 10 米，潭深 3 米。

白龙潭

○ 西河峡谷漂流

金刚台西河峡谷漂流全长 5.8 千米，总落差 175 米，1 米以上落差 30 余处。溪水清澈见底、跌宕起伏，是豫南水位落差最大、最具刺激和挑战性的峡谷漂流，被誉为“豫南高山峡谷第一漂”。

西河峡谷漂流

西河峡谷漂流

○ 步步娇高空玻璃吊桥体

玻璃吊桥长 368 米，落差 200 米，桥面采用全透明玻璃铺设。登玻璃吊桥可远眺万亩高山茶园，可俯瞰脚下峡谷漂流，让人在对脚下的透明战战兢兢之余，更乐享于踏云而行的震撼感。

玻璃吊桥

玻璃吊桥

亲水栈道

月亮口

吊桥

拱桥

○ 雁鸣关瀑布

雁鸣关瀑布发源于金刚台主峰西南侧，垂直落差50米。雁鸣关瀑布自绿色的崖壁上奔涌而下，疑似银链，堪称“大别山中第一瀑”。

雁鸣关瀑布

泛舟湖上

溪流

梯田风光

### 4.2.2 地质公园博物馆与主题碑

地质公园博物馆位于西河景区，上下两层建筑，建筑面积1470平方米，分为序厅、大别骄子厅、金刚神韵厅、地质环境厅、锦绣商城厅、千年雩娄厅和影视厅7个展厅；室外二层平台为炒茶体验区。布展内容包括地质、地理、地貌、生态、环境、红色文化等。通过岩石标本、图片、多媒体演示、火山模型等展示火山喷发奇观，追溯大别山造山带发展简史，演绎火山岩地貌、花岗岩地貌、地热温泉等地质地貌景观的形成，成为人们解读金刚台、了解大别山的地质文化场所。

公园标志碑

地质公园博物馆外景

大型标本展示区

序厅一角

# 公园博物馆展厅

大别骄子展厅一角

金刚神韵展厅一角

金刚神韵展厅一角

金刚神韵展厅一角

锦绣商城展厅一角

锦绣商城展厅一角

地质环境展厅一角

千年雩娄展厅茶文化

### 4.2.3 汤泉池景区

汤泉池景区位于公园西部，是一个集地热温泉、花岗岩地貌、湖光山色、森林景观为一体的休闲疗养型景区。面积 90.80 平方千米，分为汤泉池和石鼓寨 2 条游线。汤泉池温泉宜人，是度假休闲的良好场所；石鼓寨花岗岩象形石惟妙惟肖，犹如天然迷宫；鲇鱼山水库千岛争秀，有“中原千岛湖”之美誉；游览汤泉池，露天泡温泉时欣赏“中原千岛湖”水天一色的美景，无与伦比。

汤泉池风光

汤泉池

茗阳汤泉

（1）汤泉池

汤泉池温泉位于公园西部，商麻断裂与汤泉池断层的交会部位。汤泉池古称“汤坑”，水温 56℃—58℃，泉水清澈透明，富含宜于医疗的 $H_2S$ 气体与多种有益身体健康的微量元素，对各种皮肤病、风湿性疾病及妇科病等有显著疗效，被誉为“神水泉”，是一种典型的天然地热温泉。

（2）茗阳汤泉

茗阳汤泉占地 53 万平方米，按五星级酒店标准精心打造，是集温泉沐浴、休闲保健、生态、湖岛旅游以及完善的住、餐、娱、购于一体的大型山水温泉旅游度假村。室外泡汤泉，观青山绿水、蓝天白云、湖光山色，犹如置身一幅美丽的山水国画中。

（3）海狮啸天

这是典型的花岗岩象形石景观，整块花岗岩昂首挺胸，像一只对天长啸的海狮，称为“海狮啸天”；岩块顶部“海狮口”是由花岗岩中的暗色矿物包体风化剥蚀后形成，花岗岩原生的水平节理，把花岗岩分为“身子”和“基座”两部分。

海狮啸天

（4）将军石

花岗岩象形石，一块小的石块处于山峰的顶部，山峰的造型犹如人的身躯，顶上的石块酷似人的头颅，整个造型就像一个威风凛凛的大将军，故名将军石。

将军石

## 4.3 地学解密

（1）金刚台火山岩地貌

金刚台所处的大别山是距今2.5亿年前后的印支运动时期由华北板块与扬子板块碰撞在一起形成的造山带。受后期燕山运动的影响，在距今1.3亿年左右的白垩纪时期，区内发生了一系列的同源岩浆演化侵入活动，形成了商城花岗岩体、达权店花岗岩体；在金刚台一带还发生了火山喷发活动，形成了安山岩、粗安岩、爆破角砾岩及凝灰岩等多种火山岩。距今大约6500万年，受喜马拉雅造山运动的影响，上述花岗岩体与火山岩被抬升遭受风化剥蚀，特别是距今大约260万年的第四纪以来，区内风化剥蚀加剧，经过大自然的精雕细琢，最终形成了金刚台、猫儿石、大小插旗尖、金刚绝壁等各具特色的火山岩地貌景观。

金刚绝壁

大插旗尖

猫耳石的形成示意图

（2）猫儿石的成因

金刚台典型的火山岩景观是猫儿石。猫儿石是古火山口的火口垣残留体，为火山集块岩经风化剥蚀形成的，猫儿石旁侧是古火山颈相（古火山通道）的石英二长岩。猫儿石现在是一块上大下小的孤立岩石，岩块四周岩壁陡立，高差近50米。

（3）汤泉池温泉的成因

汤泉池温泉泉水出露点位于麻城大断裂及其派生的汤泉池断裂交会处，明显受两组断裂带的控制。由于商—麻大断裂切深大，历经长期多次活动，构造带内岩石强烈破碎，给循环地下热水的储存和运移提供了良好的空间和通道。作为商—麻大断裂派生构造的汤泉池断裂系硅化构造角砾岩，其透水性、导水性良好。同时，该断裂与花岗岩和变质岩的接触带基本吻合，其上盘为花岗岩，下盘为变质岩。上盘 NE70° 及 340° 裂隙发育，为温泉水的导入、出露提供了条件。沿商—麻大断裂发育的灌河，从汤泉池溯流而上 35 千米可达大别山脊分水岭，分水岭以北的广大地区为温泉循环地下水的补给区，接受大气降水，沿各种节理、裂隙、构造破碎带渗入，形成地下水，汇入储水构造，而后沿断裂带走向由南向北运移。地下水在运移过程中经深循环加温，热的来源为地热增温和活动断裂释放的热能。因此，水的温度与地下水的循环深度有关。根据地热增温率计算，汤泉池温泉水的循环深度为 1300 米左右，当其运移到汤泉池断裂附近时，受阻于浒湾组变质岩，后沿汤泉池断裂倒入上升，在断裂上盘、脆性岩石区、裂隙发育的负地形处泄出地表，形成温泉。

汤泉池水库　茗阳温泉

（4）商城茶叶为什么好

商城茶叶产区位于北纬 30°—31°，海拔 600—800 米，是茶叶的黄金产区。土壤属火山岩为母质的石质土、黄棕壤，pH = 5.10 左右，有机质含量高，富含钾、钠、硅、锌等有益元素，有毒有害元素含量低。适宜的地理环境，造就了商城茶叶生长多、挥发少、香气浓、微量元素含量高的优良品质。通过对茶叶和它依附土壤的地球化学研究，发现茶叶中氧、磷元素含量明显高于土壤，说明茶叶在生长过程中大量吸收了氧、磷元素，却很少吸收有害元素，具有一定的“抗毒性”。

茶厂

## 4.4 人文历史

商城县早在新石器时期，就有人类繁衍生息。西汉置雩娄县，隶属庐江郡。隋名殷城县，北宋改商城县。1932 年，中国工农红军第三次解放商城，更名赤城县，1937 年复名商城县至今。人文景观主要包括古文化遗迹、革命遗址、宗教建筑、古典园林、古建筑等 6 种类型。

红军洞群

### 4.4.1 红军洞群

“金刚台三年红旗不倒”，这是毛泽东等老一辈革命家对金刚台山区革命工作的高度赞誉。1935 年至 1937 年，中共商南县委领导妇女排和游击队，配合红二十八军以山上的天然洞穴为据点，面对百倍于己的敌人和饥寒病痛，坚持了长达 3 年的游击战争。遗留下了以“朝阳洞”（原中共赤城县委和县苏维埃政府驻地）、“女人洞”（原红军医院）、水帘洞等为代表的“红军洞群”，是河南省唯一的洞穴型红色遗址，被列入全国 12 条重点红色旅游线路、30 条红色精品旅游线路、100 个红色经典旅游景点之一。

华佗庙

### 4.4.2 华佗庙

华佗庙位于金刚台景区西河，建于清康熙十三年（1674 年），又名华严寺，砖木结构，为四合院，有中殿、后殿，原塑有华佗、关羽、如来、观音等像。传说三国名医华佗来此采药济民，百姓感其德，建庙祭祀。每年农历四月初八、腊月初八为庙会。

神水阁

### 4.4.3 神水阁

神水阁坐落在汤泉池景区中原千岛湖的湖心岛正中央的山顶上，阁楼占地 200 平方米，楼高 22 米，上下共两层，登临其上，凭栏远眺，温泉秀色尽收眼底；俯首尽观，各家宾馆，如玲珑画舫，同蓝天白云一起倒映水中。

# 5 关山国家地质公园

## 公园档案

国家地质公园批准时间：2005年8月（第四批）
国家地质公园揭碑开园时间：2008年4月28日
公园面积：195平方千米
公园地址：河南省辉县市
典型地质遗迹：崩塌地貌、峡谷地貌、水体景观
地理位置：东经113°23′12″—113°39′40″
北纬35°27′07″—35°46′12″

## 5.1 纵览关山

### 5.1.1 公园概况

河南关山国家地质公园（以下简称公园）位于太行山南段，河南新乡市辉县市的西北部，与山西陵川县的交界地带。公园由六大园区组成，自南向北分别为：宝泉园区、关山园区、八里沟园区、回龙天界山园区、轿顶山园区和万仙山园区。公园内雄伟壮观的崩塌地貌、峡谷景观、岩溶洞穴以及特色各异的瀑、潭、泉、湖等水体景观相映生辉，共同构成公园集科学价值与美学价值于一身的综合性地质公园。

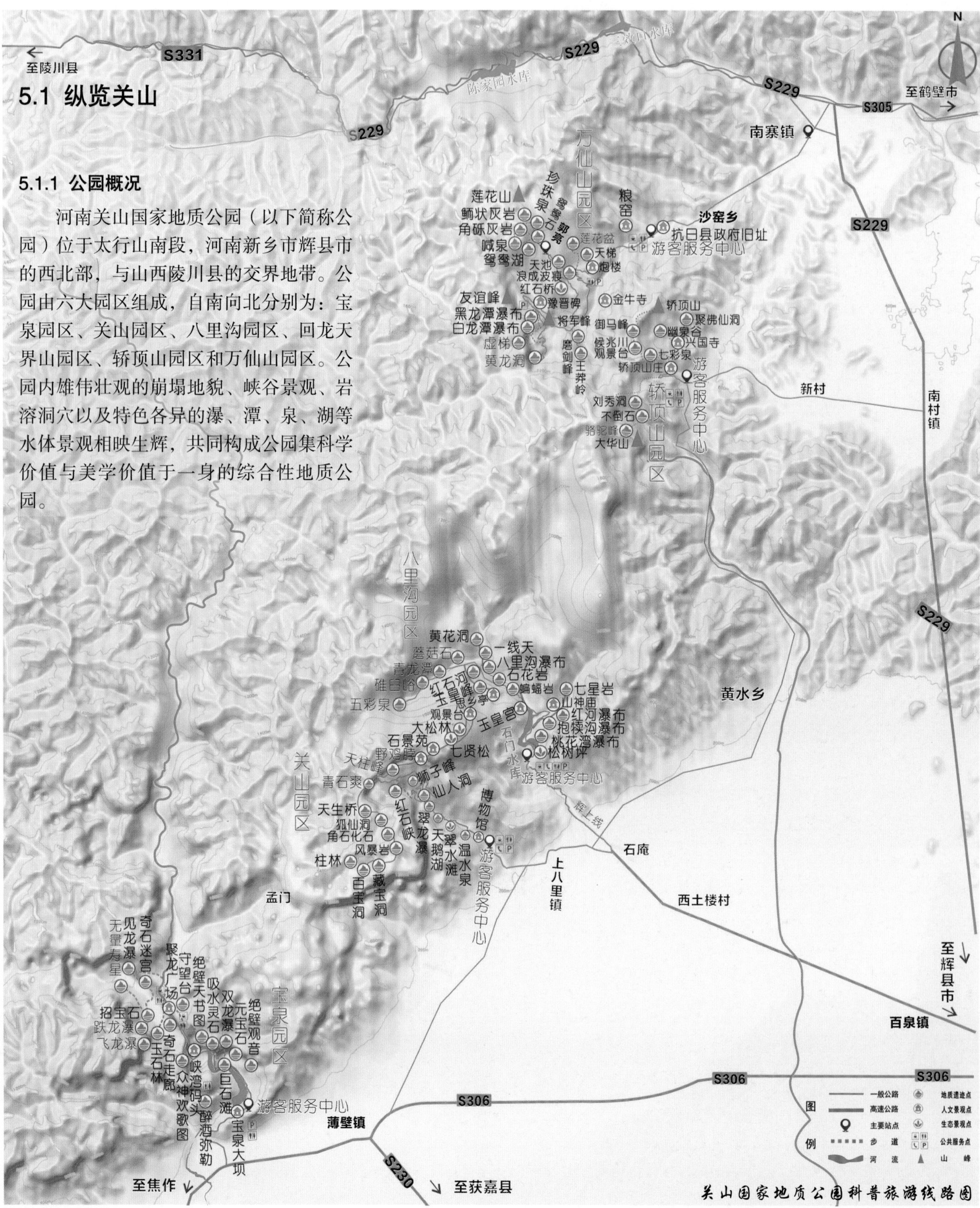


关山国家地质公园科普旅游线路图

### 5.1.2 地形、地貌特征

公园处于南太行山腹地，总体地势特征是西北高东南低。最高峰十字岭海拔高程1708.6米，最低点白云寺204米，地形相对高差1504.6米，属中低山区。园区海拔1100米以上为碳酸盐岩构造岩溶地貌，海拔1100—800米为红色石英砂岩嶂谷、峡谷地貌，海拔800米以下为变质岩缓坡丘陵。

盆岭地貌

层状地貌

### 5.1.3 自然与生态

公园园区地处北温带，受大陆气团的影响为主，属暖温带大陆性季风型气候，气候温和，四季分明。由于受山脉走向和海拔高度影响，季风作用较为明显，春季多风少雨，夏季多雨较热，秋季气候凉爽，冬季较冷少雪。本区年平均气温 15℃，山区气温随高度增加而递减，每 100 米降低 0.4—0.6℃，故气温一般比东部平原区低 3℃左右。辉县市属海河水系卫河流域，地表水体有河流、小溪、池塘和水库等。公园园区内发育河流有南大河、胳肘掌河、封丘河、水寨窑河、腊江河等，均为内陆型河流。

公园植被在中国植被区划上，属于暖温带的落叶阔叶林，归属华北植被区系。林木品种有油松、刺槐、柏树、橡树、杂木林、经济林、山楂、柿子、核桃等，概括的分布是："高山松、低山橡、杨柳榆槐种四旁，柏树在砂石，沟地头栽红果、石坡上栽刺槐、桃梨杏地边。"松树的面积较大，主要分布在南坪、郭亮、丹分。刺槐主要分布在南、北沙水，水寨窑。柏树主要分布在沙窑等地。橡树主要分布在南坪、中腊江等地。

春

夏

冬

秋

秋

### 5.1.4 地质概况

公园的大地构造位置，处于华北古板块内，属于新生代东亚裂谷系的华北裂谷带与太行山隆起带交界的太行山隆起东南边缘。区域地层具基底和盖层二元结构。结晶基底主要为太古宙登封岩群，岩石普遍遭受区域变质或混合岩化作用的改造；盖层由中元古代汝阳群紫红色石英砂岩，下古生代寒武纪、奥陶纪、石炭纪碳酸盐岩，新生代新近纪砂砾岩和第四纪黄土与残坡积物等构成，地层产状平缓，倾角 5—12 度，局部接近水平。

中元古代紫红色石英砂岩

古生代碳酸盐岩

底砾岩

关山地层结构

## 5.2 伴你游览关山

### 5.2.1 关山园区

关山园区位于上八里镇的西部，西起省界，东到石门河，南至山前，北止八里沟，面积约30平方千米，由盘古河景区、花山景区、红石峡景区、崩塌奇观景区等组成。园区深沟峡谷、悬崖峭壁，连绵起伏，气势恢宏，充分体现“雄、险、秀、幽、奇”的景观魅力。

（1）盘古河景区

盘古河景区，为一峡谷型景区，这里的河床为具有优美纹理的变质岩，岩石与清澈碧绿的河水构成一幅幅锦绣画卷。主要地质景观有马跑泉、张良沟、洒水瀑、七仙女瀑、天鹅湖、将军石等。

盘古河

关山

盘古河

盘古河

（2）花山景区

花山景区为一山岳型景区，以碳酸盐岩景观为主。碳酸盐岩有易溶于水的特殊性质，在漫长的地质演化历史中，因构造作用及风化作用形成现在的特殊地貌景观。主要地质景观有一线天、十字峡、钟灵洞、盘丝洞、玉指柱、双柱、梅花桩、天生桥、逍遥洞等。

花山

一线天

（3）红石峡景区

红石峡景区，为一峡谷型流水景区，景观主要发育在中大古代红色石英砂岩中，因此而得名。主要地质景观有红石峡、龙潭、翡龙瀑、瑶池等。

关山红石峡

关山红石峡

关山红石峡

关山红石峡

崩塌地貌

一线天

天柱峰

石柱苑

（4）崩塌奇观景区

崩塌奇观景区分布在易于溶蚀的碳酸盐岩和质脆裂隙发育的砂岩地区。主要地质景观有中天玉柱、天柱峰、将士峰、母子峰、石柱苑等。

石柱苑的石柱有23根，有的高耸挺拔、峭然屹立；有的情深意长、母子相依；有的成群出现、参差错落；有的东倒西歪、如痴如醉。

天柱峰是关山最突出的地质景观，有“擎天玉柱”之美誉，矗立在山崩形成的巨型崖壁之上，相对高差250余米，底部围经150余米，整个柱体呈塔锥状，棱角分明，直指苍穹。

关山石柱

### 5.2.2 八里沟园区

八里沟园区海拔在300米至1700米落差地带，包括上八里镇西北与西南部，总面积15平方千米，由桃花湾景区、红石河景区和玉皇峰景区组成。园区内悬崖峭壁雄险奇峻，瀑布深潭动静相映。其主要代表景观是峭壁和瀑布。

伴随峡谷、绝壁等壮丽地貌景观，园区内还发育着由瀑、潭、泉、溪等构成的如诗如画、多姿多彩的水体景观。

八里沟

八里沟

碧水云天

天河瀑布

落差170米的八里沟大瀑布，最宽时20多米，最窄时仅有5米。河水流经这一带的深沟峡谷，飞流直下，形成排山倒海之势，直落千丈，声闻数里。还有桃花湾瀑布、抱犊沟瀑布、红河瀑布等瀑布景观。瀑落潭生，瀑潭相连，令人叹为观止，流连忘返。

雾锁八里沟

八里沟天河瀑布

### 5.2.3 万仙山园区

万仙山园区位于辉县市沙窑乡境内，总面积40平方千米，最高海拔1672米。这里群峰竞秀，层峦叠嶂，沟壑纵横，飞瀑流泉，既有雄壮而苍茫的石壁景观，又有妙曼而秀雅的山乡风韵。园区由郭亮景区、南坪景区、罗姐寨景区组成。

万仙山园区是以中元古代紫红色石英岩状砂岩形成的峡谷、崖壁地貌和瀑潭景观为主要特色，代表性的有红岩绝壁大峡谷、丹分沟，磨剑峰瀑布、黑龙潭瀑布、白龙潭瀑布等。修建在红岩绝壁上的挂壁公路和崖上人家成为景区特色的人文历史景观。

天池

昆山挂壁公路

（1）挂壁公路

郭亮村的“挂壁公路”，又称“绝壁长廊”“郭亮洞”，全长 1300 余米。始建于 1972 年，1977 年完工。是在经济技术相对落后的年代，靠着一双手、一锤、一钎，用手搬、用筐抬、用篮子挎，硬是在太行深处的悬崖峭壁上建成了这条给郭亮村村民带来福祉的通道。

红岩绝壁

挂壁公路

挂壁公路

（2）崖上人家——郭亮村

郭亮村的祖先是为避难逃入此绝境。先前，村里出入的道路是一条完全由石块和直接在 90 度的石崖上开凿的石阶组成，称为“天梯”，羊肠陡峭，仅容一人通行，无任何防护措施，出入非常危险。1971 年的秋天，村里人为了积极响应毛主席的号召，摆脱世代穷困的宿命，让身后的子孙不再行走险峻的天梯，由当年村中 13 名壮劳力组成的凿洞突击队顶着风雪，腰系着麻绳，悬于峭壁之上握紧铁钎，舞起铁锤，在红岩绝壁上打出了通向山外的大路。

如今山里人走出去了，更多的是山外的人走进来了，旅游带动崖上人家走上富裕之路。

崖上人家

郭亮村

### 5.2.4 回龙天界山园区

回龙天界山园区位于地质公园的中部，辉县市西北部 25 千米处上八里镇的西北部，向南与八里沟园区相连，总面积 45 平方千米，由石门景区、老爷顶景区以及十字岭景区组成。这里山体险峻，翠林密布。主要景观为由中元古界紫红色石英岩状砂岩形成的太行红岩大峡谷和红岩绝壁景观，以及修建在红岩绝壁上的回龙栈道和挂壁公路等。

天界山

天界山

园区内峡谷地貌概括起来可分为“U”形谷、“V”形谷、“Z”形谷。“U”形谷主要分布在沟谷出口地带，多位于太古宙变质岩层、中元古界石英岩状砂岩和页岩分布区；“V”形谷多分布在中元古代石英岩状砂岩、页岩或寒武系、奥陶系碳酸盐岩分布区，或分布在“U”形谷的上游，主要特征是谷底狭窄，谷壁较开阔，地势上多位于中等海拔的中低山区，其形成主要与地壳快速抬升、地表流水强烈向下切蚀有关。

回龙云峰画廊

回龙大峡谷

“Z”形谷主要发育在靠近山脊附近较高海拔地带，或“V”形谷上游，其特征是峡谷切割较浅，谷形曲折蜿蜒，谷壁多不规整，峡谷较窄。太行红岩大峡谷发育在中元古代石英岩状砂岩中，在走向上具有“Z”字形特征。

红岩大峡谷

回龙太古宙片麻岩

天界山归真台

老爷顶

道教“北有铁顶在太行，南有金顶在武当”，这里所说的铁顶，即老爷顶。因与湖北武当山金顶南北对峙，故又被称为“北顶”。

老爷顶

天下第一铁顶

天界石菇

### 5.2.5 轿顶山园区

轿顶山园区位于地质公园中部，辉县市西北部的沙窑乡小井村境内，北接万仙山，西与山西省王莽岭国家地质公园为邻，南邻八里沟园区，东望侯兆川。距辉县市 50 千米，由辉县市沿省道 329 直达通往景区的道路。这里群山环抱、峡谷万丈，红岩绝壁、似刀劈斧削，怪石嶙峋，如仙似兽，青山滴翠，秀山蔽日。摩崖石刻，雄壮可观。

轿顶山属万仙山的东山山岭，主峰海拔 1686 米，远远望去，山形似轿顶，故得此名。《清代道光辉县志》对此山有载，后来，凡有名人雅士，临此必拜谒轿顶山，曰：为官者升迁，为商者发财，为民者平安。

远眺轿顶山

轿顶山

轿顶山

（1）摩崖石窟

位于陡岩上，有玉皇大帝像、福禄寿三星洞、释迦牟尼佛像。摩崖石窟与山体浑然一体，自然天成，具有极高的艺术性与可观性。

（2）御马峰

在华盖石与轿顶山之间，有一山峰，好似一匹御马在拉着帝王之辇（轿顶山），因此得名。御马峰前有华盖石，后有轿顶山，形成帝王出宫之势，是大自然孕育的完美自然景观。下建有三星洞，供奉着福、禄、寿三星。

（3）华盖石

因状如帝王车辇之华盖而得名。为寒武纪石灰岩层经差异风化而形成的象形山石景观，远远望去，好似修长纤细的玉颈上托起的美人头像，美人正在安静地凝视远方。

摩崖石窟

轿顶山

### 5.2.6 地质公园博物馆与主题碑

（1）地质公园博物馆

关山国家地质公园博物馆建筑面积3000多平方米，总投资300多万元，2008年建成，坐落于关山园区山门服务区内。博物馆采取中西合璧建筑风格，分三层：第一层为地质博物馆，从公园概况、剖析地球、地质遗迹景观、地质演化历史等多个方面进行科普介绍，馆内陈列着许多反映地球演化的地质、生物标本，其中形成太行山三级地貌台阶的片麻岩、石英砂岩和碳酸盐岩等都以大标本的形式在这里展示，展厅中央为公园沙盘模型。同时通过高科技多媒体技术，运用声、光、电等手段演示地质地貌构造演变的过程，让游客身临其境地感受沧海桑田的演变。第二层为购物商场，主要经营和销售旅游纪念品。第三层为办公服务区。

博物馆外观

博物馆一层

（2）地质公园标志碑

地质公园标志碑位于关山景区，地质公园博物馆前，为一中元古代的紫红色石英砂岩巨石。

关山地质公园碑

## 5.3 地学解密

### 5.3.1 太行山为什么会在关山国家地质公园来了个大转弯

关山国家地质公园位于太行山南段，处于华北平原与黄土高原之间的二、三级地貌台阶过渡区。地壳经历了漫长而复杂的地质演化发展历程。自古近纪开始为裂谷发展阶段，表现为以太行山前断裂带为界，西侧隆起、东侧断陷沉降的差异升降运动形式。太行山隆起带和华北裂谷带的形成，导致太行山的强烈隆升和华北平原的地貌景观——西侧为海拔约 2000 米的山西高原，东侧则为海拔不足百米的华北平原；济源—开封凹陷的形成，又终止了太行山的向南延伸，最终造成南太行地区北、西两面背靠山西高原，东、南两面“临空”的独特“桌状”地貌背景。

南太行三维影像图

关山

### 5.3.2 关山的古崩塌地貌与石林景观的形成

太行山是我国典型构造断块山，构成了山西高原与华北平原的自然地理分界线，由于山西高原与华北平原地势上的强烈反差和地层、岩性、产状等的差异，导致这一地区峡谷深切、崖壁纵横，并形成了崖台梯叠这种特色地貌景观。崩塌是关山及南太行地区常见的一种地质现象。

由于东、南两面的下降和太行山的隆升，对太行山东缘和南缘施加向东、向南的拉张应力和因太行山隆升作用导致的表面扩张而引起的南北向、东西向的伸展作用，形成近南北向和近东西向的张裂带及多组倾角近直立的断层、破劈理带、密集节理带的断裂构造格局。这种不同规模的断裂构造组合，是直接控制崩塌形成的主导地质因素。

本区的崩塌地貌具有多层次的特征。最顶层表现为太行期夷平面之下因崩塌作用而形成的喀斯特石柱、峰林与崖壁地貌，其下为分布在唐县期夷平面上的大量崩塌巨石散乱堆积体；中层的崩塌景观主要分布在“U”形断崖之下，崩塌规模较大，形成崩塌山峰、崩塌岩洞、崩塌石柱、崩塌石林等；最下层的崩塌景观主要分布在现代峡谷内，主要表现为崩塌岩堆、崩塌岩块等，规模较上面两层都要小。

宝泉谷——双龙瀑

天柱峰

## 5.4 人文历史

### 5.4.1 百泉

百泉位于辉县市西北约 2 千米处的苏门山下，面积 3.2 平方千米，为河南省省级风景名胜区，是全国重点文物保护单位。据《荀子 · 儒效篇》记载：百泉始于商前，距今已有 3000 多年的历史。千百年来，这片名山秀水，经过历代开发修建，留下众多名胜古迹，成为河南省最大的、保护最好的古园林建筑群，被誉为“中州颐和园”。景区内祠庙宫殿，金碧辉煌；亭台楼阁，星罗棋布；小桥石径，匠心独特；翠柏苍松，四季常青。碧山，刚柔相济，至善至美，幽雅秀丽的自然景观与涵延厚硕的人文景观，相映成趣，珠联璧合。百泉景区以秀山丽水为特色，以悠久的历史文化为内涵，引来了历史上许多文人墨客、达官贵人、名流学士，传下无数优美的诗词歌赋、千古绝句。

百泉湖

### 5.4.2 老爷顶

老爷顶海拔 1387.8 米，与武当山南顶千里相峙，故又称北顶，矗立群山之上，似一柱擎天，周身绝壁，四面临风，松涛栎浪，似居舟中。举目环顾，地阔天空。南，黄河九曲回转；北，太行千峰竞秀。

老爷顶

### 5.4.3 白云寺

始建唐代，原名白茅寺，又称梦觉寺。位于辉县市西 35 千米的白麓山下，境内林木茂密，翠竹葱茏，汩汩清泉，景色宜人。1992 年被林业部批准为“国家森林公园”和“油松种子园”。

白云寺

# 红旗渠·林虑山国家地质公园

## 公 园 档 案

国家地质公园批准时间：2009年8月12日（第五批）
国家地质公园揭碑开园时间：2013年9月26日
公园面积：193.45平方千米
公园地址：河南省林州市
典型地质遗迹：峡谷地貌、水体景观、地质工程景观

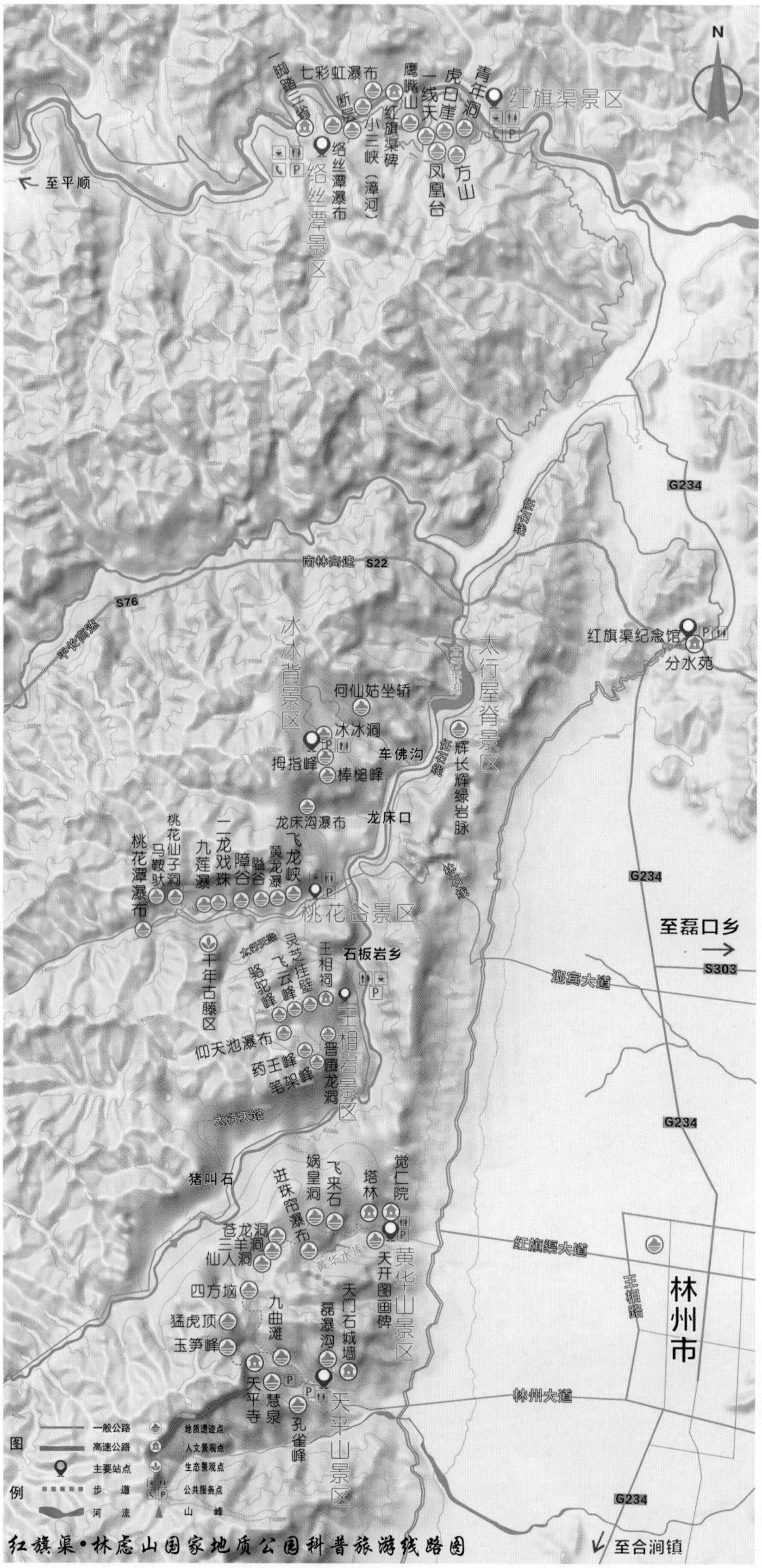

红旗渠·林虑山国家地质公园科普旅游线路图

## 6.1 纵览红旗渠·林虑山

### 6.1.1 公园概况

河南红旗渠·林虑山国家地质公园位于林州市的西部，地处河南省西北部的太行山东麓，豫、晋、冀三省交界处，由红旗渠、林虑山两大园区组成，总面积193.45平方千米，是一座以峡谷地貌、地质工程景观为主，水体景观与生态人文相互辉映的综合型地质公园。

### 6.1.2 地形、地貌特征

地质公园位于林州西部太行山区，区内最高峰四方垴海拔1657米，相对于林州盆地最大落差1300余米，巨大的地势反差，塑造出区内特色鲜明的高山、峡谷等地貌景观，成为最能反映我国第二地貌阶梯与第三地貌阶梯变化和体现我国北方山岳雄伟壮丽的特点的典范地区。太古宙古老变质基底，中元古代的石英砂岩，古生代碳酸盐岩，三套迥异的岩性特征，造就出林虑山大峡谷地区雄、秀兼备的多级台阶地貌景观。

三维地形

林州太行大峡谷

### 6.1.3 自然与生态

林州地处北亚热带向暖温带过渡区，气候温和，四季分明。景观山水相依，生态环境洁净，污染小，空气清新，植被覆盖率高，人工林面积大。园区内植被类型多样，植物资源丰富，属暖温带夏绿阔叶林区。

林州市河流属海河流域漳、卫南运河水系。主要河流有浊漳河、洹河、淅河、淇河4条河流，除浊漳河水源较充沛外，其余均属季节性河流。浊漳河系漳河支流，在林州境内长约30千米，流域内有石板岩乡、任村镇、东岗镇。林州人民很早就已开发利用浊漳河水源灌溉。民国年间，建成峪门口渠和古城渠。新中国成立后，先后修建了抗日渠、天桥渠和红旗渠，年引水量3亿立方米，最为著名的是红旗渠，为人畜吃水和工农业用水提供了水源。

多层崖台地貌景观

桃花雪

石板岩倒影

大峡谷之冬

崖墙地貌景观——仙人台

### 6.1.4 地质概况

区域大地构造位置位于华北板块南部太行山隆起带的中段。区内地层属华北地层区山西分区的太行山小区，华北地台各个时代的地层发育较为齐全。区域出露地层有太古宙赞皇岩群片麻岩、中元古代汝阳群、早古生代寒武纪—奥陶纪碳酸盐岩和新生代新近纪、第四纪不同成因类型的堆积层。

地质构造活动较为强烈，以断裂构造为主，其中，林州大断裂东西两盘最大断距有千米以上，属太行山东麓典型的现代活动构造。

岩浆活动主要以中生代燕山晚期岩浆活动较频繁为特点，主要集中在北部。

冰冰背断裂带形成的大崖壁

层理与斜层理

太古代岩石

## 6.2 伴你游览红旗渠・林虑山

### 6.2.1 太行大峡谷

太行大峡谷与太行山主山脊近于平行，北起任村镇，南止山西平顺县井底村，南北长约 30 千米，东西宽 200 余米，最窄处不足 60 米，相对高差最大处超过 1000 米。两侧崖壁林立、峰谷并行、长崖险峻、谷窄峡深。受源于山西腹地众多河流切割，峡谷两侧形成众多的分支峡谷、悬崖、明泉，从而蕴藏了丰富多彩的自然山水资源，使林虑山既具备北方山水的雄伟，又具备南方山水的灵秀，成为我国北雄风光的典型代表。

峡谷下部，是古老的花岗片麻岩，它的绝对年龄可以追溯到距今 25 亿年之前的新太古代，柔和舒展的变质纹理将岩石刻划成红白绿相间的岩石条带，俨然一幅地质画卷，与涧溪碧潭一起构成大峡谷最底部的一层景观。

峡谷中部为厚达百余米的巨厚层紫红色石英砂岩与薄层泥页岩互层，沉积于距今 14 亿—12 亿年前的滨海地带，砂岩层面上多达数十种不同类型的波痕构造镌刻下了远古海洋的波澜壮阔，如描如画的大型交错层理是古海洋

的滨海沙坝产物，泥裂构造就像龟背上的花纹，是干旱气候留下的印迹。特殊的地层岩石结构，使得峡谷呈折线状分布，悬泉飞瀑十分壮观，它们共同构成了峡谷中层景观。

峡谷顶部，是厚达1000余米的寒武系—奥陶系碳酸盐岩，形成于距今5.4亿—4.4亿年，这一时期，正是地质历史上的生命大爆发时期。林虑山地区是典型的陆表海环境，那是一种现已消失了的古海洋类型，温暖的海水浅而动荡，十分有利于生物生长，因此，地层中含有丰富的古生物化石，三叶虫、角石是其中的典型代表。同时，由于碳酸盐的易风化性和下部泥岩层的存在，地表植被相对发育，灰岩崖壁与原始粗犷的田园风光，构成了大峡谷上层景观。

峡谷两侧奇峰耸立，夫妻峰、仙桃峰、玉屏峰、骆驼峰、蘑菇峰、天狗吞日，伟岸壮观。

太行神韵

（1）桃花谷景区

桃花谷是太行大峡谷中的一条分支峡谷，也是太行大峡谷的核心景区之一，从桃花谷口到桃花瀑潭，全长约 7 千米，其中核心红石峡谷旅游线路长约 2 千米，峡谷最窄处不足 5 米，峡谷内山之雄险挺拔和水之幽奥神秀得到了淋漓尽致的体现。代表性的景观有黄龙潭、飞龙峡、二龙戏珠瀑、九连瀑、桃花潭瀑布等。受本区发育的二组呈“X”形交汇的垂直节理的控制，桃花谷呈“之”形延伸，峡谷沿一组节理发育的部位便形成了“一线天”，两组节理交会的部位，形成相对较宽的“天井”。沿谷流下的溪水跌落成瀑，瀑落成潭，构成山灵水秀的神韵。造型优美的九连瀑，素有“小黄果树”之称；镶嵌在一线天狭缝中的“飞来石”，在两股激流中宛若龙口含珠；落差最大的为桃花潭瀑布。峡谷内一瀑一景，瀑瀑精彩，水在这里组合成了一个奇妙的世界。

碧水滩

桃花谷入口

○ 黄龙潭与飞龙瀑

黄龙潭是桃花谷旅游线路上的第一景，这里上下双瀑双潭相连，也称“子母潭”。上潭称“子潭”或“飞龙潭”，为一形似圆缸状的巨型水蚀旋潭与壶穴景观。飞龙瀑布从垂高约 18 米、70° 左右的斜坡急泻至“飞龙潭”。潭水从“飞龙潭”的一豁口处溢出，形成垂高 15 米的三级台阶状瀑布至“黄龙潭”。

黄龙瀑

黄龙瀑与黄龙潭

白龙潭峡谷

飞龙潭与飞龙瀑

○“之”字形峡谷

桃花谷呈“之”形迂回延伸，这种形状的成因，主要是受本区发育的两组呈“X”形交会的垂直节理的控制，峡谷沿一组节理发育的部位便形成了“一线天”景观，在两组节理交会的部位，便形成相对较宽的“天井”。

“之”字形峡谷

“之”字形峡谷

碧溪

○ 崖廊与“二龙戏珠”景观

此处紫红色石英砂岩中夹有一层厚约80厘米的紫红色页岩，由于页岩的岩性松软、抗风化能力较弱，容易遭受风化剥蚀，日积月累逐渐凹陷进去，最终形成近两米的“崖廊”，成为景区商业集中经营的场所。山体崩塌的巨石卡在河谷的底部，两股水流绕石而下，形成“二龙戏珠”景观。

二龙戏珠

含珠

崖廊

飞来巨石

○ 九连瀑

由层层叠叠的九级瀑布组成；有缓慢清流的，有湍急而下的，最后一级宽 50 余米，落差 28 米，是太行大峡谷中最宽的瀑布。因其形近似贵州的黄果树大瀑布，因而被人们称为“小黄果树”瀑布，是众多瀑布中的精品。

九连瀑

九连瀑

○ 桃花潭瀑布

桃花潭瀑布位于桃花谷的尽头，高 300 余米，是区内落差最大的瀑布。桃花瀑、桃花潭、桃花溪，流淌着谷中山水的美妙与清凉。

桃花瀑

桃花谷秀色

○ 太行天路

太行天路是一条设置在太行大峡谷主题景观紫红色石英砂岩顶部的一条旅游线路，这里是中元古界紫红色石英砂岩与古生界紫红色泥岩之间的平行不整合面，因上下岩性硬度的差异及耐风化程度的不同，形成了一个天然的平台，不仅成为当地居民生活的一个空间，而且是一处难得的观景平台。太行天路沿平台而设，居高瞰下，太行大峡谷景观尽收眼底。

天路观景台

天路观景台

太行天路

太极冰山

元古宙砂岩绝壁

天路看大峡谷

（2）王相岩景区

王相岩是太行大峡谷中的主要景区之一，东临溪水，西依悬崖，左右两侧峭壁环绕，形成了一个半封闭的“U”形峡谷，人行谷底，雄岩壁立。相传在3300多年前，商王武丁和奴隶出身的宰相傅说，曾在这里居住过，因此这个地方就被称为王相岩。

王相岩

王相岩天梯

崖壁栈道

吊桥

傅说塑像

仰天池瀑布

仰天池瀑布位于王相岩景区。瀑布自 251 米高的崖巅飞落，如清风中的细雨，飘洒而下。盛夏，飞雨淅淅，沁人肌骨；三九寒冬，冰山玉柱，直刺青天。

仰天池

仰天池瀑布

王相岩瀑布群

（3）大峡谷内的其他旅游景点

太行平湖

崖墙地貌景观——仙人台

石板岩太行水乡

（4）自然奇观——冰冰背

林虑山有几片神奇的地方，这里自每年的阳春三月起开始结冰，到八月中秋以后，似有凉意之时，冰冻开始融化，结冰时间长达五个月之久。冰期最盛之时，恰好是盛夏季节，然而到了隆冬时节，此处却热气蒸腾，致使附近的桃树提前萌芽、开花，令人感到时令之颠倒。这便是当地人俗称的“冬时夏令颠倒颠”的冰冰背。

已发现具有这种“冬时夏令颠倒颠”景观在林虑山地区主要有太极山和韩家洼两处，因这种景观均分布在山的阴坡上，林州人习惯把山阴叫作“背”，故名冰冰背。

太极山结冰和冒热气最明显的是一个冰洞，冰洞深 20 余米。山上最冷的时候，地下不断地向外冒热气，而到了第二年开春以后，热气逐渐消失，冰洞开始结冰，特别是在 6 月至 8 月三个月，天气越热，冰洞里倒挂的冰凌、冰柱越大。整个太极山还有数千个小洞口或裂隙存在同样的现象。

在桃花谷村北 10 千米的韩家洼村存在同样的现象。大致可分为三个区段：一区结冰面积约 6000 平方米，最大的冰冰洞深百米，为人工沿水平方向开挖而成的“U”形洞，盛夏季节洞内有冰花、冰柱、冰凌、冰球、冰锥等；二区在一区东侧的山洼里，结冰面积 3000 平方米，在松林的环抱下，石缝石隙中冒出阵阵凉风，时不时在石缝中还留有冰块；三区在石灰岩奇峰异柱的北侧下方，结冰面积有 1000 平方米。

冰冰背

太极冰山

冰窟

冰窟

### 6.2.2 人工天河——红旗渠风景区

被誉为世界第八大奇迹，被周恩来总理称为“新中国两大奇迹之一”的人工天河——红旗渠，就开凿在林虑山的悬崖绝壁之上。红旗渠最大的特点是“悬挂”在林虑山的悬崖陡壁上，在不能修渠的地方修了渠。红旗渠里不仅流淌着灌溉土地的甘露，还有父辈们的血汗，以及挥之不去的干旱的记忆。这条充满传奇色彩的引水渠，折射出了中国人的水利梦想。红旗渠已经从一个水利工程扩展成了一个旅游景观，一个品牌，一个地标。

红旗渠风景区

(1) 分水苑

总干渠分水闸是红旗渠分水枢纽工程，巍然耸立，雄伟壮观。

分水苑

分水苑

红旗渠纪念馆

（2）红旗渠纪念馆

红旗渠纪念馆是为了纪念林县（现林州市）人民为了改变缺水旧面貌，修建红旗渠的创举而建立的。1975 年在红旗渠总干渠枢纽工程分水闸处建立红旗渠纪念亭，2000 年扩建，后更名为红旗渠纪念馆，2014 年完成新馆建设。

红旗渠纪念馆

（3）红旗渠

红旗渠全长 1500 千米，整个工程劈开山头 1250 座，凿通隧洞 211 个，架设渡桥 152 条，挖砌土石 1640 万立方米，动用民工 65 万人次。红旗渠精神已经成为当代愚公移山精神的典范。

龙游青山

漳河穿山来

（4）红旗渠的代表景观——青年洞

青年洞是红旗渠主要景观工程之一，洞长616米，由300余名青年组成先锋突击队修成。1972年，郭沫若先生听闻英雄壮举感慨万千，为之挥毫题名。

红旗渠青年洞

青年洞

**小知识：**

红旗渠源位于山西省平顺县石城镇侯壁断下浊漳河南岸。至林州与山西交界处约19千米。渠源工程包括拦河溢流坝、引水隧洞、引水渠、进水闸、泄洪冲沙闸等。

红旗渠源风光

红旗渠源

（5）络丝潭景区

络丝潭位于青年洞北侧的浊漳河中，这里是由中元古代紫红色石英岩状砂岩形成的红石峡谷，河水从峡谷中的一处断崖上飞泻而下形成络丝潭瀑布，其势状如壶口瀑布，蔚为壮观。络丝潭因传说其潭深达一络蚕丝而得名，此外，这里还有“小三峡”“神龟洞”等景点。

络丝潭

神龟洞

红旗渠络丝潭

漳河小峡谷

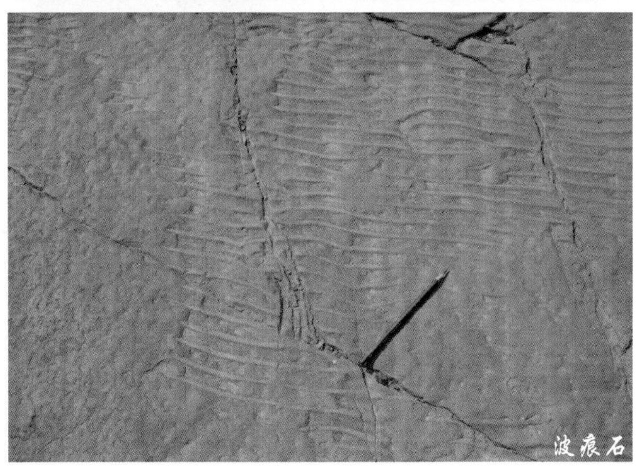
波痕石

### 6.2.3 天平山景区

天平山景区位于公园的最南端，林州市西 8 千米，林虑山主峰的东侧。天平山最高峰海拔 1700 米，因其“峰势峻极，上平于天”而得名，素有“北雄风光最胜处”之美誉。区内清溪蜿蜒，水声潺潺。三步一瀑，五步一潭，妙趣天成。主要景观有天平寺、古驿道、磊瀑沟、小西天、天平山牌坊等。

五连瀑

千瀑沟

罗汉崖

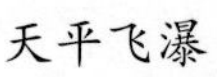

天平飞瀑

天平飞瀑位于天平山景区，声若雷震，势如天降，如雪絮飘飞，银河倒泻，雄伟壮观。珠帘瀑布顺着数米宽的石梯一层一层流下，如同珠帘，层次井然。

天平飞瀑

### 6.2.4 黄华山景区

黄华山位于林虑山主峰东侧，集自然与人文景观于一体，汇古今奇观于一山。这里人文景观众多，佛塔耸峙，山顶瀑布飞挂，云隐奇峰，水绕幽谷，享有“太行最秀林虑峰，林虑黄华更胜名”的赞誉。

天开图画

黄华山山门

塔林

王母祠

### 6.2.5 地质公园博物馆与主题碑

地质公园博物馆，坐落于林州市市区的西北部，是一处集地学科普、文化休闲，儿童游乐为一体的综合性博物馆。分为序厅、地球厅、地史演变厅、地质环境厅、科普影视厅、北雄风光厅、红旗渠厅、民风民俗厅等 8 个展厅。博物馆通过展板、模型、场景与高科技电子模拟、标本等深入浅出地介绍了与地质公园相关的地学基础知识、林州的特色地质景观风貌，红旗渠地区的地层结构，并从地学角度诠释了林州地区缺水的根源、特殊的地质条件给修渠带来的巨大困难以及红旗渠给林州带来的巨大变化，进而使人们从更深的角度认识红旗渠精神产生的基础。

序厅

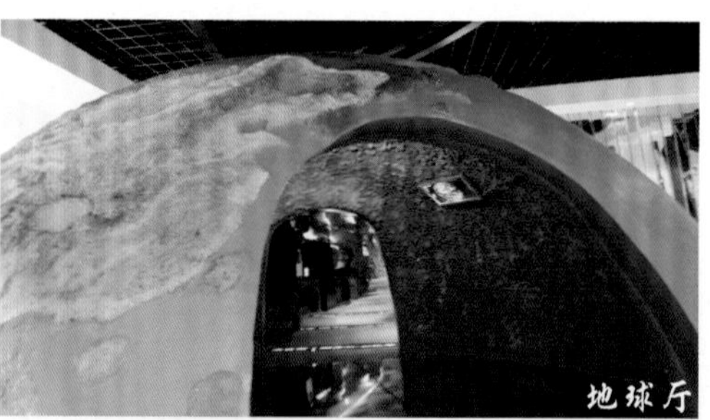
地球厅

地史演变厅

地质环境与北雄风光厅

红旗渠厅

民风民俗厅

地质公园主题碑

地质公园主题碑位于公园博物馆前，为一太古宙变质片麻岩巨石。

博物馆与主题碑

公园主题碑

## 6.3 地学解密

### 6.3.1 崖台地貌景观的形成

太行山地区地层以抗蚀能力有较大差异的巨厚碳酸盐岩夹细碎屑岩组成的不等厚互层为特征，它是形成地貌垂向多层性的物质基础，这种多层性在山体外侧和大型沟谷中形成阶梯状地貌，表现为崖、台相间叠置的特点。崖、台的垂向分布规律严格受地层岩性的控制，太古宇基底的片岩、片麻岩，寒武系馒头下部的页岩夹薄层灰岩以及奥陶系的贾汪页岩等软岩层在地貌上普遍形成带状缓坡，构成崖壁下部的麓坡；中元古界的石英岩状砂岩形成高达 100—150 米的赤壁丹崖；寒武系中上统的碳酸盐岩形成高达 300—500 米的直立峭壁、巨型石屏；中奥陶统的碳酸盐岩在高原上形成峰丛地貌或崩塌形成各种奇特的奇峰异岭。由此形成风格和内容完全不同的景观层。

林虑山地貌结构示意图

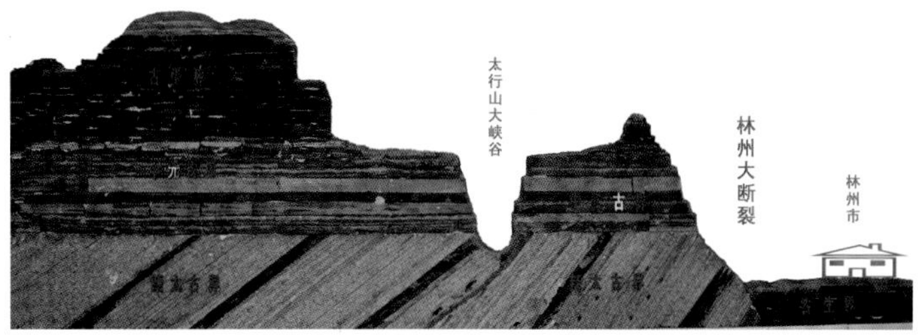

崖台地貌

太行大峡谷

### 6.3.2 冬夏倒置的“冰冰背”奇观形成之谜

“冰冰背”是一种冬夏倒置的自然奇观，这种现象可以用“能量守恒定律”和“烟囱效应”进行解释。我们知道，自然界的任何事物都应当遵循能量守恒定律也就是热力学第一定律。该定律告诉我们，能量既不能凭空产生，也不能凭空消失，它只能从一种形式转化为另一种形式，或者从一个物体转移到另一个物体，在转移和转化的过程中，能量的总量不变。冰冰背的形成自然也应遵循能量守恒定律。

烟囱是一种把烟气排入高空的高耸结构，其主要功能是拔火拔烟，排走烟气。最常见的烟囱是火炉、锅炉运作时，产生的热空气在烟囱里向上升，到达烟囱的顶部后再排出，产生这种烟囱效应的原理属气压原理的延伸。具体地说，烟囱上方的空气流动造成烟囱出口处的气压减小，烟囱底部的冷空气会从烟囱底部被压入烟囱里面，再从高处的出口跑出去，如此循环，就是我们所看到的烟囱的“抽拔”作用。这种烟囱“抽拔”作用的强度与进出风口的高差和内外的温差以及内外空气流通的程度有关，内外温差和进出风口的高差越大，则热压作用越强。类似的烟囱效应在日常所见高层建筑的电梯井、楼梯间，多出口的矿井与洞穴中都会产生，而且建筑物越高或者进出口的高差越大，“烟囱效应”越明显。高层建筑楼梯间的防火门的设置，就是防止失火时因烟囱效应加速火势的蔓延。

断崖下为太极冰山

断裂带上的垂直裂缝

烟囱效应

形成“冰冰背”这种冬夏倒置现象的区域，实际上也存在着一个类似的高大“烟囱”，正是这个“烟囱”的“烟囱效应”造就了冬夏倒置的“冰冰背”奇观。

第一，形成“冰冰背”现象的区域均位于高山之上，大型断裂带附近，海拔高度比较高，下部因断裂构造或垂直节理的存在，形成了一些高差巨大且相对封闭的竖向裂缝式洞穴。

第二，地层结构上大峡谷地区中部为中元古代巨厚层状石英砂岩，上部被致密的古生代寒武纪馒头组页岩直接覆盖，页岩之上为寒武纪巨厚层层碳酸盐岩形成的破碎带或大型岩块堆积体，这种结构有利于中元古代石英砂岩中相对封闭的裂隙洞穴的形成，形成似烟囱结构，页岩的封闭作用，仅在断裂带附近形成相当于烟囱的出风口。

第三，页岩之上裂隙与洞穴体积极速增大，从下部抽拔上来的气流，因压力的突降快速膨胀，对外需要做功，如果这些气体要保持温度不变而体积膨胀（等温膨胀），就需要吸收大量的热量来弥补因对外做功而造成的内能消耗，由于这些部位往往外来气流补给不畅，就会造成气体膨胀部位的温度下降，当下降到零下时就会形成结冰的现象。

第四，因出现冬夏倒置“冰冰背”奇观的区域，地表高差不会再改变，洞穴内部受对面温差变化影响较小，可视为相对恒定的环境，因此，当地面的温度越高时，这些洞口外面的气压就越低，被“烟囱”抽拔上来的气体的膨胀量就越大，对外做功就越大，需要吸收的能量就越大，也就造成对面结冰越强的现象。冬季温度低，当地表气压高于“烟囱口”的气压时，洞内的气体靠消耗内能向外扩散，造成洞口外地表附近温度升高。

因此，河南林州市冬夏倒置冰冰背的形成是由于断层破碎带在地表以下形成深度巨大且上下联通的隐伏竖向洞穴，该洞穴通过断层与沿走向出露地表的海拔较低的断层露头或其附近的节理、裂隙相通，形成“烟囱效应”所致。

断层破碎带与冰冰背

冰窟

太极冰窟

### 6.3.3 修建红旗渠为什么那么艰难

红旗渠穿越的主要地层为形成于14亿—12亿年前的中元古界汝阳群，主要岩性为紫红色、浅黄灰色及灰白色的石英岩状砂岩。而石英岩状砂岩是一种有着轻微变质的岩石，主要矿物成分为石英，由于石英的硬度仅次于金刚石和刚玉，使得该类岩石硬度比钢铁还要高两个等级，在经历了地质历史漫长挤压、变质以及造山运动的千锤百炼之后，使其更加致密坚硬。岩石抗压强度是指岩石在外力作用下达到破坏时的极限应力，岩石抗压强度越大，开凿施工难度越大。红旗渠沿线的紫红色石英岩状砂岩的单轴饱和抗压强度为200—250MPa，石灰岩为140—150MPa，片麻岩约为100MPa，同属坚硬岩。

此外，红旗渠沿线地质构造发育，地形陡峭，切割剧烈，相对高差大，有1/3的渠段高高地“悬挂”在悬崖峭壁之上，落差最大的地段距河道近百米，除施工道路和物资运送极为困难外，极易形成危岩体、崩塌、滑坡、泥石流等地质灾害。

所有这些条件决定了20世纪60年代，在当时的生产力和技术水平都相当落后的情形下，在我们伟大的祖国最困难的时期，仅靠一锤一钎开凿红旗渠将会是何其的艰难。

半山腰的红旗渠

**自然界硬度分级图**
**Illustration of Natural Hardness Classification**

| 硬度 | 矿物 | 实物图片 | 矿物说明 | 替代物品 |
|---|---|---|---|---|
| 1 | 滑石 Talcum | | 可在纸上写字，如滑石 | |
| 2 | 石膏 Gypsum | | 可被指甲划动，如石膏、象牙、琥珀 | 指甲 硬度 2~2.5 |
| 3 | 方解石 Calcite | | 可刻划指甲，如方解石、珍珠 | |
| 4 | 萤石 Fluorite | | 易被小刀刻伤，而且能划动方解石，如紫水晶、萤石、孔雀石、珊瑚 | 铜币 硬度 3.5~4 |
| 5 | 磷灰石 Apatite | | 勉强被小刀刻动，如磷灰石、青金石 | 小刀 硬度 5.5 |
| 6 | 正长石 Orthoclase | | 可刻伤小刀的铁面，如长石、欧泊石（蛋白石）、芙蓉石、苏打石 | 玻璃 硬度 5.5~6 |
| 7 | 石英 Quartz | | 可刻伤玻璃，如石英（水晶、紫晶等）、橄榄石、碧玺、钻石、翡翠 | 锉刀 硬度 7 |
| 8 | 黄玉 Topaz | | 尖晶石、祖母玉、海蓝宝石、金绿宝石 | |
| 9 | 刚玉 Corundum | | 刚玉（红宝石、蓝宝石、黄刚玉）等 | |
| 10 | 金刚石 Diamond | | 钻石 | |

红旗渠修建历史照片

### 6.3.4 历史上林州缺水的根源

水资源主要由大气降水、地表水和地下水组成。大气降水方面，林州市地处半干旱地区，多年平均降水总量 672.1 毫米，多年平均蒸发量 1513.5 毫米，蒸发量是降水量 2 倍多，使水资源整体入不敷出。不利的气象条件，是造成水资源缺乏的重要原因。

地表水方面，太行山是河南与山西两省的界山，其山脊多为地表分水岭，林州位于分水岭的东侧，汇水面积小，境内多数河流距离源头较近，流（量）小，除了洪水季节暂时行洪，其余季节多为干枯河道，当地河流（除漳河外）平时干涸断流，汛期水势猛涨，地表水资源可利用量较小。

地下水方面，太行山区的地下水根据含水介质的不同，主要有空隙水、裂隙水和岩溶水 3 大类型。林虑山地区大的常年性河流冲洪积扇不发育，松散沉积物厚度较薄，松散岩类孔隙水极少，不能满足当地居民生活、工农业生产需要。

林州主要属低山丘陵区，红旗渠沿线为地层较老的变质岩与石英砂岩弱含水裂隙含水岩组，不利于地下水的储存与富集，致使地下水资源严重缺乏。

华北地区寒武—奥陶系碳酸盐岩为著名的岩溶含水层，孕育了娘子关泉以及漳河上游辛安泉等岩溶大泉，但在林州红旗渠沿线地区，寒武—奥陶系高耸入云，高于当地侵蚀基准面数百米，仅丰水期有季节性小泉出露，利用价值极小。

由于独特的自然地理及地质、水文地质条件，林州市为资源型缺水地区。

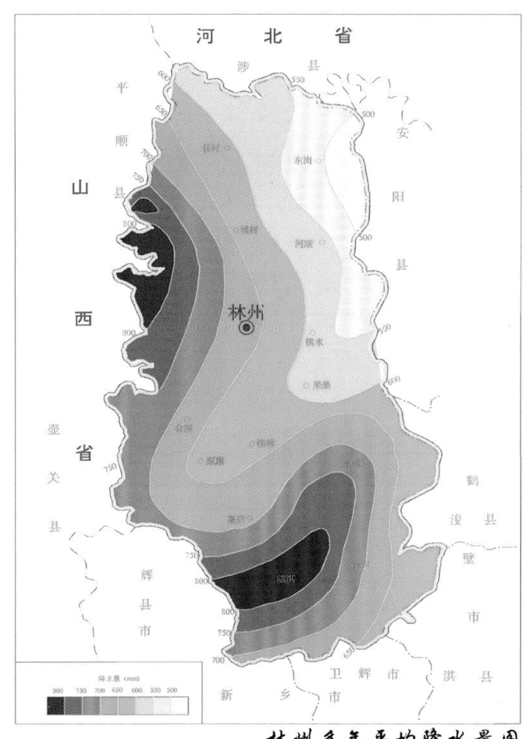

林州多年平均降水量图

过境的漳河水

林虑山地貌景观

## 6.4 人文历史

林虑山历史文化积淀丰厚，自3000多年前殷商时期以来，一直是帝王将相、僧道名仕和文人墨客争相观光游览、避暑修炼、吟诗作画的旅游胜地。

“王相岩”，“王”指的是商朝第22代国王武丁，“相”指的是宰相傅说，王相二人曾经使商朝鼎盛，后人将他们居住过的地方称作王相岩。

五代著名画家荆浩曾在此隐居，绘出了以洪谷山景色为素材的《桃园》《太行洪谷图》等传世之作，与其弟子关仝创立了墨笔勾皴法北方全景山水画派，为唐宋山水画之冠。

洪谷山中北齐武平年间的千佛洞石刻造像，神态如生，具有写实风格；洞外唐代的摩崖石刻，与洞中的千佛，堪称我国石窟艺术的两块瑰宝；深藏于峡谷中的七层密檐式砖塔，高15.4米，平面呈方形，轮廓线条优美，是我国唐代古塔的典型建筑。

这里民风民俗淳朴独特，就地取材的石板街、石板院、石板柱、石板瓦、石板床、石板凳以及石碾、石磨，无不带着原始的野趣，融进真山、真水之中，人与自然的和谐，一切都在这里凸显了。

桃映王相

洪谷寺塔

山里人

石碾

石板房

石板院

石窟

# 7 小秦岭国家地质公园

## 公 园 档 案

国家地质公园批准时间：2009年8月12日（第五批）
国家地质公园揭碑开园时间：2013年5月17日
公园面积：90.80平方千米
公园地址：河南省灵宝市
地理坐标：北纬34°25′02″—34°37′22″
东经110°24′22″—110°56′11″
总面积约136.78平方千米
典型地质遗迹：变质核杂岩伸展拆离构造、女郎山花岗岩地貌

## 7.1 纵览小秦岭

### 7.1.1 公园概况

小秦岭国家地质公园位于河南省西部边陲，豫、秦、晋三省交界的灵宝市境内，是一座以小秦岭变质核杂岩及伸展拆离构造形迹为特色，以古老变质岩地貌、花岗岩地貌为主体，以瀑布群、溪滩等水体景观为重要补充，辅以优美的自然环境，集科学价值与美学价值于一体的综合性地质公园。公园分为两大园区四个景区，分别为娘娘山园区的娘娘山景区和河南之巅园区的亚武山景区、汉山景区、河南之巅景区，园区总面积 90.8 平方千米。

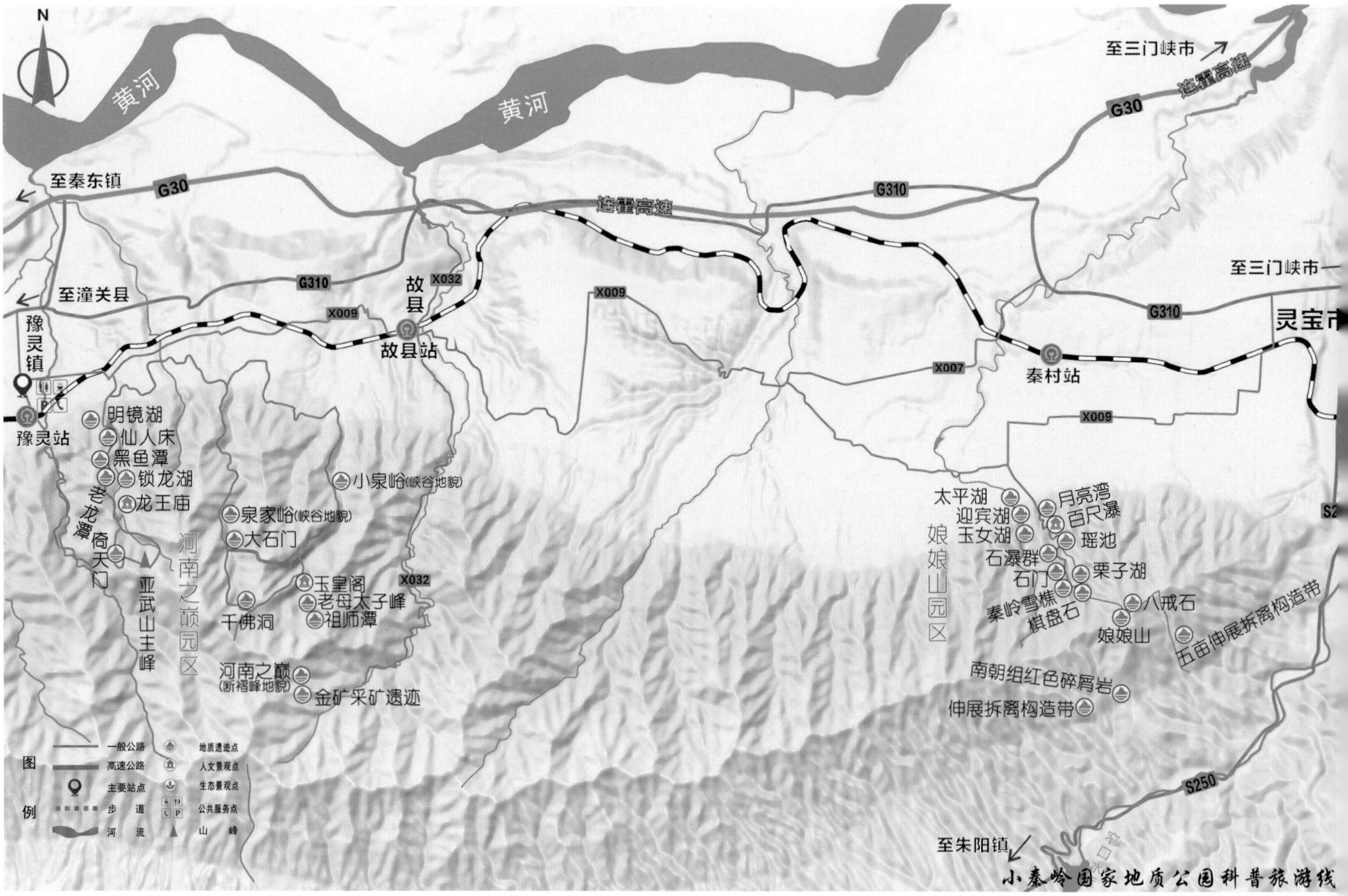

小秦岭国家地质公园科普旅游线

**知识链接：小秦岭**

横亘中国中部的昆仑—秦岭山系，进入河南境内分为三支，北支为太华—崤山山脉，中支为熊耳山山脉，南支为伏牛山山脉。太华山延至河南称小秦岭，屹立于灵宝市的黄河南岸，东临崤熊，西连华岳，南望伏牛，北与中条对峙。气势宏伟的小秦岭如天然屏障盘踞于河南的西北部，山势巍峨挺拔，山体稳如磐石，逼迫由北而南一路开山劈石滚滚千里的黄河，陡然转向，掉头东流。

### 7.1.2 地形、地貌特征

地质公园地处豫西丘陵及中低山区，地貌复杂多姿。地表由山地、土塬、河川阶地组成，有“七山二塬一分川”之称。地势北低南高，海拔高度从308米逐渐升至2413.8米，南北高差2105.8米，自然比降达34.4‰。以弘农涧河为界，西南部的小秦岭，自东向西入陕西省境内，山势挺拔峻峭。主要山峰有娘娘山和亚武山等，主峰老鸦岔垴海拔2413.8米，为河南省最高点。

小秦岭雄姿

小秦岭云海

### 7.1.3 自然与生态

公园区属暖温带大陆性季风型半干旱气候，四季分明。气候特点是，春短干旱大风多，夏季湿热多暴雨，秋季晴且日照长，冬长寒冷雨雪少。年均气温 13.8℃，极限低温 -17℃，极限高温 42.7℃，气候具垂直变化特征。历年平均降水量为 619.5 毫米，最多年达 988.2 毫米，最低年仅 429.2 毫米。主要河流为位于公园北部的黄河，另外为发源于小秦岭的灞底河、弘农涧河、沙河、阳平河、枣香河、十二里河、双桥河。

受土壤、气候及崤山和小秦岭高大山体的影响，形成了多种类型的生物群落，且植被呈明显的垂直分带特征。

亚武山秋色

春至小秦岭

小秦岭红叶

### 7.1.4 地质概况

公园的大地构造位置处于华北陆块南缘，秦岭造山带北部，地层具典型的结晶基底与沉积盖层双层结构。基底地层由新太古界太华群及中太古界片麻岩组成，在晚白垩世末期地壳伸展拆离过程中从地壳深部被拉至地表；沉积盖层由中元古界官道口群的海相沉积岩和熊耳群海底喷发岩、新元古界震旦系冰湖沉积岩、古生界寒武系海相沉积岩、中生界白垩系湖相沉积岩、新生界古近系河流—湖泊相沉积岩、第四系风成黄土和冲积层组成。

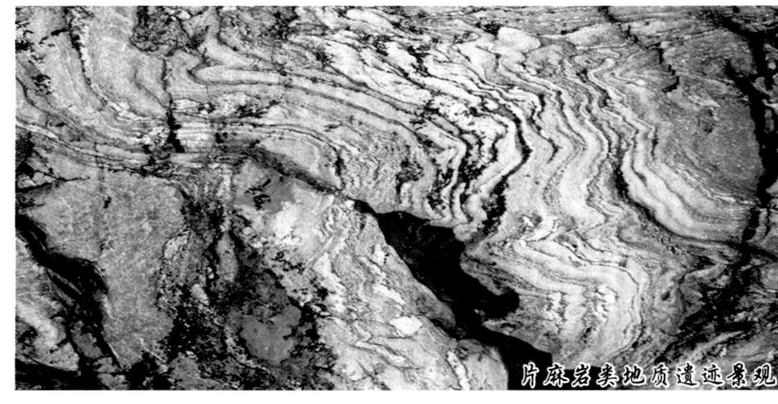
片麻岩类地质遗迹景观

变质岩地貌

变质核杂岩下基底——太华岩群片麻岩类地质遗迹景观

伸展拆离构造上盘——中生代碎屑岩类

黄土塬地貌

## 7.2 伴你游览小秦岭

河南之巅园区包含河南之巅、亚武山和汉山 3 个景区，其中，河南之巅景区为变质核杂岩形成的地貌景观；亚武山和汉山均为花岗岩地貌景观区。

老鸦岔垴

### 7.2.1 河南之巅景区

河南之巅景区位于河南之巅园区的南部，景区主要出露太古宙变质花岗岩和片麻岩，地貌特征主要表现为变质岩峰峦和宽缓峡谷。放眼河南之巅，云蒸霞蔚、群峰凌空。东望崤熊，山峦层层，西眺华岳，神峰如柱，俯瞰黄河如带，在山脚下的峡谷中咆哮奔腾，对岸的中条，峰岭清晰，令人心旷神怡。代表性的地貌景观为河南最高峰——老鸦岔垴。

老鸦岔垴

老鸦岔垴是河南第一高峰，位于灵宝市故县镇境内，海拔 2413.8 米，比五岳之中最高的华山主峰南峰足高 260 米。每年的清明过后，春暖花开，山上的积雪融化，是登老鸦岔垴的最好时机。

河南屋脊——老鸦岔垴

### 7.2.2 亚武山花岗岩地貌景区

景区位于河南之巅园区的西北部，主要出露燕山期花岗岩，为闵峪花岗岩体一部分。地貌特征主要表现为花岗岩断崖绝壁和狭窄深切沟谷。典型地貌景观为亚武山“五柱峰”花岗岩峰丛地貌景观和瀑潭水体景观。

亚武山山门

一线天

“五柱峰”

“五柱峰”雄奇险峻，东峰似玉柱擎天，直插云天；西峰奇秀，似斧劈而成；北峰巍峨雄峻，气势磅礴；南峰高耸，如临九霄之上；站在中峰极顶，环视群峰，状如莲花宝座。

亚武山花岗岩奇峰

亚武山五柱峰

### 7.2.3 汉山景区

汉山景区位于河南之巅园区的东北部，出露燕山期花岗岩，为闵峪花岗岩体东部。地貌特征与亚武山一致，主要表现为花岗岩断崖绝壁和狭窄深切沟谷。典型地貌景观为汉山老母太子峰等。这里山清水秀、云雾迷离、峰峦叠嶂、风光旖旎，是一片梦幻般的自然山水。

汉山峡谷

汉山花岗岩地貌

汉山花岗岩奇峰

汉山瀑布

汉山花岗岩地貌

碧潭

### 7.2.4 娘娘山景区

娘娘山又名女郎山，位于灵宝市焦村镇南部，地貌上这里属于小秦岭山脉的最东端，是以花岗岩石瀑布地貌和流水地貌景观为特色的旅游景区。娘娘山因供奉三位娘娘而得名，因地质奇观“石瀑布”而闻名遐迩。娘娘山峡谷地貌发育独特，河谷多呈“V”形，谷底溪流奔腾，拍打河岸，凿击石梁，岸边的岩石被冲刷得光滑圆润，坚硬的河床被掏蚀出串串壶穴；陡峭的谷坡上石瀑高悬，惟妙惟肖；百尺瀑如银河飞泻，崩珠洒玉。幽谷清泉，如临仙境，著名景观有小龙潭、马刨泉、黑龙潭、白龙潭等十余处。

娘娘山远眺

（1）娘娘山

登临娘娘山之巅，群山峰峦叠嶂、鳞次栉比，奇峰异谷、雄壁伟岸。娘娘山之险在靠近主峰顶的马鞍桥段，岭若鲫背宽不盈尺，谷深千仞绝峭陡立。登山者脚踏宽不盈尺的石槛，下临千仞深谷，加之耳旁山风呼啸，其险不亚于黄山之鲫鱼背，华山的擦耳崖。南侧群山屹立，北侧黄河蒸腾。对峙中条，烟云茫茫，豪气顿生。花岗岩原生节理形成的悬崖壁立千仞，惊心动魄，让人顿感敬畏。席状节理面形成的“石瀑”，随着阳光四时变换，呈现绚丽多姿的面孔。

王母娘娘阁

迎宾瀑

太平湖

月亮湾

桃花碧水映壶穴

（2）百尺瀑

百尺瀑是娘娘山最壮观的一条瀑布，有“飞流直下三千尺，疑是银河落九天”之韵。

百尺瀑

百尺瀑全景

（3）十八潭

“V”字形峡谷中，一溪绿水蜿蜒盘曲地串联了形态各异、大小不等的十八个碧潭，被称作“十八潭”。由河流携带的泥沙侵蚀形成。

十八潭串珠状壶穴地貌

十八潭流水侵蚀地貌形成的岩坎景观

（4）石瀑布群

石瀑布是娘娘山最奇特的一道景观。石瀑面为花岗岩中发育的倾角比较大甚至近于直立的节理面，由雨水携带泥沙冲刷形成的深浅、宽窄不一的沟槽，远观形似瀑布，而得名石瀑。

娘娘山花岗岩席状节理景观

壁立千仞

花岗岩石瀑

娘娘山花岗岩石瀑布景观

月亮湾

对弈石

秦岭伟人——娘娘山花岗岩象形石景观

（5）娘娘庙

娘娘庙位于娘娘山主峰，海拔 1563 米。据史料记载，娘娘庙始建于西汉末，因岁月久远，风雨侵蚀，庙堂屡遭损坏，现为景区开发时保护性复建而成。

娘娘庙

### 7.2.5 地质博物馆与主题碑

小秦岭国家地质公园地质博物馆位于河南小秦岭国家地质公园娘娘山景区门外广场东侧娘娘山地质宾馆南端，2011 年 8 月 19 日与地质宾馆同时奠基和开工建设，目前已经完成主体工程。

地质公园地质博物馆外景

河南小秦岭国家地质公园主碑

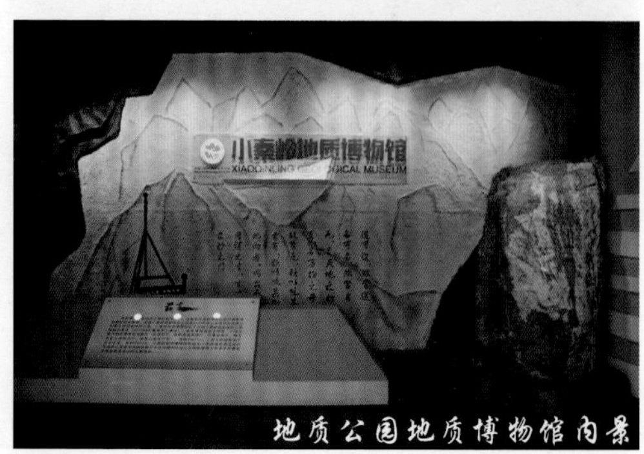

地质公园地质博物馆内景

## 7.3 地学解密

### 7.3.1 探秘河南最高峰

（1）最高峰上的岩石

片麻岩（属古老的变质岩）。

（2）岩石的形成时代

距今 32 亿—25 亿年的太古宙。

（3）形成机制

独特的小秦岭变质核杂岩。

（4）什么是变质核杂岩

变质核杂岩由 3 个名称组合而成，因此要明白什么是变质核杂岩，需要先理解杂岩、核部、变质岩这 3 个基本概念。

杂岩，简单地从名称看就是指一套“很杂乱”的岩石组合，它是一个非正式的岩石地层单位，专业一点讲它是指一套厚度巨大、常不见底、由各种不同类型的一种或数种岩类（沉积岩、火成岩、变质岩）构成的岩石复合体，因目前对其研究程度较低，暂时还不能划分出确切的正式岩石地层单位。

核部，也就是核心部位，地学上常把出露在地面褶皱中心部分的地层称为核部，简称核。这里的核部是指褶皱造山带的核部，也就是说这种岩石往往出现在褶皱造山带的核部。

变质岩，这一套岩石一般都由强烈变形变质的岩石组成，部分还会出现熔融岩石和花岗岩体。这种岩石一般形成于地壳的中深部，属于高温低中压变质变形岩石。

从上述分析我们可以看出，这种岩石应该是来自地壳深部的变质岩和侵入岩。现在之所以出露在地表，是因为它是由一种非常特殊的地质作用形成的。这种特殊的地质作用就是“拆离断层”（又名剥离断层），这又是一个非常专业的地学名称，指的是古老的结晶基底岩石与其上部未变质的沉积盖层岩石之间以规模巨大的低角度正断所拆离分隔的现象；这种被低角度深大正断层长距离错断类似于农村的“犁地”，其上盘盖层岩层以发育多米诺式断层为特征。此后，受地表的剥蚀作用逐渐出露地表。这种变质核杂岩常呈孤立的平缓穹形或拱形强烈变形的变质岩和侵入岩构成的隆起，出现在造山带的核部。

小秦岭变质核杂岩体，是典型的科迪勒拉型变质核杂岩，其内主要由构成太华岩群的古老片麻岩及后期的花岗岩体组成。其边缘的拆离断层系构造岩带出露极为完整、典型，是我国迄今为止出露最为完整的变质核杂岩。

河南最高峰风光

伸展拆离构造上盘——中生代碎屑岩类

拆离断层带

老鸦岔垴变质岩地貌景观

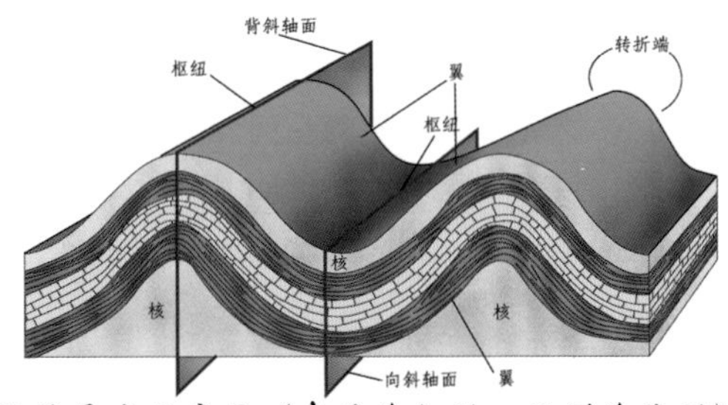

褶皱要素示意图（中间为向斜，两侧为背斜）

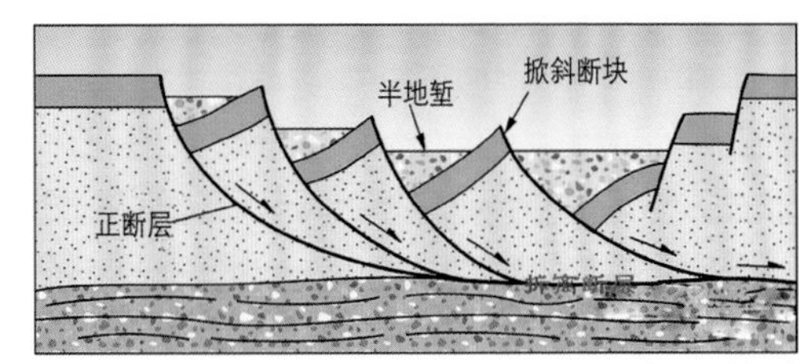

拆离断层模型

### 7.3.2 小秦岭金矿

小秦岭是我国重要的贵金属矿产资源基地，以其530余吨黄金资源储量进入世界特大型岩金矿床之列。赋存在变质核杂岩中的小秦岭金矿，是世界范围内已发现的变质核杂岩型金矿中唯一的特大型金矿，保存了典型金矿床及古采矿遗址等珍贵地质遗迹，具有稀有性特征和极高的科研价值。

小秦岭金矿采矿遗迹

### 7.3.3 花岗岩断崖绝壁（石瀑）景观的成因

公园内花岗岩体中除原生和次生节理外，还发育次生的席状节理，这些节理把岩石分割成席状岩块并受到构造或重力作用沿节理面层层剥落，形成大面积圆滑平整且倾斜的岩石面，并被流水冲刷得很光滑，形成公园内亚武山和娘娘山壮观奇特的花岗岩石瀑景观。

十八潭壶穴

### 7.3.4 小秦岭自然天成的花岗岩地貌景观

花岗岩地貌为我国乃至世界上最具代表性和普遍性的岩石地貌景观。我国的许多名山大川无不和花岗岩景观结缘，代表性的如黄山、泰山、华山等，河南的国家地质公园中嵖岈山和神灵寨都属于各具特色的花岗岩地貌景观。花岗岩地貌景观也是小秦岭国家地质公园中的主体景观资源，主要是由侵入在小秦岭变质核杂岩内部的燕山期花岗岩体（娘娘山岩体和文峪岩体）形成的各类景观。由于这些花岗岩体中原生和次生节理发育，受构造剥蚀与风化作用，逐渐形成了公园内奇特的花岗岩峰岭、峰丛、石瀑及象形石等花岗岩地貌景观系列。

亚武山

### 7.3.5 小秦岭为什么会显得如此突兀与挺拔

太古宙形成的华北陆块结晶基底古老变质岩，被拆离伸展构造抽拉至地表后，成为小秦岭变质岩山峰的主体，最终形成了以老鸦岔垴——河南之巅（2413.8米）为代表的变质岩山峰独特地貌景观。与小秦岭北侧低海拔的黄河沉陷盆地（308米）形成鲜明对比，在相距不足50千米范围内出现>2000米的相对高差，更彰显出小秦岭的突兀与挺拔。

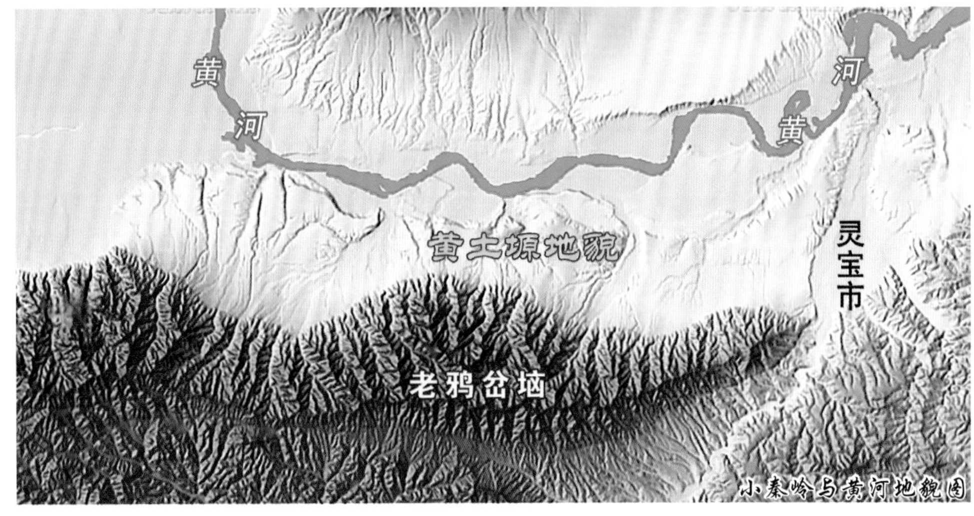

小秦岭与黄河地貌图

### 7.3.6 函谷关与峡谷地貌

函谷关是我国历史上最著名、建置时间最早的雄关要塞之一，位于河南省灵宝市北15千米处的王垛村，紧靠黄河岸边，因关在峡谷之中，深险如函而得名。这里不仅因为曾是战马嘶鸣的古战场，而享有“一夫当关，万夫莫开”之美誉，更因为这里是我国古代思想家、哲学家老子著述五千言《道德经》的地方，而成为千百年来众多海内外道家、道教人士朝圣祭祖之所。

函谷关的函关古道属典型水流冲蚀黄土而形成的狭长冲沟，冲沟两侧土壁陡立，高差数十米，沟底狭窄仅数米，走向与黄河近平行。在古代成为避开黄河与小秦岭天险，穿过稠桑塬连接长安与洛阳的必经之地，也因此成为兵家必争之地，上演了一幕幕血与火的纷争。现代此处有令尹望气台、孟尝君鸡鸣台、老子著《道德经》的太初宫等，太初宫已经成为国内外信仰者祭奠老子的重要场所。1992年，灵宝市政府按照原古关图形，投资重建了关楼，这里已成为知名旅游景点。

函谷关古道复原图

函谷关复原图

## 7.4 人文历史

函谷关

### 7.4.1 函谷关

函谷关是我国历史上建置最早的雄关要塞之一，具有重要的军事价值。因关在谷中，深险如函，这里的“函”有包容、包含之意，故称函谷关。函谷关主要景点有太初宫、道圣宫、道家养生园、藏经楼、瞻紫楼、鸡鸣台、碑林、蜡像馆、博物馆、关楼、函关古道等 20 余处。

道德经

老子雕塑

老子西去

### 7.4.2 函谷关与“老子”文化

函谷关不仅有重要的军事价值，它的文化价值同样不可低估。春秋时期的哲学家、思想家和道家学派的创始人老子，在这里著下了五千言的《道德经》，此书后来成为道家的经典著作。“紫气东来”“老子骑青牛过函谷”等故事在当地广泛流传，家喻户晓。并且诞生了“天长地久”“上善若水”“大器晚成”“出生入死”“见素抱朴”“千里之行，始于足下”“治大国，若烹小鲜”“祸兮福之所倚，福兮祸之所伏”等脍炙人口的成语典故，成为一种文化符号深深烙印在每一个中华儿女的内心深处。

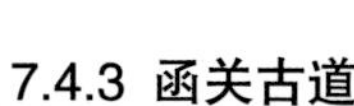

### 7.4.3 函关古道

函关古道东起弘农涧西岸的函谷关东门，横穿关城向西，由王垛村的果沟、黄河峪、狼皮沟至古桑田（今稠桑），全长 15 千米，是这一带唯一的东西通道。谷深 50—70 米，谷底宽约 10 米，窄处只有 2—3 米，谷岸坡度 40—80 度，谷底有蜿蜒道路相通，崎岖狭窄，空谷幽深，人行其中，如入函中。关道两侧，绝壁陡起，峰岩林立，地势险恶，地貌森然。古书上说函谷关道“车不分轨，马不并鞍”“一泥丸而东封函谷”。

函关古道

函谷关

# 8 汝阳恐龙国家地质公园

## 公园档案

国家地质公园批准时间：2012年4月（第六批）
国家地质公园揭碑开园时间：2016年4月25日
公园面积：71.17平方千米
公园地址：河南省汝阳县
典型地质遗迹：恐龙化石、花岗岩地貌

## 8.1 纵览汝阳恐龙

### 8.1.1 公园概况

河南汝阳恐龙国家地质公园位于河南省汝阳县中南部，处于中心城市洛阳、平顶山、南阳三市的接壤地带，距省会郑州 190 千米，距洛阳市区 125 千米。公园总面积 71.17 平方千米，地理坐标为：东经 112° 12′ 18″ —112° 34′ 33″，北纬 33° 48′ 21″ —34° 07′ 32″。由恐龙化石园区和西泰山园区构成，是一座以恐龙化石、花岗岩地貌为主，集水体景观、生态景观与人文景观为一体的综合型地质公园。

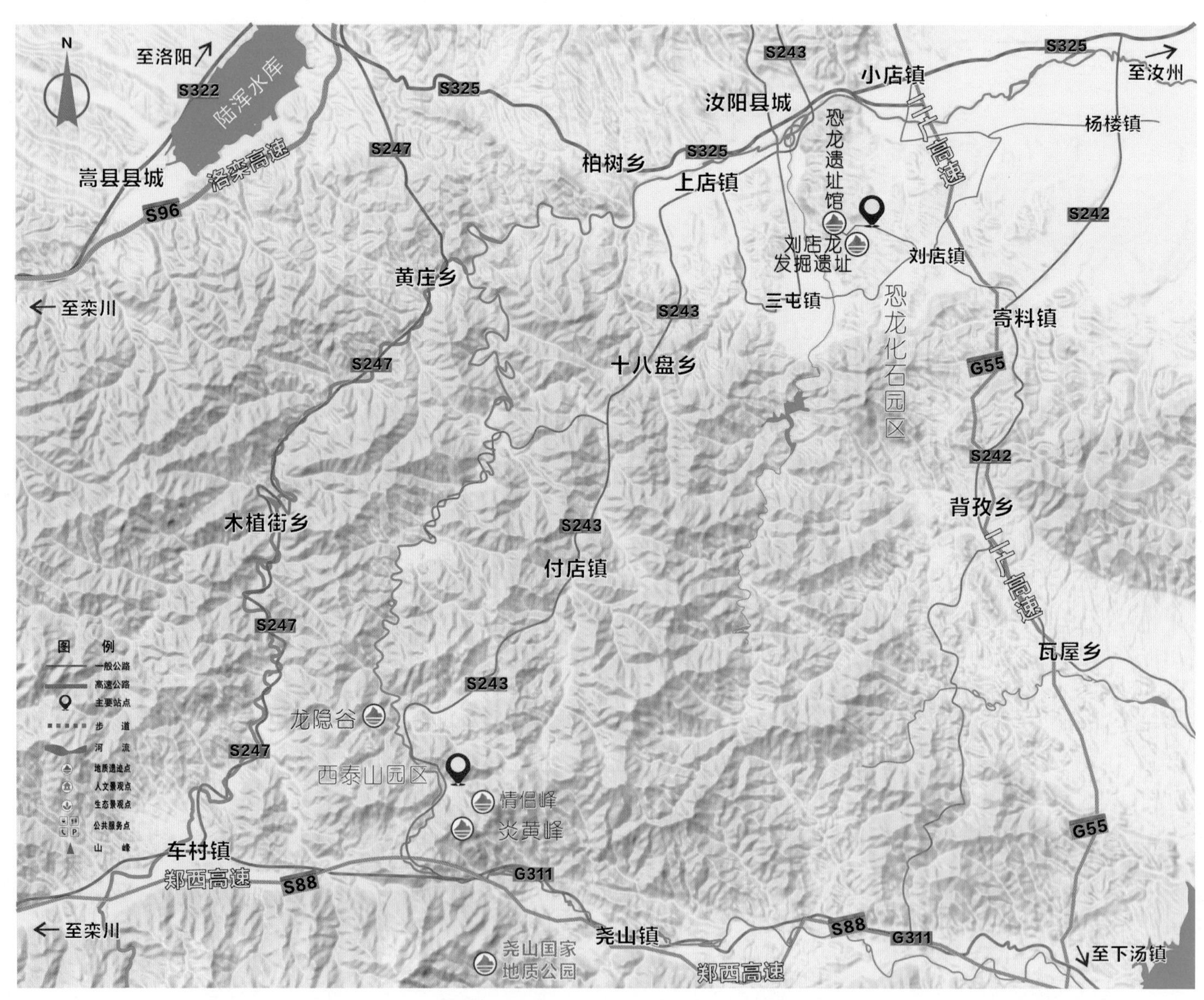

汝阳恐龙国家地质公园园区分布图

### 8.1.2 地貌特征

公园地势南高北低，呈阶梯状分布。公园西泰山园区平均海拔在1000—1600米，最高峰海拔1602.4米，属于深切割中山地貌，大部分山坡的上部为直线形，下部为凸形，坡度在35度以上，河沟深切而多曲流，多呈“V”字型。恐龙园区属于丘陵地貌，海拔在350—600米，相对高差小，丘顶浑圆，沟宽而浅，多呈“U”形，坡度在10—25度。

西泰山地貌景观

汝阳地势图

### 8.1.3 公园四季

汝阳属暖温带半湿润大陆性季风气候，但因受当地特殊的地形地貌影响，构成了特殊的山区气候特征。四季分明，光照充足。年平均日照时数2177.3小时，日照百分率达49%，年平均气温14℃，年均降雨量690毫米，全年无霜期213天；南部山区降水量819.6毫米，全年无霜期160天。

春季：春暖多风，茱萸、连翘、杜鹃相继盛开，蜂蝶成群。特别是漫山遍野的杜鹃花与气势恢宏的炎黄二帝天然巨像炎黄峰相得益彰，愈显壮美，是华夏大地、九州中原观赏杜鹃的绝佳去处。

夏季：夏热多雨，到处披上绿装。西泰山园区气温适宜，飞瀑直泻，鸟鸣山幽，天然氧吧，是理想的避暑胜地。

秋季：果实累累，到处是丰收景象。西泰山红叶满山，层林尽染，与潺潺溪水相伴，形成了中原少有的美丽景观。

冬季：冰瀑倒挂，银装素裹，雾凇奇观赛北国。

春日杜鹃花开　夏日荷塘　秋日红叶　冬日枝头美景

### 8.1.4 地质概况

公园的大地构造位置处于华北陆块南缘，大地构造复杂，岩浆活动频繁，地学内涵十分丰富。

区内出露地层有：新太古界太华岩群、中元古界熊耳群、中新元古界汝阳群、古生界寒武系、石炭系、二叠系、中生界白垩系、新生界古近系、新近系、第四系等。这里最古老的太华岩群，绝对年龄超过25亿年，元古宙地层典型而完整，是“汝阳群”“洛峪群”以及云梦山组、白草坪组、北大尖组、崔庄组、三教堂组及洛峪口组等2个群级层型剖面和6个组级层型剖面的创名地。因中生代恐龙化石的发现，在这里又创名建立了白垩纪下河东组、郝岭组、上东沟组，并测制了层型剖面。

区内经历了长期复杂的构造演化历史，地层结构上具基底和盖层的地台式双层结构特点。区内断裂构造较为发育，不同时期，不同方向的断裂相互交织形成区内复杂的构造格架。

区内经历了漫长而又复杂的构造岩浆演化历史，岩浆活动频繁，火山作用强烈，以中元古界熊耳群火山喷发、中生代燕山期泰山庙复式花岗岩酸性岩浆侵入，新生代喜山期北部大虎岭一带基性岩浆喷发为特征。

太古宙褶皱景观

西泰山花岗岩地貌

汝阳中生代盆地地层景观

覆盖在红土层上的新生代火山岩

大虎岭元古宙地层褶皱景观

## 8.2 伴你游览汝阳

### 8.2.1 恐龙化石群园区

恐龙化石群园区位于河南汝阳县中南部，马兰河的东部，刘店镇境内，园区面积 37.99 平方千米。区内已发现化石点 103 处，已研究命名的恐龙有：汝阳黄河巨龙、巨型汝阳龙、洛阳中原龙、史家沟岘山龙、刘店洛阳龙。特别是巨型汝阳龙，体长达 38 米，是目前世界上最重、最长的恐龙；汝阳黄河巨龙是目前亚洲已知体腔最大的恐龙；洛阳中原龙是我国发现有确凿证据的大型结节龙类甲龙。

汝阳恐龙生活场景科学复原图

（1）巨型汝阳龙

巨型汝阳龙化石发现于刘店镇沙坪村西部的圣水沟，它属于巨型蜥脚类恐龙多孔椎龙类，头较小，身体粗壮，体腔很宽，背部被推测长有规则的骨板，四肢健硕，尾巴较为细长，复原后体长达 38.1 米，体重可达 130 吨，它的单个颈椎椎体长度为 124 厘米，单个背椎椎体宽度 60 厘米，比之前发现的世界上最大的恐龙——阿根廷龙的背椎还大 10 厘米，背荐椎椎体宽度为 68 厘米。它是目前世界上被发现的最粗壮、最重的恐龙。化石经过两次大规模的发掘，发现的化石包括 9 个颈椎椎体、13 个背椎椎体、1 个比较完整的背荐椎椎体，和肠骨关联在一起且保存完整的荐椎椎体、5 个中后部尾椎椎体、完整的肱骨、股骨以及不完整的颈肋、背肋等。

巨型汝阳龙生物形象科学复原图

巨型汝阳龙发掘现场

巨型蜥脚类恐龙股骨

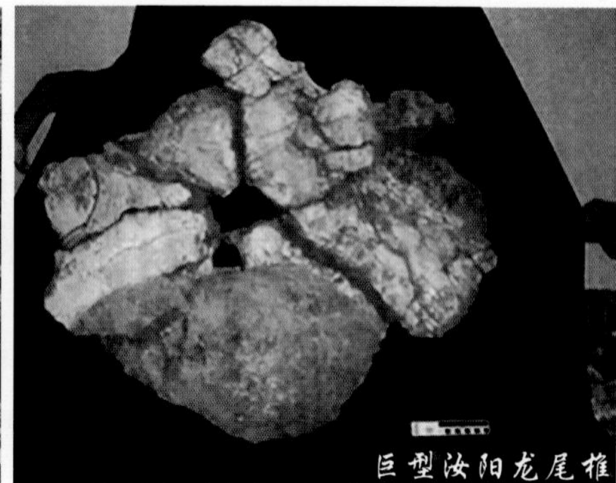
巨型汝阳龙尾椎

巨型汝阳龙背椎

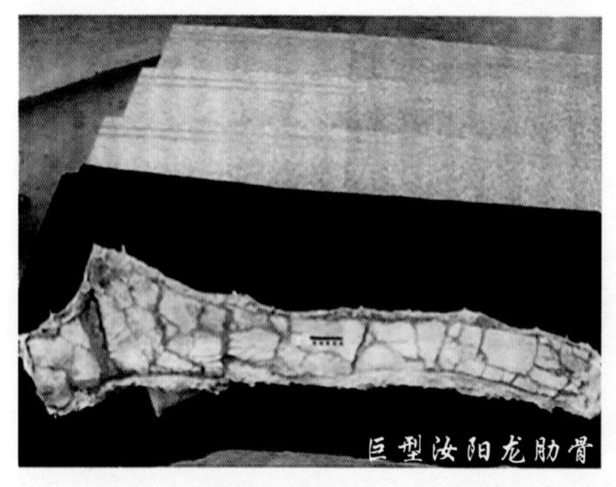
巨型汝阳龙肋骨

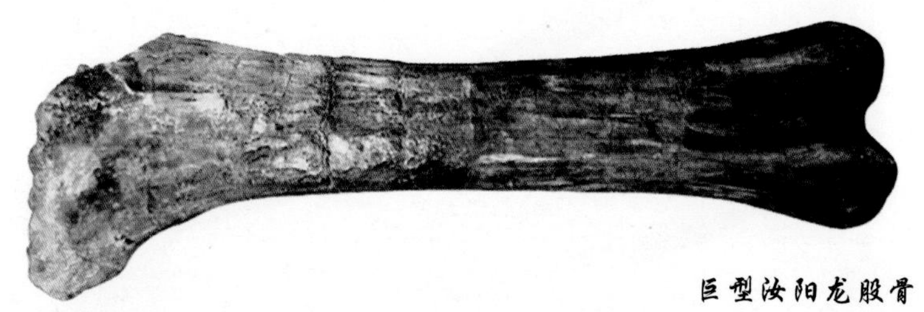
巨型汝阳龙股骨

（2）汝阳黄河巨龙

汝阳黄河巨龙化石发现于刘店乡刘富沟村西，为近原地埋藏，属于蜥脚类黄河巨龙科（新建的），比甘肃的黄河巨龙个体大（粗壮）得多，代表该类群的一个新的成员，与兰州黄河巨龙共同构成了一个新科。复原后该恐龙体长达18米，肩部高度为6米，肩部宽达3米；臀部高5.1米，臀部宽2.8米。据推算其体重可达60吨，相当于10头大象的重量。

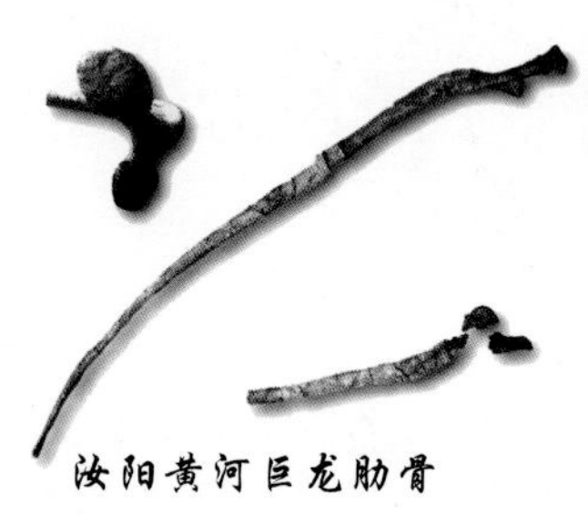
汝阳黄河巨龙肋骨

刘店洛阳龙发掘现场

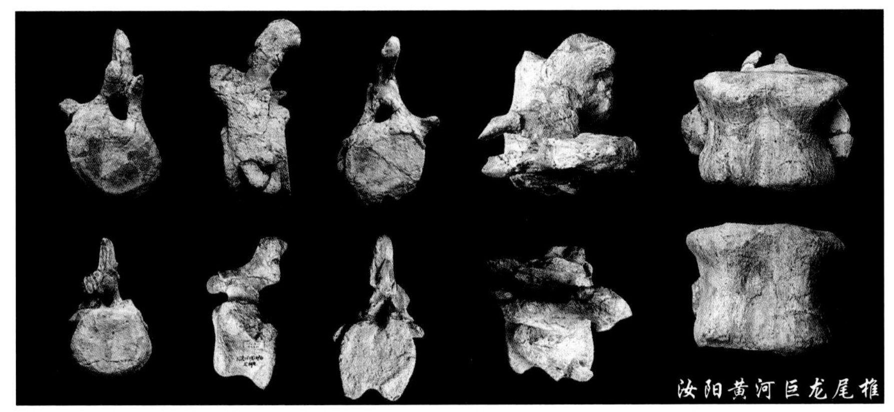
汝阳黄河巨龙尾椎

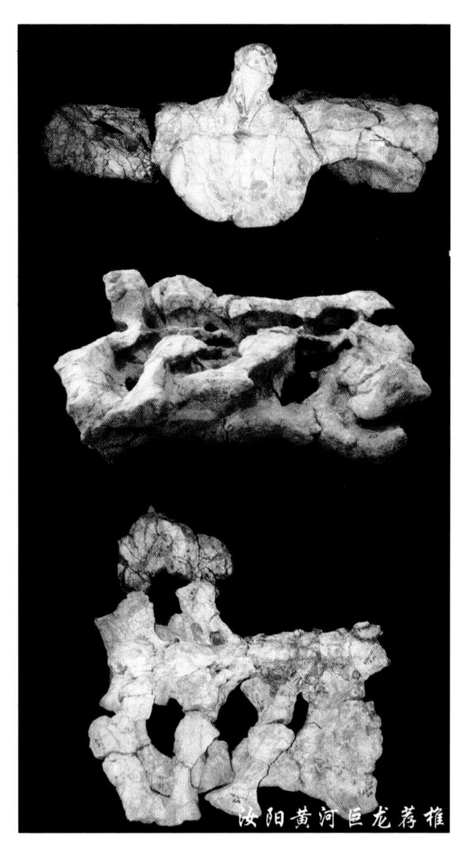
汝阳黄河巨龙荐椎

汝阳黄河巨龙尾荐椎、脉弧

汝阳黄河巨龙装架

汝阳黄河巨龙生物形象科学复原图

（3）洛阳中原龙

洛阳中原龙化石发现于刘店乡沙坪村西北，属于结节龙类甲龙，植食性。它以头骨长大于宽，尾椎末端没有尾锤构造，吻端较尖等，呈现了典型的结节龙类甲龙特征。装架复原后，体长5米，是我国目前为止唯一发现有确凿证据的大型结节龙类甲龙，它的发现改写了中国无结节龙的说法。

洛阳中原龙发掘现场

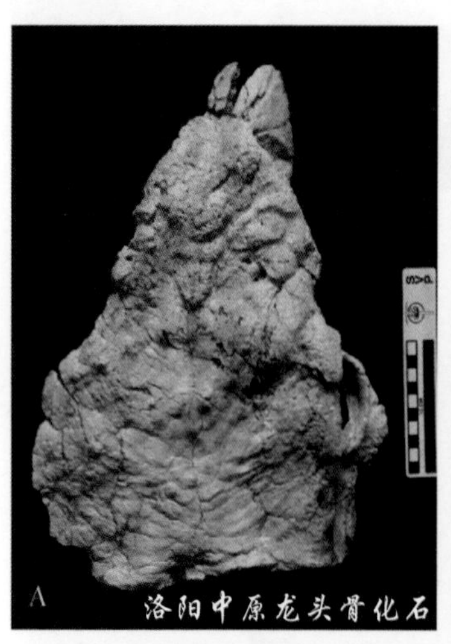
A 洛阳中原龙头骨化石

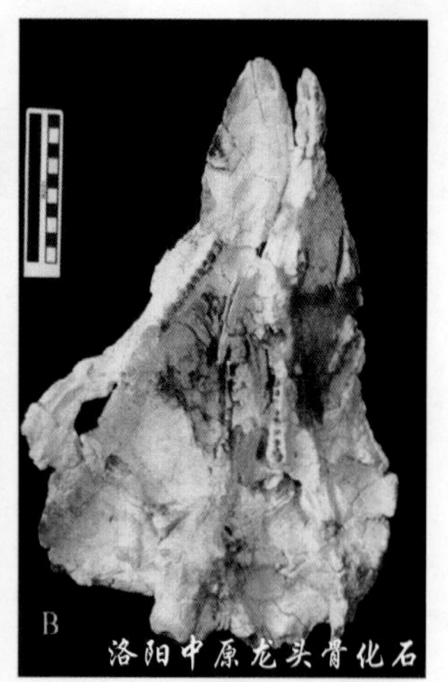
B 洛阳中原龙头骨化石

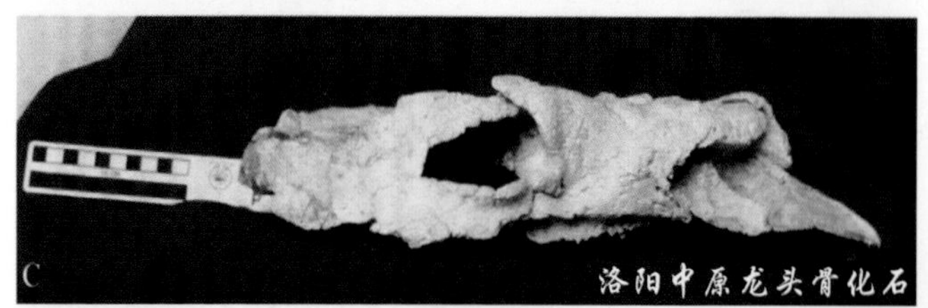
C 洛阳中原龙头骨化石

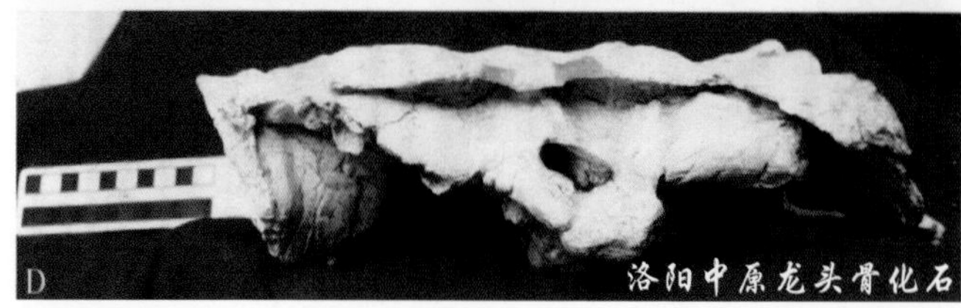
D 洛阳中原龙头骨化石

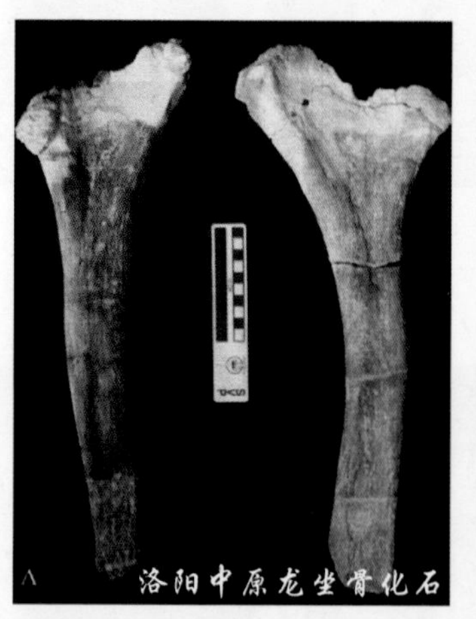
A 洛阳中原龙坐骨化石

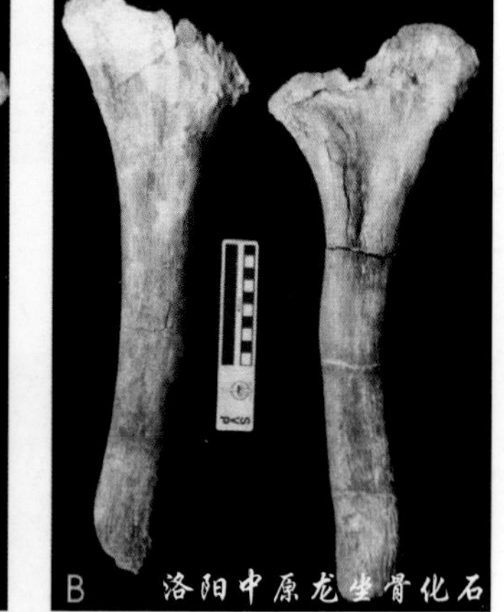
B 洛阳中原龙坐骨化石

C 洛阳中原龙甲板化石

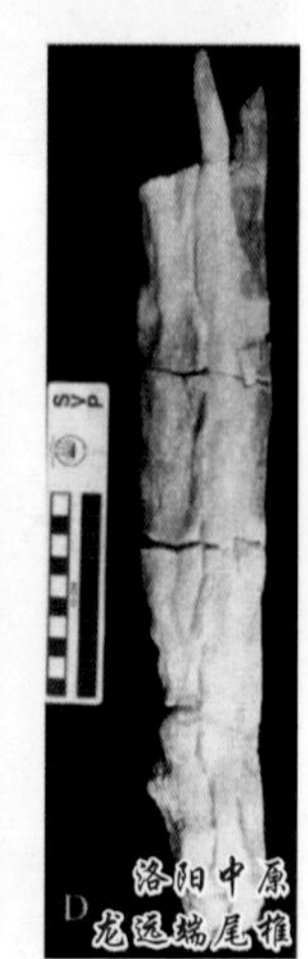
D 洛阳中原龙远端尾椎

尚未完全剥离的洛阳中原龙头骨

洛阳中原龙装架图

洛阳中原龙生物形象科学复原图

（4）史家沟岘山龙

史家沟岘山龙发现于刘店乡洪岭村史家沟，属于蜥脚类恐龙。与同样发现于汝阳盆地的汝阳黄河巨龙和巨型汝阳龙相比体型较小，且在椎体等身体结构上也与它们存在明显的差异。它的化石保持非常完整，几乎保存了 80% 以上的骨骼，包括牙齿、几乎完整的椎体系列、几乎完整的右乌喙骨、一个完整的左肋骨等，是汝阳盆地发现的恐龙中化石保存最多的一个，根据化石特征生物形象科学复原后，体长为 15 米，以植物为食。

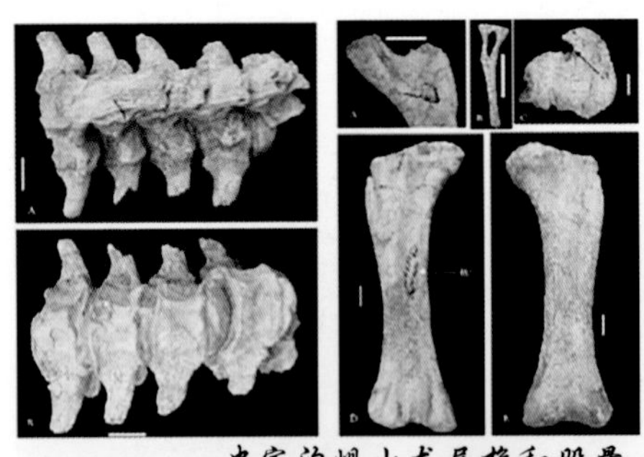

史家沟岘山龙尾椎和股骨

史家沟岘山龙化石

史家沟岘山龙发掘地

史家沟岘山龙生物形象科学复原图

（5）刘店洛阳龙

刘店洛阳龙化石发现于刘店乡洪岭村史家沟村，与史家沟岘山龙为同一产地，属窃蛋龙类恐龙，长有一张鹦鹉状的喙状嘴，身体长满羽毛，后肢修长，行动灵活；从化石特征上看，它与其他窃蛋龙类恐龙有显著不同，主要表现为其下颌的吻端部分没有下翻，下颌缝合部呈Ⅴ形，坐骨主干向后部稍微凹陷以及主干的前边缘明显地转移到坐骨闭孔突的前边缘。发掘出的主要标本包括部分下颌骨、肠骨、坐骨、几乎完整的趾骨等。根据化石特征生物形象科学复原后，体长约 1.5 米，食性可能属杂食类恐龙。

刘店洛阳龙化石发掘地

刘店洛阳龙下颌骨化石

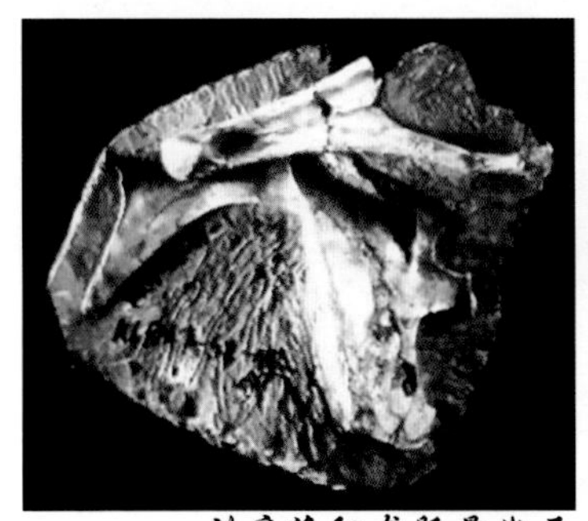
刘店洛阳龙肠骨化石

刘店洛阳龙生物形象科学复原图

（6）汝阳云梦龙

汝阳云梦龙属多孔椎龙类，体格庞大，脑袋很小，脖子很长，是恐龙界的“巨无霸”之一，有的体重超过 100 吨。发掘出的化石包括 7 个相互关联在一起的前部颈椎椎体（从第 2 颈椎椎体到第 8 颈椎椎体），某些颈椎的长度与马门溪龙、盘足龙及峨眉龙等相类似，估计其颈椎体数目可达 16 个，整个脖子长 15 米左右，是成年长颈鹿的 6 倍。汝阳云梦龙是发现于中国中原地区一种新的白垩纪长脖子蜥脚类恐龙，根据化石生物形象科学复原后，体长超过 20 米，以高大的植物叶子为食。

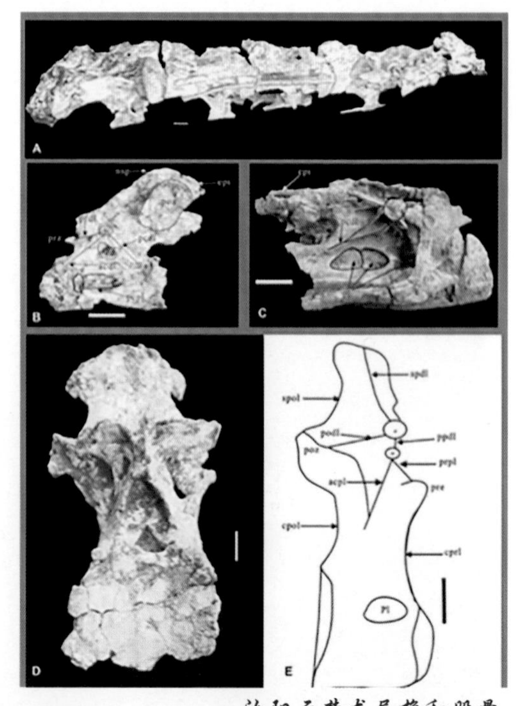

汝阳云梦龙尾椎和股骨

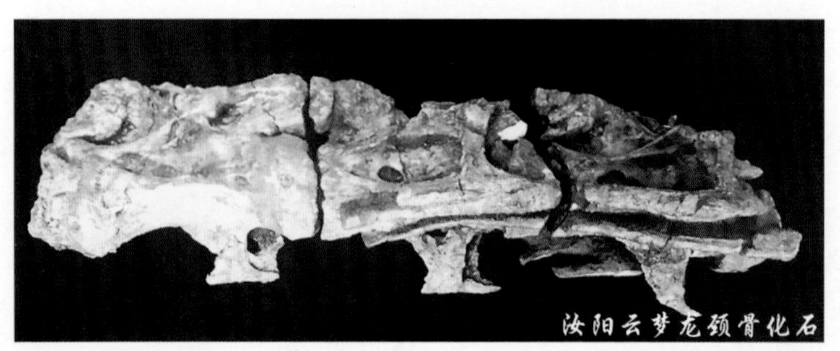
汝阳云梦龙颈骨化石

汝阳云梦龙生物科学复原图

### 8.2.2 恐龙遗址馆

恐龙遗址馆位于郝岭村，是在恐龙化石埋葬地原址基础上建设而成的，建筑构思取自于黄河巨龙化石，在其造型的基础上创造了一个三维的巨龙骨架。恐龙遗址馆建筑面积3800平方米，陈展面积3100平方米，分为序厅、恐龙科普长廊、汝阳恐龙原址展示区、汝阳恐龙化石复原展示区、恐龙游乐区五部分。遗址馆以汝阳恐龙化石发掘遗址展示为主题，系统介绍了汝阳恐龙化石的埋藏、保存和研究情况，并通过图片、模型和声光电等展示手段复原展示了历史上恐龙从诞生到繁盛最后到灭绝这段神秘的过程。

恐龙遗址馆

恐龙遗址馆效果图

恐龙迎宾

大型硅化木化石

恐龙遗址馆全景

恐龙科普长廊

恐龙遗址观景台

恐龙游乐区

### 8.2.3 恐龙园区科普旅游线路

汝阳恐龙化石科普旅游线路从园区入口起始，沿通往史家沟岘山龙与刘店洛阳龙化石的埋藏墓地和恐龙遗址馆布设，并将远离该线路的汝阳黄河巨龙、巨型汝阳龙、洛阳中原龙墓地的埋藏情况在线路中进行了模拟展示，同时对每一处恐龙的生物形象进行了科学复原雕塑展示，并配以科普解说牌。旅游步道通过沿途埋藏恐龙化石的特色岩层，系统介绍了恐龙的生存年代、环境气候、生活习性以及恐龙化石的埋藏环境等内容，线路在恐龙遗址馆科普广场结束，这里为大家复原了白垩纪时期的许多典型恐龙，包括一些会叫会动的机械恐龙。线路全长约 2 千米，多为缓坡与台阶，全程游览时间大约需要 1.5 个小时。

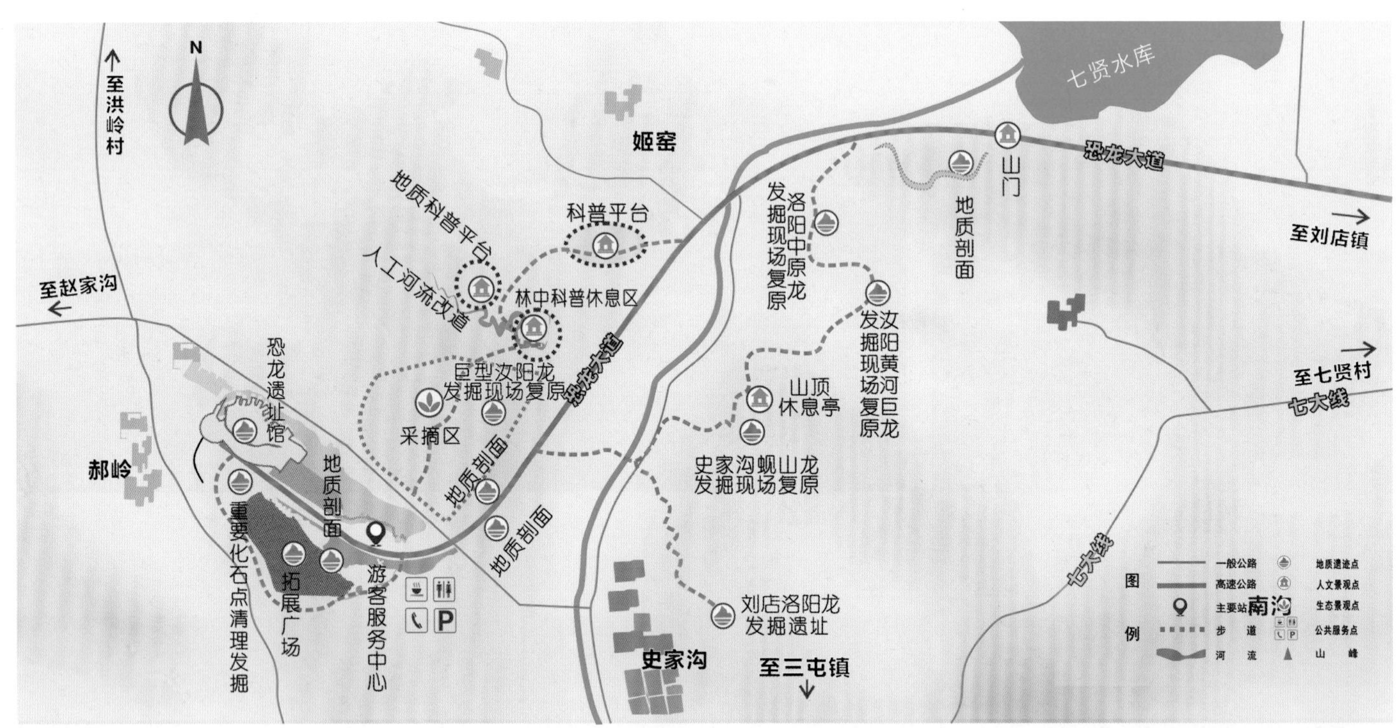


恐龙化石园区科普旅游线路图

恐龙游乐场

恐龙化石埋藏情况科普展示

黄河巨龙化石埋藏情况

洛阳中原龙化石埋藏情况

巨型汝阳龙化石埋藏情况

巨型汝阳龙化石科学复原

史家沟岘山龙化石埋藏情况

刘店洛阳龙化石埋藏情况

公园主题碑

### 8.2.4 西泰山园区

西泰山园区位于汝阳县南部，距县城60千米，由炎黄峰、情侣谷和龙隐等景区组成。

西泰山园区科普旅游线路图

（1）炎黄峰与情侣谷景区

炎黄峰与情侣谷景区位于地质公园西泰山园区的南部，是一处以典型花岗岩地貌景观为主的景区。受岩性和地质构造的控制，这里的花岗岩奇峰众多，炎黄峰、情侣峰、会仙峰、手足峰、仙乳峰、灵猫悟道、肝胆石等惟妙惟肖，大自然的鬼斧神工在这里塑造出许多惊人的天然艺术品，它们与潭瀑、溪泉、生态植被交相辉映，共同构成景区美轮美奂的地质地貌奇观，具有极大的地学科普和旅游观赏价值。

炎黄峰会盟群雕

花岗奇观

○“石瀑”景观

远处青山绿树之中，裸露出一片片表面光滑的花岗岩峭壁，峭壁上分布着许多密集的细沟，不生一木一草，远望好似银河飞泻、群瀑径流；看不出澎湃之水（水流飞溅），听不到呼啸之声，宛如静止的瀑布，故而得名“石瀑”。

香炉峰

石瀑景观

炎黄峰

○炎黄峰

炎黄峰高 145.8 米，为景区最具传奇色彩的花岗岩奇峰。炎黄峰无论是远眺还是近观，其神态都酷似炎黄二帝并肩而坐。炎黄峰下，是万顷野生杜鹃，春日季节，一片姹紫嫣红。

杜鹃花海

杜鹃花海

炎黄峰

○ 手足情与猴王观阵象形石

花岗岩出露地表以后，受岩石中发育的节理和裂隙的控制，加上长期的差异风化作用，使得周围的岩块在流水、重力、地震等因素的诱发下逐渐失稳而崩塌，形成孤峰。孤峰继续接受风化剥蚀，形成各种象形山石景观。情侣谷口的手足相依的奇石景观与猴王石惟妙惟肖。

手足情

猴王观阵

○ 壶穴

河床上这些近似壶形的凹坑，地质学上称之为壶穴，是激流旋涡夹带砾石磨蚀河床而成。该处的仙人浴池就是一处典型的壶穴景观。

壶穴

秀水十八湾

○ 秀水十八湾

情侣峰下的情侣谷号称“秀水十八湾”，全长约3.4千米，谷宽10—20米，切割深度可达400米，峡谷曲折，小段为障谷，大部属“V”形谷。谷底溪水潺潺，溪流两侧常有堆积平台，谷内形成多处小湖，湖光山色，别具一格，宛若南国水乡。

○ 情侣峰

从不同角度观看，或如青年男女，或如中年夫妇，又似一对白发老者，一景多变，形态惟妙惟肖。情侣峰下峡谷幽深，曲曲折折，别具洞天。

情侣峰景区大门

情侣峰

礼炮石

情侣峰

情侣峰

（2）龙隐景区

龙隐景区又名石龙沟，位于西泰山园区的西南部，面积 14.62 平方千米，是一处以典型的花岗岩崩塌堆积洞穴景观为主，峡谷、水体和生态植被交相辉映的综合性景区。受地质构造的控制，这里的崩塌岩块组成了丰富多彩的幽洞、奇石，并有潺潺流水相伴，形成了中原地区少有的水、石、洞组合景观。

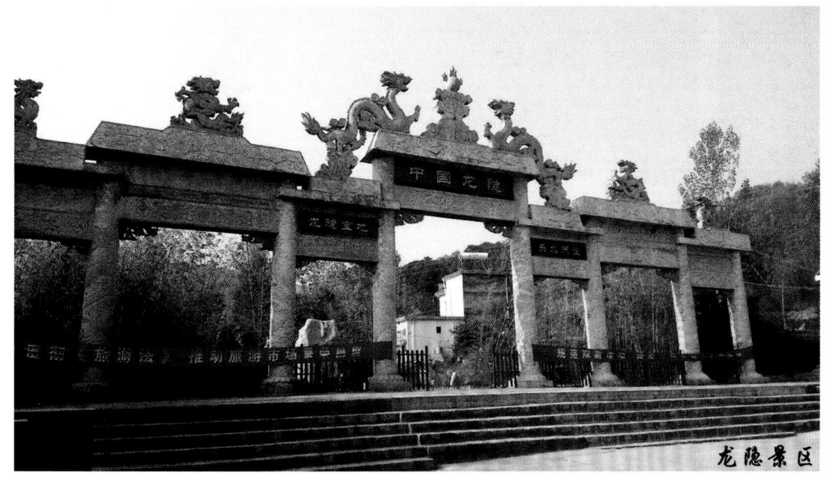

中国龙隐
龙隐景区

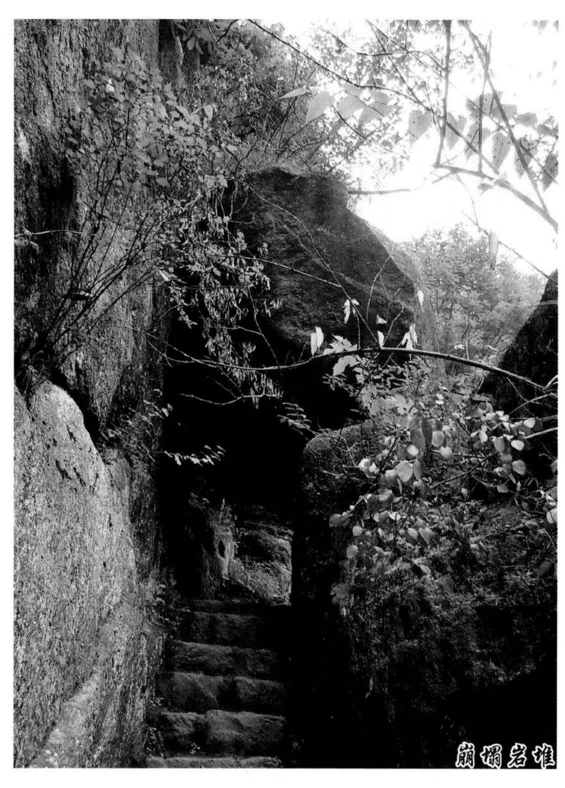

崩塌岩堆

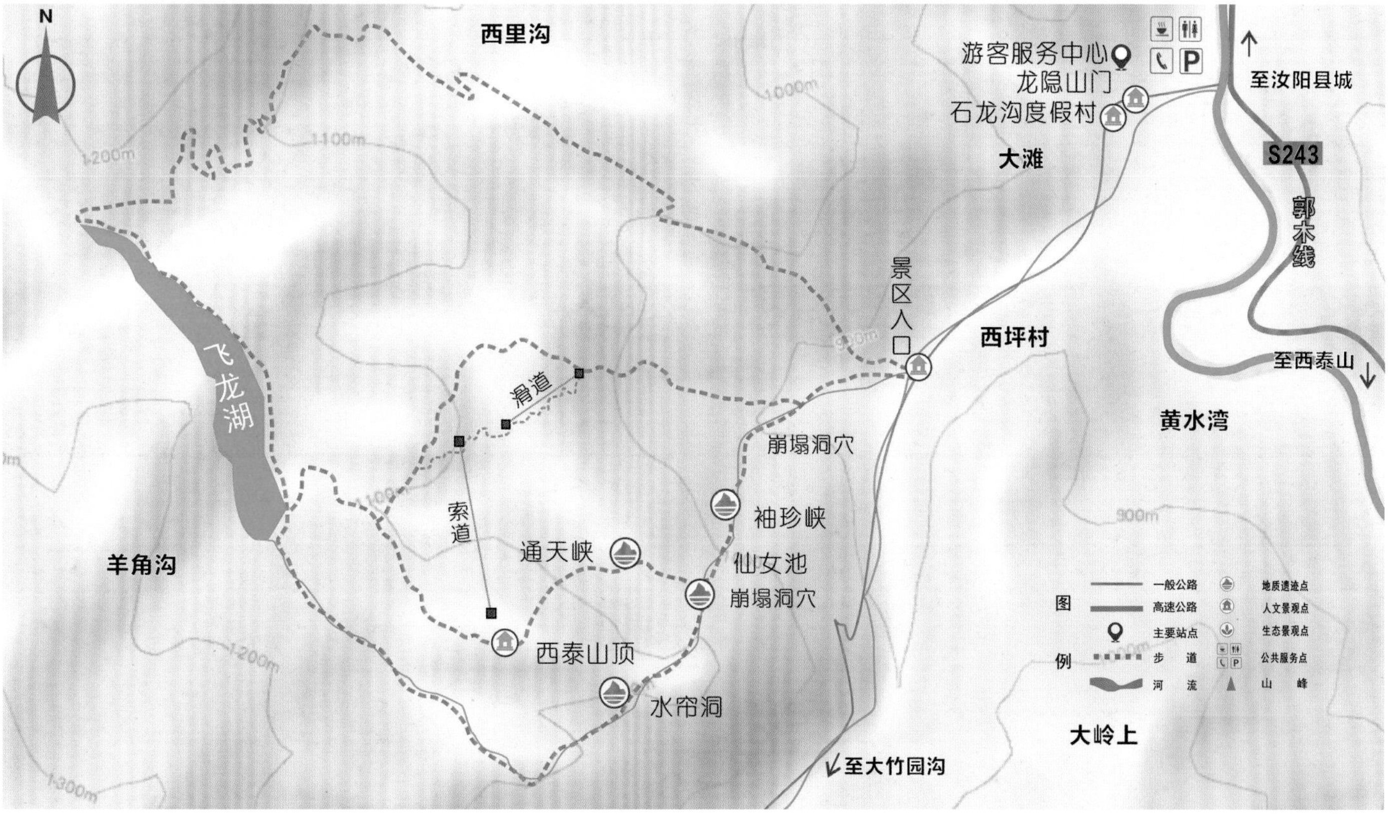
N
西里沟
游客服务中心
龙隐山门
石龙沟度假村
至汝阳县城
S243
大滩
郭木线
1000m
1100m
1200m
景区入口
西坪村
至西泰山
飞龙湖
滑道
索道
崩塌洞穴
黄水湾
袖珍峡
通天峡
仙女池
崩塌洞穴
羊角沟
西泰山顶
水帘洞
900m
1200m
1300m
大岭上
至大竹园沟
图例
一般公路
高速公路
主要站点
步道
河流
地质遗迹点
人文景观点
生态景观点
公共服务点
山峰

龙隐景区科普旅游线路图

崩塌地貌
仙人洞
鲵跃龙门
龙王府
困龙洞
水帘洞
袖珍峡

○ 龙隐谷

龙隐谷婉转飘逸，溪水或飞泻而下，或遇石后呈散状、片状，或与崖、洞配合构成水帘状、迷雾状，似白练，若白涓，如堆雪，状白纱，形态迥异。

玉碧潭瀑布

叠瀑白练

小小竹排画中游

水映青山

神龟峰

○ 通天峡

通天峡位于断层破碎带上，在流水的强烈下切作用下，形成深大于宽的沟谷。沟谷内步道陡而长，形似“天梯”，故名通天峡。

一线天

（3）会仙峰景区

会仙峰景区为一处没有正式开发的景区，以花岗岩峰丛景观为主要特色，大自然的鬼斧神工在这里塑造出许多惊人的惟妙惟肖的天然石刻艺术作品。峰顶象形山石众多，惟妙惟肖，著名的有二指峰、海狮峰等。

仙驼峰

会仙峰群峰

二指峰

骆驼峰

一线天

地根石

## 8.3 地学解密

### 8.3.1 汝阳为什么会有恐龙化石

距今大约1亿年前的白垩纪时期，汝阳的中南部地区为一近东西向分布的大型古湖。古湖西起嵩县的田湖镇，经汝阳县上店、三屯、刘店，东至汝州市杨楼乡一带，北起汝阳县城附近，南到岘山脚下，东西长约34千米，南北宽约8千米。当时的云梦山是伸进该古湖中的一个半岛，这里植被茂密，水源充足，许多恐龙就生活在古湖周围及其附近的大山里。当时气候炎热，雨水充沛，山洪和泥石流频发，当突发山洪和泥石流时来不及躲避的恐龙可能会被洪水和泥石流冲到湖中被埋藏，有的恐龙死亡后也会被洪水带入湖中被快速埋藏，此后变为化石。

汝阳中生代盆地地层景观

砾岩

泥石流层

埋藏的恐龙化石

### 8.3.2 汝阳的恐龙到西峡去下的蛋，这个能是真的吗

汝阳发现了大量的恐龙骨骼化石，却没有发现完整的恐龙蛋化石；相反，与汝阳相距 120 千米的河南南阳市的西峡—内乡一带，发现了大量的恐龙蛋化石，而恐龙骨骼化石则很少见。因此，有人大胆地猜测，是不是汝阳的恐龙跑到西峡一带去下的蛋？

这种猜测也不是空穴来风，这是从现在大家能够见到的海龟下蛋得到的启示。大多数海龟都具有迁徙的习性，它们会不远万里，漂洋过海回到它们生身的故土，爬到岸上，用后肢十分灵巧地挖好卵坑，把卵产在坑里，再用沙土埋好。恐龙的产蛋情况与海龟有点相似。

但是，恐龙生活的中生代时期，我国的大部分地区已不是海洋，而是一个湖泊遍布的世界，在汝阳及周边地区就有多个古湖的存在。西峡与汝阳是其中两个比较大的古湖，古湖之间应该是被大山阻隔，但是当时的山可能不是很高，像恐龙这样的庞然大物，特别是汝阳一带的恐龙又大多以巨型恐龙为主，炎热的中生代白垩纪，山上的植被应当非常丰富，否则，那些以植物为主食的植食性恐龙就会因没有东西吃而被饿死。因此，当时的植被应该是比较丰富的，汝阳的恐龙要想穿越 100 多公里的森林到达西峡的可能性是比较小的，因为，当时不会有便于通行的道路供恐龙通行。

海龟下蛋

白垩纪汝阳恐龙动物群生活场景复原示意图

西峡恐龙蛋化石

### 8.3.3 西泰山为什么有惟妙惟肖的奇峰与象形山石

区内花岗岩体中垂直节理发育，在内外动力地质作用下，易发生崩塌，形成峭壁悬崖、孤峰、石林等景观，被节理分割成块（长方块或立方块）的花岗岩，其棱角部位接触大气的面积多，最易风化，天长日久，棱角逐渐消失，方形石块变成球状石块。在花岗岩节理和球状风化规律支配下，由于岩体各部位抵抗侵蚀作用的强度不同，经过长期的风化作用，就形成许多造型奇特的怪石和惟妙惟肖的象形石。

海狮峰

海豚嬉戏

群仙荟萃

## 8.4 人文历史

汝阳县地处中原，位于古都洛阳市的南部，历史悠久，是中国历史文化名酒——杜康酒的发祥地，享有“中国杜康文化之乡”之称；春秋战国时期的鬼谷子曾隐居于汝河南岸的云梦山，著书立说，收徒讲学，培养出孙膑、庞涓、苏秦、张仪等名存史册的风云人物，被尊为“军圣”，鬼谷子故里被当代军事家伍修权赞为“天下第一军校”。人文历史遗存众多，有杜康墓、杜康造酒遗址、杜康庙、鬼谷祠、八门阵遗址、孙膑墓、云梦洞古军校遗址、紫逻城遗址、楚长城遗址等。

### 8.4.1 杜康造酒遗址

杜康是中国秫酒的鼻祖，被历代酿酒者奉为酒神、酒祖。“慨当以慷，忧思难忘。何以解忧？唯有杜康”的诗句表达了魏武帝曹操对杜康酒的钟爱。1972 年遵照周总理“复兴杜康，为国争光”的指示，在杜康遗址扩建杜康酒厂，使杜康酿酒工艺得以传承延续，并使之发扬光大。

杜康造酒遗址位于县城北杜康村。5000 多年前，杜康在这里受到“空桑秽饭，酝以稷麦，以成醇醪”的启发，反复研试，总结出酿酒之秘，创造了以粮食（秫）为原料的酿酒技术。新中国成立后，杜康村内出土了建安时期的酒灶遗迹，杜康河畔发现了杜康墓冢等。为弘扬中华民族的酒文化，汝阳县重新修复了杜康遗址，即今杜康仙庄，内有杜康祠、中国酒文化博览中心等建筑。

杜康河

杜康酒祖殿

杜康仙庄

杜康千年酒树

### 8.4.2 云梦山古军校

古军校位于汝阳县城南 4 千米的云梦山西麓。传说是鬼谷子栖身讲学和孙膑归隐之所，鬼谷子在云梦山修道讲学，广收门徒，孙膑、庞涓、苏秦、张仪、尉僚子等皆为其有名的弟子。云梦山附近至今保存有比较完整的水帘洞、演兵场、观阵台、石八阵等遗址，在孙膑归隐的云梦洞中，还发掘出战国铜戈等一批重要历史文物及古代碑刻。

云梦洞

天下第一军校

### 8.4.3 岘山（铁顶山）

古称霍阳山，又名铁顶山。海拔 1165 米，位于汝阳县城南 15 千米处。它层峦叠嶂，中峰独峻，披绿凝碧，翠色宜人。相传这里是真武祖师得道升仙之地，故有道教名山之称。自主峰铁顶而下建有真武观、崇天宫、广行宫等三道宫观，它们依次排列在一条长达 5 千米的南北中轴线上。三个建筑群，共计有殿阁屋宇 120 余间，现存塑像 30 多尊。

铁顶山

岘山远眺图

# 9 尧山国家地质公园

## 公 园 档 案

国家地质公园批准时间：2012年4月（第六批）

国家地质公园揭碑开园时间：2016年6月审验通过，未正式开园

公园面积：78.47平方千米

公园地址：河南省平顶山市鲁山县尧山镇、下汤镇

典型地质遗迹：温泉、花岗岩地貌

## 9.1 纵览尧山

### 9.1.1 公园概况

尧山国家地质公园地处伏牛山东麓，河南省鲁山县尧山镇、下汤镇境内，面积 78.47 平方千米，是一座以温泉和花岗岩地貌为特色的地质公园。由想马河园区、九女洞科考区和地质博物馆 3 部分组成。其中，想马河园区包含想马河、西大河和十连瀑 3 个景区。

尧山国家地质公园科普旅游线路图

### 9.1.2 地形、地貌特征

河南省鲁山县位于河南省中西部，巍巍八百里伏牛山东麓，沙河上游，北依洛阳、南临南阳、东接平顶山，为豫西山区与豫东平原的过渡地带。

公园西部为古称尧山的石人山，巍峨险峻，峭拔中原，为伏牛山山脉重要组成部分，其主峰玉皇顶，海拔高度 2153.1 米，地势往东趋于平缓，为低山丘陵和平原接合处。总体上看，西高东低，山脉连绵，河流纵横，由西向东呈现中山—低山—丘陵—平原地貌形态。公园内主要地貌类型有花岗岩地貌景观、流水地貌景观等。

将军雄风

九峰荟萃

### 9.1.3 自然与生态

公园地处暖温带与北亚热带过渡区，气候温和，自然资源丰富，植被覆盖率达 90% 以上，形成了多种类型的生物群落。公园及周边地区拥有各种野生动植物资源 2500 余种，列入国家和省级重点保护的珍奇动植物有 63 种，除盛产核桃、板栗、猕猴桃等优质林果外，还有银杏、辛夷、山茱肉、杜仲等土特产品和名贵中药材，其中，辛夷产量居全国第一。

尧山冬景

奇松迎客

尧山红叶之秋

尧山之春

### 9.1.4 地质概况

公园大地构造位置处于华北陆块南缘，伏牛山台缘隆褶区西段，南部为我国华北板块和扬子板块碰撞会聚之地。

区内地层属华北地层区豫西地层分区，主要出露太古宙、中元古界、上元古界、古生界、中生界、新生界。车村—下汤断层带为本区的主要断裂，该断裂形成于燕山晚期，现今仍在活动。沿断裂附近有大量温泉出露。

区内岩浆活动强烈而频繁，出露了从太古宙、古元古代、中元古代、新元古代到中生代五个岩浆活动期的侵入岩，其中，中生代由陆内造山形成的具有多期次复杂结构的深成花岗岩体是区内的主要造景岩石。主要岩性为大斑中粗粒黑云母二长花岗岩、中斑中粗粒黑云母二长花岗岩、含中斑中粗粒黑云母二长花岗岩、含小斑细中粒黑云母二长花岗岩、细粒黑云母二长花岗岩。岩石具似斑状结构、花岗结构、块状构造，主要矿物成分有钾长石、斜长石、石英、黑云母、角闪石等。

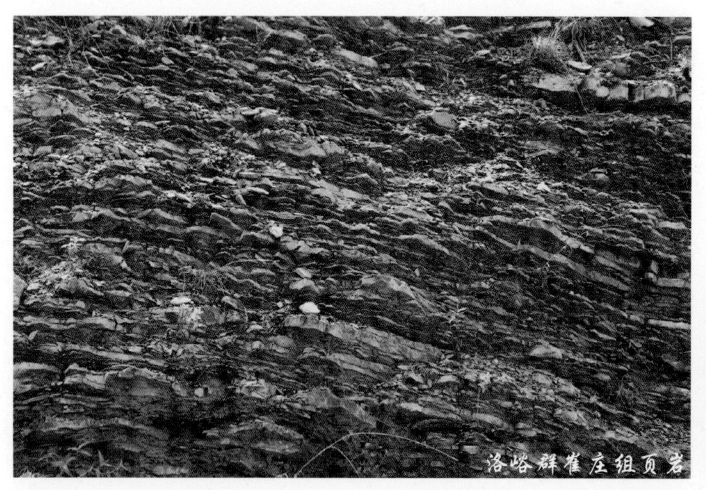
洛峪群崔庄组页岩

龙鳌山

伏牛山序列花岗岩地貌景观

四棵树序列花岗岩地貌景观

## 9.2 伴你游览尧山

### 9.2.1 想马河景区

想马河景区是尧山国家地质公园的核心景区，位于尧山镇的南部，景区以花岗岩地貌景观为主，主要景观有花岗岩地貌、峡谷地貌，瀑潭等水体景观等。区内峰岭雄伟峻拔，涧峡钟灵毓秀，奇峰、怪石、飞瀑、流泉、溪潭、云海、山花、红叶、原始森林、珍禽异兽及人文景观等共同构成完整的风景体系，是科研探险、寻幽觅奇、旅游观光、避暑疗养的首选胜地。代表性的景点有通天门瀑布、雪花瀑、含羞瀑、翡翠潭五彩莲池、双鹰峰、白龙脊、十里画廊、花岗岩峰墙等。

景区碑

想马河

（1）双鹰峰

花岗岩节理发育，不同方向的节理把岩石切割成不同形状和大小的块体，风化、崩塌与剥蚀作用首先沿着这些节理面发生，渐渐地形成了形态各异、挺拔奇秀的奇峰异岭和惟妙惟肖的象形山石景观。双鹰峰因形似双鹰而得名。

双鹰峰

花岗绝壁

鹰嘴石

小桥流水

清心潭

碧潭

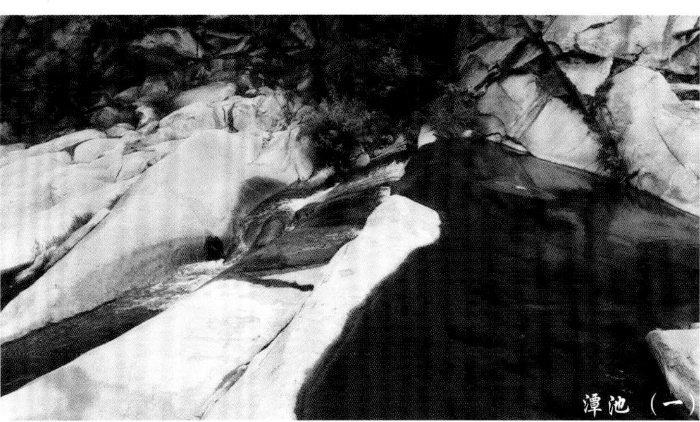
潭池（一）

潭池（二）

崩塌岩堆

花岗岩U形谷

（2）雪花瀑

想马河水流经此处沿陡坡下泻形成瀑布，在阳光映照下，瀑水飞溅的水滴，像雪花一样晶莹透亮，故名雪花瀑。

雪花瀑

雪花潭

通天门瀑布

（3）通天门瀑布

瀑布沿崖顶门状豁口凌空飞落，犹如从天而降，故名通天门瀑布。

含羞瀑

（4）含羞瀑

瀑水从崩落的巨石下隐匿流出，犹如害羞的少女琵琶半遮面，瀑面蜿蜒，恰似少女迎风飘摆的长裙，故名含羞瀑。

花岗崖壁

翡翠潭

（5）翡翠潭

在群山怀抱中，潭深水澈，绿如翡翠，故名翡翠潭。

### 9.2.2 十连瀑景区

十连瀑景区位于朝阳安园区中部，行政区划属尧山镇，规划建设面积为 12.90 平方千米。景区山清水秀、峰峦叠嶂、风光旖旎，地势险要，处于原始自然生态，是观光旅游、户外探险的绝妙去处。景区主要景观有花岗岩断崖绝壁、瀑布以及典型花岗岩岩体剖面。景点主要为十连瀑、六道幢、西湖等水体景观。

十连瀑

从高处悬崖上奔泻而下的十个相连的阶梯式瀑布，好像一道银光从天而降钻入水潭，水流湍急，流瀑飞溅，整个山谷云蒸霞蔚，异常壮观。

十连瀑之第一高瀑

河谷

水映青山

瀑潭

### 9.2.3 西大河景区

西大河景区位于朝阳安园区东部，行政区划属尧山镇，面积为10.93平方千米。景区基本处于原始生态，峦峰、流瀑、山花、古树遗迹，古朴淳厚的民风，如世外桃源。景点主要有白龙瀑、黑龙潭、滚油锅和花岗岩峡谷，以及原始森林、具有淳朴民风民俗的自然村落等。

潭池（一） 西大河 飞来石

瀑潭 潭池（二） 瀑潭

白龙瀑

落差达百米以上，瀑布貌似一条从天而降的白龙。该景点为近年探险游发现并命名的待开发景点。

白龙瀑

### 9.2.4 九女洞景区

九女洞科考区，位于下汤镇北部，园区为新元古界洛峪群、九女洞群和寒武系典型地质剖面及地层不整合界面等地质遗迹出露区，是开展科学研究、地学科普的理想场所。

九女洞科普旅游线路，全长7.6千米，沿途出露中元古界熊耳群、汝阳群、洛峪群以及古生界寒武纪等典型地质剖面、3处不整合面以及车村—下汤断裂带遗迹、叶庄岩体剖面、下汤温泉群等，对研究这个地区10亿—5亿年地壳运动及发展演化、华北板块南缘古陆变迁、海平面变化具有重要意义。

下汤出露的新元古界震旦系黄连垛组和董家组

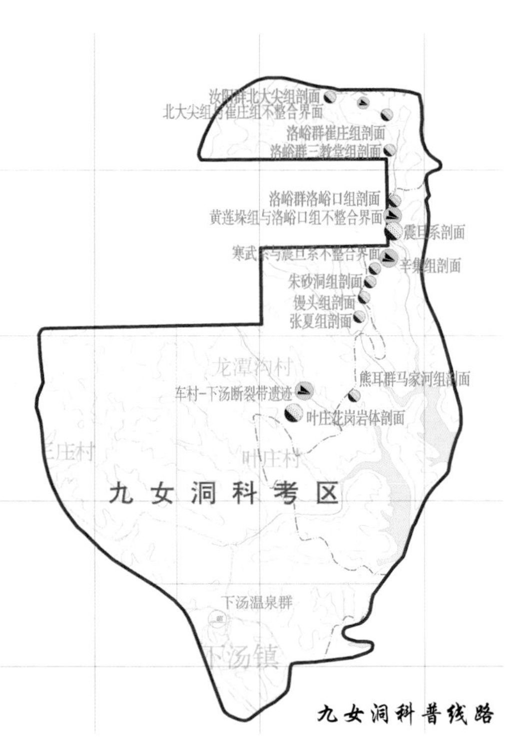

九女洞科普线路

中元古界汝阳群

下汤出露的新元古界洛峪群

洛峪群崔庄组页岩

下汤出露的中元古界汝阳群

尧山国家地质公园博物馆

### 9.2.5 尧山国家地质公园博物馆与主题碑

尧山国家地质公园博物馆位于尧山镇游客服务中心，主体建筑为一莲花状双层圆形建筑，地质公园博物馆位于其地下一楼。博物馆由地球厅、地质资源厅、地质遗迹厅、地质环境厅、标本厅、民俗遗产厅等组成。博物馆通过标本展示、图版讲解以及一些声光电技术展示了地球及公园丰富的地学内涵。

尧山国家地质公园博物馆室内布展

尧山国家地质公园主题碑

尧山国家地质公园博物馆室内布展

## 9.3 地学解密

### 9.3.1 尧山象形山石的形成

尧山又名石人山，地处伏牛山东段，为早白垩世花岗岩经风化剥蚀形成的地貌景观区。尧山花岗岩形成于距今1.35亿年前后的白垩纪早期，主要岩性为大斑中粗粒黑云母二长花岗岩。区内峰奇石怪，象形山石众多，尤以“人形石柱子”而著称于世。

区内花岗岩体节理裂隙比较发育，花岗岩中的矿物成分在表层物理风化作用中，因膨胀率不同使表层和内层间发生裂开而成层剥落，使节理不断扩大。由于花岗岩整体透水性不好，众多的节理成为储存地下水的空间。在雨后或雪后，雨水或雪水逐渐渗入这些空隙中，当气温下降到0℃以下时，节理中的水结成冰，体积开始膨胀，发生冻裂作用，使节理进一步破裂和扩大。在寒冻风化和重力作用下，花岗岩沿垂直节理面不断地崩塌、裂解、后退，形成了众多形状奇特的怪石和惟妙惟肖的象形石，它们突兀于尧山的山脊、山坡，或滚落于山沟、山麓，组成了千姿百态的拟人、拟物、拟鸟、拟兽等象形石群。

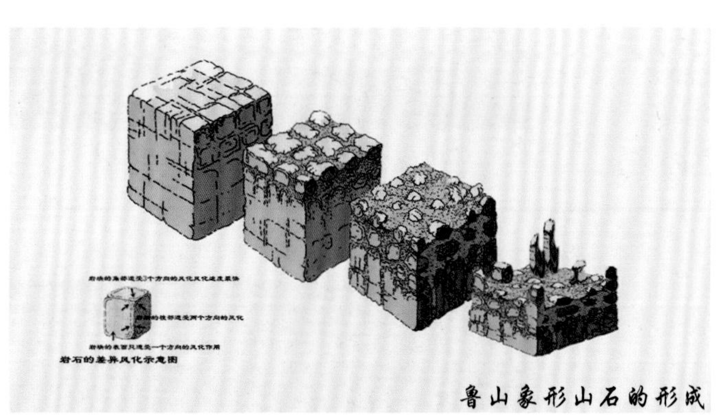

鲁山象形山石的形成

九峰荟萃

瀑流天池

和合峰

### 9.3.2 五大温泉的形成

尧山脚下，沿沙河绵延百里，有上汤、中汤、下汤、温汤、神汤五大温泉群，每处相距约 10 千米，呈串珠状等间距分布，被誉为“百里温泉带”“五大温泉群”。“五大温泉”地处车村—下汤地热带上，其北界为车村—下汤深大断裂，南界为二郎庙—温汤断裂和水磨庄—栗村断裂，呈狭长带状分布。属低温地热资源，热储温度 92.64℃—181.1℃，每一温泉自然喷涌的出水点，少则数十个，多者上百个，“五大温泉”天然涌出量在 $130m^3/t$ 左右，地热可开采量超过 $6000m^3/d$。

鲁山上、中、下、温汤温泉热储层由燕山期花岗岩组成，碱场温泉热储层由熊耳群安山玢岩组成，地下热水属裂隙脉状承压水，属断裂深循环型（对流型），温泉盖层为第四系，上、中、下、温汤第四系厚度 1—4 米，碱场厚度 13—17 米。五大温泉地热水补给、径流、储存及排泄条件，严格受断裂构造控制。温泉主要是由大气降水入渗补给的，大气降水沿构造裂隙或断裂破碎带下渗，经过深循环加热，再沿断裂通道上升，形成局部地热异常或者溢出地表形成温泉。

上汤温泉

中汤温泉

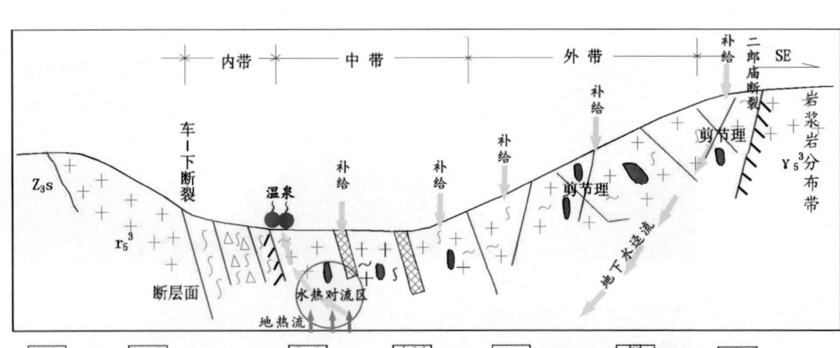

地热流体概念模型剖面示意图

下汤温泉

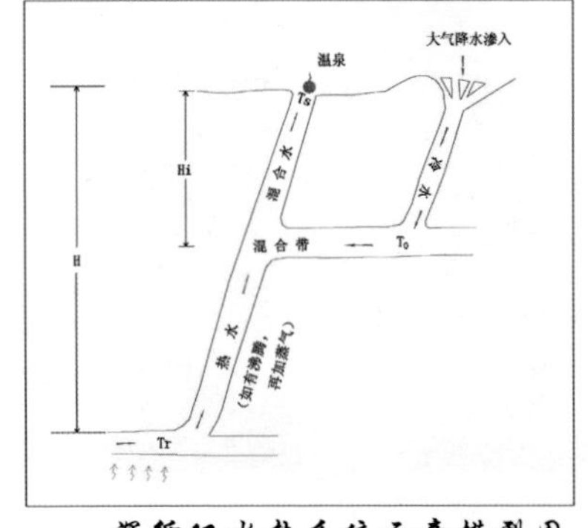


深循环水热系统示意模型图

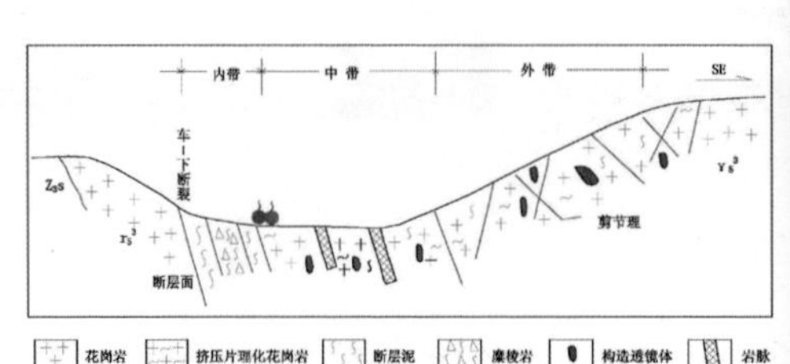


车村——下汤大断裂构造带分带示意剖面图

碱厂温泉

## 9.4 人文历史

鲁山古称鲁阳，汉置县，唐始名鲁山至今，历史文化悠久，是春秋时期伟大的思想家墨子、唐代文学家元结、南宋抗金名将牛皋等名人的故里。境内文物古迹众多，有中国最古老的楚长城遗址、西汉冶铁遗址和唐代琴台遗址以及唐代大书法家颜真卿撰文并书写的《元次山碑》等。此外，鲁山还是“牛郎织女故事”的发源地，被中国民协授予“中国牛郎织女文化之乡”。

墨子故里

楚长城遗址

中原大佛

元次山碑

牛郎洞

# Ⅳ 省级地质公园篇

河南省地质公园徽标

1 卢氏玉皇山省级地质公园
2 邓州市杏山省级地质公园
3 汝州大红寨省级地质公园
4 桐柏山省级地质公园
5 跑马岭省级地质公园
6 渑池韶山省级地质公园
7 新县大别山省级地质公园
8 永城芒砀山省级地质公园
9 唐河凤山省级地质公园
10 宜阳花果山省级地质公园
11 西九华山省级地质公园
12 禹州华夏植物群省级地质公园
13 淮阳龙湖省级地质公园
14 林州万宝山省级地质公园
15 兰考黄河湾省级地质公园

河南省省级地质公园的徽标。主题图案由代表山石等奇特地貌的山峰和洞穴、代表水和褶皱的三条横线、代表河南省简称“豫”的大象等组成。只有经河南省主管部门正式批准的省级地质公园才能使用河南省省级地质公园的标徽。

# 1 卢氏玉皇山省级地质公园

## 公园档案

省级地质公园批准时间：2003年1月
省级地质公园揭碑开园时间：2005年9月29日
公园总面积：450平方千米
地质公园面积：73.75平方千米
公园地址：三门峡市
典型地质遗迹：构造遗迹、花岗岩地貌、溶洞、温泉等

## 1.1 纵览玉皇山

### 1.1.1 公园概况

卢氏玉皇山省级地质公园位于河南省卢氏县境内，集地质遗迹、森林资源、自然风光为一体，由玉皇山、九龙洞、汤河温泉、熊耳山四个景区组成。园区内多姿多彩的地层、构造、古生物化石、岩溶洞穴以及峡谷、瀑布等地质遗迹景观，系统地记述了地球形成距今20亿年以来的地质历史过程，特别是中国大陆中央造山带的发生、地质历史发展和消亡的全过程，成为一部内容翔实的造山带地史教科书。

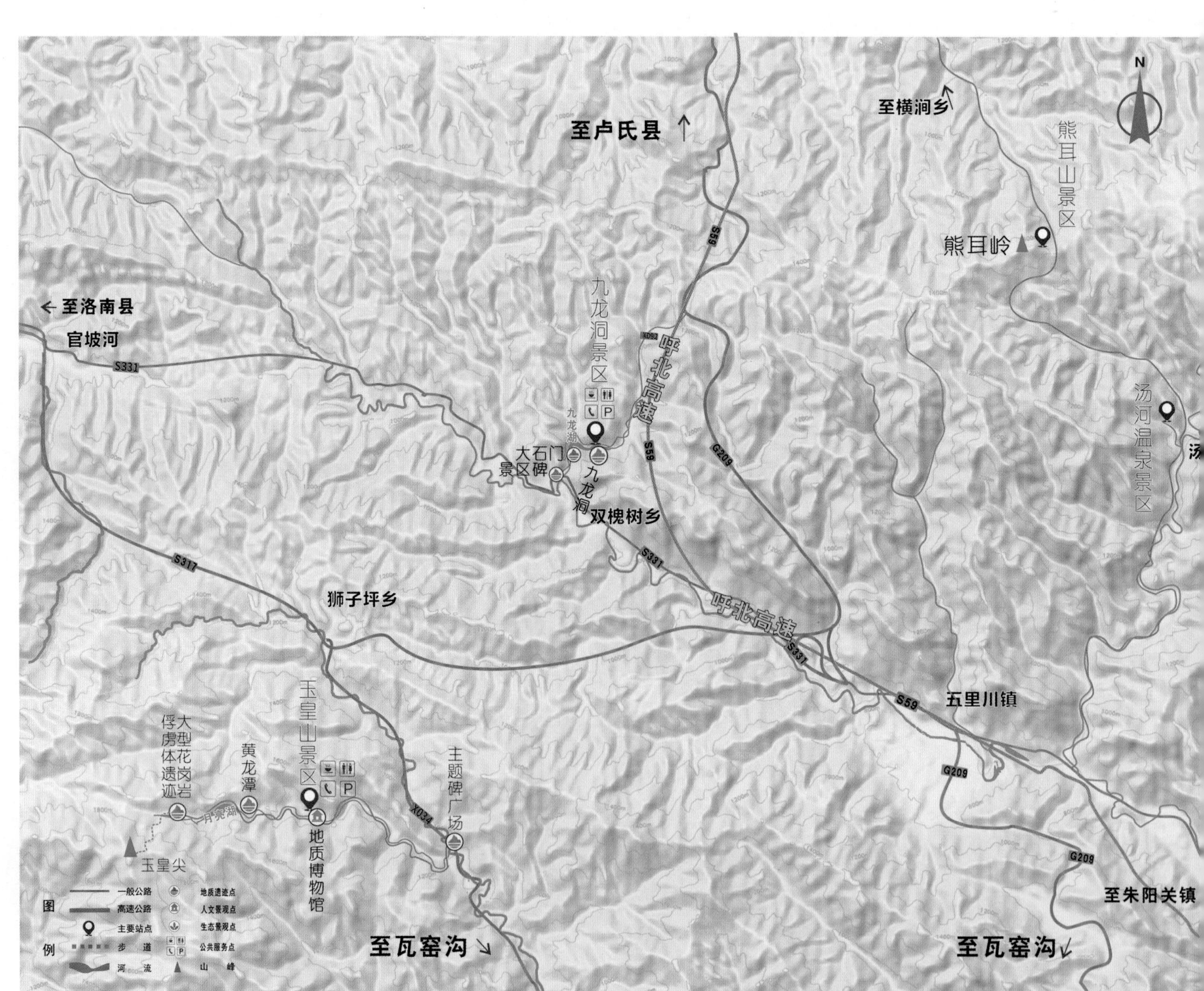


卢氏玉皇山省级地质公园科普旅游线路图

### 1.1.2 地形、地貌特征

卢氏县地处河南省西部边陲，与陕西省的洛南、丹凤、商南三县接壤，横跨崤山、熊耳山、伏牛山三大山脉，以熊耳山为界，南部为长江流域，北部为黄河流域。坐落于熊耳山系与伏牛山系间，跨长江、黄河两大流域分水岭。玉皇山是河南省的西部屋脊，为秦岭余脉主支伏牛山系，主峰玉皇尖海拔 2057.9 米，比东岳泰山高出 527.1 米，登临绝顶，40 余平方千米林海尽收眼底，环顾群峰，千山如海，尽可享受“一脚踏二省”(河南卢氏、陕西丹凤)的乐趣。

山间田野

茫茫群山

### 1.1.3 自然与生态

山上林木葱郁，森林植被良好，为中南地区罕见的原始华山松林区及人工培育的日本落叶松基地。公园内维管束植物1800余种，木本植物400余种，药用植物1225种，各种动物400余种。其中保护植物有连香树、水曲柳、榉栎树等；有珍稀动物金钱豹、麝、青羊、草鹿、红腹锦鸡等，画眉、鹦鹉等鸟类也在树枝间来往穿梭。由岩缝、洞穴汩汩涌出的淙淙细流汇成道道山泉，从山涧蜿蜒而下，水质甘甜清澈，水声清脆婉转，国家二级保护动物大鲵(俗称娃娃鱼)、游龟嬉戏其间。

林中步道

松树林

玉皇山地质公园鸟瞰图

### 1.1.4 地质概况

卢氏地处中国大陆两个一级大地构造单元的接合部位，以黑沟断裂为界，其北属华北古陆块，其南属秦岭褶皱系。区域上有 4 条深大断裂带，自北而南分别是：潘河—马超营断裂、黑沟—栾川大断裂、瓦穴子大断裂、朱阳关—夏馆大断裂，奠定了卢氏地区经典的大地构造格局。这些断裂对区域地层的分布、构造的演化、岩浆岩的发育和矿产的形成起着明显的控制作用。

公园及周边地区主要出露元古宙变质片岩、片麻岩，古生代片岩、千枚岩与大理岩，以及古生代中低级变质二长花岗岩。区内地质构造复杂，地层岩石变形强烈，区内保存的地质遗迹，系统完整地记录了元古宙以来本区近 20 亿年的地质历史演化过程，特别是褶皱造山带发生、发展和消亡的全过程，成为一部反映秦岭造山带地质历史教科书。

著名的黑沟断裂为华北古陆块与秦岭褶皱系的分界，该断带早期是秦岭洋板块向华北古陆块发生俯冲的缝合地带，经历了宽坪群俯冲杂岩组合的形成（早、中元古代）—宽坪杂岩与华北古陆板块拼贴（前加里东期褶皱造山，距今约 8 亿年）—华北古陆块向宽坪地体的推覆（加里东期褶皱造山，距今约 4 亿年）—岩浆侵入，铁铜锌成矿（燕山期）等演化史。

花岗岩奇峰

变质片岩景观

变质岩包裹体

玉皇绝壁

## 1.2 伴你游览玉皇山

### 1.2.1 玉皇山景区

玉皇山景区位于卢氏县狮子坪乡，距卢氏县城90千米。玉皇山是河南省的西部屋脊，为秦岭余脉主支伏牛山系。是一处以花岗岩形成的地貌景观为特点的地质公园景区，呈现一派奇峰挺拔、怪石林立、谷狭峪长、溪幽潭深的奇特景观。景区主要景点有：大块地原始林区、日本落叶松基地、小灵山、壮沟峡谷、玉皇尖、南台尖、三叠峰等。

玉皇山景区大门

（1）黄龙瀑与黄龙潭

黄龙瀑从变质片麻岩形成的陡峭崖壁上飞流而下，形成落差10余米高的瀑布，瀑布所在的崖壁面即为岩石中倾角较陡的节理面。瀑下因瀑水所携带泥沙的磨蚀作用，形成口小肚大的呈瓮状的潭池景观——黄龙潭。

黄龙潭

月亮湖

变质

变质岩中的花岗岩包裹体

玉皇阁

（2）玉皇尖

玉皇尖为卢氏县境内最高峰。由花岗岩形成的地貌，呈现一派奇峰挺拔、怪石林立、谷狭峪长、溪幽潭深的奇特景观。登上玉皇尖，观日出、望林海，尽览豫陕山水风光。

### 1.2.2 地质公园博物馆与主题碑

卢氏玉皇山省级地质公园博物馆

（1）地质公园博物馆

地质公园博物馆位于卢氏县狮子坪乡玉皇山景区的入口处，为两层建筑物，建馆面积800余平方米，共设32个展柜，分别展示卢氏县境内各种岩石、矿物、化石、构造标本。

卢氏玉皇山省级地质公园博物馆

（2）卢氏玉皇山省级地质公园主题碑

卢氏玉皇山省级地质公园博物馆位于公园入口处，为一变质岩巨石。

卢氏玉皇山省级地质公园主题碑

### 1.2.3 九龙洞景区

九龙洞景区位于河南省卢氏县双槐树乡境内，地处伏牛山南麓，西接秦岭，东与熊耳山主峰毗连，南与玉皇山景区相望，是一处以溶洞和自然山水景观为主的景区，代表性的景观有九龙湖、九龙洞、大石门、九龙泉等。

九龙山

大石门

九龙山山门

九龙湖（一）

九龙湖（二）

九龙洞是一处天然大理岩溶洞。溶洞走向受变质大理岩陡倾斜的层面与断裂带控制，由地下水沿大理岩层理及裂隙长期溶蚀而形成；洞宽一般1.5—2米，局部可高达20米，最大的厅室宽约10米，形成多层空间结构；整个洞穴表现为地质历史时期的地下暗河，水流冲刷形成的边沟、天锅等比较常见，洞内钟乳石不太发育，局部形成有石幔、壁流石、钟乳石等。随季节的变化，底层仍有少量的地下暗河水流动。

九龙洞远眺

九龙洞洞口

九龙洞

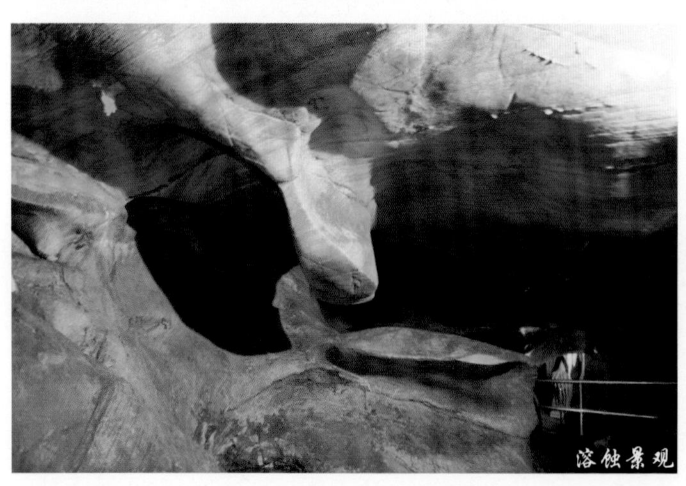
溶蚀景观

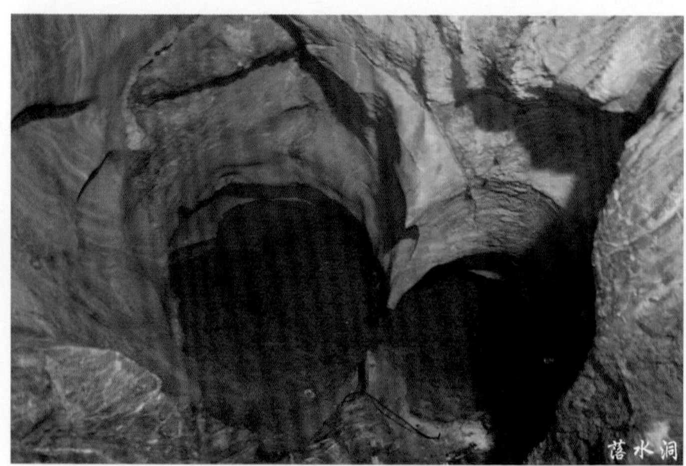
落水洞

### 1.2.4 熊耳山景区

熊耳山景区位于河南西部边陲卢氏县横涧乡境内，距县城 30 千米，距汤河温泉 10 千米，主峰海拔 1569 米，为长江、黄河两大流域分水岭，中国暖温带和温带的分界线。熊耳山的主体岩石为碰撞型花岗闪长岩。据土壤地球化学分析研究，景区内花岗闪长岩富含锌、锶、锰、铁等对人体有益的微量元素。如今，当地居民开发出“锌锶板栗”等绿色保健品，成为卢氏旅游产业的一大亮点。

熊耳山远眺

熊耳山崖壁地貌景观

### 1.2.5 汤河温泉

位于熊耳岭下的汤河源头，又名汤池，由于瓦穴子—维摩寺深部大断裂的切割，山泉之水经汤河花岗岩体的余温烤炙，沿构造裂隙上升涌流至地表，水温 51.5℃，水流量 17 吨 / 小时。由于热水在上升过程中萃取了岩石中的硫酸根、氟、铁、钙、镁、磷等 28 种矿物质及微量元素，使之成为医用矿泉水。故名“温汤”。

汤河之地的裸浴民俗自古流传至今，如今风情日盛，当地老百姓不分男女在阳光下的露天浴地浸浴嬉戏，欢快的人群如同流动的彩绘图画，在青山碧水间形成一道超凡脱俗的风景线，形成了闻名华夏的裸浴文化，堪称中华一绝。

汤河温泉

温泉度假区

温泉浴场

## 1.3 地学解密

### 1.3.1 玉皇尖花岗岩地貌

玉皇尖为花岗岩形成的山峰海拔高度为 2057.9 米，玉皇尖花岗岩地貌景观为断崖绝壁景观，花岗岩奇峰挺拔、谷狭峪长，溪幽潭深；玉皇尖花岗岩地貌景观为古生代加里东晚期灰池子花岗岩侵入体。灰池子花岗岩分布在朱阳关—夏馆断裂与商丹断裂之间，侵位于秦岭岩群中，主要岩性为二长花岗岩、中细—中粗粒黑云母花岗岩，卢氏境内出露面积约为 130 平方千米，呈岩基产出，花岗岩形成年龄 3.40 亿—3.82 亿年。

玉皇山花岗岩地貌

九龙洞入口

大理岩的溶蚀作用

### 1.3.2 九龙洞的形成

九龙洞属天然大理岩溶洞穴，该洞穴形成于距今 17 亿—18 亿年前后早元古代时期形成的秦岭岩群雁岭沟岩组的大理岩中。主要岩性为白云石大理岩、白云质大理岩、透闪石大理岩夹少量大理岩及含碳质大理岩等。溶洞走向受变质大理岩陡倾斜的层理面与断裂带控制，由地下水沿大理岩层理面及裂隙长期溶蚀而形成。受地壳的升降作用的影响，九龙洞形成了多层空间结构。受下部隔水层的控制，整个洞穴表现为地质历史时期的地下暗河，地下水在其上汇聚成暗河后流动，洞中水流冲刷形成有边沟、天锅等景观。洞内钟乳石不太发育，局部形成有石幔、壁流石、钟乳石等，随季节的变化，底层仍有少量的地下暗河水流动。

## 1.4 人文历史

卢氏历史悠久，古称“卢氏国”，由远古时期的“尊卢氏部落”演变而来，从西汉武帝元鼎四年（前 113 年）建县至今，2100 多年县名未改、县址未变。卢氏先后出土了卢氏踯猴、洛河中兽、卢氏恐龙、卢氏智人等一大批古生物化石，是全国唯一有化石实物可考的“龙猿相揖别”之地；有新石器时代文化遗址、商代文化遗址等一大批遗迹遗址，是河洛文化的重要发祥地之一；卢氏是鄂豫陕革命根据地的核心区域，1934 年红二十五军转战于此，曾在官坡镇兰草小学设立军部，1994 年被河南省人民政府确定为全省 13 个革命老区县之一。

# 邓州市杏山省级地质公园

## 公园档案

地质公园批准时间：2005年12月25日
地质公园揭碑开园时间：2011年5月21日
公园面积：32.5平方千米
园区组成：禹山寨景区、杏山岩溶景区、寨堡生态景区、刘山水库景区
公园地址：南阳市、邓州市
典型地质遗迹：岩溶地貌、水体景观、古生物化石、褶皱构造等

## 2.1 纵览杏山

### 2.1.1 公园概况

杏山省级地质公园位于南阳邓州市西南约 50 千米处，紧邻丹江口水库及南水北调中线渠首闸，行政区划属邓州市杏山经济开发区。由禹山寨、杏山、寨堡、刘山水库四个景区组成，面积 32.5 平方千米。公园独特的大地构造位置，形成了河南典型、稀有的岩溶地貌（有岩溶洼地、天坑群、溶洞、溶沟、石芽、岩溶泉等）、水体、古生物化石、褶皱构造等景观。具有较高的科学性、观赏性。

杏山省级地质公园科普旅游线路图

**小知识【南水北调中线工程】**

南水北调中线工程，是从长江最大支流汉江中上游的丹江口水库调水，在丹江口水库东岸河南省淅川县境内的工程渠首开挖干渠，经长江流域与淮河流域的分水岭方城垭口，沿华北平原中西部边缘开挖渠道，通过隧道穿过黄河，沿京广铁路西侧北上，自流到北京市颐和园团城湖的输水工程。

### 2.1.2 地形、地貌特征

区内地貌类型为构造剥蚀中低山、丘陵垄岗和平原，总体地貌呈西高东低，中、东部为丘陵，东部为垄岗和冲积平原。园内最高山峰朱连山海拔 470.6 米，一般山峰在海拔 300—400 米。区域上园区属长江流域的唐白河水系。园区地表水体比较发育，主要以小溪、季节性小河流、池塘、小水库形式分布于园区内。东部降水沿小河沟汇集流入刘山水库，西部降水因运移距离较长，多渗入、蒸发或汇入池塘及小水库。

丹江大观园

奇石阵

落水洞

### 2.1.3 自然与生态

公园内生态环境良好。园区离城市和工业区有一定的距离，无大的空气污染源和噪声源，大气质量良好，空气悬浮颗粒、飘粒甚微，二氧化硫等各项指标均在 1 级标准范围内；地表水体丹江水是南水北调中线工程的水源地，丹江河口的常年监测表明，水质为地表水Ⅱ类水，部分水质要素达到Ⅰ类水标准；园区植被覆盖率高，水土保持好，土壤基本不受旅游污染，生态系统完好稳定。

山顶草原

### 2.1.4 地质概况

公园处于南秦岭褶皱带东，南（阳）襄（樊）盆地西缘，大地构造位置属于扬子地台北缘台缘坳陷带与南秦岭褶皱带接合部位。园区内出露地层主要出露早古生代寒武纪、奥陶纪页岩、泥岩、薄层及中厚层、厚层或巨厚层灰岩，以及新生代新近纪黄褐色、灰白色角砾岩及第四纪黄褐—红褐色黏土、亚黏土。

受区域上荆紫关—师岗复式向斜的影响，园区内自南向北形成三个大致平行排列，轴面向南倾斜的倒转褶皱，自南向北依次为舒山倒转背斜—杏山倒转向斜—跑马岭倒转背斜。区域断裂不发育，仅有一条较大的逆断层，该断层与区域构造方向一致，出露于舒山倒转背斜南翼，走向近东西（85° 左右），倾向南。

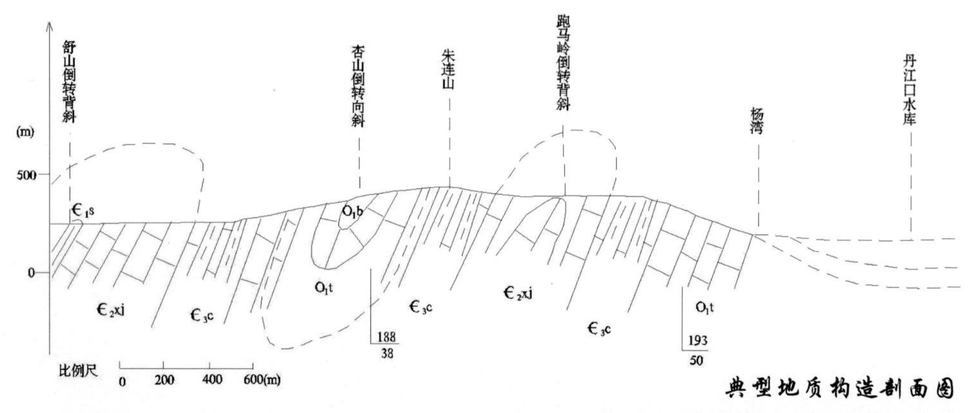

典型地质构造剖面图

倾斜岩层

褶皱

布阵列兵

虫积

角石化石

## 2.2 伴你游览杏山

### 2.2.1 杏山景区

杏山为地质公园的核心景区，位于丹江口水库及南水北调中线渠首闸南侧，是以岩溶地貌景观为特色的旅游景区。由石灰岩形成的景区，在长期地下水和地表水的溶蚀作用下，形成了较典型的岩溶地貌（喀斯特地貌），其地貌组合有：溶沟和石芽、落水洞、岩溶洼地、溶洞、岩溶泉等。其中的溶洞具成群展布特征，地下相互连通，典型的有神仙洞、蝙蝠洞、藏马洞、叮当洞等。此外，这里有楚长城、楚兵营、跑马场等人文历史景观遗址。

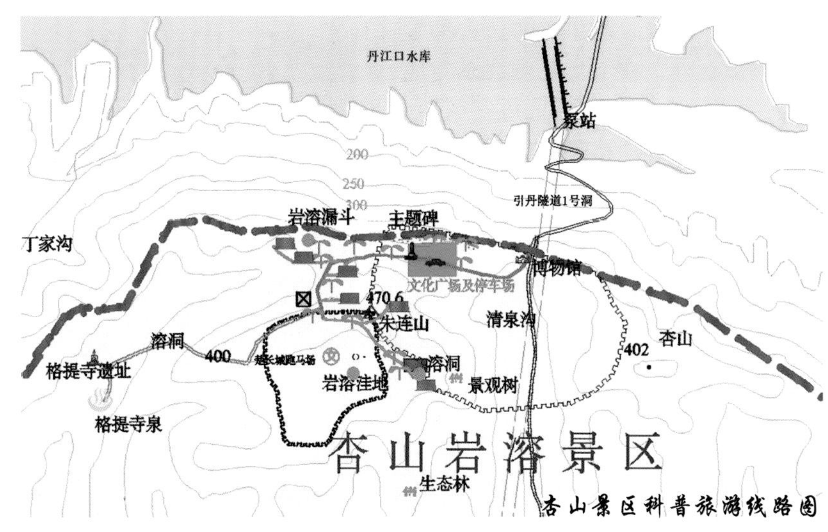

杏山景区科普旅游线路图

岩溶洼地

岩溶洼地

楚长城遗址

岩溶景观

（1）天然碑林

地表岩石除形成形态各异，状如石龟、蹲猴、蜗牛、鳄鱼大嘴等象形山石外，在天坑景观以东与地质广场之间，因岩层高角度倾斜，形成了大片的“天然碑林”景观。

说明牌

天然碑林

石碑长廊

岩溶石碑观景台

天然石碑林

（2）天坑（岩溶漏斗）

代表性的天坑景观呈相邻的两个，东侧的较大，东西长约82米，南北宽30—70米，呈倒圆锥状，深度约15米；位于西侧的较小，呈近圆状，直径约30米，深度约15米。当地称为“饮马坑”，据说是光武帝刘秀当年被王莽追杀时曾在此饮马而得名。

观景亭

天坑群（一）

天坑群（二）

（3）小型褶皱景观

区内岩层在被强大的挤压下发生变形形成巨型背斜与向斜等褶皱构造景观的同时，局部也形成了一些小型褶皱景观。

小褶皱

小型背斜与向斜

（4）奇石山

倾斜岩层被风化剥蚀后形成的遍地奇石地貌景观。

岩溶奇石

遍地石芽

万笏齐发

（5）跑马场

在朱连山山寨东侧为面积约10万平方米的古代跑马、练兵场遗址。陡立的石灰岩层形成了天然的跑道。

跑马场

（6）楚长城遗址

邓州杏山楚长城遗址，是一处呈带状密集型分布的、整体相连的、庞大的战略性军事防御体系。长城墙体宽度在2.3米（底）至1米（顶）之间，现存残高在0.1米至2.6米之间，由山体自然的青毛石片（块）干砌而成。石城、石屋、石墙、烽火台大多保存较完好，构成了较为完整的长城体系。

观景亭

邓州杏山

（7）楚兵营遗址

朱连山山寨内有数排整齐分布的百余间石屋遗迹，石屋墙体厚约 0.4 米，高 1—3 米不等，石屋分单间和套间，有的还设有窗户，这便是楚兵营遗址。

楚长城与楚兵营遗址

长城

楚兵营遗址

（8）朱连山

朱连山不仅是园区最高的山，而且也是邓州境内的最高点，海拔 470.6 米，登朱连山山顶，杏山一览无遗。

朱连山

岩溶地貌

朱连山全景

（9）溶蚀洼地

园区内发育两个岩溶洼地，均位于朱连山西南部，一个洼地长 248 米，宽 120 米，呈椭圆形，盆底标高 392.4 米，与盆缘高差大于 20 米；另一个洼地长 360 米，宽 150 米，亦呈椭圆形，洼地底部较平坦，标高 412.5 米，与盆缘高差最大达 60 米。

岩溶石芽

岩溶洼地

（10）落水洞与溶洞

园区内由于构造运动使山体产生许多裂隙，在地下水和地表水长期溶蚀作用下，裂隙变宽变深，还形成了一些小的落水洞与规模较小的溶洞。溶洞为落水洞进一步溶蚀形成，洞内蜿蜒曲折，相互通联，洞中有石钟乳、石笋、石灰华等化学堆积物。典型的有神仙洞、天心洞、天门洞。

落水洞

岩溶地貌

### 2.2.2 地质公园博物馆与主题碑

（1）地质公园博物馆

地质公园博物馆位于杏山景区的入口处，为简易的板房结构，博物馆通过展板、沙盘、实物标本、影视等形式，较为系统地展示了与地质公园相关的地球科普知识、杏山公园地质发展史、自然景观和人文历史等科普内容。

公园沙盘

博物馆外景

博物馆展厅

（2）主题碑

主题碑采用当地的石灰岩巨石，高 6 米，宽 4 米，厚 3 米，重达 190 吨。碑体正面镌刻“河南省杏山省级地质公园”，其上刻着省地质公园徽标。标志碑朴素大方，地表水溶蚀的作用在主题碑的表面“雕刻”出似文似画的图案，充分体现了园区岩溶地貌的特征。

主题碑

## 2.3 地学解密

### 2.3.1 杏山岩溶地貌

园区内出露地层主要为寒武纪与奥陶纪石灰岩，受大地构造运动的作用，区内地层曾经遭受了来自构造运动近南北方向压力的挤压，发生了强烈的褶皱变形，形成波浪式背、向斜构造，由于遭受的挤压力，近南方向的压力大于北方来的压力，造成地层的倾斜方向发生了倒转。由于区内的碳酸盐岩地层厚薄不一，且相间互层产出，出露地表的岩层受风化剥蚀和弱酸性雨水的溶蚀作用，形成了区内丰富的象形山石与岩溶洞穴等岩溶地貌景观。

岩溶地貌

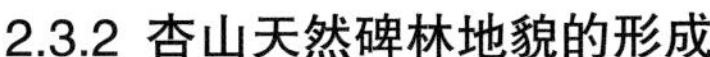

### 2.3.2 杏山天然碑林地貌的形成

杏山主要出露寒武纪与奥陶纪石灰岩地层，受构造运动力的挤压，区内地层都发生的倾斜，部分中厚层石灰岩分布区，倾斜角度达到了 60° 以上，加上岩石中普遍的节理切割，这些地层被风化、溶蚀后，就形成一处处犹如“石碑”的地貌景观。

石壁长廊

### 2.3.3 杏山溶洞与天坑群的形成

园区内出露的地层主要为碳酸盐岩，属可溶性岩石，由于构造运动区内岩层发生倾斜褶皱，并在山体岩石中形成许多裂隙，地表水和地下水沿这些倾斜的层面与裂隙移动，发生长期的溶蚀作用下，流水的裂隙逐渐变宽变深，一些小的落水洞与规模较小的溶洞，溶洞与落水洞进一步溶蚀，逐步形成地下河网络系统，并发生局部的溶蚀崩塌，形成天坑群与蜿蜒曲折、相互通联的溶洞群。

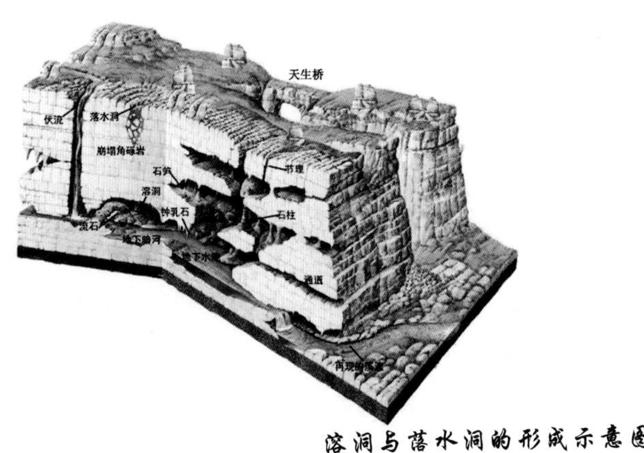

溶洞与落水洞的形成示意图

天坑

## 2.4 人文历史

### 2.4.1 楚长城

公园内保存的春秋战国时期的楚长城是国内目前最古老的长城，似巨龙盘绕在朱连山上，连绵起伏，长数十公里。据史书记载，春秋战国时期楚国被秦国打败后，楚人为防止秦国再次攻击受到更大伤害，在河南境内修造杏山城墙，现残存有高 1—3 米、下底宽 2—3 米、上宽 1—1.5 米的城墙，依稀可辨城堞、瞭望口、烽火台、石屋、屯兵城、跑马场等。对于研究秦时的政治、经济、军事、建筑等领域具有较高的历史文物价值。

隔碍寺石头村

楚长城遗址

楚兵营遗址

### 2.4.2 南水北调中线渠首工程

南水北调中线工程的源头是丹江口水库，渠首位于杏山的山脚下，用水调度权属国务院南水北调办。被誉为“天下第一渠首”。南水北调中线工程全长约 1432 千米，是世界上最为宏伟的引水工程之一。

南水北调渠首

# 汝州大红寨省级地质公园

## 公 园 档 案

省级地质公园批准时间：2005年
省级地质公园揭碑开园时间：2008年9月21日
公园面积：142.4平方千米
公园地址：平顶山市、汝州市
典型地质遗迹：典型地质剖面、剥蚀地貌等

## 3.1 纵览大红寨

### 3.1.1 公园概况

汝州大红寨省级地质公园位于汝州市区东北距城区 35 千米处，属于箕山山脉，是以峡谷陡崖剥蚀地貌、典型地质剖面为主，水体为辅，人文景观和生态景观相互辉映为特色的综合性地质公园。公园自西向东分布着怪坡景区、风穴寺景区、紫云湖景区、大红寨景区。

### 3.1.2 地形、地貌特征

汝州北靠巍巍嵩山，南依茫茫伏牛，南北山连绵起伏向中部延伸，地质公园所在区域属伏牛山余脉嵩—箕山系，地质地貌典型复杂，形成了丘陵和河川相间的地貌，主峰大红寨高 1156 米。

大红寨省级地质公园科普旅游线路图

### 3.1.3 自然与生态

大红寨山的植被中，有大量的红叶林，该红叶林以黄栌树为主，分布于大红寨山的北部、中部一带。该红叶林与小红寨红叶林连成一体，面积超过130万平方米。夏季黄栌树开出浅粉色的绒花，满山飞花，微风拂过，撩人心扉；每到秋季这些植物的树叶由绿变红，层林尽染，漫山遍野一片红色，体现了大“红”寨的真实含义。

箕山山脉

山势陡峻

漫山红叶

### 3.1.4 地质概况

公园地处华北地台与秦岭褶皱系的衔接地带，构造奇特，经历了长期复杂的多旋回不均衡地质演化过程。地层出露太古宙登封岩群变质岩系、古元古代嵩山群变质砂砾岩、片岩、中元古代五佛山群浅变质岩系、古生代寒武纪碳酸盐岩等地层。

石英砂岩与碳酸盐岩景观

古生代碳酸盐岩景观

元古宙紫红色石英砂岩景观

太古宙变质岩景观

竹林寺剖面

## 3.2 伴你游览大红寨

### 3.2.1 怪坡景区

怪坡景区位于地质公园西部，汝州市区东北 9 千米处，西起马庙水库，东至香炉山东坡于窑，北至白云寨北坡，南至雪窑，面积 33.1 平方千米。区内山地呈近东西向展布，保存有典型的地质剖面、构造、地貌地质遗迹，是科普的园地，观赏的胜地，同时拥有丰富的自然景观和人文景观，“古建筑博物馆”之称的风穴寺，有丰富的人文景观和史迹追踪价值。

景区大门

雨后怪坡

（1）姊妹怪坡

“姊妹怪坡”是该景区的形象景观和标志性景点。主坡长 88 米，宽 13—25 米，为一南宽北窄的梯形黄土坡面，怪坡两侧各有一条上山的道路，怪坡的北端向北坡度明显变陡。在怪坡上上坡骑车不用蹬，开车熄火照样行，更奇怪的是，如果下雨，地面的雨水竟然会顺着坡往高处流。怪坡的神秘现象吸引了众多海内外游客前来探奇揭秘。有人说这是“重力位移”，有人说这是“地磁现象”，也有人说这是“视觉差”，众说纷纭，莫衷一是，为怪坡披上了一副神秘面纱。

怪坡与上山路

怪坡全景

怪坡坡顶

怪坡体验

上坡骑车不用蹬

（2）地质广场

位于博物馆的西侧，占地面积约 2000 平方米，以展示具有汝州特色的大型岩石和矿石标本为主。其中，岩石标本包括太古宙与元古宙代表性的标本，古生代、中生代和新生代的代表性标本以及煤和铝土矿等大型矿石标本等。

博物馆与地质广场

中生代砂岩

元古宙砾岩

地质科普广场

太古宙片岩

古生代灰岩

标本林

### 3.2.2 地质公园博物馆与主题碑

（1）地质公园博物馆

地质公园博物馆位于怪坡的北侧，突兀而出的悬崖绝壁处，为一外形模拟中元古宙紫红色石英砂岩巨石堆砌，上大下小的怪楼造型。怪岩下，一股细流从扳倒井流出，沿摩崖石刻蜿蜒向上，形成“水往高处流”的奇特景观。进入怪楼，倒置的景观、变换的灯光，让人俯瞰如在苍穹。沿环形走廊向上，有倒屋、横屋、斜屋、梦幻小屋、大小人屋、藏宝洞等奇异建筑。游客在此，还可以充分体验飞檐走壁、穿墙入户、隐身以及时空倒置的感觉。怪楼的景观布置无不和怪坡相映成趣。

汝州大红寨省级地质公园博物馆——怪楼

博物馆展厅

扳倒井

坐井观天

公园沙盘

博物馆标本

标本柜

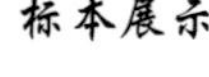

标本展示

密玉石标本

汝州瓷器模拟发掘现场

烧制的瓷器人物

地质公园主题碑

（2）地质公园主题碑

地质公园主题碑为形似一高耸的竹笙的“盛世太平”雕塑。浮雕风柱和笙体中空部分，可以聆听来自台座下播放的优美乐曲，给人以社会和谐、人与自然和谐相处的美好感受。

### 3.2.3 风穴寺

风穴寺又名香积寺、千峰寺，白云禅寺。始建于东汉初平元年（190 年），毁于董卓之乱，后经北魏、唐、宋、金、元、明、清历代重修与扩建。距今有 1800 余年的历史，是中国最古老的佛寺之一，因当时满山野花，芳香郁积，故名香积寺。又因寺北山峰林立，峥嵘奇秀，故名“千峰寺”。后汉乾三年改为白云寺。北魏重建寺院时，寺院地点定在白马石沟中的银洞山下。传说当时物料齐备，正要破土动工时，一阵狂风将砖石木料刮到现在寺址，故名“风穴寺”。又据《风穴寺志略》载：寺东龙山阳坡有大小风穴两个，山因名风穴山，寺因山名。曾与白马寺、少林寺、相国寺齐名，被称为“中原四大名刹”。风穴寺总面积约 3.3 万平方米，现存主要建筑有天王殿、中佛殿、悬钟阁、藏经阁、七祖塔等。在中原四大名寺中保留下诸多唐、宋、金、元、明、清的建筑遗存，为中国建筑史上留下厚重的实物资料，被古建专家誉为中国的古建博物院。

风穴寺

风穴寺山门

风穴寺

白云寨山门

竹林寺

## 3.3 地学解密

怪坡的形成

目前在关于怪坡的种种解释中最为科学家推崇的，当属“错觉说”。支持这种观点的人认为，所谓怪坡根本就是普通的坡，只是经过它时人们发生了错觉，误把下坡当上坡，上坡作下坡。如果细心观察就会发现在大多数怪坡旁都会有起伏较大的坡，人在经过怪坡时，拿怪坡旁边的坡作为参照，难免会发生视觉上的误差。

大家知道，我们进行一切定向定位活动，总是离不开参照系，看东西时总是喜欢与其他事物比较。怪坡处在两段陡坡之间。从一端往前看，迎面是山。从另一端往后看，是路面和天空的交界线。加上四周全是倾斜的山坡，找不到一个可以作为基准的水平面，在这种地形地貌的烘托下，很容易将倾斜的下坡路作为参考物，这样便引起视觉上的误差。因而产生了错觉，这个感觉是下坡路的怪坡，其主体部分实际上仍是一段上坡，不过比它前后两段上坡路坡度平缓得多罢了。这就是怪坡之谜的谜底。

怪坡全景

怪坡与相邻的上坡路

实际的下坡

当把旁边的路看作水平时，下坡变成了上坡。

怪坡全景

看起来你站的地方比我高

实际上我站的位置比你低

## 3.4 人文历史

汝瓷

汝州历史悠久、人杰地灵，为中华民族的发祥地之一，是历代郡州治所，素有“汝瓷之都”“曲剧之乡”之称。东周为王畿之地、秦属三川郡、西汉置梁县、隋设汝州、明成化六年升为直隶州，1913 年改汝州直隶州为临汝县，1988 年 6 月经国务院批准撤临汝县，恢复汝州市。

### 3.4.1 汝瓷

汝瓷是宋代“汝、官、钧、哥、定”五大名瓷之一，在中国陶瓷史上有“汝窑为魁”之美誉。北宋徽宗赵佶时期，汝窑被皇室垄断，专为宫廷烧造瓷器，即“汝官瓷”，简称汝瓷。汝窑以烧制青瓷闻名，有天青、天蓝、月白等釉色。汝窑的天青釉瓷，釉中含有玛瑙，色泽青翠华滋，釉汁肥润莹亮，有如堆脂，视如碧玉，扣声如磬，质感甚佳，有“似玉非玉而胜似玉”之说，色泽素雅自然，有“雨过天青云破处”之誉。

汝瓷之都

汝窑窑址于 1986 年发现在河南省宝丰县清凉寺村，后经多次考古发掘，为研究汝窑的性质、生产规模、烧造品种、烧造时间，以及汝窑与其他瓷窑的关系提供了珍贵的实物资料。由于汝窑烧造时间短，其开窑时间前后只有 20 年，传世亦不多，在南宋时，汝瓷已经非常稀有。现今存世的汝瓷，一般认为有 65 件，其中台北故宫博物院 21 件，北京故宫博物院 17 件，上海博物馆 8 件，英国戴维基金会 7 件，其他散藏于美、日等博物馆和私人收藏约 10 件。

### 3.4.2 “曲剧之乡”

曲剧之乡

诞生于汝州的曲剧，是中国第八、河南第二大剧种，深受群众喜爱。曲剧是河南省本地的主要地方剧种之一，旧时也称“高台曲”或“曲子戏”，有些地区又称“南阳曲子”。汝州是中国曲剧的发源地，是“由坐班清唱的河南鼓子曲中杂牌小调与民间歌舞踩高跷相结合，于 1926 年经临汝县农民同乐社搬上高台，发展成为曲剧剧种的”。河南曲剧是由高跷曲子发展而成的，而高跷曲子则是清朝光绪初年，洛阳王凤桐先生把当地以舞蹈为主的高跷，和以茶馆、坐班清唱，配以伴奏乐器，以自唱自乐为主的小演唱融为一体而成的。

曲剧之乡庆典

# 4 桐柏山省级地质公园

## 公园档案

省级地质公园批准时间：2007年1月
省级地质公园揭碑开园时间：2011年5月11日
公园面积：47.704平方千米
公园地址：河南省桐柏县
地理坐标：东经113°14′56″—113°22′27″
北纬32°20′24″—32°25′21″
典型地质遗迹：地质构造剖面、鞘褶皱洞穴群等

## 4.1 纵览桐柏山

### 4.1.1 公园概况

桐柏山省级地质公园，位于河南省桐柏县境内，桐柏山北麓，行政区划隶属桐柏山淮源风景名胜区及城关镇、淮源镇、月河乡、新集乡的一部分。南起河南省省界线，北至宁西铁路南一线；西起肖家围子，东至上虎山。面积约 47.704 平方千米。公园分为桃花洞、淮河源、水帘洞 3 个园区，桃花洞、香炉垛、太白顶、六盘谷、水帘洞、太阳城、盘谷湖等 7 个景区，是一座以典型地质构造剖面和花岗片麻岩鞘褶皱洞穴群等地质遗迹为主，以水体景观和西游文化为辅，以具有重要观赏性的花岗岩地貌地质地貌景观为特色的综合型地质公园。桃花洞景区花岗片麻岩洞穴成群分布；淮河源景区太白顶奇峰高耸，雄冠豫南；水帘洞景区悬泉飞瀑，澄潭碧流。在人文和生态景观的映衬下，优美的地质遗迹形成了一幅幅壮丽的画卷。

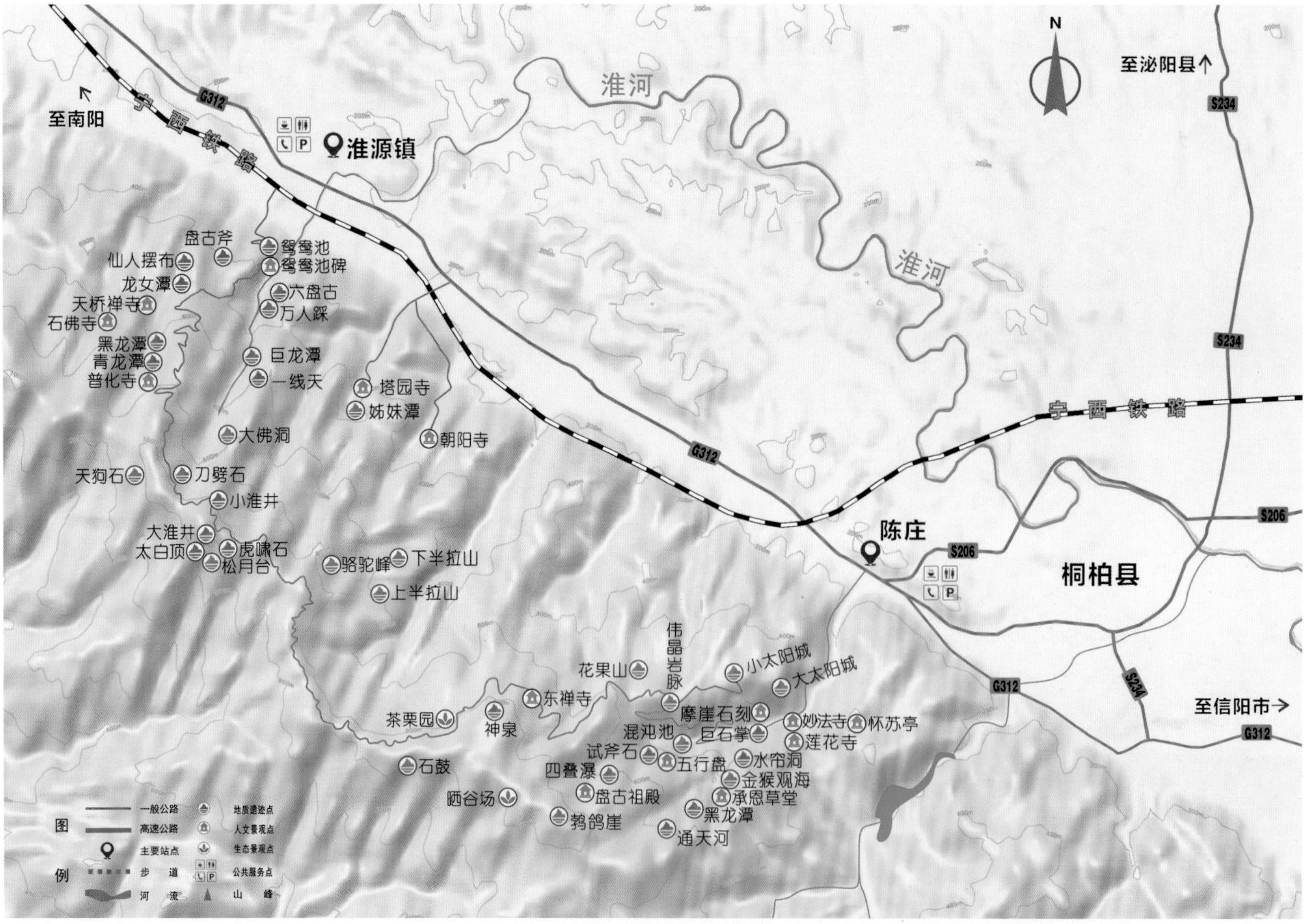

桐柏山省级地质公园科普旅游线路图

### 4.1.2 地形、地貌特征

桐柏山属秦岭东延的余脉，为秦岭与大别山的连接山脉，地貌以中低山、丘陵为主，盆地分布于东北部地带。斜贯境内的桐柏山构成地貌的骨架。桐柏山主脉由西向东，蜿蜒于县境南侧，为河南、湖北两省天然分界。由于受西北—东南向桐—商大断裂的影响，山体边界十分整齐，形成山坡陡、山脊窄、群峰高耸的地貌形态，不少山峰在海拔1000米以上。山体北侧为淮河及众多支流的发源地，河流横切山体，形成一系列深切河谷和近南北向的山岭，使山势显得雄伟壮观。太白顶为桐柏山主峰，海拔1140米。山体北侧的深切河谷多呈“V”字形，河谷中溪流落差大常形成瀑布，六盘谷以东众多的溪（河）流组成淮河源区。

太白顶远眺

桐柏山

### 4.1.3 自然与生态

园区内现有植物2000多种，属国家级保护物种的有珊瑚朴、香果树、青檀等13种，省级保护的有腊梅、河南鹃等27种。由于山体落差较大，植物垂直分带明显，可分为中山落叶阔叶林、低山常绿落叶阔叶混交林、丘陵常绿针叶林。桐柏山走马沟大型植物园荟萃了桐柏山植物物种，太白顶“小平顶杜鹃园”规模达数百亩，桃花洞有河南省保存最完整的原始次生马尾松模式林。园区的野生动物资源比较丰富，现有主要脊椎动物33目76科，300多种。列入国家保护的珍稀动物有33种，属省级重点保护的有17种。

桐柏山水

桐柏冬雪

桐柏之春

桐柏山植被

#### 4.1.4 地质概况

桐柏山位于秦岭—桐柏山—大别山造山带的东段、华北板块和扬子板块主缝合线——商丹断裂带上，其地质演化史主要是两大板块多次伸展裂解、俯冲碰撞、汇聚拼接、隆升造山运动的经历，桐柏山丰富的地质遗迹记录了华北板块和扬子板块漫长而复杂的地质演化过程。地层属桐柏—大别山地层区，主要出露太古代变质表壳岩、古生代肖家庙岩组中深变质岩系和元古代花岗岩经变质变形改造而形成的桐柏山片麻杂岩。地质构造特征上具有过渡区的性质，几条大型的构造边界断裂从区域内横穿，如华北断块南缘断裂、桐柏—商城断裂。这一带不仅是世界上最大的超高压变质岩区，而且也是陆—陆碰撞之后，在高压和超高压岩石剥露过程中岩浆活动最为强烈的地区。区内稀有的地质构造遗迹，显露了华北板块与扬子板块俯冲、碰撞、板内隆起造山的完整过程，为研究我国中央造山带板块碰撞造山提供了丰富信息，是珍稀的不可再生地质遗迹，是研究板块运动的天然课堂。

此外，这里有亚洲第一、世界第二的天然重质纯碱矿，其中，探明储量 1.5 亿吨，远景储量 3 亿—5 亿吨。有位居国内四大银矿之首的露天开采银矿，还有在世界首次发现，被国际矿物质学会命名的“桐柏矿”和“围山矿”。

桐柏之秋

桐柏山花岗岩

变质岩河谷

## 4.2 伴你游览桐柏山

### 4.2.1 水帘洞景区

水帘洞景区位于地质公园的东部，是一处以花岗岩地貌景观为主，人文景观交相辉映的特色景区。

主要地质地貌景观：花岗片麻岩洞穴（水帘洞）、花岗岩象形石（上天梯）、构造节理遗迹（试斧石）等。

主要景点：水帘瀑布、水帘寺、浴龙潭、风雨桥、盘古祖殿、盘古祖殿牌坊、八卦坛、混沌池、仙人桥、黑龙潭、承恩草堂等。

盘古大神

（1）水帘寺

水帘寺原为老君堂，依山傍水，山门、天王殿、大雄宝殿、玉佛楼、卢殿层层递高。水帘寺与水帘洞形成自然景观与人文景观的巧妙组合，相得益彰，真的成了世外桃源般的福地洞天。赵朴初、王学仲、陈天然等名家书写匾额，由新加坡和中国香港的原桐柏山和尚捐赠、从缅甸运回的白玉佛，高 1.62 米，重 1.8 吨，其高其重，其工其精，在国内绝无仅有。水帘寺与洛阳白马寺、嵩山少林寺、开封大相国寺并称当代中原四大名寺。

水帘寺

（2）水帘洞与水帘瀑

水帘洞位于水帘寺东南侧 67.5 米高的花岗岩绝壁上，为一天然花岗片麻岩洞穴。洞穴系由片麻状花岗岩中所富含的角闪石等暗色矿物包体发生差异性风化后形成，洞深 4 米，宽 13 米，高 5 米，沿东侧的石阶可达洞内。洞顶通天河溪水长年不断飞泻而下，恰似水帘悬挂洞前，形成“水帘洞”。夏季洪水季节，瀑水可喷泻到 20 米以外，水帘宽度达 17 米左右，每秒流量达 27 立方米；冬季枯水季节，水帘宽度在 5 米左右，瀑水飘飘洒洒，如雨丝扑面，人在数十米外可湿衣衫。

水帘洞（二）

水帘洞（一）

水帘瀑

水帘洞与水帘瀑

（3）通天河

位于水帘洞之上的通天河内，师徒伏渡、仙人桥、晒经石、金猴拜观音、承恩草堂、黑龙潭等《西游记》文化景点，与美丽的自然山水景观相互映衬，更显特色。

西游群雕

金猴拜观音

金猴拜观音

仙人桥

通天河

金猴拜观音

西游群雕

承恩草堂

（4）盘古溪

桐柏山是盘古神话传说十分集中的地方，沿着盘古山下的盘古溪，一路蜿蜒而行，混沌池、试斧石、龙虎涧、四叠瀑、盘古祖殿、盘古石瀑（石刻）等，盘古文化与溪流瀑潭景观，别有一番情趣。

根

盘古石瀑（石刻）

盘古溪

试斧石

盘古山

盘古大殿

（5）太阳城遗址

位于水帘寺北侧沟谷对面山坡之巅，因四周陡峭，中间洼陷，也被称为“太白池”，城内总面积0.5平方千米。太阳城始建于战国，为守边堡垒，后在南北朝、南宋、明末均作为军事要塞，屡毁屡修。太阳城为花岗岩山峰，南侧花岗岩绝壁裸露，形成石瀑景观。

神泉

太阳城石瀑石刻

太阳城鸟瞰水帘寺

神泉茶社遗址

太阳城遗址

#### 4.2.2 太白顶景区

太白顶景区位于地质公园的中部，是一处以花岗岩地貌景观为主，人文景观交相辉映的特色景区。主峰太白顶海拔高度1140米，东距县城15千米，由花岗质片麻岩构成，是淮河的发源地。登上太白顶可观日出、雾海、霞光三大奇观。

太白顶远眺

主要地质地貌景观

花岗岩地貌景观（太白顶）、花岗岩象形石地貌景观（虎啸石）、构造地貌遗迹（半拉山）、花岗片麻岩洞穴（如：张良洞、老虎洞）、花岗片麻岩裂隙形成的地下水（如：神泉、大淮井、小淮井）等。

主要景观景点

云台禅寺、骆驼峰、茶栗园、东西塔林、大复横云、松月台、百步天梯、东禅寺等。

塔林

太白顶石瀑

太白极顶

石鼓

太白顶考察

（1）云台禅寺

云台禅寺位于太白顶之巅，为桐柏山佛教临济宗白云山系祖庭、佛教白云山系之主寺，始建于清乾隆四十九年（1784年），距今200多年。太白顶云台禅寺，在清乾隆之前为道教圣地，传说早在春秋时代，王禅即在此修道授徒。

云台祖庭

云台禅寺

（2）淮河源

淮河又称淮水，为古四渎之一。千里淮河发源于桐柏山脉主峰太白顶北麓。通常人们将主峰太白顶北侧的“淮源井”认作淮河极始源头。淮源井，井深 14 米，井底有数处小的泉眼，整日流水，透过井壁流出，渐渐汇成溪流，上游溪流为通向淮源太白顶的六盘谷溪。淮河便从这里开始，穿林越崖，走过平原，一泻千里注入东海。

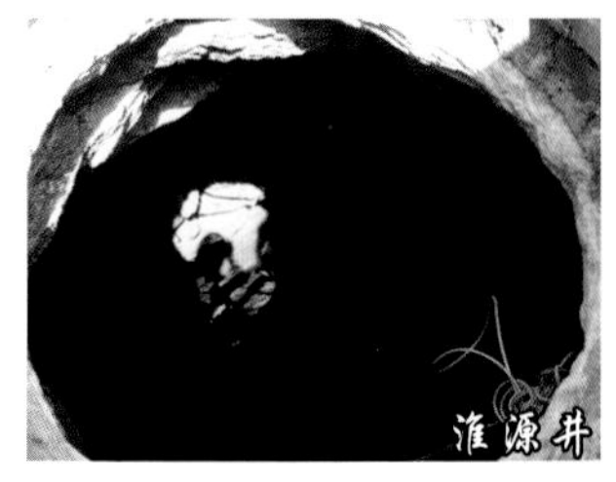
淮源井

淮源井

淮源河

### 4.2.3 桃花洞景区

桃花洞景区位于桐柏山地质公园的西部，是一处以花岗片麻岩中形成的形似剑鞘的鞘褶皱群和以鞘褶皱为基础形成的洞穴群为主要地质遗迹景观特色的景区，面积 28 平方千米。依鞘褶皱洞穴而建的普化寺，已有 200 多年的历史，位于淮河与长江两大水系分水岭两侧的淮汉鸳鸯池，一清一浊，令人称奇；此外，这里还有河南省唯一保存完好、有百年林龄的原始次生马尾松模式林。

（1）主要地质地貌景观

桐—商断裂带（大东庄断层）、固庙韧性剪切带（如：花岗质糜棱岩、透入性糜棱面理、S–C 组构、剪切褶皱）、固态流动变形相构造现象（如：透入性拉伸线理、A 形褶皱、鞘褶皱）等。花岗片麻岩洞穴（桃花洞）、地下水景观点（淮汉鸳鸯池）。

（2）主要景点

淮汉鸳鸯池、桃花洞、普化寺、黑龙潭、龙女潭、仙人摆布、王母娘娘沐浴池、盘古斧、原始森林等。

桃花洞

桃花溪

黄龙潭

黑龙潭

黑龙瀑

○ 桃花洞鞘褶皱洞穴群

位于太白顶西北坡六盘谷峡谷内，沿峡谷两侧岩壁，在片麻岩中发育一种新类型的片麻岩洞穴群，洞穴群约有大大小小的洞穴上千个，分布在峡谷中约500米的长度地段内。洞穴群多为小洞穴，只有两个洞穴较大，位于普化寺门前和庙后，大洞穴深20米，宽6—17米，高3—8米。大洞穴因峡谷绿荫蔽日，溪流叮咚，遍山野生桃树，春天桃花盛开而得名“桃花洞”。

桃花洞群

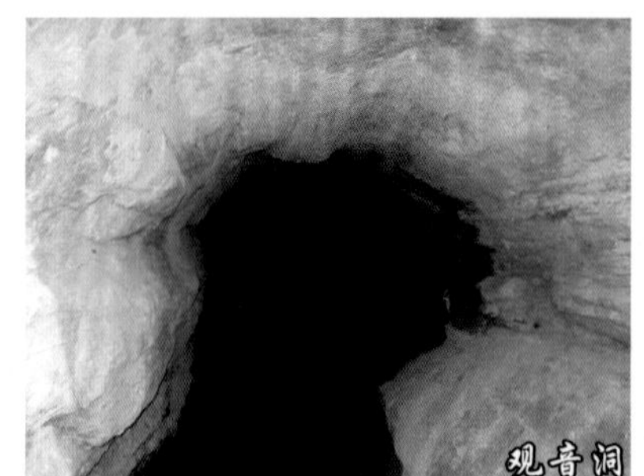
观音洞

鞘褶皱洞穴群

罗汉洞

桃花洞

普化禅寺

千年古树

龙女潭

马尾松林

深山藏古寺

棒槌石与龙女潭

○ 仙人摆布瀑布

位于桃花洞景区王母娘娘沐浴池下 100 米处，有一高达百米的悬崖。桃花溪沿山谷顺势流下，忽而东转，忽而西折，形成百米落差的九曲瀑布。瀑水清幽流长，遥立远眺，形似一条垂挂山涧，随风飘摆的白绢，故称仙人摆布。

仙人瀑布

仙人摆布瀑布远眺

○ 淮汉鸳鸯池

固庙—泉水湾是一道南北走向的脊岭，在地貌上不是很明显，但它却是淮河和汉水的分水岭。位于这个淮汉分水岭上，有两个池塘，每个池塘直径约 30 米，深约 1 米，两池相距约 50 米，一个位于淮河流域，一个位于汉水流域，属于淮河的水清，碧绿色，属于汉水的水浊，土黄色，常年如此，水色从未改变。清者水向东流入淮河，浊者水向西流入汉水长江。故称淮汉鸳鸯池。

夏天淮汉鸳鸯池

深秋淮汉鸳鸯池

#### 4.2.4 地质公园博物馆与主题碑

（1）地质公园博物馆

桐柏山省级地质公园位于桐柏山县城的近郊，桐柏山地质公园博物馆采用馆与公园相分离的模式。地质公园博物馆位于县城内，与县政府会议中心相融合，门前是桐柏广场，馆区占地面积 280 平方米，成为桐柏山对外宣传的科普窗口。

公园各景区简介区

桐柏地质公园博物馆展示空间以桐柏山地域地质特征和桐柏本土文化为基础，巧妙地将建筑、场所、地域特征、传统文化整合于一体，整体设计始终把桐柏山四大文化作为主线融入地质科普展示设计空间中去，把盘古开天地的神话传说与桐柏山中央造山带的形成时期、也是盘古大陆形成时期的地质景观相融合，将桐柏山“洞天福地”的地质景观与淮河正源的自然景观相融合，借以声、光、电等高科技多媒体技术，以“动感体验”的独特魅力，营造人与地质科学的互动表达。

矿产资源展区

在桐柏山四大文化主线的贯穿下，地质公园博物馆整体空间分为四个区域：①中华之珠——桐柏山厅（综合厅）；②盘古开天——桐柏山厅（地质厅）；③淮河之源——桐柏山厅（淮河厅）；④中国碱都——桐柏山厅（矿产厅）。

四个展示区域在灯光设计上，根据展示空间不同的内容塑造出不同的意境：从第一展厅的朦胧神秘效果过渡到盘古开天天崩地裂的壮观场景，再到淮河之源的宁静的大自然景观，最后再现空旷明亮的繁忙矿山开采景象。整个博物馆展示空间将自然与人文，历史与当代巧妙协调地统一起来，再现出“天人合一”的自然景观。避免了以往地质博物馆单调、枯燥的科普展示，使参观者展开想象的翅膀，在科普和人文世界中自由翱翔。

盘古开天展厅

综合展厅

中华之珠展厅

中国碱都展厅

（2）地质公园主题碑

地质公园主题碑位于地质公园博物馆前，为一块花岗片麻岩巨石，碑的正面为地质公园名称，背面为地质公园简介。

主题碑

## 4.3 地学解密

### 4.3.1 桃花洞片麻岩洞穴群的形成

桃花洞鞘褶皱或 A 形褶皱洞穴群成因揭秘：

桃花洞片麻岩中鞘褶皱或 A 形褶皱洞穴群在桃花洞（普化寺）一带最为发育，这类洞穴严格受太古宙片麻岩中发育的韧性剪切带控制，由韧性剪切带中的鞘褶皱或 A 形褶皱经风化剥蚀而形成洞穴。洞穴群规模以中、小型露头尺度为主，小型露头尺度鞘褶皱的洞穴直径一般为 5—10 厘米，洞深 20—30 厘米，大者洞穴直径 3—5 米，洞深 17 米（如桃花洞），洞口均向北西 31C 方向倾伏，倾角 5°—15°，与桐柏变质核杂岩中发育的拉伸线理（A 形褶皱轴、窗棂线理）一致。

韧性剪切带亦称“韧性断层”“韧性变形带”，是地壳或岩石圈中由于剪切变形以及岩石塑性流动而形成的强烈变形的线状地带，形成深度大于 30 千米的地壳下部。当处于这一区域的呈塑性状态的岩石再遭受来自两个方向的剪切力作用时，这些塑性状态的岩石会产生弯曲变形，当这种岩石面被严重弯曲甚至封闭时，就形成了形态与剑鞘相似的褶皱，称为鞘褶皱，后来由于地壳上升和风化剥蚀这些具有鞘褶皱的岩石逐渐暴露于地表。这些鞘褶皱的核部常常是一些黑云母、角闪石等暗色矿物，褶皱的外轮廓则是石英、长石等一些浅色矿物，而组成褶皱核部的暗色矿物抗风化能力较弱，极易发生差异性风化作用，当处于褶皱核部的暗色矿物率先被风化掉之后，便形成鞘褶皱洞穴。这种洞穴从外观形态看是鞘褶皱或 A 形褶皱的轮廓形态。这种片麻岩鞘褶皱洞穴的成因既不同于石灰岩岩溶成因的洞穴，也不同于花岗岩岩块堆积棚架成因的洞穴，而是一种新的成因类型洞穴。为研究方便现将鞘褶皱的长轴，即平行运动的拉伸线理的方向确定为“X 轴”，“Y 轴”与“X 轴”垂直，“Z 轴”垂直 XY 面。这样鞘褶皱在不同断面上的形态变化很大，在垂直“X 轴”的 YZ 面上以封闭的圆形、眼球状、豆荚状；在 XZ 断面上多为不对称及不协调的平卧或同斜褶皱，在 XY 面上显示出长条形或舌形，其上发育拉伸线理，并指示剪切拉伸运动的方向。

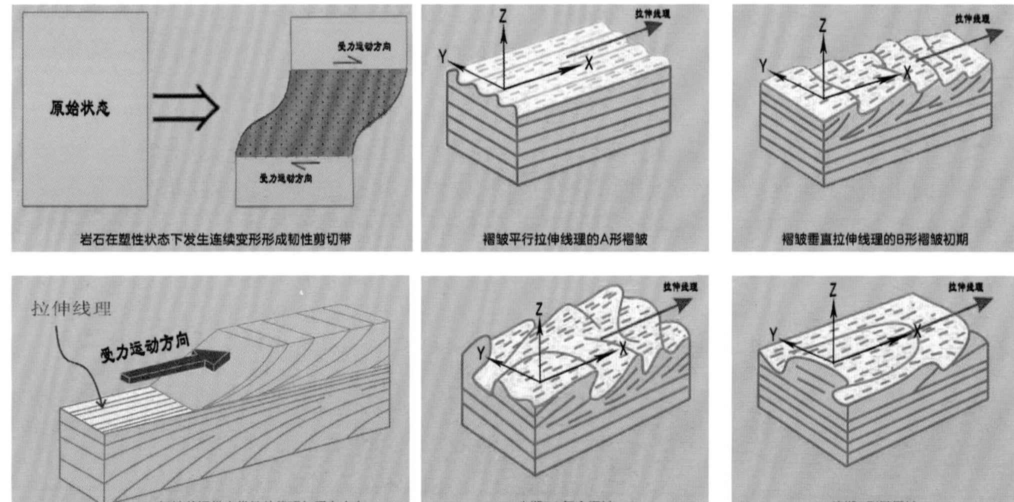


鞘褶皱形成过程示意图

鞘褶皱洞穴群

鞘褶皱

桃花洞鞘褶皱洞穴三轴定向示意图

### 4.3.2 这里有些地方的岩石为什么会像树干一样

桃花洞一带有些地方的岩石像树干一样，成群出现，难道这些是古代的树木形成的木化石吗？科学的解释是它们不是树化石，而是一种岩石的杆状构造。这里的岩石曾在地下深处高温高压环境下受力而发生过塑性变形，在塑性变形过程中由于辗滚旋转产生了岩石的杆状体，地质学家称之为杆状构造，是线理的一种，常与鞘褶皱相伴产出。

杆状构造景观

杆状（武窗棂）构造

杆状（武窗棂）构造

### 4.3.3 淮汉鸳鸯池的形成之谜

淮汉鸳鸯池因清者水向东流入淮河，浊者水向西流入汉水长江而得名淮汉鸳鸯池。两个池塘的水从来没有干涸过，为了探究一清一浊的原因，当地人曾经想把池塘的水抽干，但总是抽不干，水抽不干是因为有地下水补给，水清的池也容易理解，而水浊的池为什么没有澄清的时候？原来浊水池塘位于黄色的土坡上，这个土坡有厚厚的残坡积物，残坡积物是由砾石和黄色黏土组成。黄色黏土非常细腻，可以作为高岭土，细腻的高岭土溶解在水中是很难沉淀的。地下水溶解了黄色的高岭土补给浊水池塘，而干净的地下水补给清水池，所以两个水池塘不干涸并出现一个水清一个水浊的奇妙景观。

淮汉鸳鸯池

## 4.4 人文历史

桐柏山又名大复山、云蒙山，因淮河发源于此而闻名天下。具有内涵丰富的淮源文化，源远流长的佛道文化，影响国内的苏区文化和历史悠久的盘古文化。秦始皇 26 年诏令祭祀名山大川，淮河为其一，并于淮源头建造淮祠，是当时建庙时间最早，规模最大、规格最高的庙宇。随后历代封建帝王均遣使来此祭淮，庙宇也不断扩建重修。明朱元璋亲撰碑文立于庙内，康熙御书“灵渎安澜”致祭，雍正亲书“惠济河漕”赐庙。园区内的淮渎庙，是历代祭祀淮河的载体，具有极高的历史和文化价值。

桐柏汇集了丰富的神话传说，是《西游记》创作的源泉。吴承恩曾在邻县新野任多年县令，其间，多次来桐柏游玩，他根据这里“禹王锁蛟”等传说突发灵感，著作了《西游记》。这里的通天河、水帘洞、老君堂、放马场、桃花洞、花果山、太阳城、太白顶等很多地名被应用到《西游记》中。“禹王锁蛟”故事中的水妖无支祁，由鲁迅在他的《中国小说史略》中明确指证“无支祁就是孙悟空的原型”。

淮源祠

全球华人首次祭祀盘古大典

桐柏山因位居中原，山川幽静，是历代佛教、道教文化传播的胜地。佛教、道教文化久远，早在汉代之前就建有清泉寺及道教道观，是中原佛教、道教文化的发祥地之一，有“天下第四十一福地”之誉。桐柏山太白顶云台禅寺是佛教临济宗白云山系的祖庭。景区内的金台观于南北朝时建立，是当时全国五大道场之一。

丰碑雕塑

桐柏山是中国共产党领导开展革命活动较早的地方，桐柏县是河南省九个革命老根据地（苏区）县份之一。从 1925 年到 1947 年的 22 年间，这里先后建立过 6 个省级、5 个地级、12 个县级党政军领导机构，刘少奇、李先念、贺龙、王震等老一辈无产阶级革命家都曾在这里战斗和工作过。园区内现代革命活动遗址主要有叶家大庄。20 世纪 80 年代，家喻户晓反映革命战争年代桐柏英雄的电影《小花》在此拍摄。

电影《小花》剧照

# 5 跑马岭省级地质公园

## 公 园 档 案

地质公园批准时间：2008年1月23日
地质公园揭碑开园时间：2016年11月29日
公园面积：132平方千米
公园地址：河南省卫辉市
典型地质遗迹：古夷表平面、崖壁地貌

## 5.1 纵览跑马岭

### 5.1.1 公园概况

跑马岭省级地质公园位于太行山东南弧形转折部位。公园北起林州市界，南到沧河出口，西起西拴马好窑，东至淇县县界，从南向北由罗圈湖、白龙潭湖、塔岗湖 3 个景区组成，面积分别为 40.6 平方千米、59.48 平方千米、31.92 平方千米，公园总面积 132 平方千米。行政区划隶属河南省卫辉市狮豹头乡管辖。

跑马岭省级地质公园科普旅游线路图

### 5.1.2 地形、地貌特征

公园位于太行山东南（边）部，总体地势特征是西北高东南低，呈现由西北向东南倾斜，从北部山区到南部平原的阶梯式变化，层次分明。最高峰黄梅草垴海拔高程 1069 米，最低点沧河出山口处海拔 150 米，地形相对高差 919 米，属中低山—丘陵区。地貌形态展布明显受地质构造和岩石特性影响，其成因类型属构造、剥蚀地貌，大致可分为 5 类：碳酸盐岩中低山、碳酸盐岩低山、碳酸盐岩夹碎屑岩低山、其他岩类低山和丘陵。

崖壁地貌

山顶夷平面

### 5.1.3 自然与生态

跑马岭地质公园位于北温带，主要受大陆气团的影响，属暖温带大陆性季风气候，气候温和，四季分明。春暖干旱多风，夏季炎热多雨，秋凉气爽昼夜温差大，冬季寒冷有雪。年平均气温 13.8℃，山区气温随高度增加而递减，垂直递减率为 0.7℃ /100 米，故气温一般比东部平原低 3℃左右。植被属暖温带落叶阔叶林带，生物资源较为丰富，自然植被较好。因地形影响，植被大都具有耐旱、耐瘠、耐盐碱，适应性强的特点。

山顶草原

山花盛开

园区属海河水系，卫河流域，沧河从公园中央蜿蜒而过，自上而下有 3 处人工湖泊——罗圈湖、白龙湖、塔岗湖。地表水体水质清澈，汛期过后能快速澄清，清澈无异味。

罗圈湖

塔岗湖风景

白龙湖风景

### 5.1.4 地质概况

跑马岭地质公园处在华北古板块内，出露地层属华北地层区太行山地层小区，为典型的陆块型沉积，具基底和盖层二元结构。结晶基底主要为太古宇登封岩群，岩石普遍受区域变质或混合岩化，盖层由中元古界、古生界、新生界新近系和第四系构成，地层平缓，倾角 5°—12°，局部接近水平。

五指峰

绝壁与垂直节理

蜘蛛窑大绝壁

薄壁

## 5.2 伴你游览跑马岭

### 5.2.1 跑马岭景区

跑马岭景区位于卫辉市狮豹头乡境内，沧河上白龙湖（原狮豹头水库）的西岸，是以北方喀斯特崖壁地貌为主要特色的旅游景区。现已形成了山下以感恩文化与地学科普，山顶以天然盆景园喀斯特地貌和太行期夷平面上的万亩草原为特色。南北两侧为登山步道，南侧为崖壁天路，北侧为小型峡谷，形成旅游大环线。

跑马岭景区大门

（1）白龙湖

即狮豹头水库，位于狮豹头乡北庄村东。控制流域面积 160 平方千米，总库容 1860 万立方米，兴利库容 1010 万立方米。最大坝高 50.7 米，坝长 150 米。白龙湖在跑马岭下形成风景如画的水面风光。

白龙湖

（2）感恩文化

传说清末“割肉疗亲、至孝通神”的真实故事就发生在景区的白龙湖边，景区在山前平台上建设了以感恩文化为主题的孝道园、尊师园、爱情园、敬业园、友情园，为在全社会弘扬感恩文化提供了良好条件。

摩崖石刻

感恩钟楼

至孝通神

窑洞宾馆与感恩洞

洞藏美酒

崖壁天路

（3）崖壁（草原）天梯

寒武纪碳酸盐岩形成陡峻的山坡上，“之”字形的登山梯既是一处处欣赏山下田园风光的观景台，又是景区通往跑马岭，欣赏山顶万亩草原的登山道路。

天然盆景园

岩溶奇石

（4）天然盆景园

可溶性的碳酸盐岩在地表被长期的风化与雨水的溶蚀后，形成天然的溶蚀地貌景观。

（5）山顶万亩草原

跑马岭东西绵延6千米的山梁，为残留太行期夷平面，形成万亩草原，跑马岭因此而得名，辽阔无际，一片“天苍苍，野茫茫，风吹草低见牛羊”的北国风光。

山顶万亩草原

（6）峡谷景观

景区北侧有一小型峡谷，一条登山步道沿峡谷蜿蜒而上，可达跑马岭。

峡谷

（7）其他景观

园区内地质景观奇特，最具代表性的有类峰丛和溶蚀柱林、滑塌体、崖壁、岩溶、U 形崖等景观。如五指峰、天生桥、将军峰、誓天、方山、好爻大绝壁、幻像岩等。

将军峰

天生桥

五指峰

青龙铁瀑

罗圈湖

塔岗湖风景

猿猴沟瀑布

### 5.2.2 地质公园博物馆与主题碑

（1）地质公园博物馆

地质公园博物馆位于跑马岭景区入口处，博物馆通过展板、标本、科普场景，系统地讲解和展示了公园的特色地质遗迹资源。

公园博物馆

地球科普展区

生态环境展区

地球起源与生态环境展区

地层与岩石展区

（2）地质公园主题碑

主题碑与景区山门相结合，由特色岩石镶嵌而成，别具特色。

地质公园主题碑

## 5.3 地学解密

跑马岭与山顶草原的形成：

据地质学家们研究考证，跑马岭为距今大约 2300 万年前新生代渐新世时期形成的太行期古夷平面的残留山脊。当时的太行山还没有形成，现在的太行山区与华北平原还处于同一高度，由于地壳的长期稳定，经风化与剥蚀后形成了准平面（即太行期夷平面）。进入新近纪以后，伴随着喜马拉雅造山运动的再次活动加剧，太行山前断裂开始重新活动，跑马岭所在的太行山地一侧，再次抬山遭受强烈的切割作用，到距今大约 530 万年的上新世初期，地壳再次处于稳定，到距今大约 260 万年的时候形成区内跑马岭大绝壁下的宽谷夷平面，即唐县期夷平面。距今大约 260 万年的第四纪以来，太行山区进一步抬升和遭受强烈的风化剥蚀，太行期夷平面被风化剥蚀成一道道山梁，跑马岭一带形成了现今 800—840 米的长脊状山岭。山脊上因仅有少量的第四纪黄土沉积，不适宜生长大型植被，便形成了山顶草原。

跑马岭山顶草原

## 5.4 人文历史

### 5.4.1 跑马岭的来历

相传，这里是朱元璋大将徐达跑马练兵的地方。徐达北伐前路过此地，发现这里山清水秀、绿树成荫，山下有白龙湖环绕，山顶有一望无垠的万亩草原，就命令众军在山顶安营扎寨。练兵期间，朱元璋曾多次到此地视察慰问。北伐成功，朱元璋黄袍加身，这里也随之成名，人们称之为“跑马岭”。

### 5.4.2 孝文化——“割肉疗亲、至孝通神”

故事的主人公叫王荣身，出生于卫辉市狮豹头乡，因其伯父膝下无子，自幼过继给伯父。王荣身 20 岁那年，伯父去世，只剩王荣身与伯母王刘氏两人相依为命。

清朝末年，军阀混战，民不聊生，就在这艰难困苦之时，王刘氏又突然双目失明。为给老人治病，王荣身跋山涉水，寻遍了所有能寻的名医，采摘了所有能采的中草药，鞋子跑烂了就光着脚，脚被磨出了大大小小的血泡，手也被荆棘刮得伤痕累累，经历长达两年的奔波努力，都对老人的眼疾无济于事。万般无奈的王荣身，整天愁眉不展，眼看自己的娘亲被病痛折磨得日益消瘦，更是心急如焚，他多么想把自己的眼睛换给娘亲。

但绝望并没有使王荣身的孝心泯灭，他在寻医采药的同时，仍不忘虔诚地祈求神灵保佑，他见庙烧香，遇神磕头。为显诚意，他早上起来迎向太阳，傍晚还要送走太阳，就是希望有一天能感动天地，出现奇迹。也许真的是孝心感动了上天，一位寺庙的老和尚赐给了他一剂药方，另外还送他八字禅语：精诚所至，金石为开。并说：善恶都有报，至孝总有果。谁知，在王刘氏服药后的第二天，就把王荣身叫到床前说：“身儿啊，娘好想吃肉，可我知道这兵荒马乱穷得连菜汤都喝不上，到哪儿弄肉去？身儿啊，你可别怪为娘的失礼啊。”

为不让老娘失望，他拿起狩猎的弓箭和长弩就进了山里，可是在这灾荒年月又适逢寒冬，王荣身在山上转了三天三夜也没能打到一只猎物，回到家里看着老娘不停地吞咽口水，他心如刀绞，万般无奈之下，王荣身找了块白布和一把小尖刀，躲进厨房，磨刀焚香，跪地祈祷，“乞求上天保佑，乞求神灵谅解荣身的一片孝心，我情愿为娘割肉疗疾，万望刀下无痛苦，刀后不留伤，万望老娘食肉之后，眼睛复明，百病全好……苍天在上，神灵保佑”。说着，“嚓”的一声，身上一块大约一两多重的肉被割了下来，王荣身忍着疼痛，用白布勒紧伤口，将肉放在案板上，拿着菜刀，咬紧牙关，剁一下肉，就祷告一声，“愿神灵保佑我娘早日康复”。经过一番周折，王荣身终于把煮好的一碗饺子端到了娘的跟前，不知底细的王刘氏吃着饺子，直说好香，并问哪儿来的肉。王荣身谎答：吃吧，娘，是孩儿逮了只山鸠。双目失明的王刘氏哪里知道这是身儿在为自己割肉疗疾。

雕塑

也许是孝心真的感动了上苍，王刘氏失明多年的双眼竟然重见了光明。当发现荣身胸前裹着的白布时，她心疼地拉过荣身问：“身儿啊，你这是怎么了？”并且非要用手解开看不可，王荣身死活不肯，只是用假话搪塞，越说越离谱的假话，让老太太更加生疑，便请了族长和族亲，定要王荣身说出个子丑寅卯。万般无奈之下，王荣身终于道出了其中的原委。当王刘氏知道自己吃的竟然是自己儿子身上割下的肉时，登时晕倒在地。苏醒后，老太太搂着王荣身，娘俩抱头大哭，并痛声说：“我这个老不死的怎么这样作孽啊，虎毒尚且不食子，我怎么连禽兽都不如啊。”荣身连哭带劝：“娘，这是孩儿自愿的，只要能医好您老的病，我啥苦都能吃，啥罪都能受。”

真相大白，令人肃然。凡是目睹这一幕的人，都被感动得涕泪纵横，连呼“至孝通神，苍天开眼”。于是，一传十，十传百，消息像春风一样迅速传遍山里山外，传到州官府衙，当时的知府大人不惜兴师动众，跋山涉水，亲自跑上百里太行，旌表其孝，将一块刻有“至孝通神”四个字的匾悬于王家高堂之上，并将同样的石碑立在村外路口，以供后人敬仰。

# 渑池韶山省级地质公园

## 公　园　档　案

省级地质公园批准时间：2010年1月

省级地质公园揭碑开园时间：2012年10月22日

公园面积：160.24平方千米

公园地址：河南省渑池县

典型地质遗迹：峡谷峰林地貌和黄河风光

## 6.1 纵览韶山

### 6.1.1 公园概况

渑池韶山省级地质公园位于举世闻名的仰韶文化发源地——河南省三门峡市渑池县境内。北邻黄河小浪底库区上游，是一座以峡谷地貌景观为主，以典型地层剖面、水体景观为辅，以仰韶文化为背景和生态与人文相互辉映为特色的综合型地质公园。由韶山园区（韶山景区、仰韶大峡谷景区、石峰峪景区和五凤山景区）、黄河丹峡园区（黄河丹峡景区、石佛峡景区）和南村黄河园区（南村黄河景区），三大园区七个景区组成。形成了以峡谷峰林地貌和黄河风光为主体，以自然生态和人文历史相互烘托，供科学研究和观光游览的综合型景区。

韶山省级地质公园科普旅游线路图

### 6.1.2 地形、地貌特征

渑池县基本属丘陵山地，北部是以东崤山为主的山区（即公园所在区域），南部是以西崤山（又称南大岭）为主体的丘陵地区，中部是涧河盆地。境内最高处为韶山，海拔 1462.9 米；最低处为黄河谷地，海拔只有 198 米。主要山脉有韶山、黛眉山。境内主要河流有涧河、洪阳河、涧口河等，统属黄河流域。黄河自境内西北的槐扒村入境，至东北的关家村东 1.5 千米处出境入新安县，境内流程 58.5 千米。

绵延群峰

### 6.1.3 自然与生态

渑池县属暖温带大陆性季风气候。年平均气温 12.6℃，年均降水量 662.4 毫米，降水集中在夏、秋两季，冬季最少。总降水量 502.5 毫米，降水天数为 97 天。渑池光照充足，昼夜温差大，适于多种农作物和果类的生长。由于本县地处黄土高原和东部大平原的过渡地带，也是北暖温带的南缘，所以适宜多种生物繁衍生息。据研究资料，境内有野生植物 156 科，1218 种。动物资源 150 余种，除猪、羊、牛、鸡等饲养动物外，还有野生的飞禽、走兽、爬虫、水生动物等。

香花槐

山梅花

黄栌

东南景天

### 6.1.4 地质概况

公园的大地构造位置处于华北陆块南缘向秦岭造山带北缘的过渡地带，属华北地台南缘华熊台缘坳陷渑池—确山陷褶断束西段，黛眉—东沃隆褶断区。地壳具双层结构，下部基底为太古宙太华岩群变质岩，上部盖层为中元古代熊耳群火山岩、汝阳群、洛峪群碎屑岩，古生代寒武纪、奥陶纪、石炭纪碳酸盐岩，二叠纪碎屑岩，中生代三叠纪碎屑岩，新生代第四纪黄土与残坡积物组成。

仰韶大峡谷紫红色砂岩

## 6.2 伴你游览韶山

### 6.2.1 韶山园区

韶山园区为公园核心园区，包括仰韶大峡谷景区、石峰峪景区、韶山景区和五凤山景区。

（1）仰韶大峡谷景区

仰韶大峡谷全长约 50 千米，自南向北依次分为仙峡、神龟峡和金灯峡三段，金灯峡向北与新安县黛眉大峡谷相连。根据区内景观布局，整条峡谷包含一系列的次一级分支峡谷。

仰韶大峡谷

○ 仰韶大峡谷景区仙峡段

仰韶大峡谷仙峡段位于仰韶大峡谷的南部，南起核园，北至南岭村，东与新安县龙潭大峡谷为邻；包含被称为仙峡的仰韶大峡谷主峡谷段，以及悬棺谷、卧羊峡、禅趣谷等分支峡谷。

峡谷风光

渑池县仰韶大峡谷

悬棺谷

以仰韶文化景观为特色，景区再现了人类5000—7000年前的衣、食、住、行、农耕、渔猎、制陶、婚俗、宗教、歌舞等远古文化。在此，你可以探索悬棺之谜，穿过时光隧道，你仿佛来到了距今约5000年前的原始社会，亲身体验新石器时代人类祖先的文明——体验刀耕火种、钻木取火、结绳记事、半地穴式房屋、尖嘴壶打水、叉鱼、狩猎、婚俗、亲手制作彩陶、与原始人手拉手跳舞、观赏原始野性的歌舞表演。

原始聚落火舞

叉鱼

禅趣谷

彩陶瓶雕塑

彩陶文化喷泉

禅趣谷

全长约4千米，峡内林木茂盛，青苔密布，绝壁侧立千尺、宛如斧劈刀削，别有洞天。核心景点水帘观音洞传说为观音修炼处，天然佛龛巍巍然，天造地设，令人望之肃然起敬。

峡谷内著名景点：笑口瀑、大肚潭、水帘观音等，亲临峡谷之间，宛如置身于仙境一般。在峡谷内倾听禅乐悠悠，感悟禅的智慧，令您积释顿悟，山水之美才是禅的顿悟之美，是人生的体验之美。

禅趣谷水帘观音

○ 仰韶大峡谷景区神龟峡段

神龟峡南起南岭村，北至金灯河村；其中大峡谷主峡谷段又被称为养生谷。神龟峡段以绝崖对峙，苔藓满石，瀑流飞溅，险峻无比为特色。峡谷两侧崖壁主要为中元古界汝阳群云梦山组紫红色石英砂岩，最窄处仅 3.5 米，最宽处约 50 米。峡谷迂回曲折，两侧山峰尖耸，由石英砂岩构成的岩墙顶部多形成峰丛，仰看为峰，俯瞰为岭。峡谷内崩塌岩块形成奇石林立的象形石景观，流水冲刷形成众多潭瀑景观；峡谷内共有泉潭 150 余处、瀑布跌水 60 余处，高低错落，使整个峡谷充满了灵气和动感；峡谷内各类黄河奇石俯拾皆是，进入峡谷，仿佛融入一座奇石博物馆。

神龟峡

峡谷飞瀑

养生谷雕塑

养生谷和瀑

(2)仙人山(石峰峪)景区

仙人山又名石峰峪为一峡谷型景区，位于韶山园区的中部，东与青要山为邻，面积约44平方千米。是在断块隆升背景下产生、后经河流深切形成的红岩嶂谷。全长19千米，宽10余米，最窄处不足1米，峡谷深达数十米至百余米。峡谷内流水潺潺，沿山谷蜿蜒，宛若青龙盘绕。谷底流水，因地势的起伏，形成瀑布急流、涧溪、碧潭；峡谷景观别具特色，天桥、地桥、一线天、石门、天井、瓮谷间列分布，崖壁、栈道、崖廊、石坎异彩纷呈；天然石碑记录了渑池韶山地区地质历史时期的山崩地裂；石质天书写下了公园12亿年前后的沧桑；自然奇观林林总总。园区地处山林深处，千年古树，郁郁苍苍，金秋季节，漫山红遍，宛若仙境。

石峰峪峡谷

石峰峪奇峰

仙人山景区鸟瞰

石峰峪

(3)韶山景区

韶山是渑池最高的山峰，海拔1462.9米，是河南省黄河以南、陇海铁路以北的制高点。韶山主峰在周围数十座山峰簇拥下，兀自耸立，有如一柱擎天。登顶极目远眺，南怀渑水，北望黄河，四周重峦叠嶂，林壑幽深，凸显其雄伟，彰显其磅礴。韶山前有渑水环抱，后依书山为屏；东以嵩山为邻，西靠崤山为伴；南有金乌、玉兔双峰护持，北濒黄河而迎王屋。韶山峡素以其雄、峻、齐、秀闻名中原。

仰韶博物馆

韶峰叠翠

### 6.2.2 黄河丹峡园区

黄河丹峡园区位于三门峡市渑池县坡头乡境内的黄河岸边，距渑池县城 35 千米。与山西省平陆县隔河相望。由黄河丹峡景区和石佛峡景区两个景区组成。黄河丹峡景区，整条峡谷由中元古代紫红色石英岩状砂岩构成嶂谷与一线天隘谷景观，峡谷长 8 千米，宽 2—30 米。谷内怪石林立、峭壁千仞、飞瀑湍急，汇集了奇山、怪石、险谷、清溪、深潭、密林等多种奇特的自然景观。代表性的景观有天然壁画、神猴望月、守谷雄狮、神女池、一线天、擎天柱、骆驼峰、情人谷、官印台、地质天书等 50 多处。石佛峡因北宋年间所开凿的丈石佛峡而得名。

官印台

石佛

黄河丹霞

### 6.2.3 地质公园博物馆与主题碑

渑池韶山地质公园博物馆为两层建筑，博物馆通过典型的标本、图表以及通俗的文字，深入浅出地向游人展示了地球的基本知识、生命的起源与演化、韶山漫长而复杂的地质演变历史和雄、险、秀、幽、奇的峡谷地貌景观，让游人真正领略大自然的雄浑与博大。

韶山地质博物馆

韶山地质博物馆展厅一角

公园主题碑

## 6.3 地学解密

### 6.3.1 仰韶大峡谷的形成

仰韶大峡谷发育在中元古代紫红色石英岩状砂岩中，是典型的红岩嶂谷。峡谷的形成主要是受大地构造运动引起的地壳抬升与流水沿断裂或节理侵蚀所发生的崩塌作用有关。峡谷内的岩石中常常发育有两组连通性好的垂直节理，它们与层面一起将岩石切割成大小不一的块体，破坏了岩体的稳定性，当流水深切形成断崖峭壁且下部夹有较软的岩层时，软岩层易于风化形成凹进去的崖廊，造成上部岩层悬空，极易发生崩塌。在两组节理交会的部位形成崩塌作用较强、常常形成较宽广的“天井”式的宽谷，在一组节理发育的部位以流水切割为主，常常形成隘谷（一线天）。

峭壁栈道

石峰峪奇峰

崩塌岩——神龟探首

一线天

### 6.3.2 波痕石的形成

距今大约 14 亿年前的中元古代时期，这里是美丽的海滨沙滩，伴随着风浪与潮起潮落，水流与波浪带动当时还没有固结的海底沙粒，在沙滩表面移动，形成了这些与当时波浪大小相对应的波浪状层面遗迹。它的形态反映了沉积环境，特别是水动力状况。根据波峰（脊线）在平面上的延续形态分为直线状、弯曲状、链状、舌状及新月形几种。从直线状—弯曲状—链状—舌状（或新月形）波痕，是在水体逐渐变浅、水流速度逐渐加快的情况下形成的。根据成因可分为流水波痕、浪成波痕、流水波浪复合波痕、孤立波痕、风成波痕和修饰波痕。

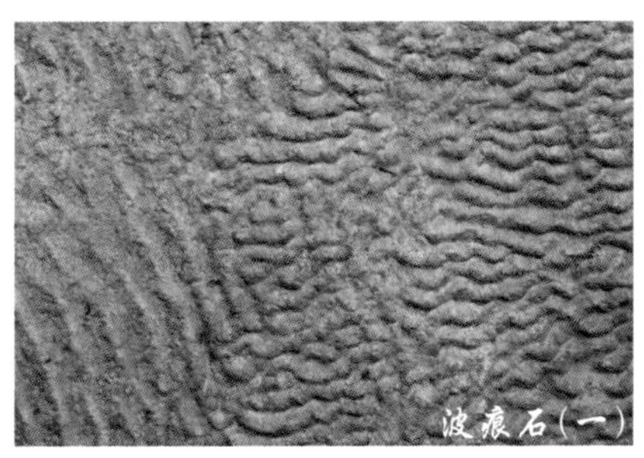
波痕石(一)

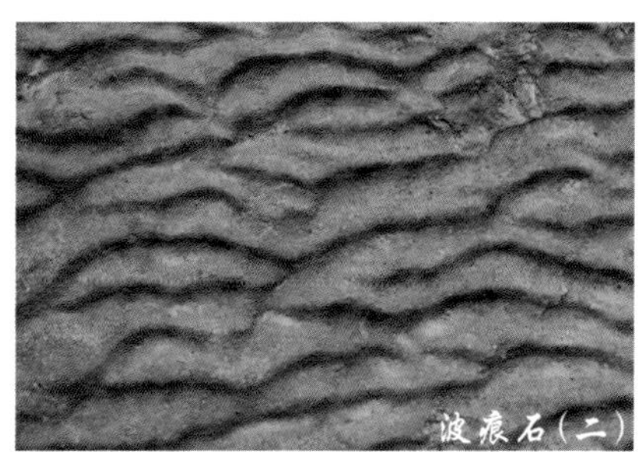
波痕石(二)

### 6.3.3 岩石上龟背状花纹的成因

距今 14 亿年前的滨海沙滩不仅保留了古海洋环境下形成的波痕遗迹，也保留了有时因为古海滩露出水面遭到太阳的暴晒而形成的干裂遗迹。干裂是由于沉积物露出水面，暴露在空气中，经蒸发干涸收缩形成，是一种泥质沉积物干燥收缩的裂隙，大小不一，形态各异的多边形（有三角形、四边形、正五边形、正六边形等）裂隙。

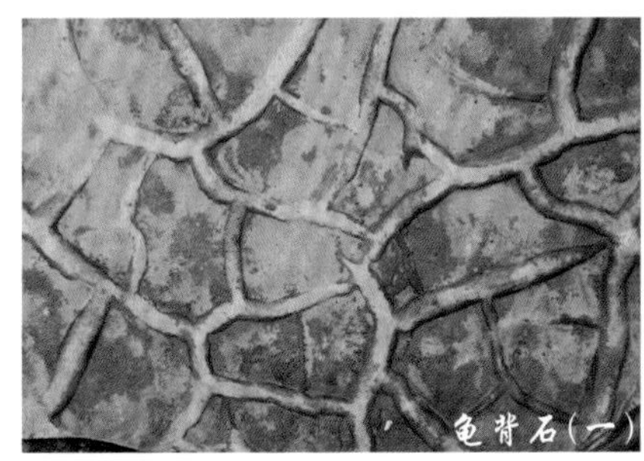
龟背石(一)

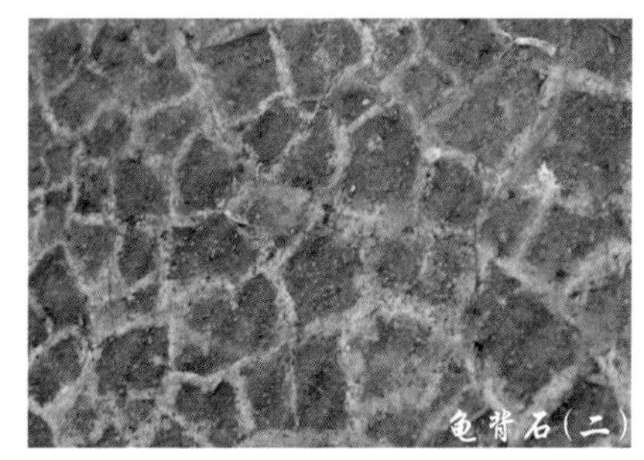
龟背石(二)

### 6.3.4 蜂窝崖的形成

由于园区的紫红色石英砂岩在形成时所含的矿物成分并不完全相同，部分岩层因当时的沉积物来源与水动力条件的不同，常常含有大量的泥质、钙质或铁质成分，所以，当富含这些矿物质的岩层露出地表后，因其中的泥质、钙质与铁质成分容易被风化和溶蚀，便在这些富含泥质、钙质或铁质成分的崖壁上形成大量的蜂窝状洞穴，形成蜂窝崖地貌景观。

蜂窝崖

## 6.4 人文历史

### 6.4.1 仰韶文化遗址

仰韶文化遗址，位于河南省三门峡市渑池县城北9公里处的仰韶村。仰韶文化，因在河南渑池仰韶村发现，故名。仰韶文化也称彩陶文化，多数是粗陶。这是当作同系统文化的代表名称。1921年，经中国政府批准，瑞典地质学家安特生和我国考古学家袁复礼一起进行了首次发掘。根据出土文物，确认是我国远古文化的遗存。按照考古学惯例，把首先发现地作为该文化类型的名称，故名“仰韶文化”。

仰韶文化遗址

1951年中国科学院考古研究所对该遗址进行了小规模发掘，发现这里有四层文化层相叠压，自下而上是仰韶文化中期—仰韶文化晚期—龙山文化早期—龙山文化中期。1961年3月，国务院将仰韶文化遗址定为国家重点文物保护单位。

1994年，中国历史博物馆组织中国和美、英、日等国的考古专家进行国际田野文物考察，在仰韶村附近的班村，发现了大量珍贵文物，其中最有价值的是数十斤5000年前的小米，说明中国农业发展具有悠久的历史。

### 6.4.2 古秦赵会盟台

秦赵会盟是一个历史大事件，被《史记》描述得绘声绘色，入选过中学课本。古秦赵会盟台位于县城西南1千米处，在渑水、羊河汇流的台地上，“盟台夕照”是渑池八景之首。

据《史记·廉颇蔺相如列传》记载，秦昭襄王时（前282—前280年），秦国三次发兵攻赵，赵国失利而不屈服。秦为征服赵，又开始政治与外交上的斗争。公元前279年，秦昭襄王派人告诉赵惠文王，为使两国和好，双方可在渑池会盟。陪同赵王前往的是赵国上大夫蔺相如。秦王与赵王会饮时，胁迫赵王鼓瑟，并令史官记入秦史，使赵王感到无比难堪。这时蔺相如正气凛然地强请秦王击缶，亦令赵国史官记入赵史。秦国官员不服，胁令赵国割15城给秦王祝寿，蔺相如也迫请秦国割都城咸阳给赵王祝寿。如此针锋相对，舌枪唇剑，直到宴会终了，秦王也未能捞到丝毫便宜，只得与赵王言归于好。为表示偃旗息鼓，停止战争，双方士兵捧土埋藏兵器以示友好，遂成会盟高台。会盟台饱经沧桑，历代不断予以修葺或重建。

古秦赵会盟台

# 7 新县大别山省级地质公园

## 公园档案

国家地质公园批准时间：2010年1月5日
国家地质公园揭碑开园时间：2015年11月20日
公园面积：103.95平方千米
公园地址：河南省新县
典型地貌遗迹：高压、超高压变质带和花岗岩地貌

## 7.1 纵览新县大别山

### 7.1.1 公园概况

河南新县大别山省级地质公园，位于大别山腹地，河南省新县境内。行政区划隶属新集镇、香山湖管理区、连康山管理区、陡山河乡、箭厂河乡、泗店乡、吴陈河镇等乡镇。北起金兰山上棋盘，南至泗店乡余河，西起陡山河乡王岗，东至香山湖狮子脑。面积约 103.95 平方千米。地理坐标为：东经 114° 46′ 27.72″—114° 56′ 15.95″；北纬 31° 31′ 03.54″—31° 41′ 54.90″。由金兰山、江淮岭、黄毛尖三大园区，卧佛山、江淮岭、香山湖、金兰山、连康山、九龙潭、西大山、黄毛尖、白云山等 9 个景区组成，是一座以高压、超高压变质带地质遗迹和花岗岩地貌景观为主，水体和生态景观交相辉映的综合型地质公园。

大别山省级地质公园科普旅游线路图

### 7.1.2 地形、地貌特征

大别山主山脉经新县境内横贯东西，黄毛尖为区内最高峰（海拔 1011 米）呈东西向横贯新县县境，新县大别山省级地质公园中部及南部高、北部低的地势。中部连康山，最高峰海拔 890 米。境内地貌特点是山峦起伏连绵、峰高谷深、相对高差大，相对高差 840 米。由大别山主脉形成江淮分水岭，岭南属长江流域，岭北属淮河流域。

地形侵蚀切割强烈、溪河交叉。根据地貌形态特征及成因，将地质公园地貌划分为中低山、丘陵、河谷阶地等地貌类型。

金兰山花岗奇峰

大别山英姿

### 7.1.3 自然与生态

气候类型、地形、水文等综合自然条件使新县自古以来就是动植物生长的繁茂地，动植物资源丰富，有高等植物 1500 多种（其中乔、灌木 600 多种，草本植物 800 多种，真菌类 80 多种，用材树木 150 多种），此外，新县境内还有古树名木 4500 多株，野生动物 248 种。其中不乏国家级珍稀动植物物种；森林覆盖率在 90% 以上，大小河流、瀑布川流其间，保存了生态景点 30 多处，生态保护区域是新县绿色旅游资源的展示地，它以植被覆盖率高、动植物种类丰富和景观奇幽而成为新县重点打造生态旅游品牌的基本条件。

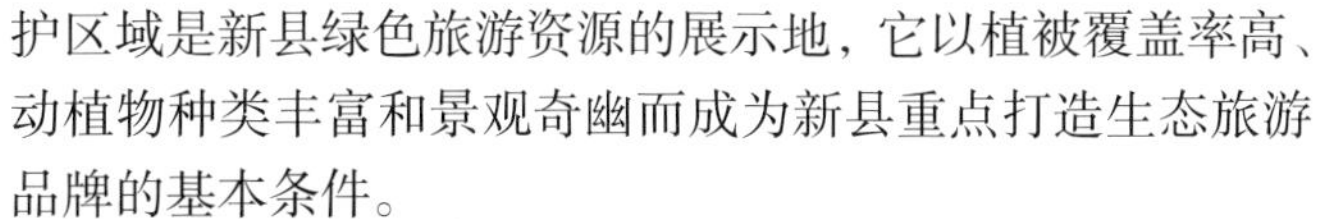

大别山鸟儿

大别山古树

### 7.1.4 公园四季

金兰山山陡崖峭，三峰刺天，道观凌空；连康山溪涧众多，林茂山幽，清流曲折蜿蜒于青山黛峰之间；西大山险峰参差，怪石林立，是艺术的奇葩，是健身的乐园。“四季有花草，无处不芬芳”是公园的真实写照。

大别山之春

大别山之夏

大别山之秋

大别山之冬

### 7.1.5 地质概况

公园区位于秦祁昆造山系（中央造山带）东段的桐柏—大别造山带核部，其构造位置极为特殊，在中国大陆形成与演化中占有突出的位置。在其漫长的构造演化中，经历了多期次的伸展裂解、汇聚拼贴，直到印支期陆内俯冲作用的全面造山，形成一个独具特色的典型的结构复杂的复合型造山带。其构造变形复杂，岩浆活动频繁，地层分布零星、时代跨度大。

小象问书

公园在漫长的地质演化过程中，形成了不同的沉积建造、变形变质和复杂的岩浆活动，根据其地质特征，可将园区的地质发展历史大致划分为四个阶段：基底形成阶段、俯冲—碰撞阶段、板内造山阶段、脆性改造阶段。

进入喜山期后，地壳处于相对稳定状态，新构造运动表现为垂直方向的上升运动，大别古陆持续隆起，山前倾斜平原发生广泛的沉降，河流相及山麓洪积相陆源碎屑沉积，形成第四纪多级阶地。

## 7.2 伴你游览新县大别山

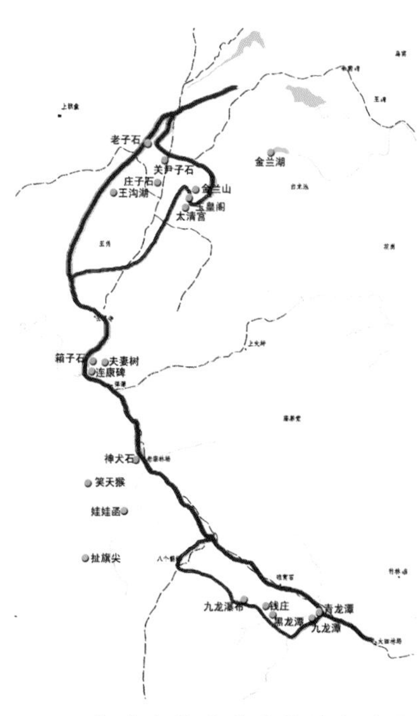

金兰山景区科普旅游线路图

### 7.2.1 金兰山景区

金兰山景区位于公园西北部，新县城北5千米，面积39.61平方千米。景区以花岗岩奇峰、花岗岩象形石地质遗迹保护区为主，兼具瀑布峡谷、生态景观以及宗教建筑等。景区内包括金兰山、连康山、九龙潭等三条旅游线路，其中金兰山科普旅游线路开发较早，旅游服务设施较完善，该景区同时也是公园的康乐旅游承载地。主要景点有金兰山、老子石、笑天猴、娃娃凼、九龙瀑、玉皇阁、连康碑等。

金兰山花岗岩地貌奇观

金兰山为花岗岩地貌景观，位于新县西北12千米，金兰山北侧有一条北东向花岗岩峡谷，称“圣人谷”，峡谷坡上有三尊花岗岩象形石，犹如道教三大祖师老子、庄子、关尹子，自然天成，形象逼真；老子石，为花岗岩崩落的差异风化残留而形成象形石，高10余米，宽约5米，身材匀称，五官清晰可见，恰似老子为传道飘然而至，玉树临风，栩栩如生；关尹子石，高10米，宽5米，为关尹子的侧面像，面朝老子问道，显示虚心求教的样子；庄子石，长10米，高5米，面朝金兰山主峰匍匐，伸颈而吟，展翅欲飞，巧如鲲鹏形象，诠释了庄子解道自由逍遥的思想。

圣人谷

老子石

关尹子

庄子石

金兰山花岗岩地貌

笑天猴

娃娃凼

九龙瀑

### 7.2.2 卧佛山景区

卧佛山景区位于公园中南部，新县城西 1 千米，面积 39.51 平方千米。该景区也是距离城区最近的区域，区位优势明显。以花岗岩峡谷、瀑布、象形石以及新县花岗岩体序列剖面保护区为主。卧佛山花岗岩地貌景观独特，花岗岩象形山石数量众多、形象逼真、栩栩如生。景区包含卧佛山、西大山两条旅游线路，其中卧佛山科普旅游线路，地质遗迹景观丰富，观赏价值较高。大别山地质陈列馆位于卧佛山景区，区内主要景点有天根石、八戒醉泉石、龟背天书石、弥勒佛峰、地质陈列馆、郑维山将军故居、江淮分水岭等。

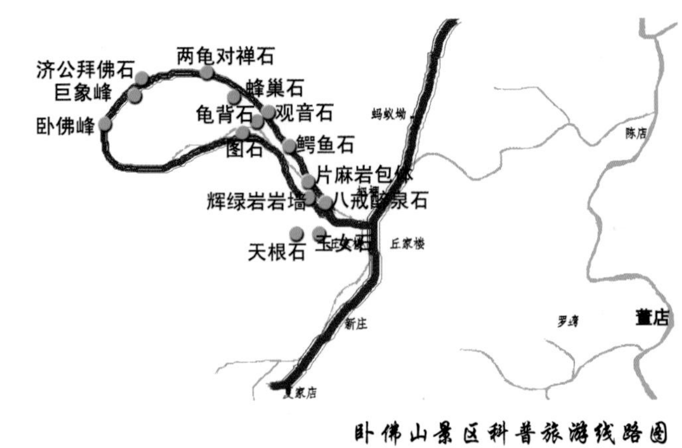

卧佛山景区科普旅游线路图

静心湖

弥勒佛峰

八戒醉泉石

龟背天书石

### 7.2.3 香山湖景区

位于公园东部，新县城东 5 千米，面积 11.37 平方千米。该景区旅游资源多样化，以花岗岩象形石、水体景观、人文景观为主。景点分布较为分散，其中东部以香山湖游线开发较早，旅游设施比较完善，目前正着力于与卧佛山景区资源整合开发。主要景点有：香山湖、普济寺、香山湖大坝、母子情深石、送子洞等。

香山湖（一）

香山湖（二）

普济寺

母子情深石

送子洞

### 7.2.4 腊树塘高压—超高压榴辉岩地质遗迹保护区

位于公园南部，主园区以外，距新县县城 10 千米，面积 13.46 平方千米。该区以保护腊树塘榴辉岩、高压—超高压伸展拆离变形及退变质特征为主。腊树塘榴辉岩，是整个地质公园内出露最完整、最具特色的超高压变质岩及其构造地质遗迹分布地。因地质遗迹在省内地质意义特殊且具有较高的科普、科研价值，特在主园区外划定特殊保护区。主要地质景观为腊树塘榴辉岩剖面。

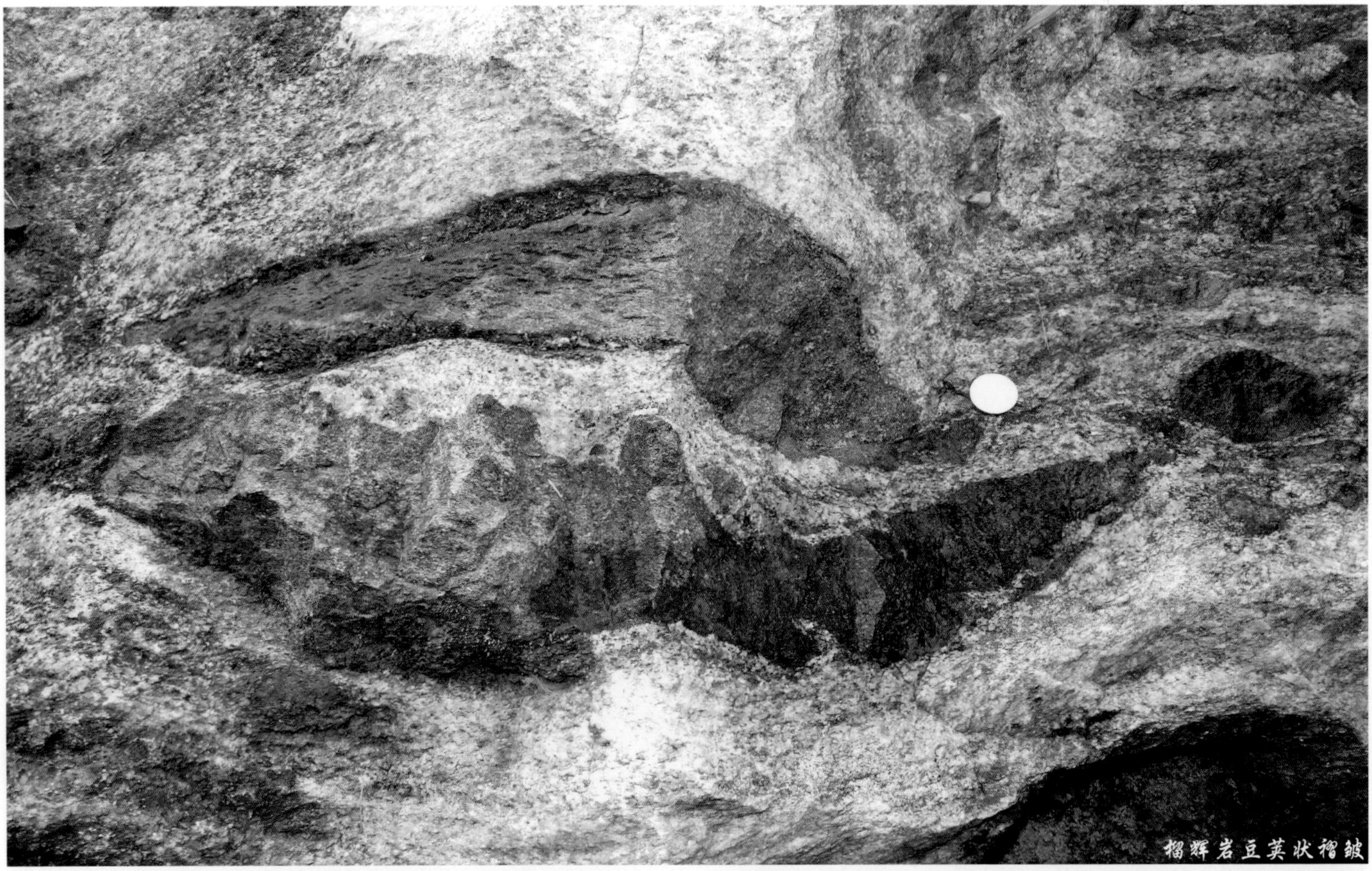

榴辉岩豆荚状褶皱

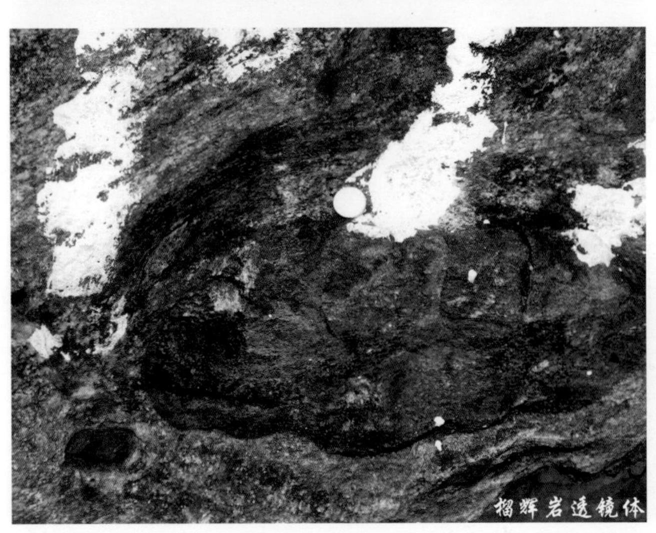

榴辉岩透镜体

榴辉岩

### 7.2.5 地质公园陈列馆与主题碑

（1）地质陈列馆

地质陈列馆位于卧佛山景区的入口，陈列馆通过图文并茂的展板、岩石、矿物标本、电子触摸屏等形式，系统地介绍新县大别山省级地质公园的地质遗迹资源特色、典型景区分布、科普线路设置等，是系统了解大别山地学科普知识的重要科普场馆。

地质陈列馆

地质陈列馆展厅一角

地质陈列馆展厅

（2）地质公园主题碑

主题碑位于卧佛山景区地学科普广场，主题碑选材为当地花岗岩石材。

主题碑广场

主题碑

## 7.3 地学解密

大别山高压—超高压变质岩带的形成：

公园位于扬子与华北两大板块碰撞的主缝合带南侧、秦岭—大别造山带东段大别造山带核部，在扬子与华北两大板块聚合碰撞的地壳活动大背景下，形成了独特的大别山深俯冲折返带高压—超高压榴辉岩及其构造地质遗迹，显露了扬子板块与华北板块俯冲、碰撞、板内隆起造山的完整过程，是我国中央造山带（昆仑—秦岭—大别造山带）板块碰撞造山的重要地质证据，是珍稀的不可再生的珍贵的地质遗迹，是研究板块构造运动的野外典型课堂。早白垩世新县花岗岩体及其大量源区岩石的难熔残留体、花岗岩地貌景观（花岗岩奇峰、象形石等）是稀有珍贵的地质遗迹，也是极具观赏价值和重要科学研究价值的地质地貌景观。

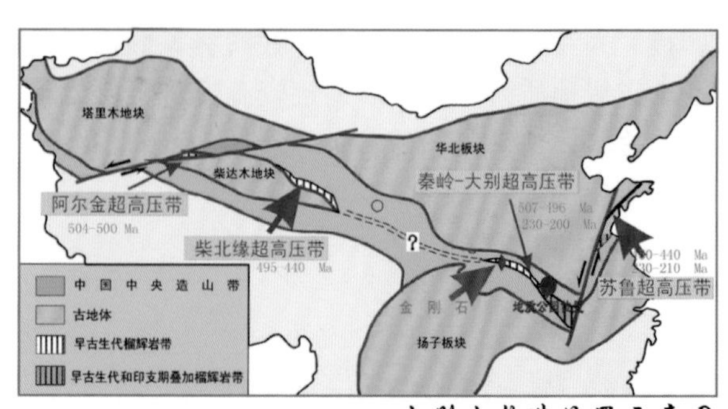

大别山构造位置示意图

公园大地构造位置处于我国中央造山带的东段，地质遗迹典型而珍贵。本区主要地质遗迹：a. 高压—超高压榴辉岩及其地质构造遗迹。b. 新县花岗岩侵入剖面地质遗迹。c. 花岗岩地貌景观。这里最古老的岩石为太古宙的表壳岩，它是由基性和酸性火山岩经强烈变质形成的，其形成年龄超过 25 亿年，如今，这种古老的岩石仅仅以规模不大的包裹体的形式残留于大面积分布的大别山片麻杂岩体及早白垩世形成的新县花岗岩岩体中。公园内分布的高压—超高压变质岩以及一系列构造变形形迹，是扬子板块与华北板块碰撞深俯冲后又折返形成的典型地质遗迹，具有世界对比意义。这里有呈包体或透镜体形式分布在大别山片麻杂岩中的榴辉岩和榴闪岩，它就是反映板块碰撞挤压产生高压—超高压变质作用最典型的岩石，据地质学家研究推断，它形成于地表以下大于 100 千米的深处，距今约 2.3 亿年，是扬子板块对华北板块的俯冲到最深处后折返过程中带到地表的，记录了这次大规模深俯冲碰撞折返的造山过程。

天书石

超高压变质带

榴辉岩

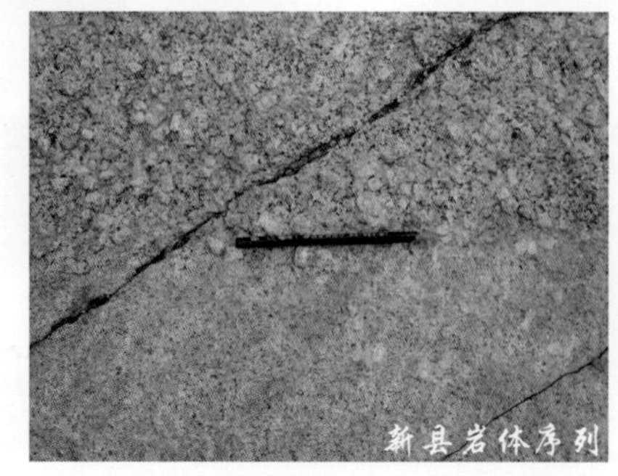
新县岩体序列

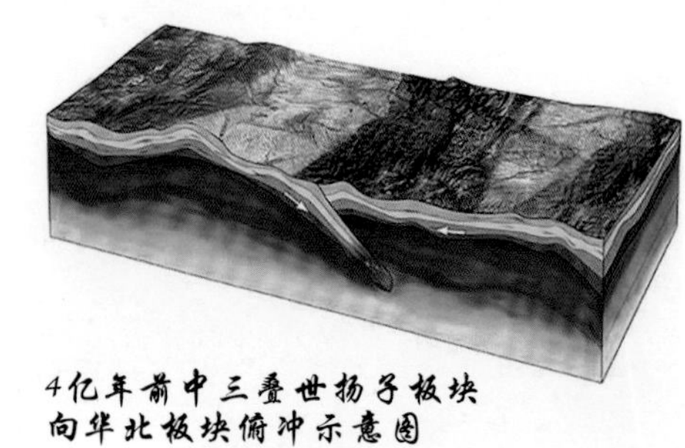
4亿年前中三叠世扬子板块向华北板块俯冲示意图

## 7.4 人文历史

### 7.4.1 红色人文景观

公园红色人文景观主要是现代革命战争时期的革命纪念地。新县曾是黄麻起义的策源地，鄂豫皖苏区首府所在地，坚持“大别山28年红旗不倒”的中心地，刘邓大军千里跃进大别山的落脚地。先后诞生了红四方面军、红二十五军、红二十八军三支红军主力部队，留下了董必武、刘伯承、邓小平、徐向前、李先念等老一辈无产阶级革命家的战斗足迹，孕育了许世友、郑维山、李德生等43位共和国将军和50多位省部级以上领导干部，被誉为“红军的故乡，将军的摇篮”。这里有中共中央鄂豫皖分局旧址、红四方面军总部旧址等4处国家级重点（革命）文物保护单位，红二十五军司令部旧址等12处省级革命文物保护单位和365处革命历史纪念地。“生为国尽忠、死为母尽孝”，共和国唯一实行土葬的一代名将许世友将军墓也在新县。

鄂豫皖苏维埃政府税务总局旧址

将军墓

鄂豫皖苏区首府烈士陵园

将军石

### 7.4.2 金兰山道观

位于金兰山上，始建于宋朝端平年间，主要宫殿有真武宫、灵官殿、玉皇阁、娘娘殿、文昌宫、太清宫、财神殿等。真武宫位于金兰山最高峰“金兰金顶”的北峰之上，建筑风格为花岗岩石砌，造型古朴典雅，是供奉真武帝君的道观。灵官殿位于北峰与中峰之间的山坳上，是供奉灵官王天君的殿宇，属典型的长江流域建筑风格。玉皇阁、娘娘殿位于中峰之上，玉皇阁是供奉玉皇大帝的殿宇，建筑风格呈“凸”字形；玉皇阁与财神殿相连。娘娘殿是供奉西王母娘娘的殿宇。太清宫位于南峰之上。文昌宫也建于北峰与中峰之间的山坳上。北中南三峰都有崎岖陡峭的石级步道相通。每年正月十六、二月二、三月三、九月九为传统庙会，游人和香客络绎不绝，远近香客可逾十多万人，为体道、悟道的神往之地，是淮南著名的道教圣地。

中峰玉皇阁

北峰三清殿

# 永城芒砀山省级地质公园

## 公园档案

国家地质公园批准时间：2010年

国家地质公园揭碑开园时间：2014年4月25日

公园面积：50.0平方千米

公园地址：永城芒砀山

地理坐标：东经116°28′23″—116°32′13″

北纬34°09′20″—34°14′26″

典型地质遗迹：碳酸岩地貌、花岗岩地貌、矿业遗迹

## 8.1 纵览芒砀山

### 8.1.1 公园概况

芒砀山省级地质公园位于永城市北部芒山镇和条河乡境内，是一座以石灰岩地貌、花岗岩地貌为主，以典型地质遗迹、采矿遗址、矿山环境治理景观为辅，与历史文化、汉文化和红色文化相互辉映的地质地貌型地质公园。分为芒砀山和鱼山两个园区，保安山、僖山、芒砀山、夫子山、鱼山五个景区。其中地质博物馆和科普线路位于公园的核心景区保安山景区内。

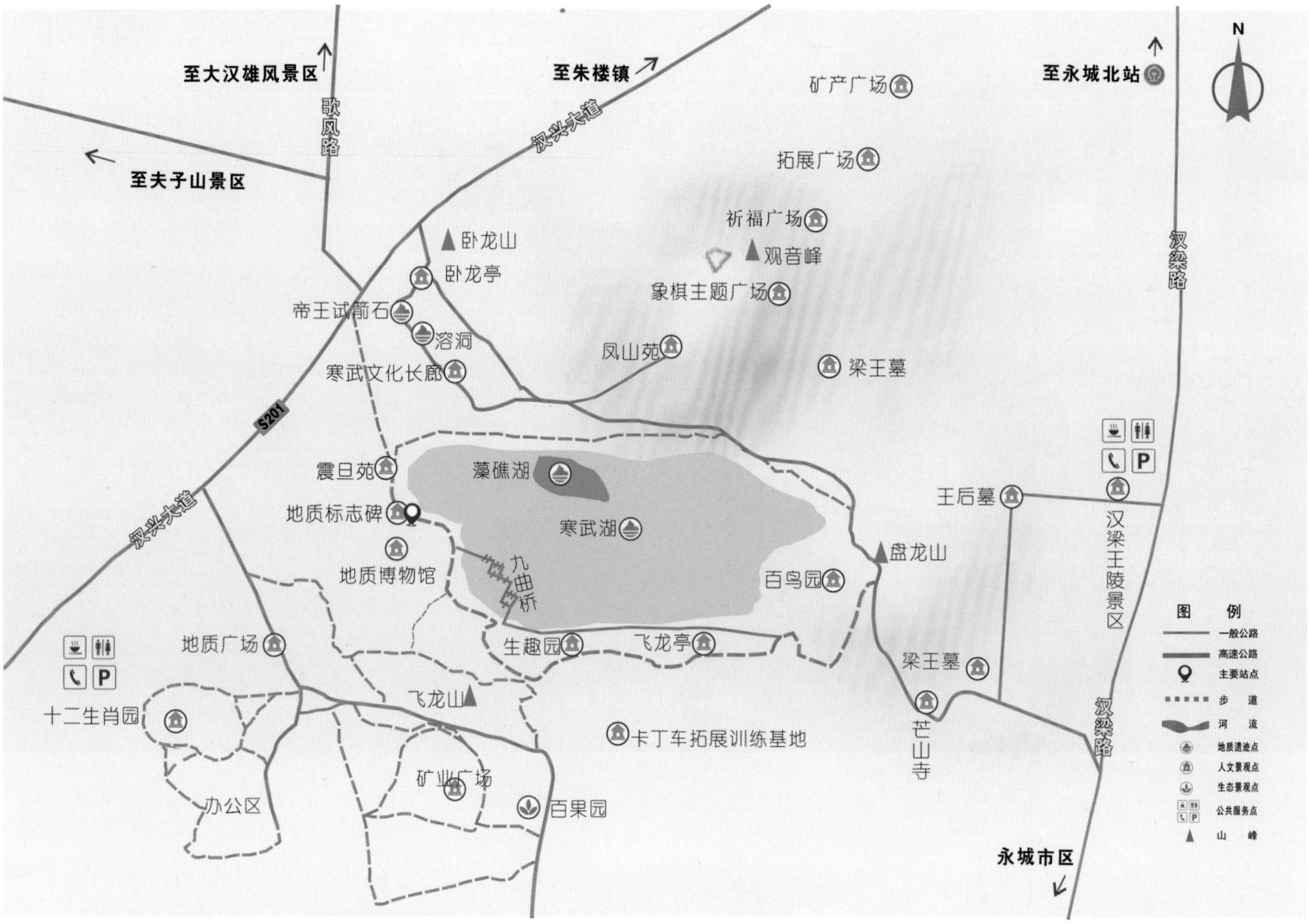

芒砀山省级地质公园科普旅游线路图

### 8.1.2 地形、地貌特征

芒砀山位于广袤的华北大平原的中部地带，豫、鲁、苏、皖四省接合部，这里如同孤岛状错落突兀着10余座残山、丘陵，占据了茫茫豫东平原的制高点，素有“豫东屏障”之称，是古代兵家必争之地。区内地貌类型以剥蚀残丘地貌为主，由芒砀山、保安山、夫子山、铁角山、黄土山、窑山、南山、僖山、鱼山、磨山等组成芒砀群山，除芒砀山、保安山、夫子山、铁角山、鱼山海拔高度大于百米，其余均在百米之下。20世纪八九十年代，由于无计划地大规模开山采石，使这些岩石残丘地形变得复杂，有的成为半山半塘，半山则石壁直立，危岩欲坠；半塘则低于周围平原，积水深度最深有10米以上。芒砀山各岩石残丘周围，是豫东平原的一部分，海拔标高32—40米，从各山脚向周围倾斜，土层厚度亦由山脚向周围逐渐增厚。

芒砀山地貌

鱼山

芒砀群山

### 8.1.3 自然与生态

柏树林

刺槐

泡桐

永城市地处黄淮海冲积平原，属温润型暖温带季风气候，冬季寒冷干燥，夏季炎热多雨，四季分明，光照充足。年平均气温 14.3℃；月平均气温 7 月最高，1 月最低。年平均降水量 871.3 毫米，无霜期 209 天。雨量充沛，气温适中，太阳辐射能量夏多冬少。

花海

区内植物群主要为人工栽培。树木类最具观赏价值的为芒砀山柏树林。沿芒砀山山脊及鱼山分布，这是永城市境内仅存面积最大的人工柏树林，甚为壮观。在芒砀山北、西坡，铁角山、鱼山东北坡及僖山之巅，初春时杏花争奇斗艳，夏初时成熟果实挂满枝头。其他还有泡桐、刺槐等大型开花树种，还有野菊花、金银花、荆条、杨、柳、葡萄等，彰显着大自然的美丽和丰富。

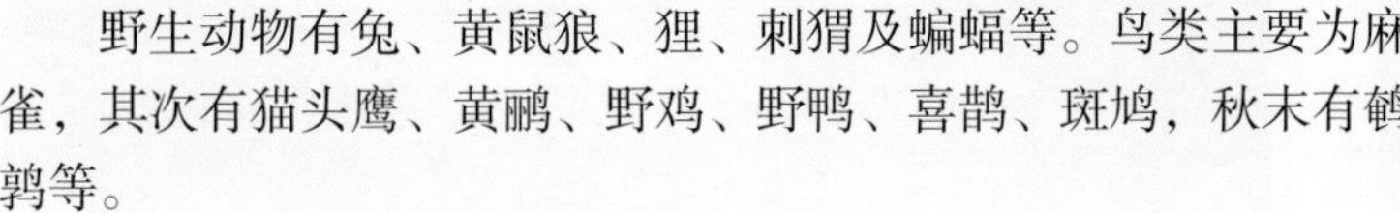

野生动物有兔、黄鼠狼、狸、刺猬及蝙蝠等。鸟类主要为麻雀，其次有猫头鹰、黄鹂、野鸡、野鸭、喜鹊、斑鸠，秋末有鹌鹑等。

### 8.1.4 地质概况

芒砀山大地构造位置处于华北地台鲁西台隆西缘永城断裂褶皱带西部，西与华北坳陷之次级构造单元通许凸起毗邻。地层分区上属华北地台区鲁西分区徐州小区。芒砀群山出露寒武系上统—奥陶系中统地层，是豫东大平原上可直接观察到的最古老的基底地层，主要岩性包括石灰岩、白云质灰岩、泥质灰岩、鲕状灰岩、竹叶状灰岩、豹皮灰岩以及钙质泥岩，碎屑岩类有粉砂岩、细砂岩等。是河南与鲁苏皖地层划分对比的桥梁和纽带，由老至新如下：

寒武系上统（$\in_3$）：分布于芒砀群山的芒砀山、保安山、太山、李山及黄土山等地，分为崮山组（$\in_3g$）、长山组（$\in_3c$）和凤山组（$\in_3f$），主要岩性为碳酸盐岩。

奥陶系中统（$O_2$）：奥陶系中统出露于黄土山北坡、夫子山、铁角山、芒砀山及僖山等地，由马家沟组构成，主要岩性为碳酸盐岩。

第四系：芒砀群山周围为第四系所覆盖，下部由更新统黄褐色亚黏土、亚砂土组成，上部由全新统黄色、深红色黏土、亚黏土组成。

公园总体为一轴向北北东的复式褶皱，断裂发育，构造以北北东向和东西向为主，前者多呈雁行状。以丰涡断裂为界，西侧以东西向构造为主，如太平集断层等。东侧以北北东向构造为主，如蒋河复式向斜、闸河向斜等。

区内岩浆岩活动主要为燕山期形成的酸性花岗岩—花岗斑岩、石英斑岩，出露于芒砀山顶部及徐山、邵山、铁角山等地，隐伏于地下的岩浆岩体分布较广，多呈小侵入体和岩脉产出，主要分布在永城背斜轴部和芒山—韩道口东西向隆起带上，大多侵入于寒武—奥陶系地层中。

寒武纪科普墙

花岗岩侵入石灰岩景观

竹叶状灰岩

花岗岩覆盖层松林

## 8.2 伴你游览芒砀山

梁孝王陵

### 8.2.1 石室古墓群——保安山景区

保安山景区位于芒砀群山的最南部，整个山体由寒武系上统碳酸盐岩构成，未见有岩浆岩体或岩墙、岩枝分布，但方解石脉十分发育。由于保安山的石灰岩相对完整，石灰岩又容易开采掘洞，所以这里成为古人建造石室墓地的良好之地。山顶的西汉梁国王陵墓群，是我国乃至世界罕见的大型石室墓群。

（1）凿山为室的横穴大型石崖墓——梁孝王墓

梁孝王刘武陵墓由墓道、甬道、主室、角室、回廊及排水系统组成，是中国西汉早期“凿山为室”的横穴大型石崖墓，全长96米，最宽处32米，面积约700平方米。墓道口为U形，上部用梯形石板扣压，至今保存完好，其设计理念仍值得现代建筑工程借鉴。东汉末年被曹操引兵伐冢，掘墓破棺，盗走了全部珍宝，得金银72船，养兵3年，奠定了曹操争雄天下的经济基础。

梁孝王陵入口

梁孝王墓墓室

梁孝王墓墓室

梁孝王墓兵马俑

梁孝王墓耳室

（2）天下石室第一陵——王后墓

梁孝王王后陵位于保安山北山头，东西全长210.5米，最宽处72.6米，总面积1600多平方米，总容积6500多立方米。是由2条墓道、3条甬道、2个主室、34个侧室等构成的庞大地下宫殿群。早于北京十三陵1300年之久，规模大于北京明定陵两倍之多，被中外考古界称为“天下石室第一陵”。其内部结构是按照汉代王室宫殿的布局而建造的。由前庭、车马室、甬道、客厅、卧室、回廊、冰窖、马厩、兵器库、壁橱、粮库、后室、洗浴室、厕室、庖厨及隧道、排水系统等构成。

王后墓

墓道

墓室

回廊

藏冰室室底

厕室

(3)梁共王刘买墓

梁共王刘买墓全长95.7米，最宽处13.5米，主室最高处3.1米，总面积383.6平方米，总容积1738立方米，整个墓室由墓道、羡道、主室、巷道及各侧室组成。此墓虽多次被盗，但在墓道和地宫中仍出土了大量的车马器、陶俑、兵器等一大批珍贵文物，包括15000余件铜或金车马器、彩绘陶俑等遗物以及近6吨、约225万枚铜钱。另外，在地宫前厅遗存了一幅让中国文物、考古、历史、美术学界的专家学者为之震惊的国宝级文物——《四神云气图》，这幅近30平方米的西汉彩绘壁画，主要内容有青龙、白虎、朱雀、玄武、灵芝及云气纹等组成的图案。整幅壁画简约抽象，充满流动之势，以强烈的动感和明快的节奏形成了起伏波动的韵律美，唱响了美妙欢快的天国畅想曲。这些壁画原物于1992年截取后保存于河南博物院，墓室中现存的是1993年的复原画。

柿园汉墓旧入口

梁共王墓墓道

壁画墓

梁共王墓墓道塞石

梁共王墓墓室顶部壁画

梁共王墓厕间

### 8.2.2 埋藏皇姑的黄土山——皇姑山

位于保安山西北、夫子山南边，呈一孤立的山包存在，因其表面有大面积黄土覆盖而得名黄土山。相传该山曾葬有皇帝的公主，因此当地群众又称此山为皇姑山。皇姑山山体由寒武系上统碳酸盐岩构成，皇姑墓是一座建造在碳酸盐岩地层中的石室墓穴。

夫子山景区

### 8.2.3 以孔子命名的山——夫子山

夫子山是为纪念孔子周游列国时在此避雨而得名。此山虽不大，但它是全国唯一用"夫子"命名的山体。山因人名，自古以来，到夫子山访古探秘的人络绎不绝，留下了许多著名的诗篇和传奇的故事。夫子山山体主要由奥陶系石灰岩、白云岩构成，石英斑岩呈岩墙状侵入，形成于距今约1亿年前的石英斑岩与4亿年前海洋中沉积的碳酸盐岩拥抱在一起，如胶似漆，难舍难分，既像一对情人，又像一位老者膝下的子孙。

（1）纪念孔子的圣地——夫子庙

据史料记载，此庙始建于宋代，明末曾遭兵燹，康熙十三年（1674年）、康熙三十年（1691年）、咸丰十年（1860年）和民国27年（1938年）数次对文庙进行重修。文庙坐北面南，由大成殿、东西配房和大成门组成。院内两株古柏和三通石碑分立两边，形成了"柏抱碑"的景观。

孔子塑像

（2）孔夫子避雨处——夫子崖

位于夫子山南坡，为一石灰岩岩体形成的天然悬崖，下有半覆锅状石室（崖廊），进深6.5米，宽20米，最高处约4米。传说春秋末年孔子率弟子周游列国，途经芒砀山，天降大雨，孔子师徒在此避雨。为纪念孔子，后人雕孔子石像一尊置于石室内，洞外石刻甚多，为明万历年间所立。

夫子崖

### 8.2.4 出产石磨材料的磨山

磨山位于芒砀山主峰以北，因出产石磨而得名。磨山山体由距今2亿年前后侵入的花岗岩组成，花岗岩是制作石磨的良好材料。同时，由于花岗岩固有的球状风化特点，磨山怪石嶙峋，拟人似物，惟妙惟肖。

僖山风景区

### 8.2.5 出土金缕玉衣的僖山

僖山是芒砀山群中最东部的一座东西走向的小石山，其北面为渔山，西北为磨山，西南与保安山相望。此山因西周宋国第八代君主宋僖公葬于此而得名。僖山山体由距今5亿年前后的寒武系碳酸盐岩构成。

金缕玉衣

出土于僖山山顶东端的金缕玉衣墓，价值连城。玉衣出土时已经散乱，经修复后，玉衣长度为1.76米，由2008块玉片用金丝编缀而成。

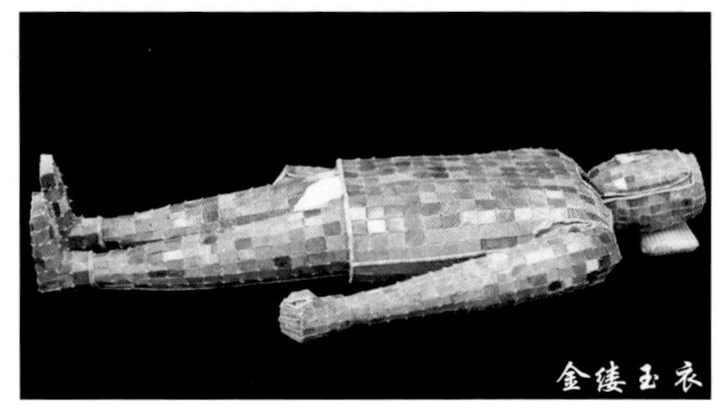
金缕玉衣

### 8.2.6 造型如睡美人的鱼山

当地曾有谚语，“芒砀山，千丈高，不到鱼山半山腰”，鱼山位于芒砀群山的最北部，呈东西走向，长约3000米、海拔146米。鱼山是典型的花岗岩地貌，花岗岩的球状风化，使鱼山之巅怪石嶙峋，远远望去，鱼山就像睡在那里的一个美人。头、颈部、颈部上的项链、腹部、乳房、腿、脚都非常清晰，因此人们称她“睡美人”“美人鱼”。在山脚下，一堆堆球形风化的巨石，如同一群群土黄色的骆驼卧在那里神情自若地休息，一个个憨态可掬，恰似一幅幅群驼油画。

鱼山

睡美人的传说

睡美人是法国作家夏尔·佩罗（Charles Perrault）所著的童话故事。故事最先于1697年出版，其后还有多个改编版本，包括《格林童话》版本。不同版本的睡美人故事，传至世界各地，成为耳熟能详、家喻户晓的童话故事之一。

### 8.2.7 纪念刘邦斩蛇起义的芒砀山

芒砀山是芒砀群山的主峰，位于芒砀群山的中部，南为保安山，东为僖山，西为铁角山，整个山体由寒武系上统和奥陶系中统碳酸盐岩组成，受岩浆作用较强，有岩体、岩枝、岩墙穿插其间。芒砀山是汉刘邦斩蛇起义的地方，山脚下是隐王陈胜墓地。

汉高祖斩蛇

斩蛇碑

刘邦斩蛇起义碑——幻影

汉高祖刘邦做沛县亭长的时候，押送一批农民去骊山修陵，途中大部分人都逃走了，仅剩下10多个人追随刘邦到了芒砀山，大家忽然发现有一条大蛇挡路，刘邦拔剑将蛇从中间斩断并宣布起义，后来，刘邦建立了汉朝，成为开国皇帝。后人在斩蛇的地方设立了刘高祖斩蛇纪念石碑，每当夜幕降临，灯光直射碑体，两米多高的石碑突然不见了，只见一尊金灿灿的帝王形象，分明欲向你走来，他头戴皇冠，身穿龙袍，腰束玉带，足蹬高靴，一手捋黑色胡须，一手按贴身宝剑，极富立体感，恰似画中人，如同当年戎马征战的刘邦再现。

刘邦斩蛇处

### 8.2.8 第一个农民起义领袖者之墓——陈胜墓

陈胜是中国历史上第一个农民起义领袖。陈胜墓位于芒砀山主峰西南麓，现存墓冢高5米，周长约50米，墓碑正中镌刻郭沫若书“秦末农民起义领袖陈胜之墓”。陈胜葬于芒砀山，《史记》《汉书》《水经注》都有记载，《水经注》写道：“山有陈胜睹秦乱，首兵伐秦，费终厥谋，死葬于砀。”到新中国成立前夕，陈胜墓仅存残迹了。1976年国家文物局拨专款修复陈胜墓，辟地4000平方米，砌石围墓，栽松植柏，置人守冢，为省级重点文物保护单位。

陈胜墓

### 8.2.9 地质公园博物馆与主题碑

（1）地质公园博物馆

芒砀山地质公园博物馆位于保安山景区内，美丽的寒武湖畔，与地质广场、矿业广场、公园主题碑、游客服务中心构成一个自然的整体。博物馆为一栋汉代建筑风格的三层式建筑，占地面积1500平方米，布展面积约3000平方米。由序厅、多功能厅、芒砀群山厅、远古海洋厅、资源环境厅、和谐永城厅六个展厅和“时空隧道”“生命长河”“矿产走廊”和“文化长廊”四个科普通道组成，六个展厅与四个科普通道有机地融为一体。在博物馆的布展形式上，采用展板、标本、工艺品、雕塑、模型、声光电、三维动画、虚拟幻影成像等多种展示手段，使博物馆兼具求知、娱乐、体验、休闲、购物和纪念等多种功能。

地质公园博物馆

博物馆序厅

芒砀群山沙盘

喜山展区

远古海洋展区

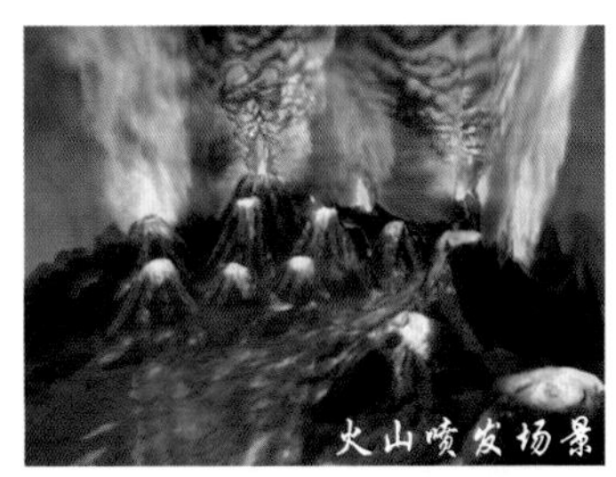
火山喷发场景

标本展示墙

芒砀山地区柱

现代化矿井模型

主题碑

（2）地质公园主题碑

地质公园主题碑位于博物馆和寒武湖之间的山头平台上。主题碑外形层次错落，既代表了芒砀群山，又富有创意地展示出地球的内部圈层结构；碑体下部叠置的四套特色岩层纹理，分别代表芒砀山地区出露的寒武纪、奥陶纪、石炭纪、二叠纪地层，碑体表面的上部是地质公园徽标和“芒砀山”三个大字，高耸的碑体整体的寓意是芒砀山地质公园是地质公园大家庭中的一员。

### 8.2.10 典型的地学科普旅游线路推荐

典型的地学科普旅游线路位于保安山景区与地质博物馆之间，由原来的石灰岩采矿遗迹改造而成。该科普线路通过“五段六门”的艺术理念进行设计。

“五段”是地质文化广场段、寒武湖景观段、寒武文化长廊景观段、寒武生态园景观段、地质峡谷段；

“六门”是指：景区大门、寒武门、生命门、生态门、地质门、矿产门。该线路通过科学解说、地质科普小品雕塑、场景复原等手段形成了寓教于乐的地学科普旅游线路。

（1）“五段”的科学内涵及景观

○ 地质文化广场段

地质文化广场位于山门与博物馆之间，广场的中间为彰显芒砀山地质历史的寒武系与寒武纪、奥陶系与奥陶纪、石炭系与石炭纪、二叠系与二叠纪等四部地质史书，广场的四周分别陈列了产自永城本地的 10 块典型的巨型标本。

地质广场

○ 寒武湖景观段

寒武湖是一处因石灰岩采矿遗留矿坑积水而形成的水域，规划充分利用现有矿业与地质遗迹资源，通过合理设计，美化了整个景区，形成了别具一格的旅游景观。

寒武湖

○ 寒武文化长廊景观段

寒武文化长廊景观段是根据公园的地质背景还原寒武生命大爆发的场景，用奇虾、三叶虫、化石标本等寒武符号雕塑的形式展示了大爆发时的壮观场面，实现了科普内容的景观化解说效果。

○ 寒武生态园景观段

寒武生态园采用寒武纪生命仿真制作，在水池中和水边上，按照生命复原图同比例制作若干生命雕塑，再现寒武纪时期生命大爆发的壮景，实现了地质遗迹活化的目的。

○ 地质峡谷段

地质峡谷是多年来石灰石开采留下来的遗迹，峡谷南靠梁孝王墓。峡谷中有方解石脉、溶洞遗迹、V 字形大断层遗迹、波痕遗迹、开石现场遗址等多处地质遗迹，既让游客近距离体验大自然造化的神奇，又起到科普的效果。

科普线路

玻璃吊桥

寒武生态园段

（2）“六门”的设计理念

○ 景区大门是科普线路的起点，大门造型既有仿古式建筑风格，又有地学文化内涵。设计源于对古生代的生物骨骼化石抽象运用并结合汉代建筑元素，从而体现芒砀山“汉兴之地”的汉文化和古生代寒武系地层这样的双元文化，融地质与人文于一体。

景区大门

○ 寒武门位于寒武湖南边，这里是采矿遗留下的一个出口，利用两侧的山体，修建寒武湖入口标志性大门——寒武门。寒武门采用仿藻类礁石造型，其上依附的是寒武纪时期的三叶虫、奇虾、海绵动物、海草等特色古生物雕塑，大门正中间雕刻“寒武门”，给人一种即将进入寒武纪的氛围，寓意从寒武门便进入了寒武纪。

寒武门

○ 生命门是利用天然出露剖面，设计一个寒武纪地层剖面墙，以公园内出露的地层为原型，即参考公园内上寒武统崮山组、常山组、风山组三个地层的真实颜色、机理等进行绘制。在地层墙中间修建一条上山旅游台阶步道，上部采用古生物奇虾造型演化而来，一是迎合了寒武纪主题，二是满足了步道护栏的功能。

○ 生态门是寒武文化长廊的出口，寒武生态园的入口，采用寒武纪海洋中的霸主三叶虫造型建造步道架空雕塑，迎合寒武生态园休闲主题，又起到上下衔接作用，给地质知识解说带来直观感和趣味性。

生态门

生命门

地质门

○ 地质门从生态园继续前行，有一条采矿峡谷，利用峡谷入口地形和本段石灰岩中岩溶地貌遗迹的特点，设计仿真溶洞造型的地质门，在门洞内外以雕塑的形式展现北方岩溶地貌景观，一是增加线路的地质氛围；二是为旅游线路营造一个峰回路转的效果。

矿产门

○ 矿产门设计在地质峡谷出口处，其设计整体镂空为采矿工人的形象。采矿工人肩扛一榔头，手里拿着一铁锹，矿业开发气息体现得十分得当，寓意寒武谷是以地质矿产开采、矿业文化为主题的，也折射出永城矿产开采这一历史背景。

走完“五段六门”后，就进入了被称为“天下石室第一陵”的汉墓群。

地质公园寒武湖

## 8.3 地学解密

### 8.3.1芒砀群山的形成

在中国的东部地区，由于太平洋板块向欧亚板块的俯冲碰撞，使东亚地区形成了巨大的大陆裂谷体系，造成了盆岭相间的大地地貌景观。这种地貌景观的形成最早开始于距今约 1 亿年的早白垩世晚期，发展壮大于距今 6500 万—2300 万年的古近纪，并活动至今。华北裂谷与其西侧的太行山隆起带和其东侧的皖西隆起带、沂蒙山隆起带是整个东亚裂谷系中最为壮观，也是最为典型的一段。芒砀山地质公园就处于华北裂谷东部，皖西隆起带的西延，是华北裂谷东部被新生界沉积物充填后残留的山地丘陵。残丘从平原上拔地而起，山虽不高，却显巍峨陡峻，成为豫鲁苏皖地层对比的桥梁，地质工作者研究的珍贵资源。

芒砀群山

花岗岩侵入石灰岩景观

### 8.3.2 形似鱼子的鲕粒灰岩的成因

鲕粒灰岩形成于碳酸钙过饱和的海洋潮汐通道等水流活动很强的地带，波浪和潮汐的作用引起海水的搅动，每搅动一次，碎屑便处于悬浮状态，同时促使二氧化碳从海水中逸出，过饱和的碳酸钙围绕碎屑颗粒沉淀一圈包壳，这样周而复始地搅动，便形成具有一圈圈同心纹包壳的鲕粒，堆积在海底，形成鲕粒灰岩。因其形状极像鱼子，又名鱼子石。

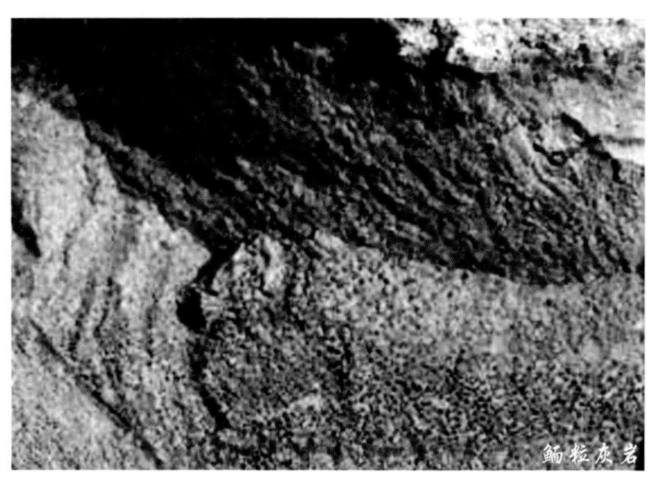
鲕粒灰岩

竹叶状灰岩

### 8.3.3 竹叶状灰岩的成因

竹叶状灰岩是大量形状像竹叶子的砾石胶结在一起形成的岩石，它是远古风暴潮的产物。当海洋中沉积的、尚处于半固结状态的碳酸盐岩，被风暴潮卷起、打碎，风暴潮过后这些泥砾被搬运和磨蚀后堆积下来，再经成岩作用最终形成竹叶状灰岩。因其为风暴潮形成，又称风暴岩。

## 8.4 人文历史

### 8.4.1 芒砀山汉墓群

芒砀山有全国重点文物保护单位汉墓王陵。所有的汉墓墓室均建于寒武纪与奥陶纪碳酸盐岩地层中。据史籍记载，西汉梁国始建于汉五年（前 220 年），《汉书 · 地理志》："梁国，故秦砀郡，高帝五年为梁国。"该国最盛时，"北界泰山，西至高阳（今河南省的杞县）得大县四十余城"。历经 13 代，存 207 年，共 12 王，从第四代梁孝王刘武始可能全部葬于芒砀山，加之王后嫔妃文武大臣该有多少地下宫殿现在尚不完全清楚。现除主峰未发现外，已查明的汉代梁国王陵有保安山梁孝王墓，柿园壁画墓，夫子山一、二号墓，铁角山一、二号汉墓，僖山金缕玉衣墓，王后墓，黄土山一、二号汉墓，西黄土山一、二号汉墓（即前窑汉墓）、南山汉墓和保安山北峰梁孝王王后墓共 8 处 14 座，其中规模最为恢宏的要数汉梁孝王王后墓。从已掌握的资料看，墓地规模宏大、墓室结构复杂，是我国乃至世界罕见的大型石室陵墓群，具有极为重要的历史、艺术、科学价值。芒砀山汉墓群于 1989 年被河南省人民政府公布为省级文物保护单位，于 1996 年被国务院公布为全国重点文物保护单位。

芒砀山汉墓

### 8.4.2 汉高祖刘邦斩蛇起义

"斩蛇起义"是刘邦建立大汉王朝之前的历史典故。讲述了刘邦在丰西泽斩蛇之后隐匿于芒砀山，举起反抗暴秦义旗的故事。

据史料记载，汉高祖刘邦做沛县亭长的时候，为县里押送一批役徒去骊山修陵，还没走出多远，役徒们就跑得差不多了。按大秦律法，自己是活不成了，刘邦心想，横竖是死，索性就把剩余的役徒也给放了。结果，有十几位役徒不愿意走，就跟着刘邦一起逃亡，刘邦一伙就想去芒砀山中躲一躲。刘邦有些酒醉，又夜走小路，遇到大泽（湖），就派一人前去探路。探路人回来说：前面有大蛇挡道，咱们还是回头吧。刘邦处于半醉半醒状态，说："别怕，看我的。"于是仗着酒意，前去把大蛇斩为两段。又往前走了几里，酒性开始发作，刘邦便躺在地上睡着了。梦中，只见一个老婆婆在那里哭诉："我的儿子白帝子被赤帝子杀了。"刘邦猛然惊醒，睁眼一看，哭泣的老婆婆却不见了。至此，刘邦这伙人便在芒砀山中隐匿下来。此后不久，萧何、曹参等人在沛县谋划起义，让人去芒砀山中找寻刘邦，并推刘邦为主，因此，"斩蛇起义"成为刘邦最终走向一统天下的起点。

刘邦斩蛇

# 9 唐河凤山省级地质公园

## 公 园 档 案

省级地质公园批准时间：2010年1月5日
省级地质公园揭碑开园时间：2012年
公园面积：0.36平方千米
公园地址：唐河县城
典型地质遗迹：典型地层剖面

## 9.1 纵览凤山

### 9.1.1 公园概况

唐河凤山省级地质公园位于唐河县城西北部的唐河西岸，是以凤山古近纪核桃园组高精度层序地层剖面为依托，展示南阳油田石油地质遗迹为特色的城市休闲型地质公园。公园包含地质剖面展示、地质科普教育、地质博物馆，以及多种文化娱乐设施和休憩区，是唐河“石油之城、栀子之乡、友兰故里、新型镍都”城市形象对外的集中展示点。

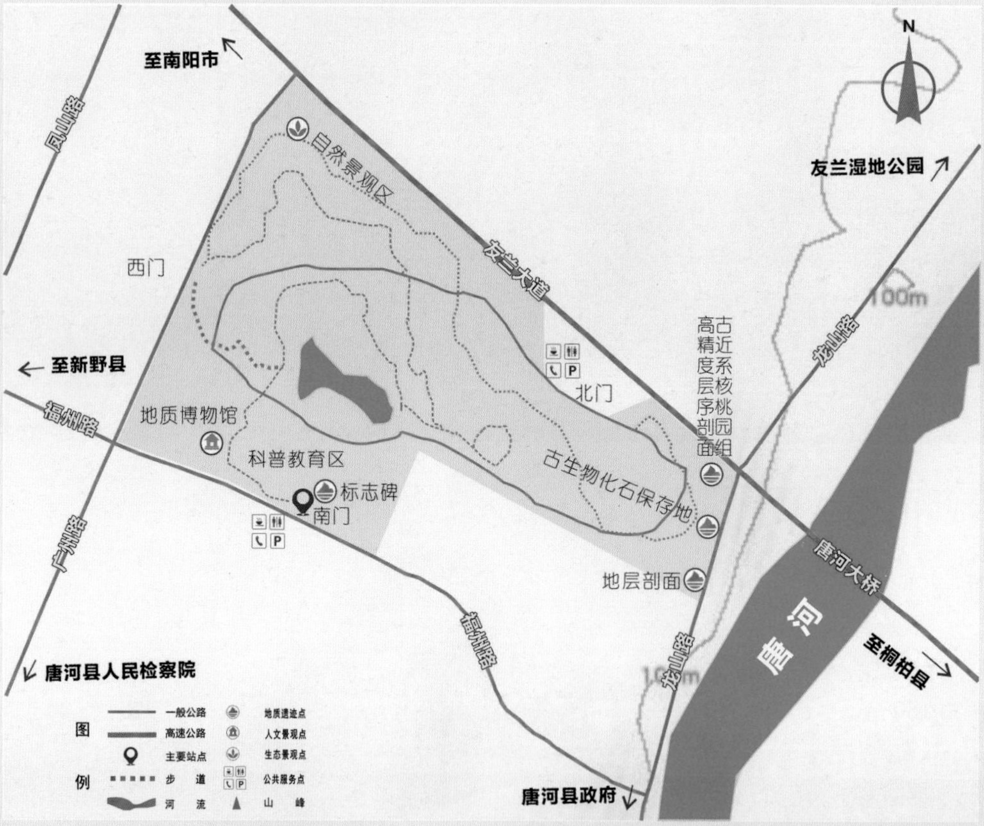

凤山省级地质公园科普旅游线路图

### 9.1.2 地形、地貌特征

唐河县位于河南省西南，南阳盆地东部，县境西与新野县、南阳市区接壤，北与社旗县毗邻，东与泌阳县、桐柏县交界，南与湖北省襄阳市襄州区、枣阳市相连。县东部、东南部、东北部为丘陵地，西部、中部为唐河冲积平原。海拔高度200米以下，最低点高程72.8米。区内针阔混交林带、经济灌木林区、湿地、草甸植被群落；溪流分割的旱地、水塘、稻田构成了唐白河流域水旱间作型农业浑然一体的生态景观。

凤山丘陵地貌

### 9.1.3 自然与生态

唐河地处北亚热带向暖温带过渡地区，属北亚热带季风型大陆气候，四季分明，气候温和。年日照总时数平均为2187.8小时，年平均太阳总辐射量116.56千卡/立方厘米。年平均气温15.2℃，历年月平均气温最低1.4℃，最高28.0℃。全年无霜期233天。年平均降水量910.11毫米，4—9月降水689.2毫米，占全年的75.7%。区内已发现乔木植物种类130种（包括变种）、灌木类20多种。已知粮食作物14种、蔬菜瓜果类58种、花卉类58种、药用植物180余种。其中“香稻丸”大米为历代皇家贡品，栀子为原产地物种，唐河被誉为“中华栀子之乡”。

凤山石油地质公园花卉园一角

湖中倒影

凤山剖面

### 9.1.4 地质概况

唐河新生代古近纪核桃园组地层剖面位于唐河县城唐河西岸的西大岗，地质构造上处于南阳凹陷与泌阳凹陷之间的唐河低凸起之上，主要发育南阳凹陷东北部的斜坡沉积体系，主要为新生界地层，自下而上可分为古近纪的玉皇顶组、大仓房组、核桃园组，新近纪的上寺组与第四纪地层，纵向上构成一个完整的沉积旋回，位于旋回中部的核桃园组（尤其是核二、核三段）是凹陷含油气层位，最厚约2500米。古近纪地层不整合覆盖于中生代及更老岩系之上，新近纪、第四纪与古近纪地层之间的区域不整合反映了盆地由断陷作用发展到坳陷作用的过程。

短头鲅鱼化石

南襄盆地油田景观生态

凤山剖面

凤山

## 9.2 伴你游览凤山

### 9.2.1 城市公园凤山

唐河凤山是一处非常特殊的地质公园，首先是它的面积特别小，其次是它目前已经发展成为一处城市内的公园。主要的科普旅游线路围绕着石油地质博物馆和古近纪核桃园组高精度层序地层剖面设置。在公园的东部与北部边缘为剖面的科普展示区。该剖面为南阳油田含油层唯一的地表出露点，是研究南阳盆地乃至我国东部新生代古近纪层序地层、内陆盆地沉积作用和油气矿藏的生、储、盖组合特征的"地质窗口"，是整个华北地区新生代含油气盆地中仅存的宝贵露头区，是高精度层序地层学研究的天然场所和天然地质博物馆。同时区内短头鲅鱼化石的发现，是整个环太平洋地区古近系地层中首次发现淡水鱼化石，长期以来一直是国内外石油地质学界关注的热点。整个公园游览区分为入口景观区、交流活动区、环湖活动区、人文地质游览区、自然科普游览区、滨河景观区等。典型景观包括览胜阁、景观长廊、人工湖、读书广场、翠微园等景观。

北门

览胜阁

凤山地貌

凤山石油地质公园江南小品园一角

唐河湿地

### 9.2.2 古近纪核桃园组高精度层序地层剖面

凤山新生界露头区处于南襄盆地北部分割南阳凹陷与泌阳凹陷的唐河低凸起之上，主要发育南阳凹陷东北部的斜坡沉积体系，南北长约 5.6 千米，面积 13—15 平方千米。核心园区内主要出露核桃园组二段，包含两个三级层序，下层序以古暴露面和地位域大型下切水道为特征，之上为湖扩域湖相泥岩和高位域辫状河三角洲进积复合体，上层序以低位水下扇复合体为界，之上为湖扩域油页岩和高位域三角洲进积体。核桃园组（尤其核二、核三段），是南阳凹陷的主要含油气层位，最厚约 2500 米。下段一般厚 246—704 米，岩性为灰黑色泥岩与浅灰色砂岩互层，夹油页岩及含油砂岩，底部夹紫红色泥岩。中段厚 523—1265 米，岩性以灰、深灰色泥岩为主，夹灰、浅灰色砂岩及少量泥灰岩、白云岩和油页岩及含油砂岩，并有薄层石膏；上段为棕红、紫红色泥岩夹灰绿色泥岩及灰白色砂岩，厚 762.3 米。核桃园组各段富含介形虫、轮藻及孢粉等微体化石。

局部露头古环境特征

中外地质学家在凤山进行科学考察活动

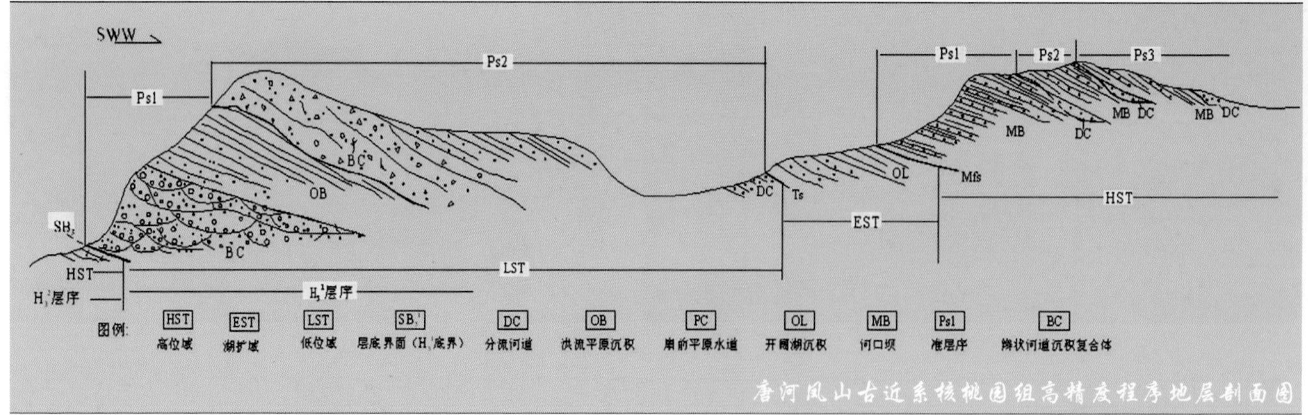


唐河凤山古近系核桃园组高精度程序地层剖面图

凤山剖面原貌

### 9.2.3 石油地质博物馆

唐河石油地质博物馆位于地质公园南门广场处，为下沉式地质博物馆，建筑面积1200平方米，是集石油地质遗迹保护、地质科研教学及休闲娱乐功能为一体的综合型地质博物馆，馆内分为展厅、遗迹标本展示、地层剖面展板及多功能影像厅等部分。

科普广场

石油勘探与开采科普展区

石油开采与冶炼过程模型

矿山资源展厅

唐河文化墙

张衡地动仪模型

石油的形成科普展区

地质博物馆文化墙

地质公园主题碑

## 9.3 地学解密

### 9.3.1 南襄盆地形成及演化

唐河因位于南襄裂谷型盆地中部隆起带而著称。根据地层学和古生物学研究成果，在距今 5600 万年—2300 万年的始新世时期，唐河一带的古地理环境属于河流与三角洲—滨浅与深湖—河流及滨湖的相互演替出现的环境，气候呈现出由潮湿向干燥转化的特征。在早期，属热带亚热带潮湿气候，降雨量大于或等于蒸发量。而到晚期，却出现向火热干燥气候特征的逆转，降雨量小于蒸发量，表现在地层剖面上出现岩石、色率和生物化石组合的巨大改变。凤山新近系和古近系两个构造层不整合界面的出现，标志着华北地区裂谷构造作用的基本结束。在 260 万年前后，湖水全部退去，原野沃土开始崭露，地球发展进入人类时代。

### 9.3.2 南阳油田形成的区域地质背景

南阳油田位于南襄盆地的北部，南襄盆地位于河南省的南阳地区及湖北省的襄樊、枣阳地区，其南部和东部紧邻桐柏

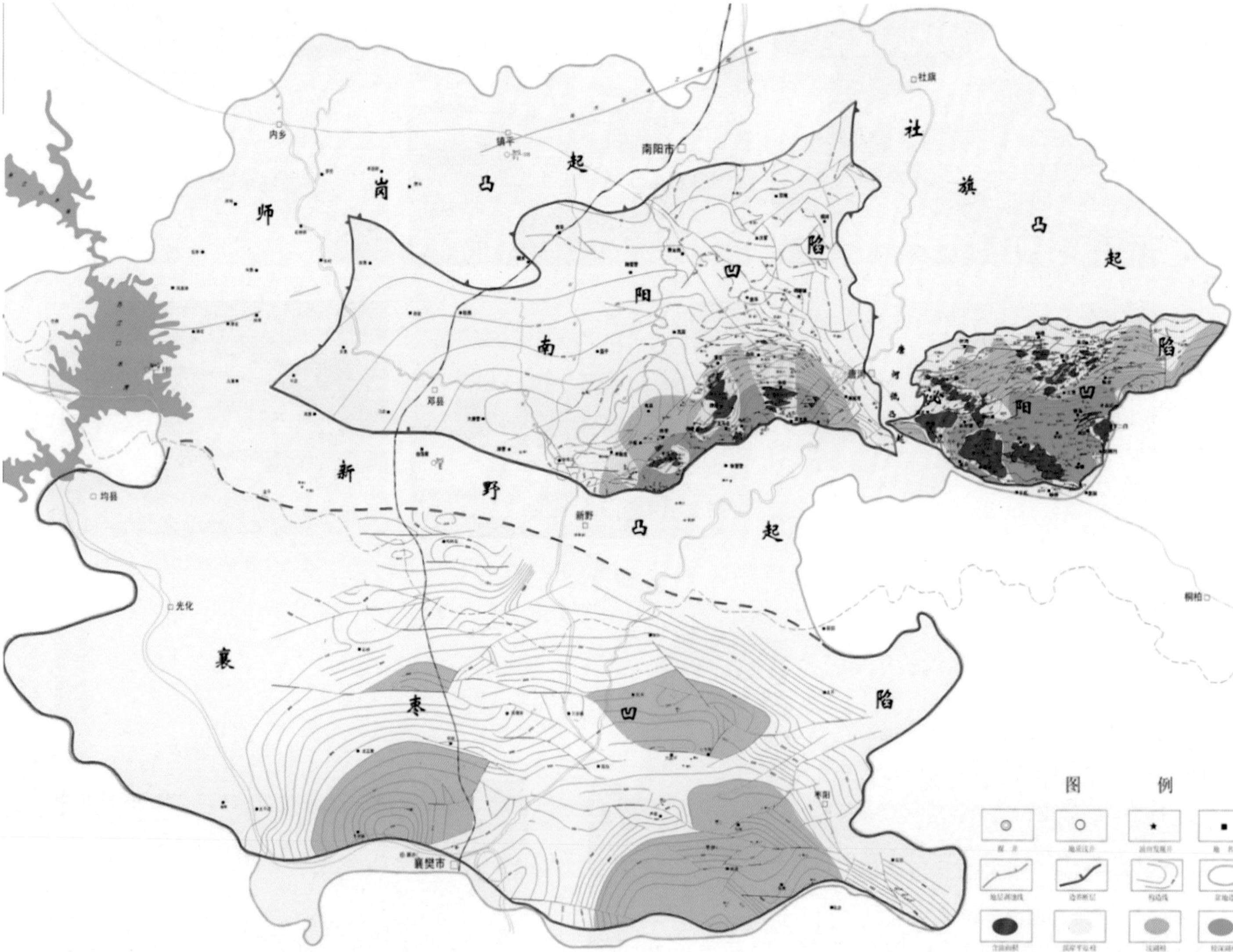

南襄盆地分布示意图

山，东北部毗连伏牛山。南襄盆地是从晚白垩世开始发育的、受北西西及北北东向深断裂构造控制的、由多断陷及多断凸构成的复合沉积区，是东秦岭褶皱带上一个以古近纪沉积为主的晚中生代（白垩纪）—新生代断拗型含油气盆地。此区横跨于华北和扬子板块碰撞的缝合带之上，据深断裂演化及岩相组构特征显示，华北和扬子板块是在海西期—印支期缝合在一起，其缝合带大致位于内乡—桐柏深断裂带上。南襄盆地中、新生代在构造活动的控制下形成了3套充填序列及构造层序：中生界上白垩统构造层序、新生界古近系构造层序及新近系构造层序。由于盆地内各凹陷所处构造位置不同，主控断层发育强度也存在阶段性差异。

### 9.3.3 盆地中的典型凹陷

南襄盆地有3个凹陷，北部为南阳凹陷（7450平方千米）和泌阳凹陷（3600平方千米），南部为襄枣凹陷（10000平方千米）。虽然凹陷均为南深北浅的箕状扇形湖盆，但其形成演化有差异，下面以位于河南省境内的南阳凹陷和泌阳凹陷为例进行介绍。

（1）南阳凹陷

南阳凹陷是燕山运动末期秦岭褶皱带发育的南襄盆地中一个次级凹陷，东以唐河低凸起与泌阳凹陷相隔，南与新野凸起相接，西北部与师岗凸起相邻，面积3600平方千米。南阳凹陷发育北西向和北东向两组断裂，并呈“之”字形展布，其形成主要受控于上陡下缓的北西西向的内乡—新野断裂和北东向的新野—唐河铲状断层，成为一南断北超的箕状凹陷，具有南北分带、凸凹相间的构造格局。沉积盖层主要为新生界，最厚约5500米，古近系最厚约4800米，自下而上划分为玉皇顶组、大仓房组、核桃园组和上寺组，构成一个完整旋回核桃园组为主要含油层系，现已发现油田四个。

（2）泌阳凹陷

泌阳凹陷是燕山运动末期秦岭褶皱带发育的南襄盆地中一个次级凹陷，位于河南省南部的唐河县和泌阳县境内，南部和东部紧靠桐柏山，北邻社旗断凸，西以唐河低断凸与南阳凹陷分隔，东北部毗连伏牛山，平面上呈扇形展布，面积约1000平方千米。泌阳凹陷的形成主要受北西西向唐河—栗园断裂和北北东向栗园—泌阳断裂所控制，断陷沉降中心位于东南部边界断裂交会处，基底埋深可达8500米以上，向北逐渐抬升，构成一个南深北浅的箕状断陷，在平面上呈现端部北指的扇形展布。它经历了晚白垩世的初始断陷期，古近纪的主断陷期与新近纪的拗陷期三个发展阶段。泌阳断陷沉积地层自下而上发育有上白垩统，古近系玉皇顶组、大仓房组、核桃园组，新近系上寺组及第四系。古近系核桃园组是该凹陷盆地内油气勘探的主要目的层段，沉积厚度大（最厚可达3500米），湖相泥质岩发育，油源丰富；扇三角洲及三角洲储集体广布，尤其是核三上亚段。泌阳断陷生油条件优越，以“小而肥”闻名全国，现已发现油田9个。

## 9.4 人文历史

唐河县历史悠久，群贤荟萃，文化灿烂，形成了境内众多的名胜古迹。早在五六千年前人类已在这里繁衍生息。唐河县城内的泗洲塔、文笔峰塔和文庙大成殿、桐河乡的棘阳关遗址、上屯乡的马武城遗址、湖阳镇的公主墓、白马堰、源潭镇的陕西会馆以及唐河城东修建的张星江烈士陵园等，展示了唐河的文化风貌和劳动人民的创造精神。陕西会馆、泗洲寺塔、文峰塔、湖阳公主墓等景点属省级文物，远近闻名。其中，建于宋代的泗洲寺塔历尽千年沧桑，不时出现“古塔凌烟”的稀世奇观；“石柱擎天”留下大禹治水的美丽传说，它们与“紫玉龙渊”“莲花捧佛”“金钩挂银瓶”等构成唐河“八大景观”。这里人灵地杰，是古今许多名人的故里，昔有光禄大夫樊宏、捕虏将军马武、光武帝之姊湖阳公主，近有著名哲学家冯友兰、地质学家冯景兰、教育家冯沅君、诗人李季等文化巨匠。此外，唐河更是谢氏、廖氏、丁氏的根源所系。

泗洲塔

冯友兰纪念馆

文笔峰塔

湖阳公主墓

# 10 宜阳花果山省级地质公园

## 公园档案

省级地质公园批准时间：2010年1月5日
省级地质公园揭碑开园时间：2015年12月26日
公园面积：53.9平方千米
公园地址：洛阳市宜阳县张坞乡与花果山乡境内
典型地质遗迹：花岗岩地貌、水体景观

## 10.1 纵览花果山

### 10.1.1 公园概况

河南宜阳花果山省级地质公园由花果山、七峪峡两个园区，水帘洞、岳山、花果山、七峪峡、麦穗山五个景区组成，总面积约 54 平方千米。花果山是一座以地质地貌和水体景观为主、生态和人文景观为辅、集科学价值与美学价值于一身的综合型地质公园，其中花岗岩地貌是公园的主体地貌景观。

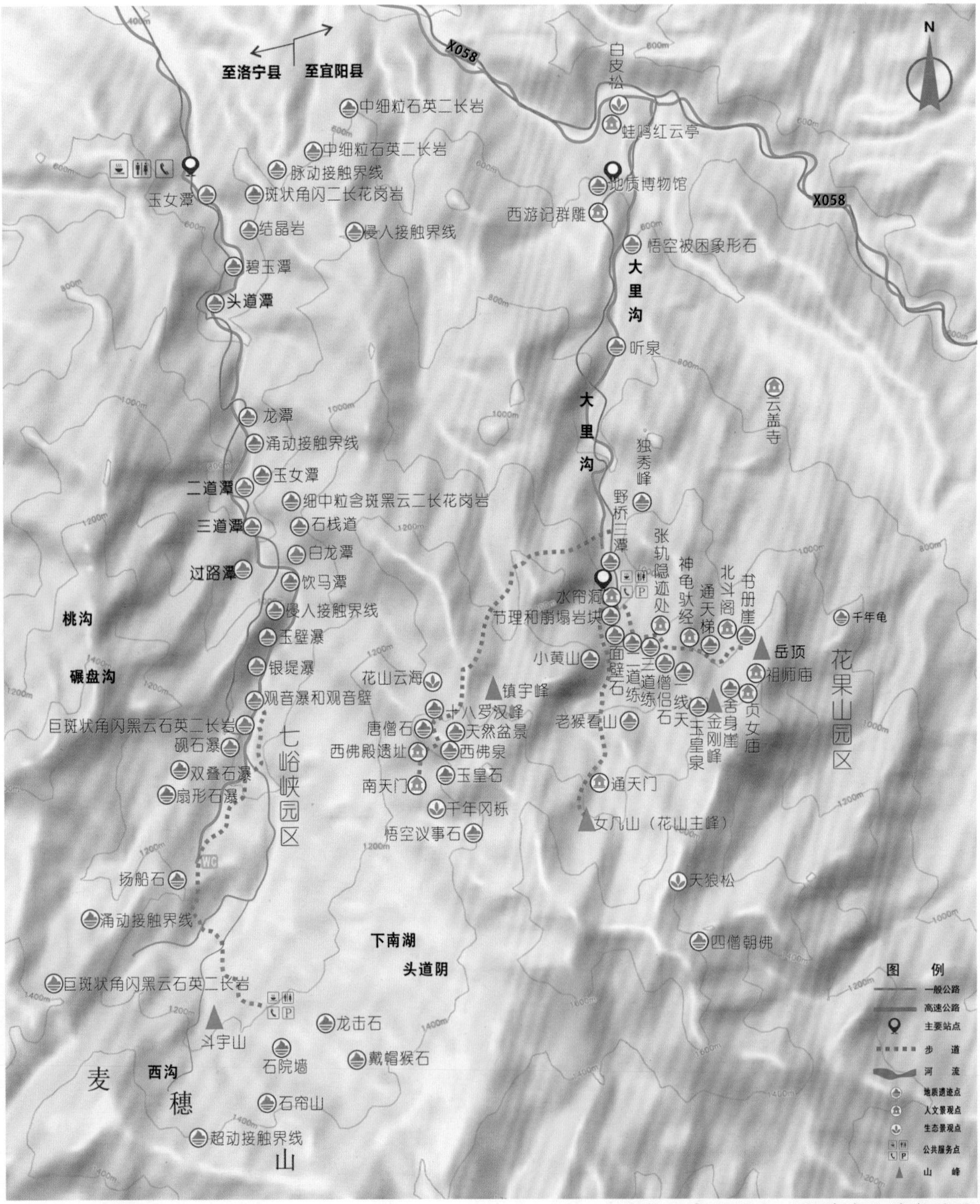

花果山省级地质公园科普旅游线路图

### 10.1.2 地形、地貌特征

宜阳地处豫西浅山丘陵区，山峦起伏，沟壑纵横，西高东低，南山北岭，山清水秀。由中山、低山、丘陵、盆地、河谷、川地等组成多姿多彩的地形地貌，可概括为“南岭北丘西南山、洛水一线中间穿、三山六丘一分田”。全县最高峰为西南部中山区的花果山主峰，海拔为1831.8米；最低点为东南部盆地，海拔为157.2米，相对高差为1674.6米。

岳顶风光

岳山远眺

### 10.1.3 自然与生态

花果山为国家森林公园，植被覆盖率高，动植物物种丰富，古树名木众多，生态景观异常丰富。有植物1440余种、动物1260余种，其中国家级保护植物有领春木、天麻、杜仲、山核桃等30多种，国家级保护动物有金钱豹、金雕、熊猴、大灵猫等17种。

白皮松

岳山红叶

### 10.1.4 地质概况

花果山大地构造位置处于华北陆块南缘，地层具有典型的双层结构。形成于25亿年前的太古宙太华岩群变质片麻岩构成基底变质岩系，距今25亿—2亿年的元古宙—古生代时期为沉积盖层形成阶段，形成了巨厚的熊耳群火山岩系和巨厚的碎屑岩与碳酸盐岩等；中生代白垩纪时期，区内构造活动强烈，形成花山和蒿坪两个超单元的花岗岩，岩性以二长花岗岩和石英二长岩为主，另有少量花岗斑岩脉零星分布，这些花岗岩地貌为地质公园的景观主体。

卧佛石

花岗岩中的斑晶与包体

岳顶花岗岩地貌

## 10.2 伴你游览花果山

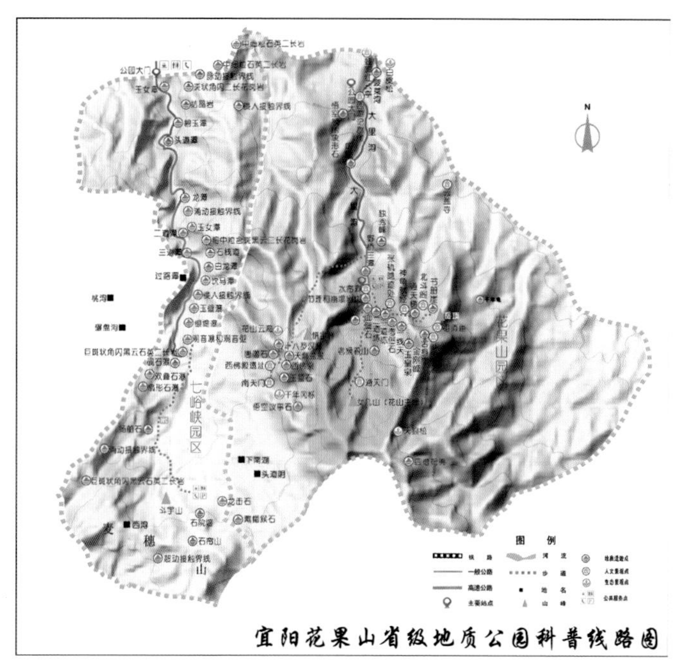
宜阳花果山省级地质公园科普线路图

花岗岩地貌是花果山地质公园的主体地貌景观。这些花岗岩颜色呈灰白或浅肉红色，质地坚硬，又由于原生节理和构造节理特别发育，沿节理裂隙的差异风化作用形成了各种各样的峡谷和众多造型奇特的象形山和象形石。

### 10.2.1 花果山园区

花果山园区位于公园东部，由水帘洞、岳山和花果山三个景区组成。

（1）水帘洞景区

以大里曲溪为主，溪流蜿蜒曲折，叠石溪、听泉、野桥三潭、水帘洞等瀑布、潭池与急流相映成趣；两侧峰峦叠嶂，悟空被困、壁画峰、独秀峰等点缀其间。

○ 大里曲溪

大里曲溪为花果山景区的主要峡谷溪流，谷地狭深，谷坡陡峻，谷底巨石磊砢，横切面呈V字形，谷长达10余千米，有“大里仙境”之称。源于花果山的溪水，九曲十八弯，悟空被困、归真桥、叠石溪、听泉、野桥三潭、水帘洞等景点一路伴随蜿蜒而上，奇花异草随流水摆动，砾石造型变幻点缀其间，精彩纷呈；两侧峰峦叠嶂，茂密的林木与无声的“石瀑”、峡谷、溪水、奇石、石瀑组成丰富的山水动景。

湖水倒影

大里曲溪下游

○ 悟空被困象形石

花岗岩在长期的风化过程中往往形成以球状风化为主的象形石，远看好似前往西天取经的孙悟空被妖怪所困，故而得名“悟空被困”。

悟空被困

归真桥

○ 归真桥地学科普园

归真桥地学科普园山水旅游步道全长约500米，沿途溪流潺潺，景色宜人。沿吊桥行至河对岸，拾级而上，沿途依次可以游赏吊桥、亲水栈道、山崩奇石苑、生态文化苑、西游文化苑等山水、人文、地质景观。

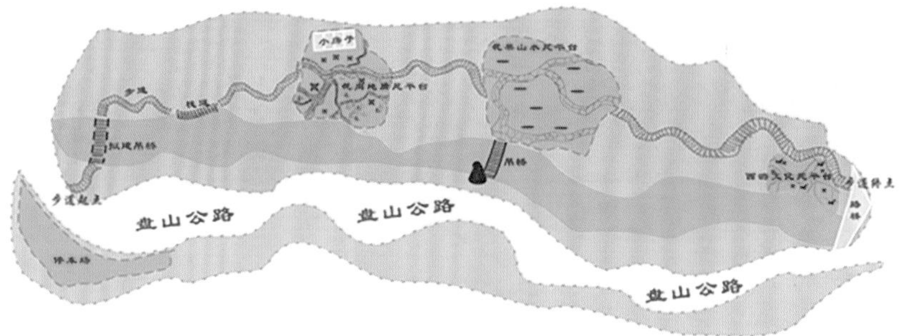

归真桥地学科普园

○ 野桥三潭

据传明代江南才子唐伯虎曾慕名畅游花果山，其《春游女儿山图》就创作于花果山，图中有题诗一首：“女儿山前春雪消，路傍仙杏发柔条。心期此日来游赏，载酒携琴过野桥。”后人将此处相连的三处潭瀑景观分别命名为“碧波潭、女儿潭、伯虎砚池”，并称野桥三潭。野桥，就取自唐伯虎《春游女儿山图》题画诗中的“载酒携琴过野桥”一句中的“野桥”。

碧波潭

女儿潭

伯虎砚池

壁画峰

○ 水帘洞

水帘洞是岳顶旅游线路上的主要景点之一。洞高 2.5 米，洞宽 3 米，洞深 8 米，洞中有猴王石像，山洞溪流常年沿崖壁飞流直下，掩遮洞口，雨则龙吟虎啸，晴则游丝断珠；洞外水流汇于深潭，四季不涸，潭水清澈见底，潭底卧有千年神龟，静静守着美猴王。

水帘洞

水帘瀑布

（2）岳山景区

岳山古称泰山，为花果山东峰，位于花果山大里曲溪的东侧，属花果山标志性山峰之一，属四周被崖壁围限的古城堡状山峰，整个山峰由花岗岩构成，海拔高度约 1670 米。岳山景区，峰秀崖险，神龟驮经、僧盼石、金刚峰、舍身崖、通天梯等与岳山庙宇群构成一处别样的世外仙境。

岳山红叶

从水帘洞沿谷底人行步道可达岳顶。岳山顶峰西侧，有一陡峻的峡谷，两侧巨峰高耸，近于直立，谷幽林静，近山脊处形成横切山脊的一线天、神龟崖等地貌景观。陡峭的谷中泉溪碧水沿 40°—70° 的石坡下流，从上到下依次形成三道练、二道练和头道练等水体景观；谷中因地形变换还形成有三道关以及僧盼石等地貌景观。此外，岳山顶峰上有北斗阁，崖下的山坳中有祖师庙，半山腰处有张轨归隐处等人文景观。

僧盼石

张轨归隐处

书册崖

神龟驮经

岳顶一线天

祖师庙

（3）花果山景区

以花岗岩象形山石和花岗岩奇峰为主，女儿峰、十八罗汉峰、斑鸠岭、师徒峰、唐僧石、西佛庙等无不与《西游记》结缘。

师徒岭

○ 师徒岭

花果山花山村的北边，从女儿峰向西延伸有一条北西向的山脊，其中的一条叫斑鸠岭。由花岗岩形成的斑鸠岭，因岩石中节理与裂隙的切割，经风化后形成了许多外貌呈混圆形的蛋状体石块，似人似物，其中有一组酷似唐僧师徒取经的天然雕像，景色奇妙，令人赞绝。

十八罗汉峰

○ 十八罗汉峰

花果山西佛庙四周，奇峰林立，排列如拱，合抱似椅，把花果山庙宇围在中间。其中大的山峰有 18 座，因山峰大多形似罗汉，故又名“十八罗汉峰”。

金刚峰

○ 金刚峰

花岗岩奇石景观，因形似高大威武的金刚而得名。

唐僧石

○ 唐僧石

花山庙北 400 米处，在危崖险石陡坡中，有一突起孤立巨石形如唐僧，故名唐僧石。他身披袈裟，面向西天，身负西天取经重任，心怀普救众生之情。从另一角度看，其头部为一独立的飞来石，栩栩如生，庄重且慈祥，游人多在此摄影留念。

麦穗山

○ 麦穗山

麦穗山，海拔约 1400 米，孤峰独耸，为一花岗岩风化后形成的塔峰地貌，远看宛若成熟的麦穗，故名麦穗山，象征着丰收的美好愿望。

女儿峰

○ 女儿峰

女儿峰为花果山主峰，海拔 1831.8 米，三峰并立，是由三组相近的花岗岩陡崖面斜列而形成的岭脊状山峰。在民间传说中这是一座女仙聚居之山，有关《西游记》的许多神话故事就从这座山下演绎开来。

### 10.2.2 七峪峡园区

七峪峡园区位于公园西部，由七峪峡和麦穗山两个景区组成。麦穗山为宜阳与嵩县的界山，因一突起的孤峰形似麦穗而得名，景区内以花岗岩奇峰和石瀑地貌景观为特色。七峪峡长约8.6千米，宽数米至数十米，在两崖夹峙的深谷中，水流蜿蜒奔流，形成众多的潭瀑，故又称潭峡。代表性景点有白龙瀑、玉壁瀑、银堤瀑、观音瀑、珍珠潭、饮马潭、龙潭等，潭潭秀丽。

双叠瀑

二叠瀑

白龙瀑

七峪峡水与树

饮马潭

*崖壁地貌——石瀑*

花果山地区的另一独特景观是在青山绿树之中，裸露出一片片表面光滑的花岗岩峭壁，峭壁上分布着许多密集的细沟，不生一木一草，远望好似银河飞泻、群瀑径流，看不到澎湃之水，听不到呼啸之声，宛如静止的瀑布，因而得名“石瀑”。

观音瀑—石瀑

观音瀑

贝壳瀑

二叠石瀑

### 10.2.3 地质公园博物馆与主题碑

河南宜阳花果山地质公园博物馆总面积约400平方米，分为上下两层，一层包括走进花果山、山水花果山和科普花果山三个展厅，二层包括探秘花果山和人文花果山两个展厅。地质博物馆通过展板、模拟场景、实物标本和声光电技术，全面展示了花果山典型的地质遗迹景观以及宜阳丰富的人文与自然资源，深入浅出地解密了花果山深厚的地学内涵，让观众在浓郁的科学氛围中轻松步入花果山精彩纷呈的地学世界。

定海神针

花果山地质博物馆

走进花果山展厅

花果山沙盘

山水花果山展厅

探秘花果山展厅

公园主题碑

## 10.3 地学解密

### 10.3.1 花果山花岗岩岩体的形成过程

花果山是由花岗岩形成的山体，花岗岩是一种岩浆没有喷出地表、在地表下冷凝结晶形成的岩浆岩。研究表明，花山花岗岩岩体形成于距今大约1.32亿年的早白垩世，当时其冷凝结晶深度在距地表以下10—13千米处，岩浆温度在700℃—750℃，承受的上覆地层压力为$3\times10^{Pa}$—$5\times10^{Pa}$。根据研究成果推测，形成花山岩体的岩浆可能来源于古老的太华岩群地层的深部重熔并混入了一些地幔物质。当大家在景区游览时，还可以在花岗岩中发现一些古老岩石残留捕虏体的存在。

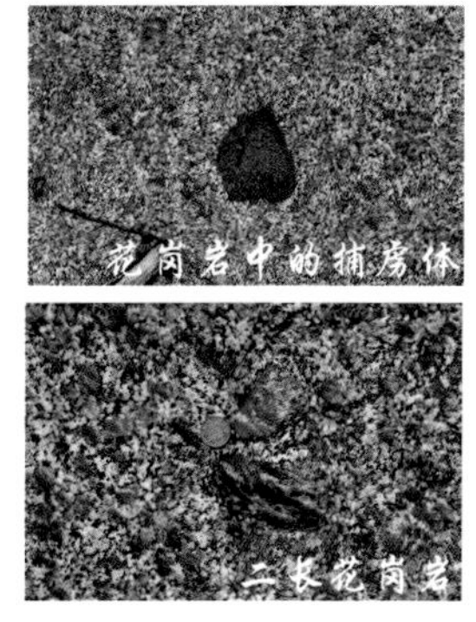
花岗岩中的捕虏体

二长花岗岩

双叠瀑

### 10.3.2 岳山及书册崖的形成

岳山为花果山的标志性山峰之一，海拔高度约1670米，属四周被崖壁围限的古城堡状山峰，整个山峰由花岗岩构成。由于花岗岩中有几组垂直的节理裂隙面和一组水平的节理裂隙面比较发育，这些节理面相互切割，将整个山体切割成大小不一的块体之后，沿密集的垂直节理面容易发生崩塌，不断地崩塌形成了岳山四周的陡崖。岳顶一带近水平的节理面因倾角较小，上覆岩石的稳定性较好，形成了岳顶陡峭而高耸的山峰，尤以岳顶东侧的金刚绝壁最为壮观。绝壁上密集的水平节理面，被错落的垂直节理面切割，形成一摞好像叠放着的地质史书，故而得名“书册崖”。

书册崖

### 10.3.3 花果山象形山石的形成过程

花果山的象形山石丰富多彩，其形成原因同样与区内发育的多组垂直节理和一组近于水平的节理有关。这些不同方向的节理面，先将岩石分割成大小不同的块体，然后经过山体的抬升、长期的水蚀风化，使岩块沿垂直节理发生崩塌，形成陡崖和石柱。另一组水平产出的节理在各种象形山石的形成过程中，起到了控制上下轮廓的作用。花岗岩中各矿物成分的耐风化力不同，这起到了控制形体神态的作用。

大石猴

岳顶

神龟探山

## 10.4 人文历史

宜阳东距九朝古都洛阳约 25 千米，具有悠久的历史和丰厚的文化积淀。据县志记载和文物普查中发现，全县有古城址 15 处，宫殿 17 座，庙堂 41 处，亭台、楼阁 19 个，祠、庵、寺、观 78 处，古驿站 9 处，古桥梁 29 孔，古墓葬 38 个，馆藏文物 5200 件。其中国家级重点文物保护单位 4 处，省级文物保护单位 3 处，市级文物保护单位 5 处，县级文物保护单位 33 处，可谓“人杰地灵”。

灵山寺

### 10.4.1 灵山寺

灵山寺原名报忠寺、报恩寺、凤凰寺，位于宜阳县城西的灵山北麓，背依山崖，面临洛河，坐南朝北，和多数中国佛寺方向迥异。相传周灵王葬于此，故名其山为灵山，灵山寺也因此得名。灵山寺始建于唐，鼎盛于宋，成形于金，是释源祖庭——洛阳白马寺的姊妹寺和传统的佛教中心。

灵山寺庙会

灵山寺

### 10.4.2 花果山庙

花果山庙始建于唐代，位于花果山西侧、海拔 1300 米处，面对七峪峡，背依十八罗汉峰，三面环山。庙内原有玉皇殿、老母殿、西佛殿、五祖殿等殿宇，分别供奉三藏法师、孙悟空、猪八戒、沙和尚以及白龙马。殿内取经壁画甚多，是研究古代建筑、宗教文化的宝库。当地村民一直供奉的西佛便是齐天大圣孙悟空。

北斗阁

花果山庙

祖师庙

# 11 西九华山省级地质公园

## 公园档案

省级地质公园批准时间：2012年1月9日
省级地质公园揭碑开园时间：未开园
公园面积：48.55平方千米
公园地址：河南省固始县境内
典型地质遗迹：火山岩地貌、典型地质剖面、水体景观

# 11.1 纵览西九华山

## 11.1.1 公园概况

西九华省级地质公园位于河南省东南边陲的固始县境内，由东、西两部分组成。东部为地质地貌景观区域，由奶奶山、留梦峡、华阳湖 3 个景区组成；西部为杨山典型地层剖面地质遗迹保护区，是一座以火山岩地质地貌、典型地层剖面、水体景观为主，以生态人文景观为辅的综合型地质公园。

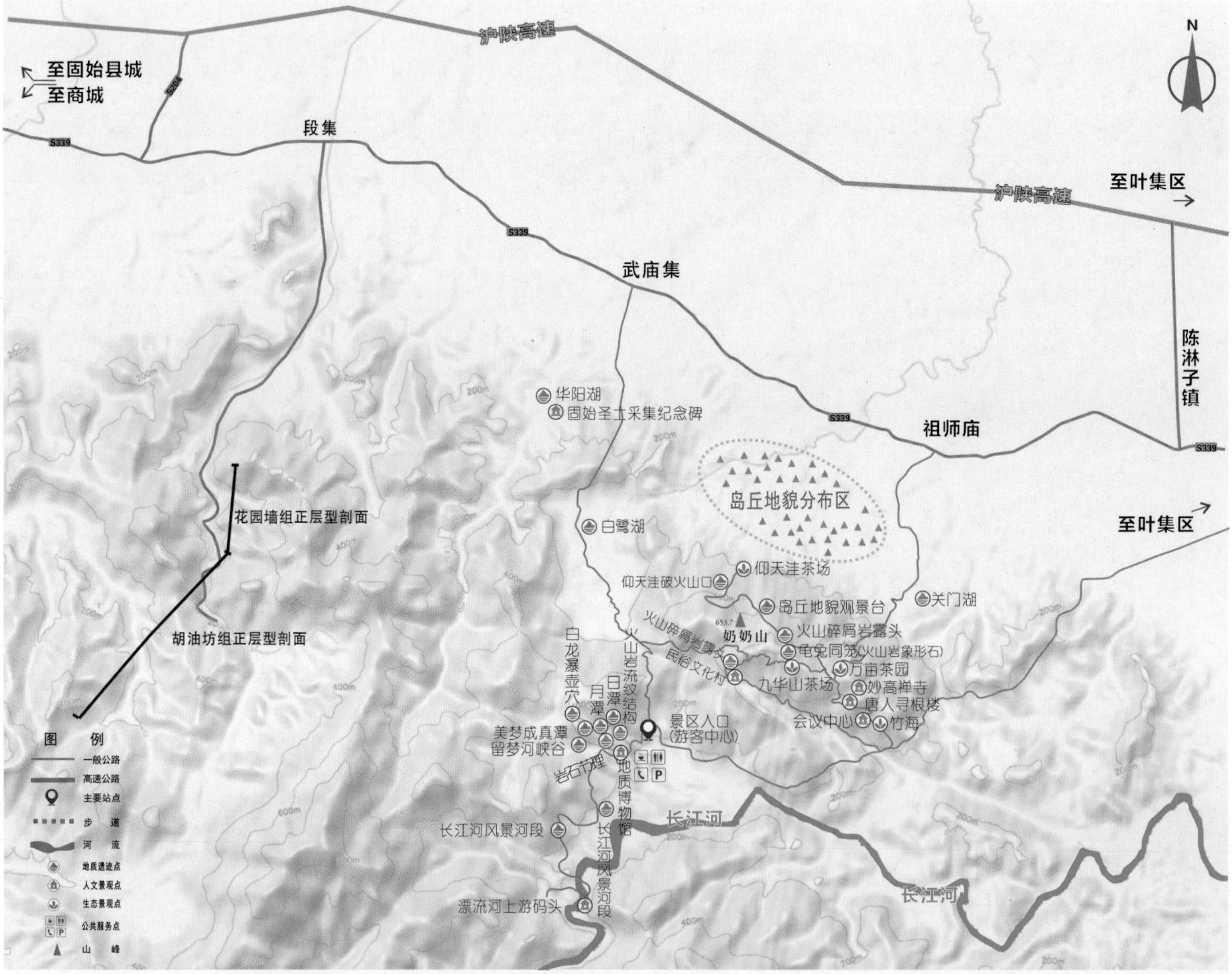

西九华山省级地质公园科普旅游线路图

### 11.1.2 地形、地貌特征

公园位于大别山脉北麓，地形起伏，地势大体由西南向东北倾斜，地形坡度多在10°—40°，根据地貌类型划分为山地、丘陵及垄岗、平原及洼地、河道及行洪滩地等4种地貌类型区域；最高峰为奶奶殿山，海拔高度653.7米，重峦叠嶂、沟壑纵横；丘陵分布在山区北缘，为冲岭相间分布的指状残丘，海拔高度60—126.3米；垄岗分布于丘陵的北侧，西南部及东部边缘，是片块状的倾斜垄岗，在漫长的片流侵蚀下，形成冲岗相间，岗面平坦，冲形宽阔的特征，海拔高度40—70米的"岛丘"地貌景观。

关门湖

九华云海

### 11.1.3 自然与生态

公园动植物种类繁多，高等植物143科、1400多种。野生植物中有被誉为植物活化石的银杏、有河南所独有的孑遗植物金钱松；灵芝、茯苓、银耳、木耳等食用菌植物丰富；还有天麻、杜仲、全虫、香虫等名贵药材，其中"固全虫"为固始独有品种。

公园有国家级保护野生动物羚羊、野猪、娃娃鱼、白冠长尾雉、黄缘闭壳龟、长江河沙锥鱼等。家养畜禽品种有固始鸡、固始鸭、固始白鹅，被农业农村部列入全国106个地方优质家禽品种。此外，淮南猪、槐山羊等地方品种也驰名中外。

万鹭齐飞

竹林世界

### 11.1.4 公园四季

固始西九华山省级地质公园处于北亚热带向暖温带过渡的季风湿润区，四季分明，雨水丰沛，冷暖适中，雨热同季，无霜期长。有“北国江南、江南北国”之称。春季，多种野生兰花在谷中悄悄开放，空谷幽兰、清香雅致；山岩上一树树映山红迎风怒放，如朵朵红云飘浮在谷中。盛夏，浓荫蔽日，清凉舒爽，是难得的避暑胜地。秋季，红枫、黄栌等暖色与茶树、冷杉、竹林等冷绿色相互映衬，在静静的深潭中倒映出一幅幅层次分明的七彩画面。冬季，银装素裹，形成独特的冰瀑景观，还有“固始八景”之一的青岭晴雪。

春

夏

秋

冬

### 11.1.5 地质概况

西九华山大地构造位置处于秦岭—大别山造山带的北缘，即北淮阳构造带内，大地构造复杂，岩浆活动频繁。区内地层主要出露晚古生代石炭纪海陆交互相碎屑岩夹多层极不稳定的薄煤层；中生界中侏罗世陆相碎屑岩、晚侏罗世火山岩和火山—沉积岩；早白垩世火山岩及新生界古近纪碎屑岩和第四纪洪积、冲积层。

火山熔岩流纹构造

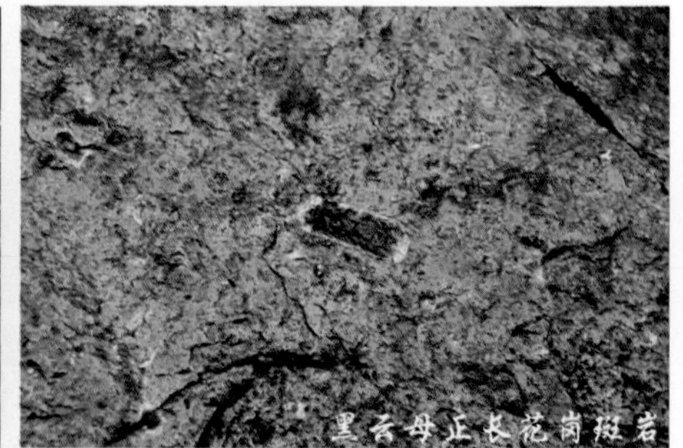
黑云母正长花岗斑岩

## 11.2 伴你游览西九华山

### 11.2.1 留梦峡景区

留梦河谷因传说乾隆皇帝曾经到访此谷，在一块巨石上休息入睡并做了一个“白龙赐元宝”的梦而得名。全长约 3 千米，为流水侵蚀形成的峡谷地貌景观。峡谷的东段为桃花岭花岗岩岩体，峡谷西段为金刚台组火山碎屑岩，峡谷两侧谷坡时缓时陡，植被茂盛，峡谷内飞瀑流泉与奇石密布，代表性的瀑潭景观有白龙瀑、日潭、月潭、金龟戏水潭、二龙戏珠潭等，褶皱石、御赐元宝石、美梦成真石、龙椅石、丹凤朝阳石以及大大小小的壶穴景观等，步移景换，景色美丽。

留梦河谷大门

乾隆题诗壁

留梦河谷

御赐元宝石

火山碎屑岩流变褶皱景观

留梦河谷谷口

（1）日潭

留梦河峡谷河水冲刷侵蚀形成近似太阳形状的潭，被称为日潭；圆形日潭直径约 20 米，深约 3 米。

日潭

（2）月潭

留梦河峡谷河水冲刷侵蚀形成近似月亮形状的潭，称为月潭；月形潭长约 13 米，宽约 8 米，深约 3 米。

月潭

（3）乾隆留梦石

一块巨大的火山碎屑岩崩塌岩块，因节理的切割，形成平整的石面。因传说乾隆曾在此石上休息入睡并

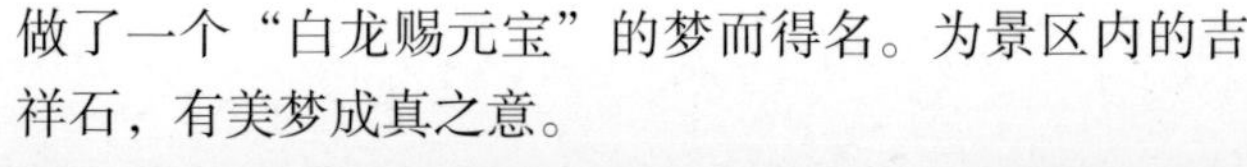

做了一个“白龙赐元宝”的梦而得名。为景区内的吉祥石，有美梦成真之意。

乾隆留梦石

龙椅石

美梦成真石

巨蟒出水

（4）二龙戏珠潭

峡谷溪流中两股水流注入潭中，恰似二条白龙戏珠状，故称此水潭为二龙戏珠潭。

二龙戏珠瀑

丹凤朝阳石

金龟戏水潭

（5）乾隆掌劈石

岩石因受地壳构造应力的作用，常常形成一些有规律分布的节理面，沿着这些节理面岩石很容易发生断裂。乾隆掌劈石就是一处典型的岩石沿节理面断开的景观，其节理面的平整程度犹如刀削斧劈一般。

乾隆掌劈石

(6) 白龙瀑

白龙瀑位于留梦河峡谷中部，是留梦河峡谷中最高最宽的瀑布，瀑布高30余米，宽约7米。瀑布下是白龙潭，白龙瀑夏季水流大时，瀑水似银河飞泻跌落潭底，极为壮观，在白龙瀑布下面往上看又好似一条白龙由潭底跃出，扶摇直上，故称白龙瀑，白龙瀑崖壁为距今1.2亿年前后火山喷发形成的火山碎屑岩。

白龙瀑鸟瞰图

白龙瀑

(7) 白龙瀑壶穴

河水急流漩涡中常夹带着一些沙砾石，这些沙砾石长期磨蚀河床底部岩石，会形成一些呈壶状的洞穴，称为壶穴。白龙瀑右侧陡崖处的壶穴长约2.5米，宽2米，深1.5米，为白龙瀑水流曾经跌落的地方，由于瀑水位置的改变，壶穴的位置已经很少有水流的光顾了。

白龙瀑壶穴景观

谷中小桥

留梦湖瀑布

留梦湖

### 11.2.2 祖师庙“岛丘”地貌景观区

西九华山北坡祖师庙以北地区为侏罗系中统含砾长石砂岩、长石砂岩与粉砂砂岩互层分布区，因这一类岩层的抗风化力弱，极易被风化剥蚀，因此，在这种地层的分布区域内形成了许许多多自然坡度为10°—30°，高度为30—50米的“岛状”残丘地貌景观；又因这些“岛丘”上植被发育，四周多为鱼塘和稻田环绕，星星点点的现代红房农舍点缀其间，呈现出一派旖旎的田园风光，形成了独具特色特色的“岛丘”地貌景观。

田园风光

岛丘

岛丘地貌

田野风光

### 11.2.3 奶奶山龟兔同笼（火山岩象形石景观）

在固始县西九华山地区奶奶山一带，金刚台组火山岩分布区，出露的安山质碎屑岩是一种质地坚硬、节理发育的岩石。由于岩石出露地表后，经日晒雨淋、寒冬酷暑温差变化引起的热胀冷缩的风化剥蚀作用，对岩石进行着"圈层状"的风化剥蚀，风化作用不断进行的结果，愈往岩块内部愈趋于使岩块变圆，甚至像剥卷心菜一样呈同心壳层剥落，形成"石蛋"，多个大小不一的石蛋堆积在一起，上面长满山藤，形似可爱的龟兔在同一个笼子里，故称"龟兔同笼"，为火山岩象形石景观。

龟兔同笼

### 11.2.4 华阳湖

华阳湖位于武庙集乡，湖面蜿蜒游荡于群山之间，站立湖边，远视南山，华阳大佛山、核桃尖山、五尖山等一览无遗，大有"两岸青山相对出，巨幅国画入眼帘"之意境。

华阳湖

### 11.2.5 长江河

长江河是公园最大的一条河流，发源于大别山主峰之一的金刚台东麓，全长 48 千米，是河南省与安徽省的界河。它川流于崇山峻岭之间，河中多沙石，如同长江上游一样，故名长江河。长江河中上游峡谷幽深，蜿蜒回转十余千米。U 字形、Z 字形拐弯的河道峡谷层出不穷，河谷宽阔，宽处有 40 米以上；河水清澈，碧波粼粼，时而激流直下，时而平缓静淌。长江河漂流河段长约 9 千米，形成河中河漂流河段，自然清新，别具一格。

长江河

长江河漂流

### 11.2.6 杨山植物群

——“中州华夏植物群的滋生起源地”

在公园杨山典型地层剖面地质遗迹保护区，下石炭统花园墙组、杨山组，上石炭统的道人冲组、胡油坊组地层中保存了丰富的古生物化石。其中，主要为杨山组中州华夏植物群化石产地、道人冲组晚石炭世早期瓣鳃类化石产地。杨山组中州华夏植物群化石产地发现鉴定古植物标本共约21属48种，主要古植物是石松类、节蕨类、真蕨类，其中石松类占据繁盛地位，为杨山组成煤的主要植物。其代表分子是固始华夏木—鱼鳞木组合。

杨山煤矿

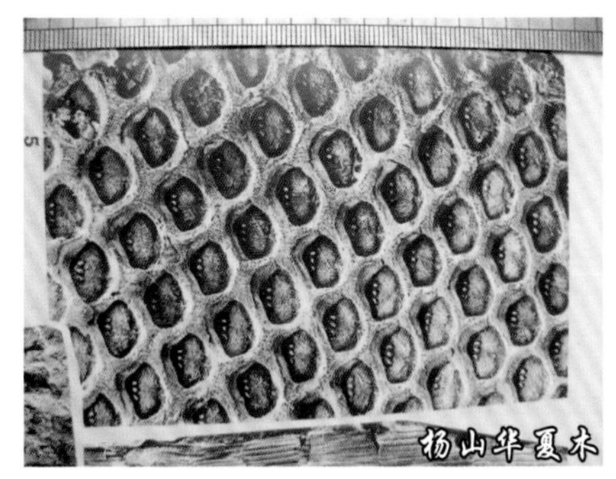
杨山华夏木

杨山楔羊齿

鱼鳞木（新近种）

大别山鳞木

### 11.2.7 西九华山省级地质公园博物馆与主题碑

地质公园博物馆位于留梦河谷景区入口处，紧邻景区公路，西面紧靠陡坡，东面留梦河谷，景色优美，视野开阔，交通便利。博物馆分为上下两层建筑，面积1400平方米左右，分为序厅、地质厅、九华山水厅、茶乡竹海厅和影视厅5个展厅。博物馆通过展板、图片、标本与多媒体等形式，融知识性、观赏性、娱乐性于一体，集中向游人展示公园地质遗迹景观和生态人文特征的科普文化场所。

西九华山省级地质公园地质博物馆

西九华山省级地公园博物馆内馆

西九华山省级地质公园主题碑

## 11.3 地学解密

"岛丘"地貌成因探秘

在地貌景观上，西九华山从北向南至大别山腹地，依次表现为残丘、低山丘陵和中高山。特别是在西九华山北坡祖师庙西南，因耐风化的火山岩类与岩浆侵入岩形成了中低山；侏罗系中统含砾长石砂岩、长石砂岩与粉砂砂岩互层，因抗风化力弱被剥蚀得较快，形成许许多多自然坡度为 10°—30°，高度为 30—50 米的"岛状"残丘地貌景观，称为"岛丘"。这些"岛丘"上植被发育，四周多为鱼塘和稻田环绕，星星点点的现代红房农舍点缀其间，呈现出一派旖旎的田园风光，绵延达百余里，形成了固始县独具特色的"岛丘"地貌景观，这种呈"岛状"分布的残丘地貌景观，是一种新的地貌景观类型，具有极高的地貌景观开发利用的观赏价值。

砂岩地貌

岛丘地貌

## 11.4 人文历史

固始县古为番、蓼、蒋等国，东汉光武帝刘秀取“事欲善其终，必先固其始”之意封开国元勋、大司农李通为“固始侯”，从此便得名“固始”，迄今已有2000年历史。

固始现有国家重点文物保护单位2处（番国故城遗址、陈氏将军祠），省级重点文物保护单位8处（吴其濬故居、吴氏世大夫祠、吴其濬墓、平寨遗址、妙高寺、王审知故居、秦氏故居、郑成功墓），市级文物保护单位2处，县级文物保护单位42处。

### 11.4.1 根亲文化景点

固始与闽、粤、台等地的血缘、史缘紧密相连，素有“中原第一侨乡”之称。历史上有四次大规模移民南迁，其后人又渐次移迁港澳台地区和菲律宾、马来西亚、欧美等地。因此，造就了“台湾访祖到福建，漳江思源溯固始”的根亲文化现象。

寻根楼

### 11.4.2 妙高禅寺

妙高禅寺坐落在西九华山半山腰，占地面积约5.3万平方米，四周翠竹环绕，云雾成烟，1995年被列为河南省重点文物保护单位，为河南省人民政府指定的佛教活动场所，对外开放。妙高寺始建于隋，距今已有1400多年，历史上曾称之为大佛寺、华岩寺、地藏寺，为地藏王菩萨卓锡安徽华山之前，在中原地区的第一道场。自明代释祖春卓锡妙高寺后，妙高寺始成为临济宗大悟山派之祖庭，自成立以来，有文稽考者，已兴传了56代。明末清初，著名高僧释竺启和尚重修妙高寺，使妙高寺成为豫皖交界最负盛名的佛教圣地。

根亲博物馆

### 11.4.3 妙高寺塔林

妙高寺塔林位于妙高寺前方，为省级文物保护单位。共有墓塔 5 座，皆为青砖雕砌而成，高 1.8 米至 2.6 米不等，都刻有塔铭和花卉图案装饰，其中有一塔嵌有石造像。在一座塔铭上方刻有一个“佛”字，“佛”字下面以小字刻“十方僧尼二普同塔”。僧尼合寺已是奇观，而僧尼合塔更为佛门罕见。

千年古刹——妙高禅寺

### 11.4.4 民俗文化村

民俗文化村依山而建，占地约 6.7 万平方米，以豫南民俗文化为主调，全部为实景展现豫南地区民俗文化。游客可观赏到民俗演艺大舞台的精彩演出，亲自动手体验农耕、粗粮加工、茶叶加工、磨豆腐、榨油、酿酒、织布、造纸、制陶、竹柳编制、打铁、制香、酱菜等传统的民间手工业生产过程。

妙高寺塔林

# 12 禹州华夏植物群省级地质公园

## 公 园 档 案

省级地质公园批准时间：2012年1月9日
省级地质公园揭碑开园时间：2016年12月
公园面积：28.93平方千米
公园地址：河南禹州市神垕镇、磨街乡、鸠山乡境内
典型地质遗迹：古植物化石、含煤地层剖面

## 12.1 纵览河南禹州华夏植物群

### 12.1.1 公园概况

河南禹州华夏植物群省级地质公园位于禹州市西部与北部地区，地貌上分属箕山和具茨山山系，大地构造位置：该区域处于嵩箕台隆与华北凹陷的过渡地带。由大风口、大鸿寨两个园区组成，是一座以华夏植物群化石景观和典型含煤地层剖面为主，以钧瓷文化产业链为辅，并融合自然、生态和人文景观，集美学价值与科学价值于一身的综合型地质公园。

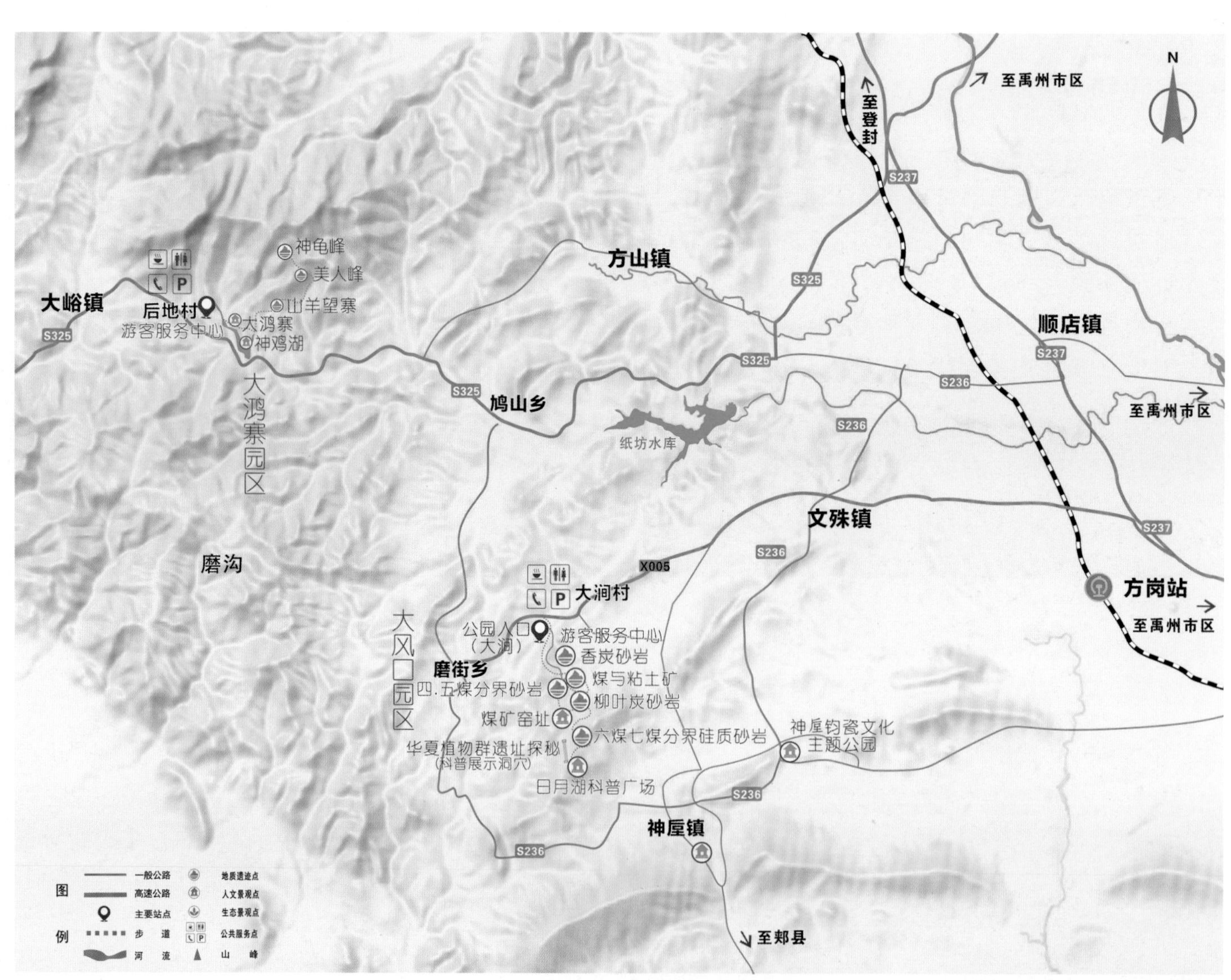


禹州华夏植物群省级地质公园科普旅游线路图

### 12.1.2 地形、地貌特征

禹州市处于伏牛山余脉与豫东南平原的交接部位，北部、西部为山地、丘陵，中部和东南部为冲积平原，整个地势由西北向东南倾斜。海拔由西部的最高点（西大鸿寨山）1150.6 米，降到东南部的最低点（范坡乡新前一带）92.3 米。禹州市自然条件优越，地貌类型复杂多样，主要有山地、丘陵、岗地和平原。

神鸡湖

### 12.1.3 自然与生态

禹州市地处伏牛山余脉向豫东平原过渡地带，整个地势由西北向东南倾斜，以横贯西北、东南的颍河为界，构成北（具茨）、南（箕山）两大山系，环抱颍川平原。禹州市属暖温带季风气候区，雨量充沛，冬寒夏热，光照充足，无霜期长，四季分明。

境内自然森林植物由于人为的破坏保存较少，仅在大鸿寨等深山沟里尚有小面积的保留，人工植被主要以栎树、侧柏、刺槐、泡桐、果林、农作物为主。动物资源缺少大型兽类，动物种类少，数量不多，代表动物以哺乳动物类的鼠类占绝对优势。

红砂岩地貌

### 12.1.4 地质概况

公园大地构造位置：处于嵩箕台隆与华北凹陷的过渡地带，北部及西部为嵩箕台隆，东部为华北凹陷。区域上出露地层有新太古代、古元古代、震旦纪、寒武纪、奥陶纪、石炭纪、二叠纪、三叠纪和第四纪。其中，石炭纪与二叠纪含煤地层剖面与华夏植物群古生物化石是公园最有特色的地质遗迹资源。并先后在此创立命名了朱屯组、神垕组、小凤口组、云盖山组、三峰山组和大风口群等层型剖面。位于神垕与磨街之间的大风口剖面，为最具代表性的标准剖面，总厚度近千米，各组间标志层特征明显，地层界线清楚，古生物化石丰富。

元古宙与古生代地层界线

燧石条带灰岩

铁矿与黏土矿

二叠纪含煤地层

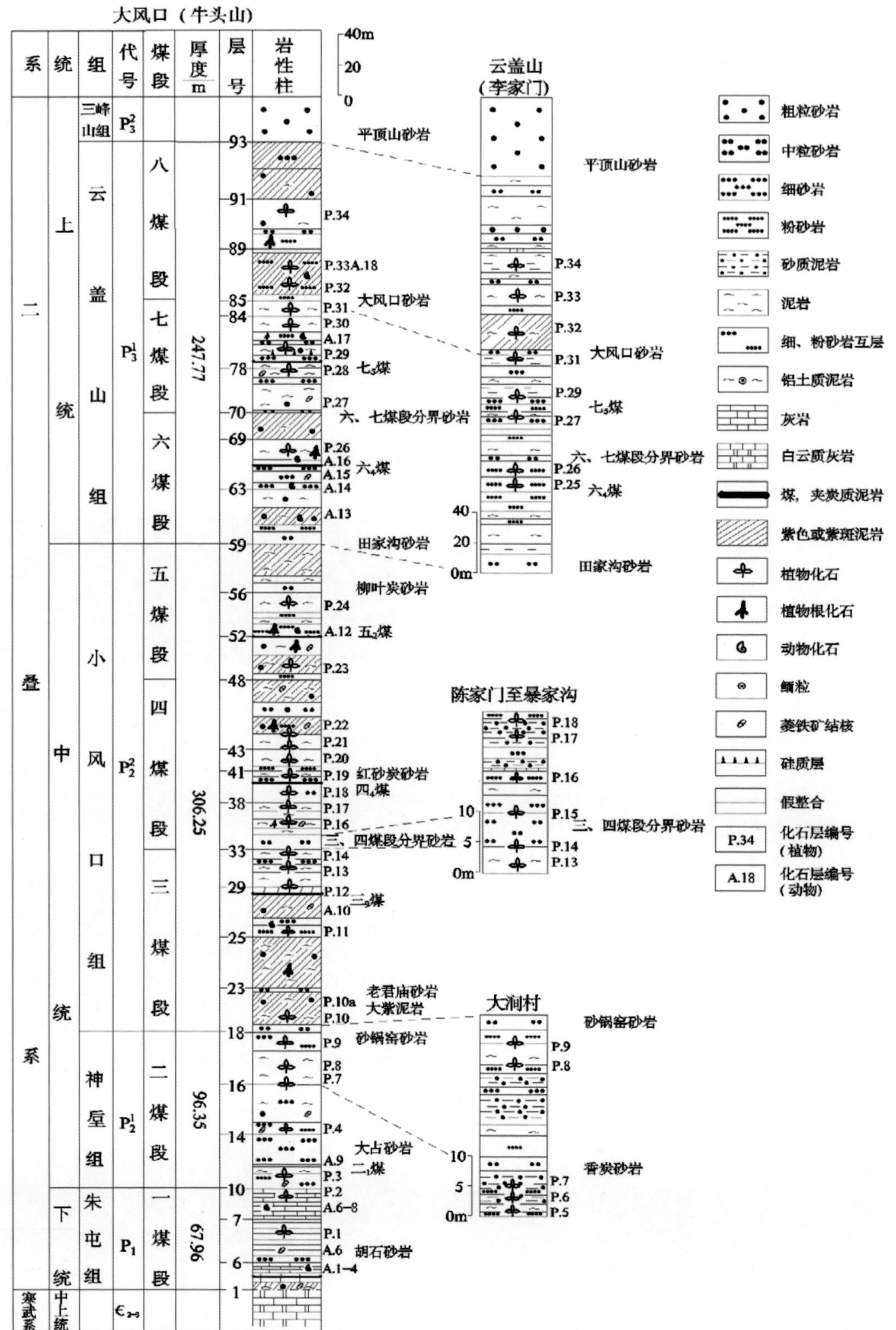

河南禹州大风口二叠系柱状图

## 12.2 伴你游览古植物化石遗迹园

### 12.2.1 古植物化石的宝库——大风口景区

大风口景区位于磨街乡大涧村与神垕镇神垕村之间，景区内代表性的地质遗迹资源为大风口石炭纪—二叠纪含煤地层剖面，该剖面所含古植物化石层位达 35 层，所含古植物化石达 300 余种，其中有 100 余种古植物化石是在这里首次被发现且命名的。该剖面含煤地层厚度达 720 米，分为 8 个煤段，最多含煤层数可达 89 层，几乎华北与华南所有的含煤层位都可以在这里找到天然露头。景区通过古植物化石展示、古植物化石探秘洞穴、古生态环境场景复原和含煤地层天然露头的科学展示，形成集科考探险、观光游览、休闲娱乐为一体的综合旅游景区。

大涧文化景观区鸟瞰图

大风口远眺图

大风口景区科普旅游线路图

（1）“乌金”寻踪

晚石炭世—早二叠世，在华北一带形成了大量有工业价值的煤层，晚二叠世则没有形成可采煤层；相反，我国的南方各省则主要是在中、晚二叠世时期形成了工业价值较高的煤层，晚石炭世—早二叠世则没有形成可采煤层。地处华北地台南部的河南省禹州一带，有8个含煤地层段，最多含煤层数可达89层，不仅晚石炭世—早二叠世含煤岩系发育，而且在中、晚二叠世地层中也形成了较好的煤层并且出露完整，是我国华北晚古生代聚煤盆地研究的一根“铁柱子”，对河南省煤田地质勘查地层对比具有重要的标杆作用。大风口一带的主要可采煤层包括一$_4$、二$_1$、三$_9$、四$_4$、五$_2$、六$_4$、七$_5$等，地表都有相应的露头。

二$_1$煤露头

○ 整个华北地区都可以开采的煤层——二$_1$煤露头

这里是“二$_1$煤”的天然露头，这层煤又称为“大煤”“大占煤”等，在华北地区赋存稳定，煤层厚度普遍可达1.73—14.95米，平均厚4.03米，是唯一的一层在整个华北地区都可以开采的煤层，也是河南及邻省地区的主采煤层。它的形成年龄高达2.9亿岁，那时属于地球的二叠纪时期。

○ 呈柳叶状分布的六$_4$煤天然露头

“六$_4$煤”为煤田勘探所标记的煤层编号，又称柳叶煤或烟炭煤。柳叶煤是因煤层形态为断续状的柳叶状；烟炭煤是指该煤燃烧过程中有烟的产生。煤层厚1—4米，平均厚2米，为禹州地区主要开采煤层之一。这里为大家展示的是一处地表露头景观，上覆地层中古植物化石丰富。

六$_4$煤露头

七$_5$煤露头

煤层露头

○ 煤矿矿业广场

河南禹州矿产资源丰富，煤矿资源为重中之重，境内煤田总储量为96亿吨，煤系地层总厚度720米，自上而下共分9个煤系，含煤27层，煤层总厚15米。煤矿矿业广场以废弃的煤矿矿场为基础，广场上展示了一些典型的采煤设备、煤矿工人景观小品，浮雕墙展示了古往今来不同历史时期的采煤工艺。煤矿工人通过辛勤的汗水，挖出的是“黑色的金子”，温暖的是广大人民的身心！

矿业广场

（2）化石探秘

大风口剖面含植物化石的层位至少有35层，所含古植物化石多达300余种，其中有100余种古植物化石是在这里首次被发现命名。景区通过古植物化石展示、古植物化石洞穴遗址探秘、古生态环境场景复原和含煤地层天然露头的科学展示，形成集科考探险、观光游览、休闲娱乐为一体的综合性旅游景区。

○ 石松植物门及其化石

禹州植物群中的石松植物全部属于鳞木目，共计8属16种，占全部植物总种数的5.23%。在朱屯组至神垕组的垂直分布中，鳞木目丰盛，向上渐少。

禹州鳞木

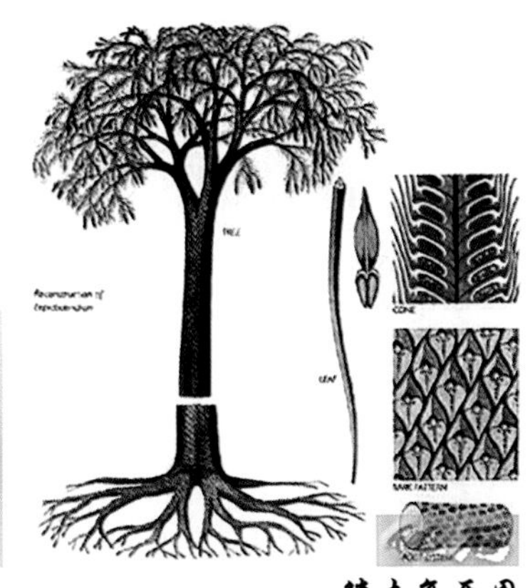
鳞木复原图

石松植物生活史示意图

○ 节蕨植物门及其化石

禹州植物群中节蕨植物占全部植物总数的18.30%，包括11属56种，分属于楔叶目和木贼目。

[illegible]轮叶

起瓣轮叶（一）

脊楔叶（一）

脊楔叶（二）

尖头轮叶

起瓣轮叶（二）

楔叶植物复原图

○ 真蕨植物门及其化石

禹州植物群中真蕨植物已知有 13 属 60 种，占植物群总数的 19.54%，居禹州植物群各类群的首位。

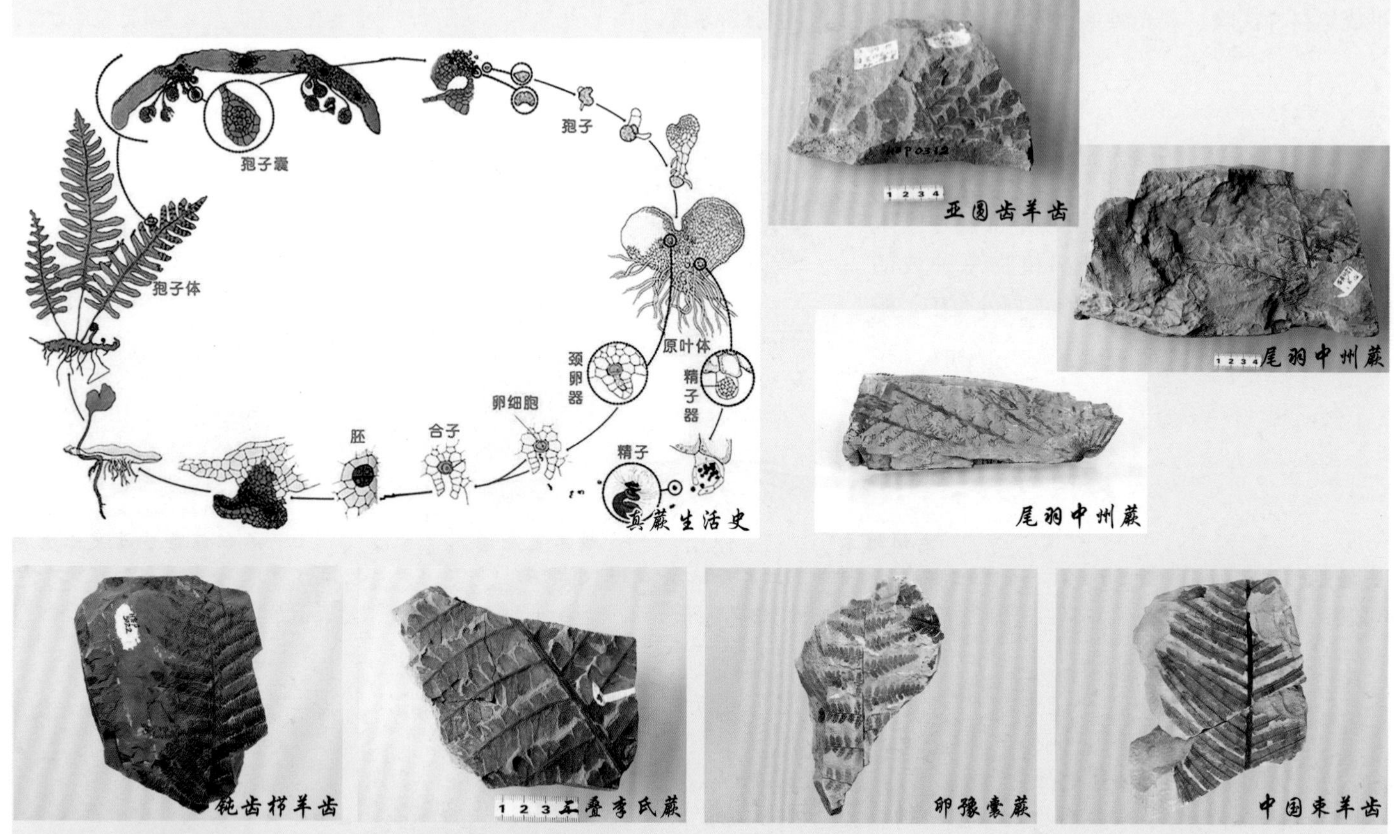


真蕨生活史

亚圆齿羊齿

尾羽中州蕨

尾羽中州蕨

钝齿栉羊齿

不叠李氏蕨

卵豫囊蕨

中国束羊齿

○ 前裸子植物门及其化石

禹州植物群中前裸子植物均为瓢叶目，包括 5 属 14 种，占植物群总数的 4.58%。

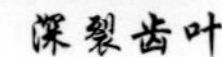

多形齿叶　　华夏齿叶　　深裂齿叶

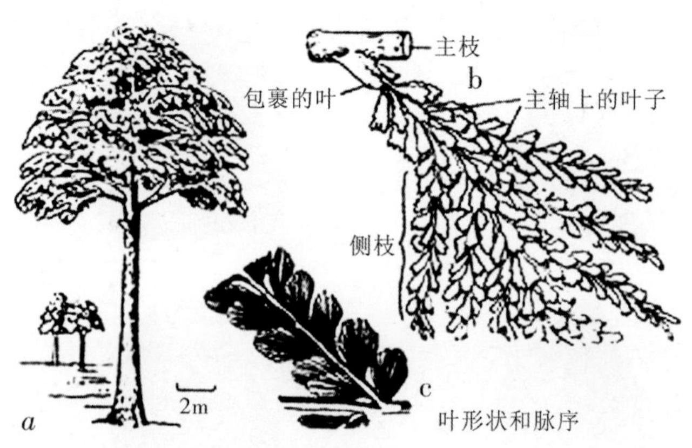


古羊齿（*Archaeopteris*）

*a* 复原图　b 叶状分支系统　c 古羊齿型的叶及扇状脉

前裸子植物

○ 种子蕨植物门及其化石

禹州植物群中种子蕨植物共有16属30种，占全群总数9.80%。常见的形态类型有脉羊齿类、齿羊齿类、美羊齿类、座延羊齿类和畸羊齿类。

波缘种州叶(一)

波缘种州叶(二)

种子蕨复原图

翅网掌叶

多裂掌叶

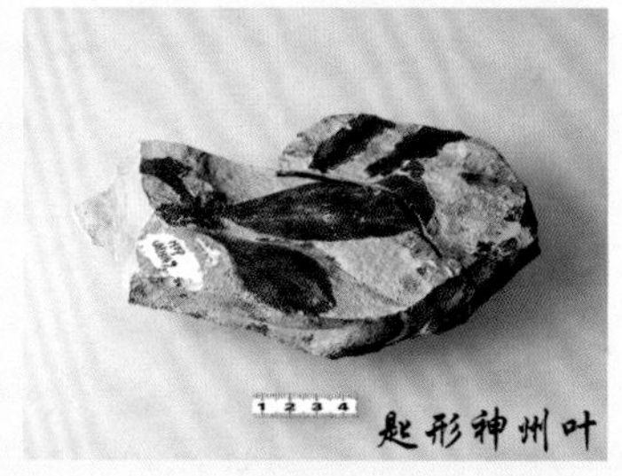
匙形种州叶

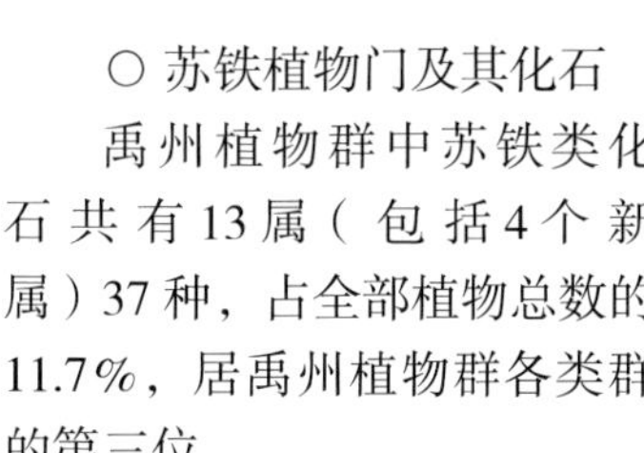

○ 苏铁植物门及其化石

禹州植物群中苏铁类化石共有13属（包括4个新属）37种，占全部植物总数的11.7%，居禹州植物群各类群的第三位。

现代苏铁(一)

现代苏铁(二)

直脉华夏苏铁

○ 银杏植物门及其化石

禹州植物群中银杏门或可能属于银杏门的植物，共发现4属7种，仅占全群总数的2.28%，初现层位在小风口组之四煤段。

○ 松柏植物门及其化石

禹州植物群中松柏植物中属于科达纲，叉叶纲的化石有9属12种，占全群总数的3.92%。松柏纲极少，仅1属1种，占植物群总数的0.33%。

疏脉科达

现代松柏

古生代晚期出现的大羽羊齿植物

○ 种子及其化石

本区发现的种子甚多，现已知有 14 属 28 种（新种 18 个），占全部植物群总数的 9.15%。

○ 前有花植物大羽羊齿目及其化石

大羽羊齿植物在禹州植物群中占有十分突出的地位，其丰盛程度及演化序列之清楚和完整，世所罕见。已知其垂向分布至少有 30 个层位以上，共发现 12 属 36 种（2 个未定种），占植物群总数的 11.77%。

大羽羊齿为我国及东亚其他地区二叠纪的标准化石。大羽羊齿类是生活于热带或热带雨林环境下的攀援木质藤本或灌木植物。羊齿有许多名称和别称，不过其中最为人熟知的是“幸运之手”。那是因为羊齿的叶子在还没有打开的时候，形状酷似人类的手，而手是劳动的象征。因此羊齿的花语是——勤劳。

芋叶单叶单网羊齿

延羽叶单网羊齿

延羽叶单网羊齿

苏柏羊齿复原图

芋叶单叶单网羊齿(一)

芋叶单叶单网羊齿(二)

圆形单叶单网羊齿(三)

（3）岩石“有名”

二叠纪地层因煤炭资源勘查与对比的需要，与其他各个地质时代的地层相比有个显著的特点，每一层不同的岩石都有它自己独有的专属名称，这种名称至少有几十个；每一个名字背后都有着奇特的科学故事与历史传说。代表性的名字有大占砂岩（油毡砂岩）、香炭砂岩、田家沟砂岩、小风口砂岩、大风口砂岩、平顶山砂岩、二$_1$煤（大煤）、六$_4$煤（柳叶煤）、七$_5$煤……

○ 黑色结核遍布的燧石条带灰岩

燧石俗称“火石”，因燧石和铁器击打会产生火花，所以也被古代人用作取火工具。中国古代常用一小块燧石和一把钢制的“火镰”击打取火，所以燧石也叫作火石。燧石由于坚硬，破碎后产生锋利的断口，所以最早为石器时代的原始人所青睐，绝大部分石器都是用燧石打击制造的。禹州大风口一带的燧石，通常为结核状或不规则状分布在石灰岩地层中，由当时富含二氧化硅的热水流体沉积而成，后期又经历了一些交代作用形成现在的结核状燧石景观。

燧石条带灰岩

○ 这层厚砂岩有一个响亮的名字——“香炭砂岩”

距今 2.9 亿—2.5 亿年前后的二叠纪时期，河南的东部与北部地区为一半闭塞的浅水海湾，大涧就位于这个海湾的西部边缘。发源于西部秦岭古陆的河流携带着大量的泥沙流入海湾，形成三角洲。这里的这层砂岩就是当时的三角洲平原上一条古河道上沉积的砂粒，其主要矿物成分为长石与石英，如今这些沙粒已经变成了坚硬的石头。因这层砂岩之下有层煤在燃烧过程中，具有香气味道，俗称“香炭煤”，位于香炭煤层上部的这层砂岩便有了一个响亮的名字——香炭砂岩。

香炭砂岩

○“红得发紫”的岩石

这套紫色的岩石被称为“大紫泥岩”，属于沉积岩，按照其形成的年龄推算，距今约有 2.7 亿年的历史。岩石本身属于泥岩，因其内含有较多的铁质成分，在其形成的年代，气候比较炎热，发生了较强的氧化作用，后逐渐脱水，过渡为砖红色—红色—紫红色；紫色斑块是因为浅绿色的黏土矿物和菱铁矿中混杂有红色的赤铁矿而显示出的混合色。形成于潮湿湿润气候地理环境。

紫红色泥岩

○ 可用于煅烧钧瓷的岩石

这里极易风化粉碎的黏土层，是一层可用于煅烧钧瓷的黏土矿，这种与含煤地层相伴生的黏土矿由沉积而成。禹州一带有多层黏土矿夹于煤层之间，矿体厚度 1—3 米，具稳定性高、经济价值高等特征，广泛应用于钧瓷、陶瓷、耐火材料、涂料橡胶等诸多行业，具有广泛的开发应用前景。神垕一代盛产钧瓷与这里丰富的黏土矿资源有关。

黏土矿

○ 常形成陡坎的“田家沟砂岩”

距今大约 2.7 亿年前后这里曾经出现过一条古大河，这一层砂岩就是当时那条古大河的边滩上沉积形成的沙砾石层，岩层中一组组斜向的纹理，就是一次次洪水留下的遗迹。这套砂岩的主要矿物成分为石英，厚度一般 5 米左右，后期被硅质成分所胶结，所以岩石比较坚硬，抗风化剥蚀能力强，常常形成比较明显的陡坎而易于识别，成为一个重要的找煤标志，是本区神垕组与小风口组（区域上称为上、下石盒子组）地层的分界砂岩，也是六煤段的底板砂岩。因最早在登封市徐庄镇田家沟村一带研究，故称为“田家沟砂岩”。

田家沟砂岩

○ 在这里被研究命名的砂岩层——大风口砂岩

二叠纪的含煤地层里有许多层砂岩，每一层砂岩都有一个名字，这个名字一般以首次被研究的地方所命名。古植物探秘洞穴出口处这层砂岩，是我们最值得骄傲与自豪的一层砂岩，它的名字就叫大风口砂岩，这里就是大风口砂岩的研究命名地。大风口砂岩为灰白、灰绿色细粒岩屑长石石英砂岩，因内部含丰富海绿石而呈绿色，厚度 15 米左右，形成于分流河道地理环境。此外，大风口砂岩还是八煤段与九煤段的分界砂岩。

大风口砂岩

华夏植物群地学科普广场

（4）华夏植物群地学科普广场

华夏植物群生长于气候湿热的条件，植被与今日的雨林、季雨林相似。该科普广场给大家展示了一层原始埋藏的古植物化石，初步复原展示了已经灭绝了的禹州鳞木、芦木等高大的古植物树种。

（5）古植物化石与煤层探秘长廊

古植物化石与煤层探秘长廊采用古植物化石与煤层露头原址洞穴保护的方式，不破坏化石本身属性，化石本身所处岩层不变，不使其脱离形成环境、位置，人工剥离，使化石揭露出来，化石本身处于洞穴长廊内部，既增加了神秘性，又避免雨水、阳光及风的影响。为防止化石与岩层风化，在化石表面刷漆保护，并配置展板对化石进行介绍，还原二叠纪生长环境，既达到对古植物化石地质遗迹保护的目的，使游客近距离观赏、认知古植物化石，又起到科普教育的目的。

探秘洞穴

出口效果图

探秘洞穴工程

探秘洞穴

古植物化石场景

古植物化石展示

（6）日月湖

位于牛头山与凤阳山之间的垭口，被称为大风口。大风口垭口不大，但名气不小，国内外的许多地质学家都知道禹州有个大风口。由于下部黏土岩的挡水作用，在大风口一带形成一片湿地和湿地中的小型湖泊。靠近凤阳山一侧较大的呈月牙状的为月湖，湖的直径约 20 米；靠近牛头山一侧较小近于圆形的为日湖，湖面直径在 10 米左右。湖水在丰水期面积增大，枯水期面积减小，但常年不干。日湖与月湖相互辉映，给大风口平添一番景色。

凤阳山

日湖

月湖

大风口鸟瞰图

### 12.2.2 山水竞秀——大鸿寨景区

大鸿寨景区位于鸠山乡西侧，鸠山镇通往汝州大峪乡公路北侧一带。景区以古老的变质岩景观为主。这套变质岩石的年龄超过20亿年，主峰大鸿寨高1156米，号称“许昌屋脊”，驻足山巅，俯视远眺，万壑纵横，群山拱围，峰峦叠翠，气象万千。区内代表性的景观有神鸡湖、美人峰、山羊望寨、神龟峰、闯王峡、樊梨花台等30余处，是人们回归自然；休闲度假的理想之地。

大鸿寨

龙泉湖

白果树与龙泉寺

小木屋

(1) 大鸿寨“睡美人”

构成大鸿寨景区的主要岩石为下元古界嵩山群变质岩。驻足山巅，俯视四周，可见万壑纵横，群山拱围，峰峦叠翠，气象万千。从大鸿寨景区东南方向远望主峰，其山势轮廓构成一个十分形象的睡美人。

大鸿寨睡美人

（2）闯王峡

闯王峡位于禹州大鸿寨园区东部，为由中元古界五佛山群紫红色石英砂岩与泥岩形成的峡谷地貌景观，峡谷长约800米，宽20—50米。

樊梨花台

闯王峡

闯王峡

将军石

石羊望寨

（3）石门湖

石门湖位于大鸿寨景区入口处，原为人工修建的水库，湖泊周边岩性主要为寒武纪张夏组碳酸盐岩，整个湖泊水域形状如中国地图或者说是一只翘首报晓的神鸡。水域南北长度约500米，东西宽约260米，坝体附近的灰岩中中小型的溶洞比较发育。

大鸿寨

石门湖

华夏植物群展厅

### 12.2.3 地质公园博物馆与主题碑

陈列馆利用山寨古院落改建而成，包括庭园与展厅两部分，庭园为公园大型岩石展示区，展厅以华夏植物群生植物化石展示为主，分为序厅、古植物化石厅和多媒体厅。

公园博物馆

华夏植物群展厅

公园主题碑

## 12.3 地学探秘

### 12.3.1 大风口的由来

禹州的神垕和磨街的界山凤阳山和牛头山之间有一山坳，由于高差近百米，大风通过山坳在神垕和大涧之间穿行，俗称“大风口”。

神垕与磨街之间的界山为由二叠纪砂岩、泥岩和煤层组成的含煤岩系。山脊处出露厚层、巨厚层砂岩层，该层砂岩俗称“平顶山砂岩”。坚硬的“平顶山砂岩”形成山体的盖顶层，并在山脊以东形成沿地层层面形成 30°—40° 的缓坡，在山脊的西部，由于上部硬岩层与下伏软弱层的差异性风化和侵蚀作用形成陡坡，陡坡又被切割成为不同深度的次级沟壑。大风口单面山被大风口切割为凤阳山和牛头山两段，长度分别为 1.3 千米和 1.8 千米。

大风口远眺图

### 12.3.2 华夏植物群与禹州植物群的来历

自距今大约 3 亿年前石炭纪的中、晚期起，地球上由于板块运动、气候和其他自然因素的影响，逐渐形成了 4 个不同的植物群落：分布在欧洲、北美洲大部地区的称为欧美植物群；分布在亚洲北部的被称为安加拉植物群；分布在南半球各大洲和北半球南亚地区的称为冈瓦纳植物群；分布在亚洲东部地区的便是华夏植物群。华夏植物群是以石松类、楔叶类、真蕨类、种子蕨类、科达类为主体的喜湿热植物为代表的植物群落，植被与今日的雨林、季雨林相似，反映的是一种热带植物区风貌。因其大部分分布地区在中国，中国古称华夏，故名华夏植物群。

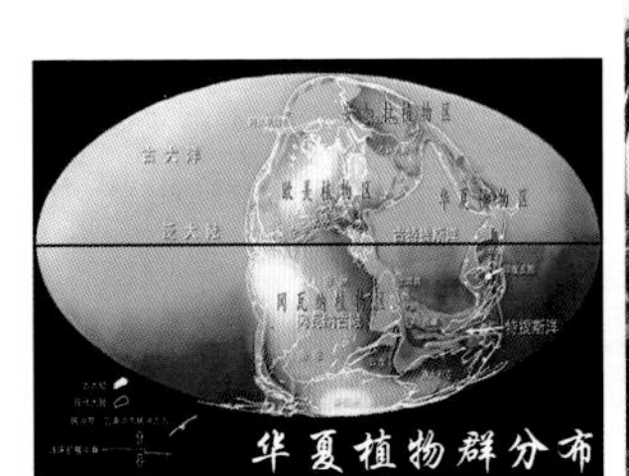
华夏植物群分布

古植物化石科普广场

### 12.3.3 表皮具有鳞片状花纹的鳞木

鳞木因其树皮具有鳞片状的花纹而得名，属于一种已经灭绝了的木本石松植物，是二叠纪时期最有代表性的树木之一，多为高大乔木。鳞木最高有 30 米以上，树身直径可达 2 米；它们的树干与裸蕨植物一样两叉分枝；狭长的叶子可长达 1 米，叶子上有明显的中肋；叶子呈螺旋状排列在树干上，长在其基部的叶座上；叶座突出于树干表面，一般呈菱形，由于排列成螺旋状，当叶子脱落以后它们看起来很像鳞片状的印痕。鳞木与许多热带沼泽植物共同繁殖在热带沼泽地区，形成森林，是石炭纪—二叠纪时期形成煤炭的重要植物，也是古代素食动物的口粮之一。鳞木的种类有很多，这里的复原鳞木是按照禹州鳞木的花纹复原的。

鳞木化石

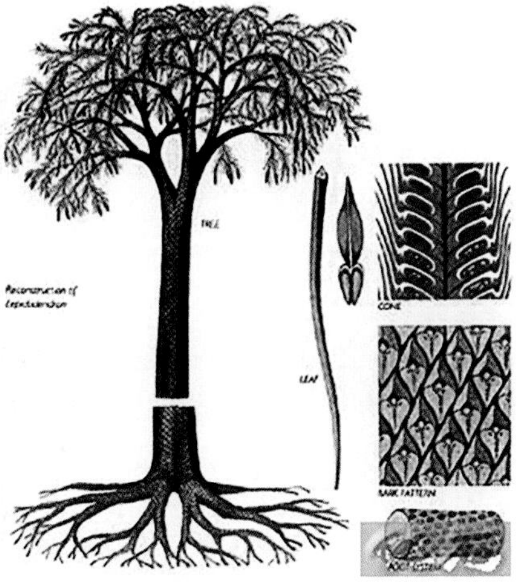
鳞木复原图

### 12.3.4 分节特征明显的芦木

现代生长在地球上的蕨类植物仍有1万余种，绝大多数都是草本植物，但是在地球的石炭纪和二叠纪时期，蕨类植物当中属于石松类的鳞木和属于节蕨类的芦木却都是高大的乔木型木本植物。芦木生长在沼泽里，高达三四十米，树干直径可达1米，树干分节，节与节间分明，节间有纵脊和纵沟，有点类似现在的甘蔗，生长环境为热带沼泽。芦木化石主要保存部分为茎和叶，叶子轮生在分枝的节上。芦木的叶子与鳞木的叶子起源不同，它们是由小枝变化而来的。

芦木化石

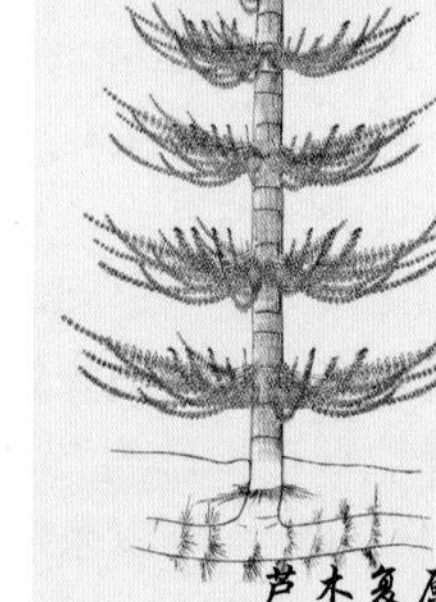

芦木复原图

### 12.3.5 煤炭的形成

这里的煤炭是由距今2.5亿年前大量植物的枝叶和根茎埋在地下慢慢形成的。当时地面上堆积的一层层极厚的黑色腐殖质，由于地壳的变动不断地埋入地下，长期与空气隔绝，并在高温高压下，经过一系列复杂的物理化学变化等因素，形成的黑色可燃化石。煤层厚薄与当时地壳下降速度及植物遗骸堆积的多少有关。地壳下降的速度快，植物遗骸堆积得厚，形成的煤层就厚，反之，地壳下降的速度缓慢，植物遗骸堆积得薄，形成的煤层就薄。我们这里保存下来的大量的古植物化石就是最好的例证。

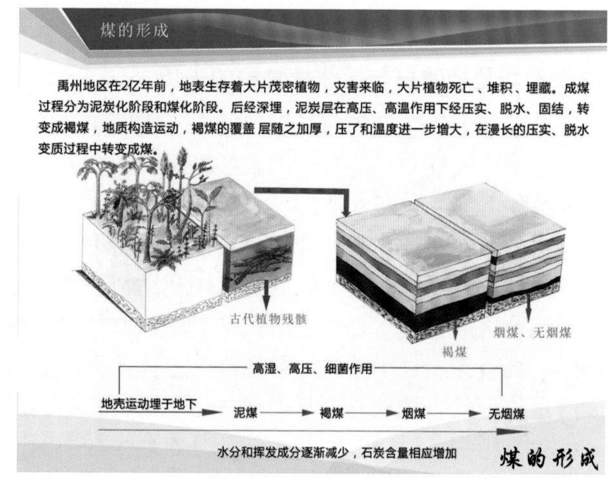


煤的形成

### 12.3.6 古植物化石是如何形成和保存下来的

距今大约2.5亿年前的二叠纪时期，这里属于潮坪及滨海平原沼泽至三角洲环境，植被繁盛，洪水经常泛滥，导致大量的古植物倒落，特别是水边植物落入水中，很快被泥土掩埋，使得植物不被微生物分解。随着时间的推移，上面覆盖的泥沙越来越厚，压力也越来越大。富含矿物质的溶液，在地层中不断地流动，不断接触古生物硬体部分，其矿物质成分不断与生物体物质进行化学置换，久而久之，这些生物体的物质成分几乎全部为矿物质成分所取代，又过了很多很多年，埋藏植物的泥沙变成了坚硬的沉积岩，夹在这些沉积岩中的植物的遗体，也被矿物质所交代，而形态则保持原样变成了像石头一样的化石。

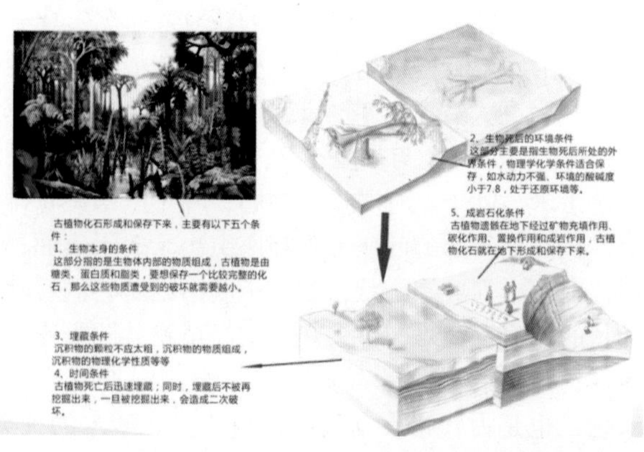


植物化石的形成示意图

## 12.4 人文历史

禹州人杰地灵，数千年历史发展中孕育了杂家吕不韦、先秦法家韩非子、西汉留后张良、西汉改革家晁错、三国名士徐庶、司马徽、谋士郭嘉、唐代画圣吴道子、行书鼻祖刘德升、补缀《史记》的褚少孙、《笑林》祖师邯郸淳、独步书坛的褚遂良、明代五朝元老马文升、游侠原涉、屯田制创始人枣祗等一批志士仁人，声震华夏。

禹州现存各类古建筑群26处，官宦墓葬300余处，帝王陵墓7处，大型寺庙宫观8座，小型古迹景点763处。其中，大禹遗迹、夏文化遗址、秦相吕不韦故里、画圣吴道子故里、钧台钧官窑遗址等在全国均属独一无二。

逍遥观

### 12.4.1 周定王陵

周定王陵是明太祖朱元璋第五子、明成祖朱棣的弟弟朱橚的陵墓，整体结构是以砖石筑就的地下宫殿，其建筑面积是历代藩王中最大的一个，被专家喻为十三陵的缩影。

王妃陪葬墓距周定王陵0.5千米，是国内迄今发现的独一无二的环形墓冢，酷似“黄罗伞”盖式地下建筑，在环形建筑外壁周围分置着距离相等的17个单体墓室和1个墓室形状一样的墓门，被誉为明代地下建筑精品，在目前全国发掘的墓葬建筑中也是罕见的，具有极高的历史价值和建筑价值。

周定王陵

王妃墓

### 12.4.2 神垕古镇

神垕古镇位于大风口南向东方向不足2千米，神垕因钧瓷而繁荣和驰名。早在唐代神垕就已烧制出多彩的花瓷和钧瓷，到了北宋徽宗年间，钧瓷生产达到了登峰造极的地步，被定为“宫廷御用珍品”，位居中国五大名瓷之首。神垕自古就有“进入神山，七里长街观。七十二座窑，烟火遮边天。客商遍地走，日进斗金钱”之美誉。代表性的景观有折叠伯灵翁庙、老街、古寨墙等历史遗存。神垕古镇先后被评为“中国钧瓷之都”，中国历史文化名镇。

神 垕 老 街

### 12.4.3 神钧宝瓷

钧瓷之名，得之于禹州历史上曾经是我国第一个奴隶王朝——夏朝的都城，大禹之子启曾在这里的钧台宴会天下诸侯，举行盛大的开国典礼。由此而得名的钧瓷始于唐、盛于宋，为世人所青睐，特别是宋代以来，钧瓷一直被皇家定为御用珍品，享有“黄金有价钧无价”“纵有家产万贯，不如钧瓷一片”“雅堂无钧瓷，不可自夸富”之盛誉。钧瓷以神、奇、妙、绝而名冠天下，征服了一代又一代华夏子孙。

# 13 淮阳龙湖省级地质公园

## 公园档案

公园批准时间：2014年4月3日
揭碑开园时间：未开园
公园面积：12.09平方千米
公园地址：淮阳县城关镇
典型地质遗迹：湖泊景观、湿地沼泽

## 13.1 纵览龙湖

### 13.1.1 公园概况

淮阳龙湖省级地质公园，位于河南省淮阳县城老城区及其东部，行政区划隶属城关镇，是一座以湖泊景观、湿地沼泽景观、人文历史景观为主要内容，融合地质文化、地理文化、生态文化、历史文化、古建文化、民俗文化、古人类文化等多元文化为一体，集观光旅游、寻根问祖、度假休闲、文体娱乐、疗养保健和科普教育等多种功能的综合型地质公园。

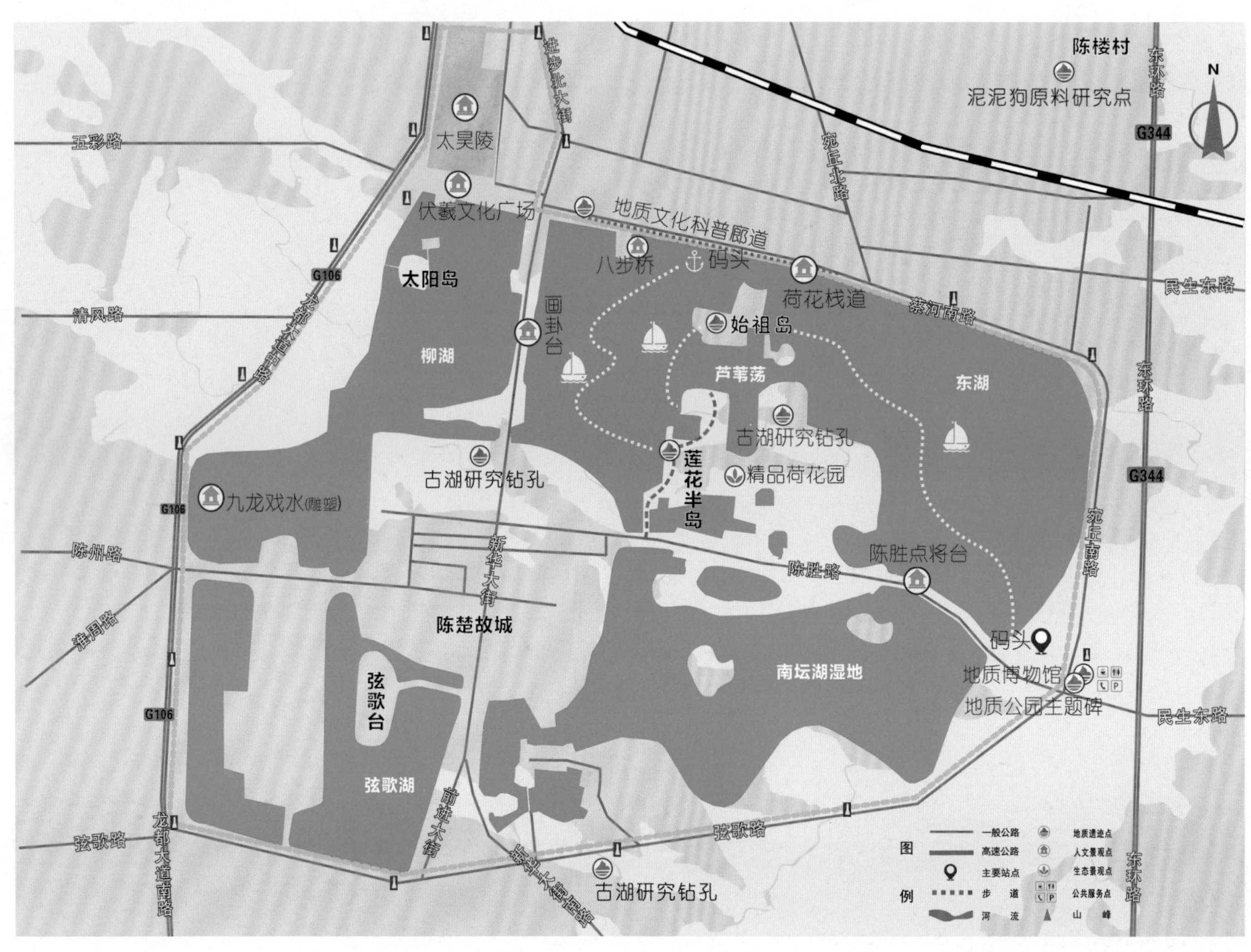


淮阳龙湖省级地质公园科普旅游线路图

### 13.1.2 地形地貌特征

公园所在的淮阳城位于黄淮平原中部，黄河冲积扇的南翼边缘地带，地势由西北向东南倾斜。西北海拔高度 50 米，东南海拔高度 40 米，地面自然坡降 1/6000 至 1/5000。受黄河南泛多次沉积的影响，地面呈“大平小不平”状态，造成了许多面积大小不等，深度不一的洼坡地。

龙湖鸟瞰图

陈州故城鸟瞰图

### 13.1.3 自然与生态

园区内湿地中生长有大面积的蒲苇、莲藕群落，还有芡实、茭白等水生植物等群落，常见湿地植物 25 科 45 属 71 种。区内动物以水生鱼虾类、两栖爬行类以及鸟类为主，据统计，常见动物有 22 科 59 种。常见鱼类有鲤鱼、鲢鱼、鲇鱼等，两栖爬行类有大蟾蜍、乌龟等，鸟类有苍鹭、绿头鸭等。

龙湖蒲苇

莲藕群落

龙湖鸟蛋

精灵初生

### 13.1.4 地质概况

地质公园位于黄淮平原中部，地表无基岩出露，出露的地层为第四系全新统的湖沼相、冲洪积相的黏土、亚黏土、粉土质轻亚砂土。公园及周边地区第四系地层底板埋深 200—240 米，总厚度 240—280 米，自下而上由老到新，为下更新统、中更新统、上更新统、全新统。岩性为黄褐、灰黄色粉土质轻亚砂土、粉砂。

黏土层

## 13.2 伴你游览淮阳龙湖

### 13.2.1 龙湖景区

龙湖又称环城湖，由东湖、柳湖、弦歌湖、南坛湖共4个湖组成。东西宽4.4千米，南北长2.5千米，面积约11.4平方千米，其中，水域面积7.23平方千米。龙湖东北角的东湖，面积4平方千米；西北角的柳湖，面积2.25平方千米；西南角的弦歌湖，面积1.88平方千米；东南角的南坛湖，面积3.27平方千米。龙湖相当于淮阳的护城河，环绕淮阳而生，湖中有城，城映湖影的景观被誉为北方半干旱气候条件下的"湖泊奇观"。

在河南省境内，有护城河的古城不少，但有环城湖的城市却不多。如商丘也有环城湖，其水域面积不大，而且人工建设的痕迹很重，天然的水生动植物资源远不如淮阳的龙湖丰富。可以说，淮阳的龙湖在中原地区乃至北方地区都具有比较优势，是不可多得的宝贵资源。

（1）东湖

东湖位于公园东北部，面积4平方千米，是4个湖区面积最大者，画卦台位于东湖的小岛上。湖中荷花娇艳，有"天下第一荷"之称，并有为观赏荷花而设的观荷栈道，是游湖赏荷的主要湖区。

龙湖雕塑

东湖湿地

（2）柳湖

柳湖位于公园西北部，毗邻太昊陵景区，面积2.25平方千米，西铭山公园位于景区内。

柳湖

（3）南坛湖

南坛湖位于龙湖地质公园的东南部，水域宽广，面积 3.27 平方千米，其中分布的人文景点有陈胡公墓、三关庙等。

（4）弦歌湖

弦歌湖位于景区的西南部，北邻柳湖，东邻南坛湖，面积 1.88 平方千米，其人文景点有弦歌台。

### 13.2.2 地质公园博物馆与主题碑

（1）地质公园博物馆

淮阳地质博物馆位于龙湖东岸，是与湿地科普馆合二为一的综合型博物馆。一层为湿地科普馆；二层为地质博物馆。地质博物馆由地学科普、碧波龙湖、黄淮平原、陈州古城、人祖伏羲 5 大展区组成，展览总面积 450 平方米，是集科普教育、标本收藏与展示为一体的综合性地质博物馆。

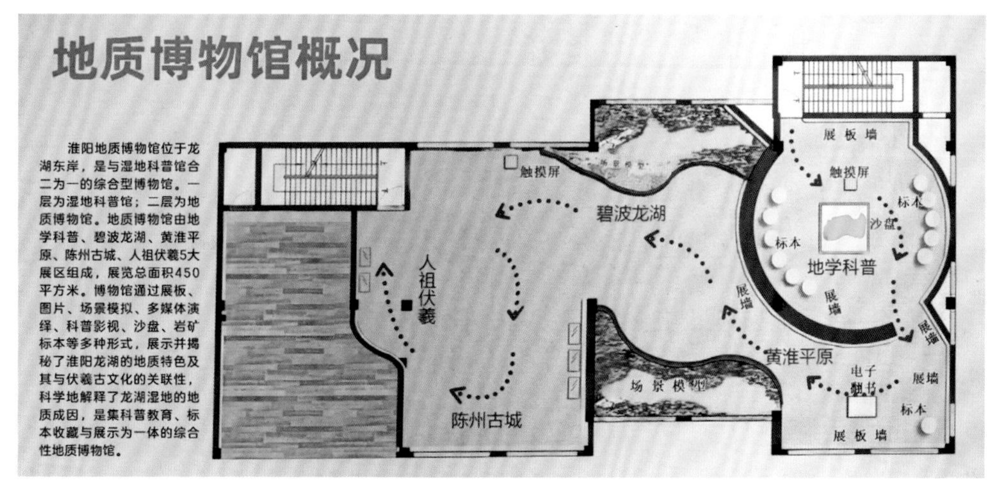

博物馆展厅结构

电子沙盘

黄淮平原展厅

碧波龙湖展厅

（2）地质公园主题碑

主题碑以船帆为背景，以扬起的龙头为碑体，寓意着龙湖的腾飞。正面雕刻“淮阳龙湖省级地质公园”。碑体顶部为省级地质公园徽标。

公园主题碑

## 13.3 地学解密

被挖的泥土

龙湖的形成

淮阳龙湖湿地位于周口凹陷内北东向断裂中的鹿邑次凹陷内。该凹陷以古生界为基底，在区内北西西向和北东向的主要断裂活动控制下，逐步形成中新生代断拗式凹陷盆地。沉积形成了厚度7000米以上的黏土、沙、沙砾石层。

全新世时期，淮阳地区整体位于黄河与淮河之间，属黄河冲积扇的扇缘洼地，长期受到西北方向沿着颍河而下的黄河来水影响，在淮阳及周边地区形成范围较大的古湖。龙湖位于该大湖的中心附近，沉积形成了淤泥质层和亚黏土、黏土，其中的淤泥质层因为粒度细，成为此后该地区地表水下渗的挡水层。此后，由于黄河的多次泛滥和泥沙淤积，该淤泥质层被埋藏在地下1—2米处。

龙湖一带淤泥层

在历史上，由于黄河多次泛滥，逐渐形成了黄淮海平原高低起伏、岗洼相间的地貌类型。当古代先民在淮阳古城一带定居下来后，由于该地仍然属于区域上地势相对较低的区域，黄河之水时常光顾这里，淮阳地区的人们先后为了抵抗黄河水害，在淮阳古城周边不断修筑堤坝，但外围堤坝的修建还是抵挡不住凶猛的洪水，在洪水围城且无法进行外围土壤挖掘以修筑城墙和堤坝的情况下，只有在淮阳古城内部进行挖掘取土，渐渐地便在古城周边形成了几个巨大的洼地，积水后便形成湖泊，由于这些湖泊的深度都在1—3米，湖底正好是地质历史上古大湖时期形成的致密的泥岩层，起到了良好的挡水层的作用，湖水下渗量较小，长期的雨水等地表水汇聚到这里，便形成了今天的龙湖。

## 13.4 人文历史

龙湖湿地

### 13.4.1 太昊陵

太昊伏羲氏的陵庙，位于县城北1.5千米蔡河北岸，面临万亩龙湖，背阔无垠平川，坐北向南，占地0.58平方千米，是我国帝王级陵庙中大规模宫殿式建筑之一。史称“百王之先”“三皇之首”的太昊伏羲氏死后葬于此，有“天下第一陵”之称。太昊伏羲陵十门九进，在长达175米的南北中轴线上，依次排列渡善桥、午朝门、东天门、西天门、御带河、御带桥、道仪门、先天门、三才门、五行门、御带路、太极门、钟楼、鼓楼、东西廊房、两仪门、四象门、统天殿、显仁殿、寝殿、八卦坛、太昊伏羲陵等。外城、内城、紫禁城等三城墙依次相辅相护，其古建以中国传统文化八卦内涵相布，是中国帝王陵庙中，大规模宫殿式古建筑群之孤例。

太昊陵

### 13.4.2 陈楚故城

陈楚故城的位置是今天的淮阳县城，陈楚故城历史悠久，相传为西周初期陈胡公所建。后来，楚国又以这里为都，陈胜也以这里为都，汉代的淮阳国也在这里。经历代不断修建，使古城有着深厚的文化积淀。古城今天仍保留有不少遗迹。经发掘考证，叠压在最下面的城墙为春秋时所筑。城垣残高2—5米不等，最宽处20米，系夯土筑成。故城为方形，分内、外两城，外城周长15千米，内城周长4.5千米。该城使用的3000多年间，曾多次修筑，增修层次明显。清末，内城城垣4.5千米，高8米，共计2211个。城墙上每隔90米建5米见方的敌台（由青砖垒砌），共有敌台49座。墙内各隅建一座8.3米见方的砖木结构、绿瓦覆顶的阁楼，飞角凌空，结构奇特，典雅别致。城垣四方出入各有3道城门。

淮阳城鸟瞰图

### 13.4.3 弦歌台

在县城西南隅湖中，台高3米，整个建筑屹立于水中高台上。原为东汉灵帝时陈王刘宠的苑台，唐开元中（720年左右），为纪念孔子厄于陈，移孔子庙于上，故又称“绝粮祠”“厄台”。1962年4月，被淮阳县人民委员会公布为第一批重点文物保护单位，2006年7月，被河南省人民政府公布为重点文物保护单位。

弦歌台

### 13.4.4 画卦台

画卦台亦名八卦台，又曰八卦坛。位于县城北一里龙湖中，台呈龟形，高2米，面积6600平方千米，四面环水，是为纪念太昊伏羲氏在此发明八卦而建的。八卦是太昊伏羲氏的一大创作，以揭示自然规律为主，是我国先民们认识社会现象最原始的记录。该台上很早就有庙宇，新中国成立后仅存八卦柏一株，宋熙宗年间伏羲铜像一尊。现已恢复大殿厢房、八角亭。1962年被列为县级文物保护单位。

画卦台

### 13.4.5 泥泥狗

淮阳“泥泥狗”，伴随着宗教祭祀和古老的民俗而诞生，并传承至今。“泥泥狗”是淮阳泥玩具的总称。“泥泥狗”又称“陵狗”，当地人说它是为伏羲、女娲看守陵庙的“神狗”，若购买“泥泥狗”赠送亲友，可以消灾、祛病，颇为神奇。“泥泥狗”囊括了形形色色的奇禽异兽，有200多种，大有尺余，小如拇指，造型奇特，古拙神奇，别具一格。各种图案，浑厚古朴，极具楚漆器文化的格调，因之，被海内专家誉之为“真图腾活化石”。

淮阳泥泥狗

# 14 林州万宝山省级地质公园

## 公园档案

公园批准时间：2014年4月批准建设
揭碑开园时间：2017年10月25日
公园面积：25.18平方千米
公园地址：林州东岗镇
典型地质遗迹：北方岩溶地貌、地质构造

## 14.1 纵览万宝山

### 14.1.1 公园概况

河南林州万宝山省级地质公园，位于河南省林州市北部东岗镇境内。东临砚花水，南至卢寨、大河，西临星星垴、石岗林场，北至王墓垴、双龙寺，是一座以北方岩溶地貌、地质构造景观为主，集水体景观、生态景观与人文景观为一体的综合性地质公园。

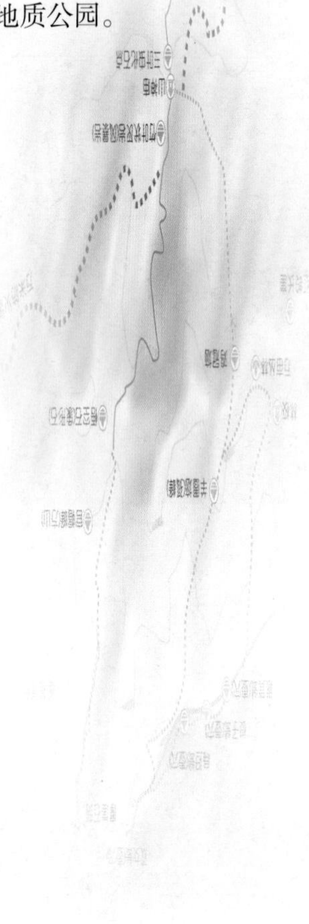

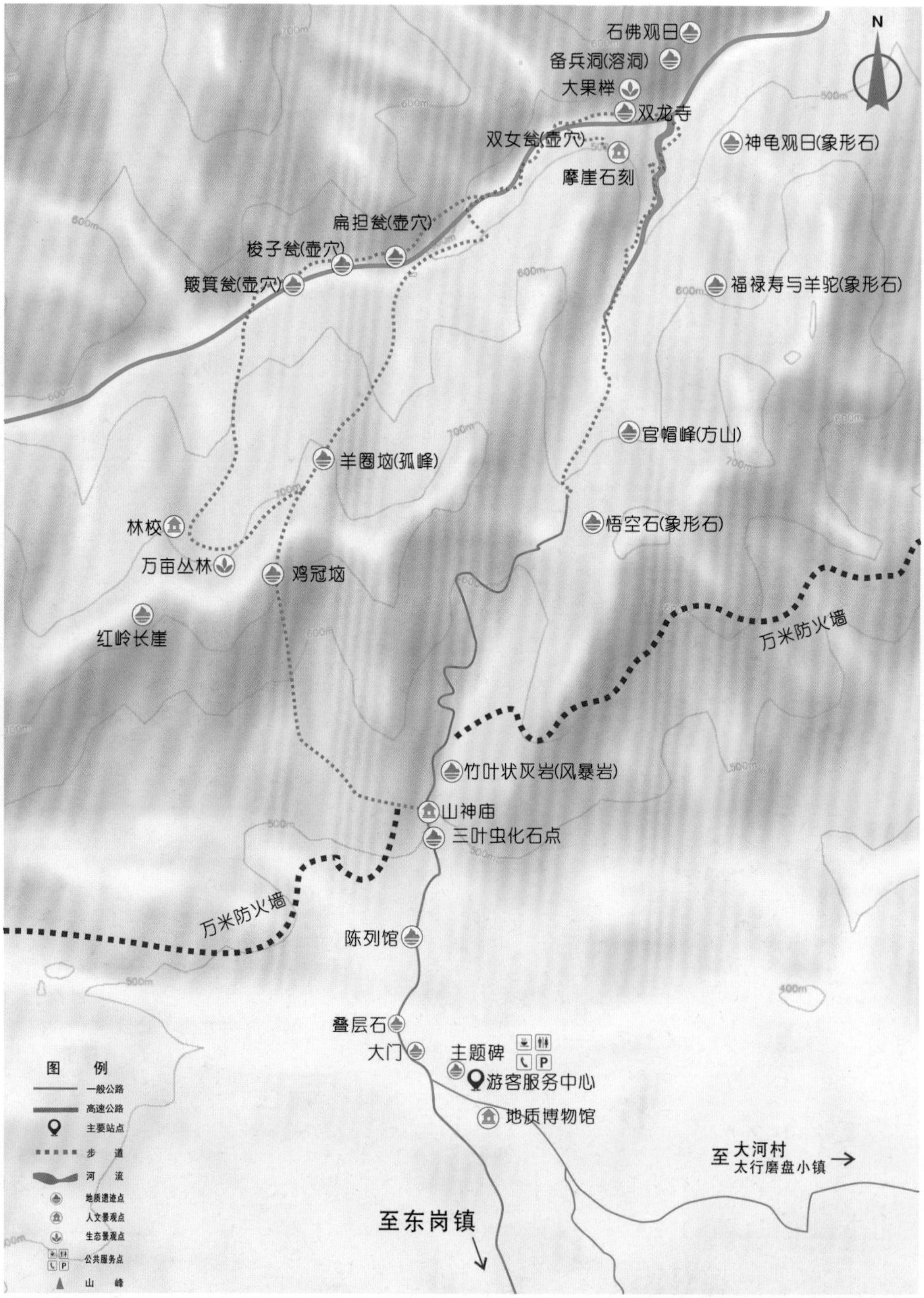

万宝山省级地质公园科普旅游线路图

### 14.1.2 地形、地貌特征

公园位于太行山东麓，太行山中山区向东部低山丘陵区的过渡地带，同时也是北太行山与南太行山的过渡地带，山势陡峻，沟壑纵横，一般海拔高度500—1000米。

红岭阶梯状长崖

### 14.1.3 自然与生态

万宝山地区植被类型多样，森林覆盖率为80%以上，属暖温带夏绿阔叶林区。经调查统计，万宝山约有植物124科1408种，其中属于国家一级保护植物的有长裂太行菊、脱皮松；属国家二级保护植物的有太行花、黄连；属于国家三级保护植物的有野大豆、青檀。还有珍稀古树大果榉、国槐、栓皮栎、胡桃楸、千金榆等。动物有兽类6目10科24种，鸟类12目23科150多种，爬行类3目5科20多种，两栖类1目2科4种。其中国家一级保护野生动物有黑鹳、金钱豹、林麝、金雕等，属国家二级保护野生动物的有鸢、苍鹰、大鵟、普通鵟、红角隼、长耳、短耳、休留鸟等。

太行红叶

大果榉

### 14.1.4 地质概况

公园大地构造位置处于华北板块南部太行山隆起带的南段，区域内出露地层有太古宇赞皇群片麻岩、中元古界汝阳群、下古生界寒武系－中奥陶统沉积岩和新生界新近系、第四系不同成因类型的堆积层。区内地质构造活动强烈，以断裂构造为主，褶皱较弱。区内岩浆岩比较发育，有中元古代的基性脉岩、中生代燕山晚期的中性及碱性岩、新生代喜马拉雅期的超基性岩等。

张夏组地层剖面

竹叶状灰岩

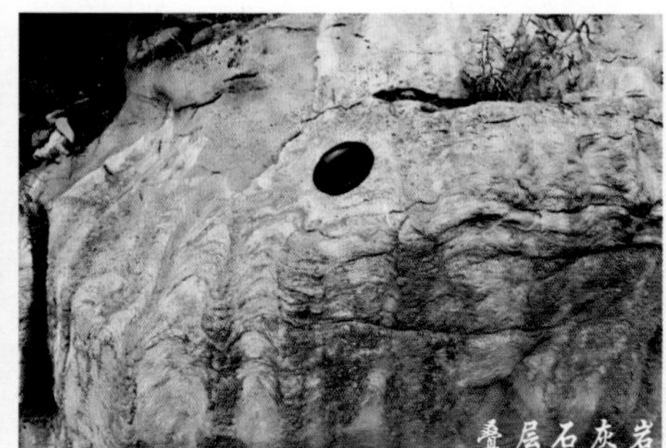
叠层石灰岩

泥质条带灰岩

崮山组与三山子组地层剖面

## 14.2 伴你游览万宝山

### 14.2.1 双龙峡

双龙峡位于公园中部的核心区域内，为由寒武纪碳酸盐岩地层形成的两条呈人字形交会的峡谷，因在两条峡谷的交会处有一双龙寺而得名。双龙峡峡谷幽深，寒武纪巨厚层状的碳酸盐岩地层形成两侧阶梯状分布的陡峭崖壁，崖壁顶部常常形成似人似物的象形山石，峡谷底部湍急的溪流与洪水冲刷、磨蚀形成串珠状分布的壶穴与岩坎等景观。代表性的有悟空石、升官峰、蘑菇云峰柱、罗汉崖、龙虎斗、羊圈垴等象形山石，双女瓮、扁担瓮、梭子瓮、簸箕瓮等壶穴景观，备兵洞等溶洞景观。此外，区内还有丰富的古生物化石以及摩崖石刻、双龙寺等人文景观。

鸡冠垴

阶梯状崖壁

五指山象形石

神龟观日象形峰

双柱峰象形石

扁担瓮壶穴

双女瓮壶穴

簸箕瓮壶穴

### 14.2.2 红岭长崖

红岭长崖位于卢家寨—红岭一带的山体顶部，由巨厚的碳酸盐崖壁与薄层泥岩、泥灰岩等形成的缓坡形成绵延数十里，雄伟而壮观的阶梯状崖壁地貌景观，直入云霄。伴随着崖壁的是惟妙惟肖的象形山石景观和散落的一些人文景点。代表性的有红岭长崖、火石垴（方山）、火神庙、五龙洞（溶洞）、卢家寨长崖等。

官帽峰

红岭阶梯状长崖

卢家寨长崖

### 14.2.3 地质陈列馆与主题碑

地质陈列馆位于万宝山地质公园青年之家建筑内，面积约100平方米。陈列馆通过展板、标本、触摸屏等形式，对地质公园基本情况、主要地质遗迹景观、生态人文资源等内容进行了系统的介绍。

主题碑

地质陈列馆展厅

标本与展板

## 14.3 地学解密（古海寻踪）

寒武纪与奥陶纪地质遗迹与古海洋

距今 5.43 亿—4.38 亿年的寒武纪与奥陶纪时期，整个林州地区是一片广阔的海洋，沉积了厚达千米的碳酸岩地层，其中保存了大量的古生物化石。藻类在这一时期达到鼎盛，形成了藻礁和藻席；三叶虫、角石先后成为古海洋的霸主，腕足类动物在海底忙忙碌碌，寻找着猎杀的目标；海平面频繁而周期性升降，形成了厚薄相间、层层叠叠的岩层，叠层石见证了古海洋藻类吸附碳酸盐的过程，交错层理诠释了古海洋的潮涨潮落，鲕粒灰岩，是海水动荡留下的产物，竹叶状灰岩解释了远古风暴的波澜壮阔，还有地层中留下的无数个地质沉积现象和古生物化石，奏响了远古海洋环境与生命的交响乐章。

竹叶状灰岩

鲕粒状灰岩

蜿足动物化石

## 14.4 人文历史

### 14.4.1 神秘的双龙寺

双龙寺始建于宋代，历经金、明、清几朝修建，至今仍保留殿宇 10 余间、碑刻 8 通，依据寺庙内外现有碑刻的时间来排序，先后有黑水山神庙—双女庵—双龙寺这几个名称。寺后有一棵千年古树——大果榉。

双龙寺

### 14.4.2 摩崖石刻

摩崖石刻与双龙寺正对稍偏西。石刻所在的石壁高约 100 米，石窟面积 30 多平方米，上下共 10 层。石刻佛像高约 30 厘米，以坐姿为主，神态庄严、栩栩如生。佛像原有 100 多尊，近年来被盗几十尊，至今保留下来的 30 多尊石刻艺术精品，专家从佛像丰满庄严的造型判断，它可能是唐宋时期的作品。

摩崖石刻

### 14.4.3 万米防火墙

林州市地处半干旱地区，降水量分布极不均匀，春夏严重干旱缺水，森林防火也就尤为重要。2000 年左右，由当地林业局规划、万宝山周边各村委就地取材，用当地的一些碎石沿着山坡，垒起一条西南—东北走向的“万米防火墙”。

“万米防火墙”

### 14.4.4 北山红专林校遗址

20 世纪 50 年代，在“重新安排林县河山”口号的鼓舞下，东岗公社在这里办起了林校，著名林业劳模石玉殿曾到这里，手把手教一批热血青年学习嫁接技术。在他们的辛勤劳作下，这一带山坡曾一度长满各种果树。

林校

# 15 兰考黄河湾省级地质公园

## 公园档案

省级地质公园批准时间：2019年11月9日
省级地质公园揭碑开园时间：未开园
公园面积：100.2平方千米
公园地址：河南兰考县东坝头乡境内
典型地质遗迹：黄河河流地貌、决口遗迹等

## 15.1 纵览公园

### 15.1.1 公园概况

河南兰考黄河湾省级地质公园位于兰考县西北部，是一座以黄河风景河段和黄河治理工程景观为主，以黄河河流地貌和黄河决口地质遗迹为特色，以绿色生态资源与红色文化交相辉映的综合性地质公园。

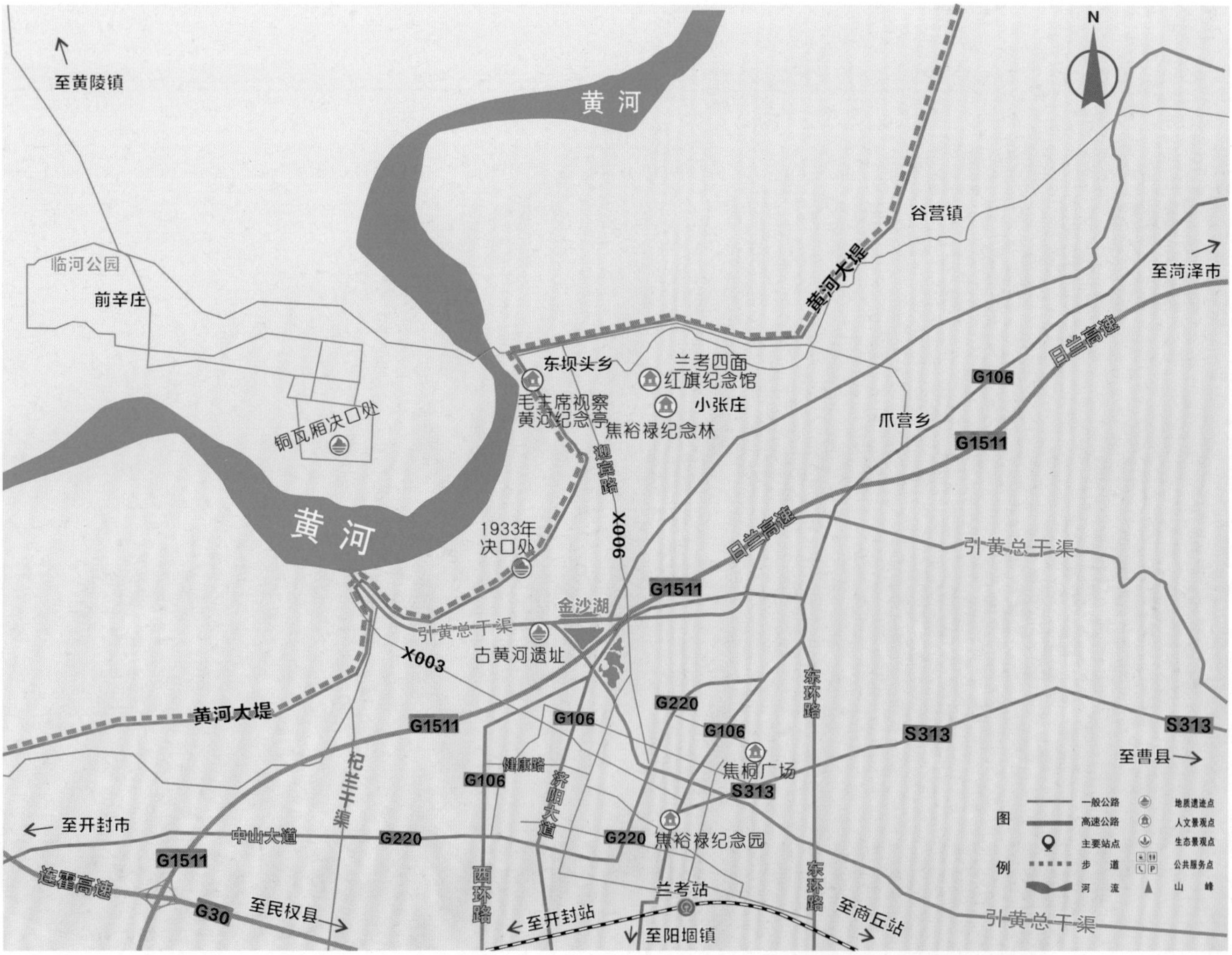

兰考黄河湾省级地质公园科普旅游线路图

### 15.1.2 地形地貌

兰考黄河湾远眺图

兰考县地处豫东平原的北侧，黄河所形成的巨大冲积扇的中部，全县地面海拔多在60—70米，相对高差10米左右，总的地势是西高东低，稍有倾斜。西部沿黄河一带，地势较高，夹河滩附近最高达75米。东北部靠县境边界的李家滩和董堂一带仅有57米。地貌类型包括临黄滩地、黄河故道、背河洼地等，历次黄河泛滥都对兰考地形、地貌的形成有着很大的影响，每次大的黄泛，就改变一次兰考的地表形态，引起微地貌的差异和变化，影响地下水的运行和成土母质及土壤类型的分布，构成不同的微地貌单元。

绿色黄河湾

### 15.1.3 地质概况

兰考一带属黄河下游平原区，地层属华北地层区，地表全部为第四系河流沉积物所覆盖。区内基底断裂构造发育，按其展布方向可分为 NE、NNE 向，NW、NWW 向，EW 向和 SN 向四组，多为隐伏状，形成隐伏的断陷盆地与隆起带。根据钻孔资料，断陷带内深部基岩主要为中生界侏罗系，侏罗系的上覆地层是新生界的古近系、新近系和第四系，沉积厚度 3000 米左右，深者 6000 米以上。主要岩性为古近系的砂岩、泥岩、泥灰岩、砂砾岩、含油砂岩、油页岩、石膏层，新近系的砾岩、砂岩、黏土岩、泥灰岩、橄榄岩、火山碎屑岩等。

沙丘沙垄（焦裕禄精神纪念园）

沙丘

地层结构

## 15.2 伴你游览黄河湾

蜿蜒流动的黄河，仿佛就是我们中华民族那独一无二的图腾——龙，从高空俯瞰，它又恰似一个巨大的“几”字，在这个“几”字弯钩的地方，就是万里黄河上的最后一道湾。按照这个思路，万里黄河上的这个最后一道湾，就定位在了河南省兰考县的东坝头。

东坝头古称铜瓦厢，清朝咸丰五年（1855 年）黄河在此决堤后河道转向东北，这里变成东坝头，后以护裹河堤为坝建村，起村名东坝头。东坝头是母亲河——黄河从山东省东营附近注入渤海前的最后一个大拐弯的地方，其奇妙之处，在于弯大而急，在肉眼可视的范围之内，不到一千米的距离，完成漂亮的 90° 大转身。

黄河湾观景台

### 15.2.1 兰考黄河湾

从东坝头的堤上观黄河之弯，居高临下，黄河之水正对着大堤而来，仿佛人处河中，但见黄河水势凶猛、浪花翻卷，涛声阵阵。站在东岸西望，李白的诗句“黄河之水天上来，奔流到海不复回”的诗情画意立刻展现眼前，场景十分壮观，令人激情澎湃，万里黄河真正的大河风光，在这里才得以淋漓尽致地展现，从而使“黄河最后一道湾”荣登“黄河大河风光最佳观景地”的宝座，成为黄河标志性景观之一。

兰考黄河湾

### 15.2.2 毛主席视察黄河纪念亭

1952 年、1958 年毛泽东主席两次来到兰考视察黄河、听取黄河防汛、治理“三害”等情况的汇报，并对相关问题作出指示。1976 年 9 月 9 日，毛泽东主席逝世后，兰考人民深深怀念毛泽东主席的丰功伟绩。为了纪念毛泽东主席两次到此视察，于 1978 年修建了一座“毛主席视察纪念亭”，同年 7 月公布为县级文物保护单位。2004 年后，进行黄河标准化堤防建设，纪念亭被加宽的黄河大堤围在坑内，无法在原址实施修缮和保护，经请示上级文物部门，县委、县政府决定按 1:1 比例修旧如旧方案搬迁纪念亭，实施易地保护，并更名为“毛主席视察黄河纪念亭”。

九曲黄河最后一道湾

毛主席视察黄河纪念亭

### 15.2.3 黄河堤防

黄河堤防纵横交错，一列列的控导工程像排排卫兵日日夜夜守卫着大堤，指引着黄河水的流向。

黄河堤防工程

现黄河大堤和背河洼地

黄河大堤

清黄河大堤遗址（仪封乡水口村）

明黄河大堤遗址（南漳镇宋庄村）

### 15.2.4 三义寨引黄闸

三义寨引黄闸位于兰考县境内黄河右岸大堤上，老闸于 1958 年建成，为一级水工建筑物，现已废弃。改建后的三义寨引黄闸灌区涉及河南、山东两省的开封、商丘及菏泽 3 个地区的 18 个县（市），被称为“水上生命线”。

三义寨黄河引水工程

### 15.2.5 神奇的“一眼三流域”

黄河开封到东坝头段，黄河行进在平原上，落差较小，泥沙大量沉积，形成典型的地上悬河，目前东坝头一带河床已高出兰考城区地平面 8—10 米，最高处有 10 米以上。黄河流域在这里已经被人为地“压缩”在窄窄的两条大堤之间，尽管近在咫尺，北岸（左岸）大堤之外，已属海河水系；南岸（右岸）大堤之外，则属淮河水系；站在东坝头放眼望去，一眼看到的竟是三大流域，这在世界上都属绝无仅有。

河心滩

老滩、嫩滩

## 15.3 地学解密

### 15.3.1 铜瓦厢黄河决堤的偶然性与必然性

历史上黄河下游共发生过 7 次大规模的改道，4 次属于自然大改道，决口部位均位于平原下隐伏着的裂谷断隆带边缘。其中，宿胥口决口位于内黄凸起南段西缘；魏郡和商胡埽决口位于内黄凸起段东缘；铜瓦厢决口位于菏泽凸起西南角边缘。并且都发生在与北西西活动断裂的交会带上，因北西西活动断裂为压剪性，水平错动强烈，不仅发生垂直变形，而且还有水平位移，从而更加危及河道稳定。频繁的小型垮堤事件也大多与隐伏活动构造有关。

兰考铜瓦厢大的地质构造格局上，处于济源—开封—兰考裂谷（拗陷）与东明裂谷（拗陷）两条隐伏大裂谷的交会部位，每条裂谷内都有若干条不同级别的断裂发育。铜瓦厢及周边地区基底断裂构造发育，分布着郑州—兰考断裂、黄河大断裂、新乡—兰考—商丘断裂、兰考—聊城等多组断裂构造行迹。这些来自北东与北西方向的断裂在这一带的交会，形成了一处隐伏着的薄弱带。虽然这些看不见，但确实存在（隐藏）的断裂对黄河的走向、决口、改道等具有明显的控制作用。这些部位就像是一枚枚“定时炸弹”安放在这里，只要条件成熟，随时都有爆炸的可能。黄河在兰考境内长只有 25 千米，历史上仅兰考一带有记载的金、元、明、清、民国 5 个时期大小决堤事件就达 143 次，是历史上决口最多的地段。由于黄河多次改道变迁，兰考遗留下遍地行河的遗迹，隐伏构造对黄河决堤的控制作用非常明显。

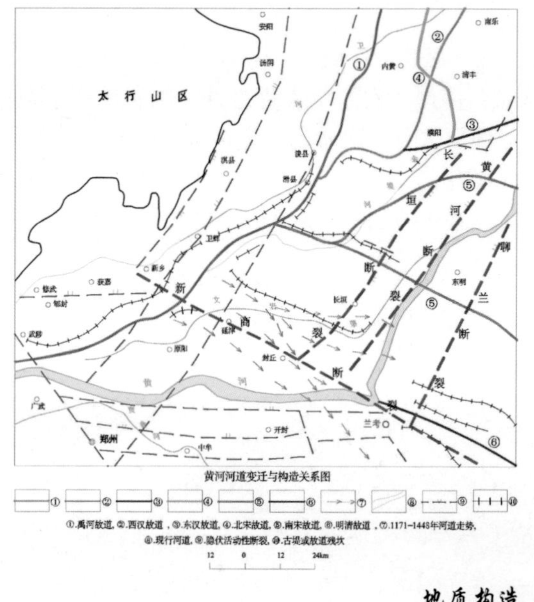


地质构造

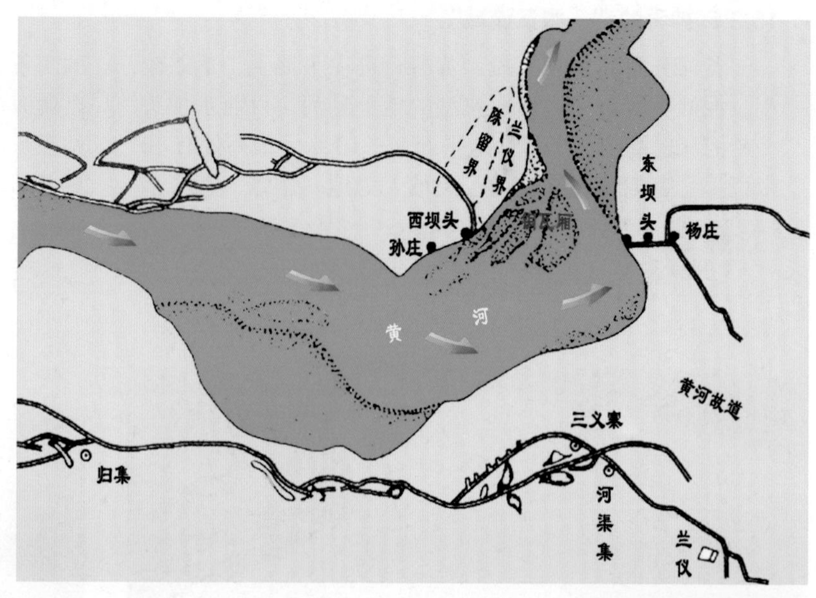


铜瓦厢决口示意图

### 15.3.2 探秘焦裕禄精神产生的地质背景

焦裕禄同志是人民的好公仆、干部的好榜样。1962 年冬天，他来到当时内涝、风沙、盐碱“三害”肆虐的兰考县担任县委书记，带领全县人民战天斗地治理“三害”，奋力改变兰考贫困面貌，并由此诞生了焦裕禄精神。

### 15.3.3 兰考为什么多风沙？如今又到哪里去了

风是地球上的一种空气流动现象，黄河下游宽阔的河道，裸露的河床，水汽蒸发量大，当集结的水蒸气（云）结成水时，体积缩小，周围水蒸气前来补充，就形成顺河风。此外，黄河郑州—开封—东坝头顺直的黄河河道河谷，没有起伏的地面阻碍物阻挡，如同空气流动的走廊、通道，冬季顺河而来的西北风，正好吹向兰考境内，为兰考带来频繁的大风天气。

兰考全境处于黄河形成的冲积平原上，由于黄河多次改道变迁，兰考境内处处都有古黄河留下的行河遗迹，沉积了大量不同粒度的粗沙和细沙，冬季顺河而下的西北风，正好吹扬起这些沙子形成大量活动的沙丘，侵占良田，使生态环境恶化。

昔日的沙丘模拟场景

黄河之水天上来

### 15.3.4 兰考的“盐碱”从哪里来？如今又到哪里去了

历史上的兰考一带，黄河多次泛滥改道，在黄河故道中心与临河地带，地下水位浅，常常形成长期汇水的槽形洼地。受地表裸露，蒸发量大的影响，盐分不断由地下水面向上迁移并富集于土壤表层形成盐碱化的地面。近年，随着国民经济的快速发展，工农业生产的需要，地下水开采力度加大，地下水位下降，以及地表绿化的作用，极大地改善了地下水径流条件，盐碱地面已经大幅度减少，甚至消失了。

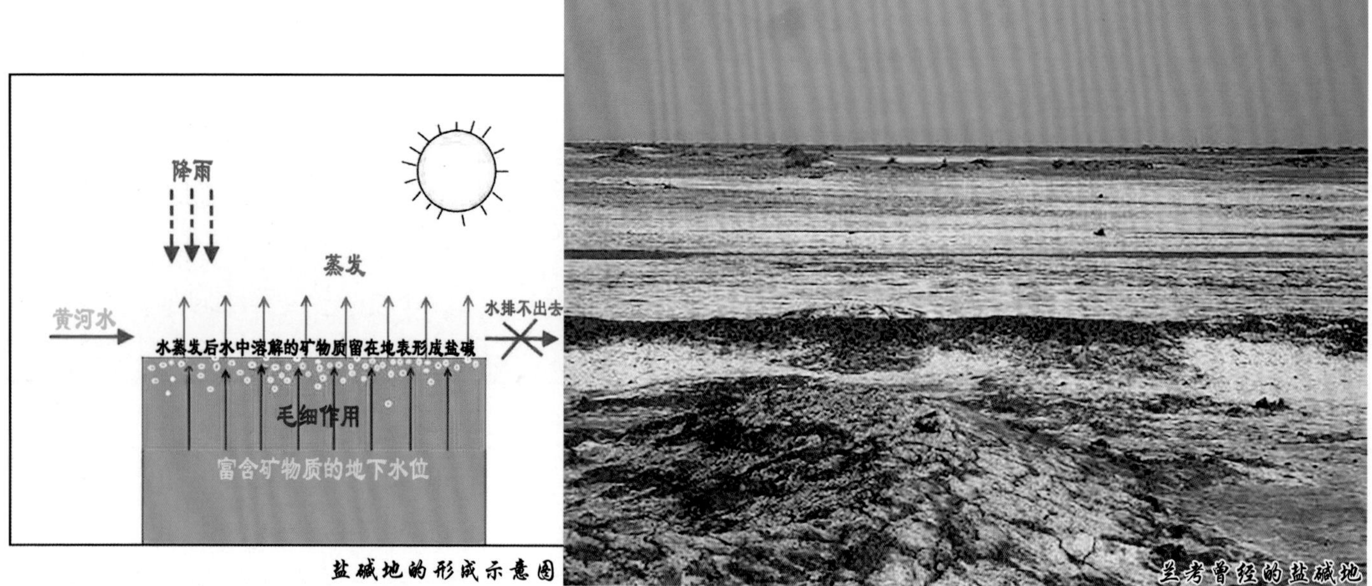


盐碱地的形成示意图

兰考曾经的盐碱地

### 15.3.5 兰考的“内涝”从哪里来？如今又到哪里去了

黄河在兰考境内形成悬河，黄河水侧渗强烈，特别是黄河两岸因堤坝的修筑，常常形成背河洼地，地下水埋藏浅，丰水期和丰水年地下水就会溢出地表，形成内涝。如今，地下水位下降了，内涝自然也就消失了。

现黄河大堤和背河洼地

## 15.4 人文历史

兰考历史悠久，清代，兰阳、仪封二县合并，称兰仪，以二县首字为名，因讳皇帝溥仪之“仪”字，改兰仪为兰封。1954 年，兰封、考城二县合并，称兰考县，又以二县首字为名。兰考是焦裕禄生前工作过的地方，是焦裕禄精神的发祥地。

### 15.4.1 焦裕禄纪念园

1962 年 12 月至 1964 年间，时值该县遭受严重的内涝、风沙、盐碱三害，焦裕禄坚持实事求是、群众路线的领导工作方法，同全县干部和群众一起，与深重的自然灾害进行顽强斗争，努力改变兰考面貌。他身患肝癌，依旧忍着剧痛坚持工作，用自己的实际行动，铸就了焦裕禄精神。

焦裕禄纪念园（原焦裕禄烈士陵园）位于河南省开封市兰考县城北黄河故堤上。根据省政府的决定，为实现他“我生前没有把沙丘治好，死后也要把我埋在兰考的沙丘上，看着兰考人民把沙丘治好”的遗愿，1966 年 2 月 26 日焦裕禄的遗体从郑州运回兰考，迁葬于此。

焦裕禄纪念园

焦裕禄塑像

焦裕禄纪念馆

### 15.4.2 焦桐

焦裕禄精神在兰考发扬光大，当年焦书记种下的泡桐幼苗已长成参天大树。兰考人民为缅怀焦裕禄带领群众改变生态环境、战胜自然灾害的英雄事迹，称这棵泡桐为“焦桐”。兰考全县有农桐间作面积 50 万亩，林木覆盖率达 21.6%，林木蓄积量达 300 万立方米，被称为“泡桐之乡”。

焦桐

在《带你科学游玩河南地质公园》交付出版之际，心中的喜悦之情难以言表，这本书不仅是河南省地质公园科普旅游成就的总结，更是20余年来我省地质服务旅游所交给社会的完美答卷。

地质公园以崇尚科学和破除迷信为重要举措，在普及地球科学知识、宣传唯物主义世界观、反对封建迷信等方面发挥出重要作用。地质公园科普工作既有对自然景观的人文讲解，又有地质科学解释，从而使地质公园既有趣味性，更有科学性。本书出于科普解说和科普展示的需要，共使用各类照片1842张，制作插图115张，除多数地质遗迹照片由作者们提供外，许多景观照片由所在地质公园管理部门或旅游部门提供，无法标注照片的原创作者，在此对你们的贡献表示崇高的敬意，本书因你们的照片而更加光彩。

《带你科学游玩河南地质公园》的编辑出版是一项公益性工作，在本书编纂出版之前，更要感谢的是我省的老一辈地质工作者们，由于你们的辛勤工作和聪明的智慧，为我们提供了大量翔实的基础资料，让我们认识了许多珍贵的地质遗迹资源，在地质公园展示这些地质遗迹景观和促进地方旅游经济发展的贡献中，也有你们的一份重要贡献是不能被忘记的。

珍贵的地质遗迹凝结了大自然亿万年的神奇造化，记载着丰富的地球历史实物信息，是重要的不可再生自然资源，一经破坏，难以恢复，因而必须受到严格保护。地质公园作为一种新的资源利用方式，在保护地质遗迹与生态环境、发展地方经济与助力脱贫攻坚和乡村振兴、推动地学科学研究与知识普及、拓展国际交流、讲好美丽中国故事等方面日益显现出巨大的专业与行业优势。在此，感谢为地质公园建设作出贡献的建设者与管理者们，你们是地质遗迹保护的守护神。

要感谢的人员无法一一列举，要感谢的心意难以用语言全面表达，就让这本书的出版作为对他们最真诚的谢意和送给他们最好的礼物吧！

《带你科学游玩河南地质公园》编委会